グラフェンの機能と応用展望 II

Graphene : Functions and Applications II

《普及版／Popular Edition》

監修 斉木幸一朗

シーエムシー出版

はじめに

2009年7月に本出版社から上梓された「グラフェンの機能と応用展望」は，国内では初めてのまとまったグラフェン関連の成書ということもあって好評のうちに迎えられた。その後2010年には最初の論文発表からわずか6年目にしてグラフェンを世に出したGeimとNovoselovにノーベル物理学賞があたえられて社会的な認知度も上がり，さらに広範な分野からも興味をもたれるようになっている。国内の関連分野の学会においても，多くのシンポジウムやワークショップが企画され，グラフェン熱はいまだ収まるところを知らず続いている状況である。このような状況下において，現時点でその後の進展をまとめることは意義あることと考え，「グラフェンの機能と応用展望Ⅱ」を企画するに至った。

第Ⅰ編の理論では前回は基礎的な事項を中心としたが，今回は光学応答特性，ナノリボン，窒素ドープ系の電子状態などその後の発展を所載した。第Ⅱ編の成長法は今回特に項目を増やし，電子素子，太陽電池，タッチパネル，触媒，などの応用を目指して世界中で研究が大展開しているグラフェンの成長法について網羅した。第Ⅲ編ではグラフェン合成における高品質化のために必要な成長観察手法について記載した。第Ⅳ編では機能・物性に関する輸送特性の最近の展開とともに，将来の応用の種となるナノメッシュ，ナノグラフェンの磁性について記述している。第Ⅴ編では前書の応用例に加えて太陽電池，蓄電デバイスへの応用を記載した。

各項目の執筆には，我が国の代表的な研究者の方々にお願いしてお引き受けいただいた。お忙しい中を短い執筆期限の中で原稿を仕上げていただいた点にはこの場を借りて深甚なる感謝を申し上げたい。本書が初学者のみならず，グラフェン研究に既に携わっている研究者同士の情報源となり得れば，監修に携わった者として望外の喜びである。

2012年11月

東京大学
斉木幸一朗

普及版の刊行にあたって

本書は2012年に『グラフェンの機能と応用展望 II』として刊行されました。普及版の刊行にあたり，内容は当時のままであり加筆・訂正などの手は加えておりませんので，ご了承ください。

2019年10月

シーエムシー出版　編集部

執筆者一覧（執筆順）

斉木 幸一朗	東京大学　大学院新領域創成科学研究科　教授
森本 高裕	㈱理化学研究所　古崎物性理論研究室　基礎科学特別研究員
青木 秀夫	東京大学　大学院理学系研究科　物理学専攻　教授
若林 克法	㈱物質・材料研究機構　国際ナノアーキテクトニクス研究拠点　独立研究者
寺倉 清之	東京工業大学　大学院理工学研究科　有機・高分子物質専攻　特任教授；北陸先端科学技術大学院大学　シニアプロフェッサー
HOU, Zhufeng	東京工業大学　大学院理工学研究科　有機・高分子物質専攻　研究員
WANG, Xianlong	愛媛大学　地球深部ダイナミクスセンター　研究員
池田 隆司	㈱日本原子力研究開発機構　量子ビーム応用研究部門　研究主幹
吾郷 浩樹	九州大学　先導物質化学研究所　准教授
佐藤 信太郎	㈱産業技術総合研究所　連携研究体グリーン・ナノエレクトロニクスセンター　グループリーダー
山田 貴壽	㈱産業技術総合研究所　ナノチューブ応用研究センター　ナノ物質コーティングチーム　研究員
石原 正統	㈱産業技術総合研究所　ナノチューブ応用研究センター　ナノ物質コーティングチーム　主任研究員
長谷川 雅考	㈱産業技術総合研究所　ナノチューブ応用研究センター　ナノ物質コーティングチーム　研究チーム長
楠 美智子	名古屋大学　エコトピア科学研究所　教授
乗松 航	名古屋大学　大学院工学研究科　助教
田中 悟	九州大学　大学院工学研究院　教授
小幡 誠司	東京大学　大学院新領域創成科学研究科　助教

川　澄　克　光	名古屋大学　大学院理学研究科　博士課程 3 年
伊　丹　健一郎	名古屋大学　大学院理学研究科　教授
梅　野　正　義	中部大学　総合学術研究院　客員教授；名古屋産業科学研究所　上席研究員
上　野　啓　司	埼玉大学　大学院理工学研究科　物質科学部門　准教授
日比野　浩　樹	日本電信電話㈱　NTT 物性科学基礎研究所　部長
本　間　芳　和	東京理科大学　理学部　物理学科　教授
長　田　俊　人	東京大学　物性研究所　准教授
長　汐　晃　輔	東京大学　大学院工学系研究科　マテリアル工学専攻　准教授
鳥　海　　　明	東京大学　大学院工学系研究科　マテリアル工学専攻　教授
塚　越　一　仁	㈱物質・材料研究機構　国際ナノアーキテクトニクス研究拠点　主任研究者
中　払　　　周	㈱産業技術総合研究所　連携研究体グリーン・ナノエレクトロニクスセンター　最先端研究開発支援プログラム研究員
山　本　倫　久	東京大学　大学院工学系研究科　物理工学専攻　助教
樽　茶　清　悟	東京大学　大学院工学系研究科　物理工学専攻　教授
春　山　純　志	青山学院大学　大学院理工学研究科　機能物質創製コース　准教授
榎　　　敏　明	東京工業大学　大学院理工学研究科　化学専攻　名誉教授
白　井　　　肇	埼玉大学　大学院理工学研究科　教授
笘　居　高　明	東北大学　多元物質科学研究所　助教
三　谷　　　諭	東北大学　多元物質科学研究所　産学連携研究員
本　間　　　格	東北大学　多元物質科学研究所　教授

執筆者の所属表記は，2012 年当時のものを使用しております。

目　　次

【I　理論】

第1章　グラフェンの光学特性　森本高裕，青木秀夫

第2章　ナノグラフェンの特異な電子物性　若林克法

第3章　グラフェンへの窒素ドーピング：構造と電子状態
寺倉清之，HOU, Zhufeng，WANG, Xianlong，池田隆司

【Ⅱ　グラフェンの成長法】

第4章　グラフェンのエピタキシャルCVD成長　吾郷浩樹

第5章　化学気相成長法によるグラフェンの合成　佐藤信太郎

第6章　マイクロ波プラズマCVD法によるグラフェンのロールツーロール成膜　山田貴壽，石原正統，長谷川雅考

第7章　SiC上グラフェン成長と電子顕微鏡観察　楠　美智子，乗松　航

第8章　SiC上グラフェンの成長と電子物性　田中　悟

第9章　酸化グラフェンの合成と還元　小幡誠司

第10章　ナノグラフェンの化学合成　川澄克光，伊丹健一郎

第11章　ショウノウ（樟脳）からのグラフェン合成　梅野正義

第12章　グラフェン類似層状物質　上野啓司

第13章 グラフェン格子へのヘテロ原子ドーピング 斉木幸一朗

【Ⅲ 新しい評価法】

第14章 LEEMによるグラフェン成長観察 日比野浩樹

第15章 SEMによるグラフェン成長観察 本間芳和

【Ⅳ　機能・物性】

第16章　グラフェンの量子ホール伝導　長田俊人

第17章　SiO_2上グラフェンの輸送特性の予想限界と現状　長汐晃輔，鳥海　明

第18章　グラフェンの伝導電荷極性制御と素子化の試み　塚越一仁，中払　周

第19章　3層グラフェンの電子状態と電気伝導　　山本倫久，樽茶清悟

第20章　グラフェンエッジが創出するスピン物性 —グラフェンナノメッシュ磁石—　　春山純志

第21章　ナノグラフェンの磁性　　榎　敏明

【V　応用】

第22章　塗布形成グラフェン導電膜の有機薄膜太陽電池，有機FETへの応用　　上野啓司

第23章　酸化グラフェン―シリコンヘテロ接合太陽電池―　白井　肇

第24章　グラフェンの量産化技術と蓄電デバイスへの応用

笘居高明，三谷　諭，本間　格

第1章 グラフェンの光学特性

森本高裕[*1]，青木秀夫[*2]

1 はじめに

この章ではグラフェンの光学応答（図1），特に磁気光学応答について解説する。まず，グラフェンにおける光学吸収や光学伝導度を説明した後に，磁場中のグラフェンにおける光学物性を概観する。グラフェン中の電子は，低エネルギー領域でディラック粒子のように振る舞うが，これが特異なランダウ準位の構造や光学選択則をもたらす。このため，ディラック粒子の特徴が磁気光学応答においていかに明確に反映されるかを示す。さらに，グラフェンにおける光学ホール伝導度に焦点をあて，光学ホール伝導に付随したファラデイ回転，カー回転が，ディラック粒子の特殊性のプローブとなることに触れる。さらに，近年盛んに研究されている2層グラフェンや3層グラフェンの光学応答についても議論し，層の枚数で劇的に異なる電子構造が，光学特性に強く反映されることを見る。最後に，グラフェンに円偏光を照射すると，ゼロ磁場中でもホール効果が起きるという，ユニークな現象の理論予言に触れる。これは，グラフェンがもつトポロジカルな性質を，グラフェンを光によって非平衡にすることにより発現させる，というものであり，光学的性質というより光誘起現象というべきものである。グラフェンの一般的な性質については，本書に先行する「グラフェンの機能と応用展望」において解説した[1)]ので，あわせて参照されたい。

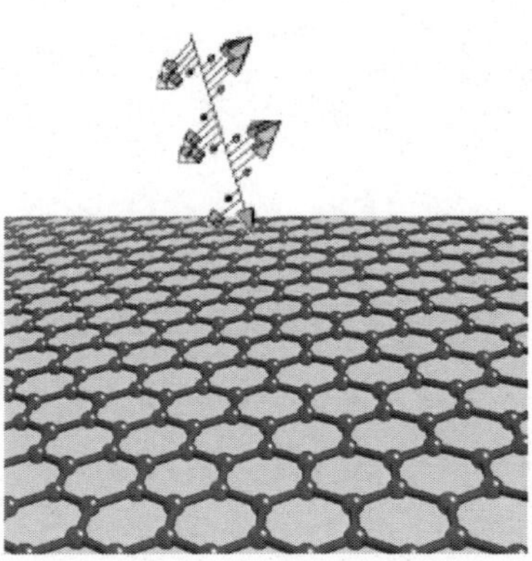

図1 グラフェンに光を照射

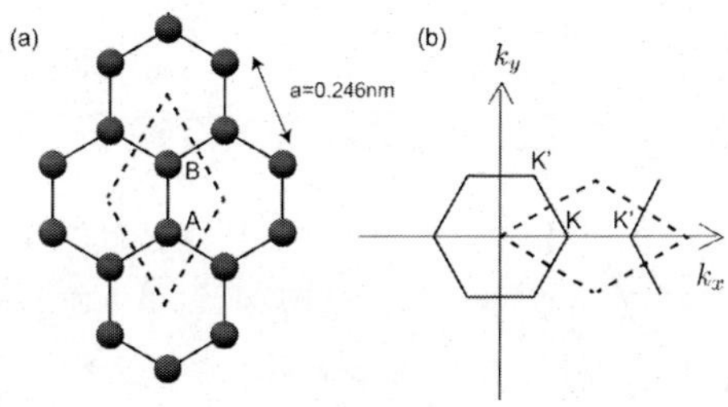

図2 (a)グラフェンの格子構造，単位胞を破線で示す。(b)グラフェンのブリルアン帯。ディラック・コーンは $K^{\pm}=\left(\pm\frac{2\pi}{3a},\ \frac{2\pi}{\sqrt{3}a}\right)$ に現れる。

＊1 Takahiro Morimoto ㈱理化学研究所 古崎物性理論研究室 基礎科学特別研究員
＊2 Hideo Aoki 東京大学 大学院理学系研究科 物理学専攻 教授

グラフェンはグラファイトから原子一層のみをとりだした結晶構造をしている（図2)。その電子構造は1940年代から理論的には調べられ，低エネルギーで線形分散を示すことや，磁場をかけると特異なランダウ準位構造が現れることが知られていた[2,3]。2004年にAndre Geimのグループがグラファイトから単層を分離できることを示し[4]，さらにディラック的な量子ホール効果が観測され[5,9]，それまで理論の産物かと思われていたグラフェンが一躍注目をあつめることとなる。

グラフェンではディラック的な粒子が実現しているために，光学応答にも特異な性質が現れる。ゼロ磁場では線形分散であるためバンド間遷移の強度がエネルギーによらず一定で，周波数によらず吸収係数が微細構造定数による一定値をとる[6]。3節では，磁場中でおこるディラック粒子に特有なランダウ量子化と，それに伴う量子ホール効果が，ディラック粒子の振る舞いのために光学応答にも面白い物理現象を引き起こすことを中心に議論したい。4節では，量子ホール効果においてdc（直流）ホール伝導度が量子化するが，ホール伝導度の光学版ともいえるac（光学）ホール伝導度も興味深く，特に光学ホール伝導度の直接のプローブであるファラデイ回転（透過光の偏光面の回転）にどのような振る舞いを示すかについても詳しく議論したい。光学エネルギー帯としては，グラフェンの量子ホール系のエネルギー・スケールは数Tで数十meV程度になるので，THz領域から遠赤外領域に対応する。

単層グラフェンのみならず多層グラフェンについても盛んにその物性が研究されている。多層グラフェンおいては，層数や積層構造の違いに応じて様々な系を用意できるが，構造の違いに起因して多彩なバンド分散をもったカイラルな準粒子が現れ，興味深い電子構造が実現している。5節では光学応答にどう反映されるかを，2層および3層グラフェンに対して議論する。

最後の6節では，非平衡の物理が最近盛り上がりを見せているが，グラフェンを光により非平衡にしたときに，ゼロ磁場中で光誘起ホール効果が起きることを概観する。

2　グラフェンとディラック電子

グラフェンについて，まずは要点をおさらいしよう。グラフェンの単位胞は2つの炭素原子（A，B）からなっており，（図2）各炭素原子上のπ電子らからなるタイト・バインディング模型で考えると，グラフェンのハミルトニアンは

$$H=\sum_{\mathbf{k}}\begin{bmatrix} c_A^\dagger(\mathbf{k}) & c_B^\dagger(\mathbf{k})\end{bmatrix}\begin{bmatrix} 0 & H_{AB}(\mathbf{k}) \\ H_{AB}^*(\mathbf{k}) & 0\end{bmatrix}\begin{bmatrix} c_A(\mathbf{k}) \\ c_B(\mathbf{k})\end{bmatrix},$$

$$H_{AB}(\mathbf{k})=\gamma_0\left[e^{i\left(-\frac{ak_x}{2}+\frac{ak_y}{2\sqrt{3}}\right)}+e^{i\left(\frac{ak_x}{2}+\frac{ak_y}{2\sqrt{3}}\right)}+e^{-i\frac{ak_y}{\sqrt{3}}}\right] \tag{1}$$

で与えられる。ここで$c_A(\mathbf{k})$，$c_B(\mathbf{k})$はそれぞれA，Bサイトの波数$\mathbf{k}$のπ電子の消滅演算子で，最近接炭素間のホッピング・エネルギーは$\gamma_0=3.16$ eV，$a=2.46$ ÅはAサイトにある炭素間の距離である[7]。

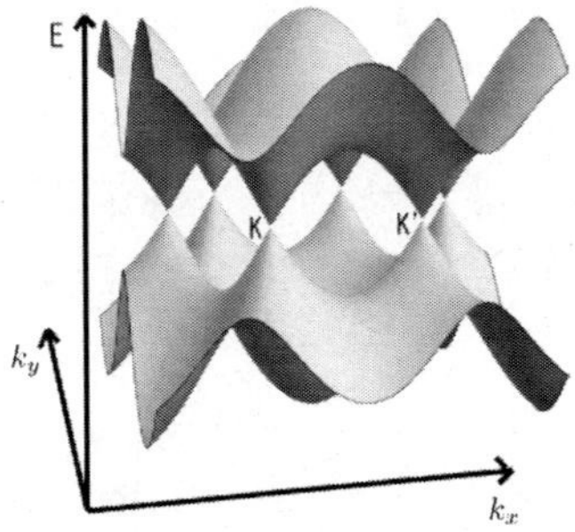

図3　グラフェンのバンド分散

このハミルトニアンのバンド構造は

$$E(k_x,\ k_y) = \pm\gamma_0\sqrt{3+2\cos ak_x+4\cos\frac{ak_x}{2}\cos\frac{\sqrt{3}ak_y}{2}}$$

となり，図3に示すように，伝導バンドと価電子バンドが点で接し（ディラック点），そのまわりに線形分散のバンド構造が現れる。図2のように，ブリルアン帯内にディラック点は二つ存在し，それぞれK点，K'点と呼ばれるが，ここでは$K^{\pm}$と呼ぶことにする。それらのk空間での位置も同じ記号で表すと，

$$K^{\pm}=\left(\pm\frac{2\pi}{3a},\ \frac{2\pi}{\sqrt{3}a}\right)$$

となる。電気的に中性な場合であれば，価電子バンドがちょうどディラック点まで詰まり，フェルミ面は二個のディラック点となる。

ここで，固体物理の教科書にある有効質量近似を用いて，原子間隔にくらべるとゆっくりと空間変動するenvelopeとしての波動関数を見てみよう。$K^{\pm}$点近傍ではこれはψ_{K^+A}，ψ_{K^+B}，ψ_{K^-A}，ψ_{K^-B}だけの種類があり，

$$\psi^{\dagger}_{A/B}(\mathbf{r})=e^{i\mathrm{K}^+\cdot\mathbf{r}}\,\psi^{\dagger}_{K^+A/B}(\mathbf{r})+e^{i\mathrm{K}^-\cdot\mathbf{r}}\,\psi^{\dagger}_{K^-A/B}(\mathbf{r})$$

と定義する。これを使うと，$K^{\pm}$点まわりの有効ハミルトニアンは，式(1)を$\mathbf{k}=K^{\pm}+(k_x,\ k_y)$としてディラック点のまわりで展開し$k_x$，$k_y$を微分演算子$-i\partial_x$，$-i\partial_y$で置き換えることによって，

$$H^{\pm}=\begin{pmatrix}\psi^{\dagger}_{K^{\pm}A}(\mathbf{k}) & \psi^{\dagger}_{K^{\pm}B}(\mathbf{k})\end{pmatrix} v\,\frac{\hbar}{i}\begin{pmatrix}0 & \pm\partial_x-i\partial_y\\ \pm\partial_x+i\partial_y & 0\end{pmatrix}\begin{pmatrix}\psi_{K^{\pm}A}(\mathbf{k})\\ \psi_{K^{\pm}B}(\mathbf{k})\end{pmatrix} \tag{2}$$

のようにディラック・ハミルトニアンの形にかける。ここで$v=\sqrt{3}\,a\,\gamma_0/(2\hbar)$はフェルミ速度で$v\sim1.0\times10^6\mathrm{m/s}$となる。

磁場中グラフェンのランダウ準位

次に，磁場中でのグラフェンにおける低エネルギーの振る舞いをおさらいしよう。磁場をかけると，先ほど導いたディラック・ハミルトニアンにおいて，運動量演算子$p_a=-i\hbar\partial_a$を，磁場により生じるベクトルポテンシャルAを含む$\pi=\mathrm{p}+e\mathrm{A}$で置き換えることにより，$K^{\pm}$点の周りでは

$$H_0=v\begin{pmatrix} 0 & \pi^{\dagger} \\ \pi & 0 \end{pmatrix} \tag{3}$$

と記述される。ここで，$\pi=\xi\pi_x+i\pi_y$（$\xi=\pm$は$K^{\pm}$に対応），またベクトルポテンシャルはランダウゲージでは$(A_x,\ A_y)=(0,\ Bx)$となる。

ここで磁気長$\ell=\sqrt{\hbar/eB}$を定義すると，交換関係$[\pi,\ \pi^{\dagger}]=-\xi\left(\frac{\sqrt{2}\hbar}{\ell}\right)^2$から，$\pi$，$\pi^{\dagger}$は$K^+$では$(\pi,\ \pi^{\dagger})=(\sqrt{2}\hbar/\ell)(a^{\dagger},\ a)$，$K^-$では$(\pi,\ \pi^{\dagger})=(\sqrt{2}\hbar/\ell)(a,\ a^{\dagger})$と書き表せる。ここで定義した$a^{\dagger}$，$a$は調和振動子の生成消滅演算子で，ランダウ準位の波動関数ϕ_nに対して$a\phi_n=\sqrt{n}\,\phi_{n-1}$，$a^{\dagger}\phi_n=\sqrt{n+1}\,\phi_{n+1}$と作用する。

これらのことから，式(3)の固有エネルギーは

$$\varepsilon_{n,s}=s\hbar\omega_c\sqrt{n}$$

のように与えられることがわかり，グラフェン・ランダウ準位と呼ばれる。ここで，電子的（正エネルギー）バンドは$s=+$，ホール的（負エネルギー）バンドは$s=-$ととる。これらのランダウ準位（LL）はランダウ・インデックス$n=0, 1, \cdots$，およびバンド・インデックス$s=\pm$によってラベルされる（$n=0$は特別で，$s=\pm1$の区別は無い）。ω_cはサイクロトロン・エネルギーで，

$$\omega_c=v\sqrt{2eB/\hbar}\sim 37\sqrt{\frac{B}{\mathrm{1T}}}\,\mathrm{meV}$$

である。対応する波動関数はK^+では

$$\psi_{n,s}=\begin{pmatrix} \psi_{K^+A} \\ \psi_{K^+B} \end{pmatrix}=C_n\begin{pmatrix} s\phi_{n-1} \\ \phi_n \end{pmatrix},\qquad C_n=\begin{cases} 1 & (n\leq 0) \\ 1/\sqrt{2} & (n\geq 0) \end{cases} \tag{4}$$

と書き下せる。ここで$n<0$に対しては$\phi_n=0$と定義する。K^-点での波動関数は式(4)でAサイトとBサイトの成分を入れ替えたものになる。

磁気長ℓは半導体ヘテロ構造の二次元電子系（2DEG）のものと同じであるが，グラフェンにおいてはサイクロトロン周波数が$\omega_c\propto\sqrt{B}$のように振る舞い，$\omega_c\propto B$となる2DEGとは定性的に異なる。特に～1Tほどの低磁場領域では，$\sqrt{B}$の依存性のために2DEGよりも大きなサイクロトロン・エネルギーを示し，ランダウ準位の間隔が広い。このためグラフェンにおいては量子ホール効果が室温でも観測可能となっている[8]。

ディラック粒子ではゼロ・エネルギーのLLが一つ現れることをみたが，さらに特異なことに，量子ホール伝導度はnに対して半整数で量子化する。具体的には後で解説する線形応答によりホール伝導度を計算すると，スピンの縮重度2，バレー（K，K'）の縮重度2を考えると$\sigma_{xy}=$

$4\dfrac{e^2}{h}\left(n+\dfrac{1}{2}\right)$ となることが予言されるが，実際に半整数量子ホール効果が2005年に観測され，グラフェンにおいてディラック粒子が実現していることが決定づけられた[5,9]。

3　光学応答と光学伝導度

それでは，磁場中グラフェンの光学応答を見てみよう。上で与えたグラフェン・ランダウ準位の式から，数Tの磁場中ではエネルギー・スケールが数meVから数十meVとなり，波長帯としてはTHzから遠赤外領域の分光測定に対応することが分かる。

透過，吸収といった光学応答は縦光学伝導度 $\sigma_{xx}(\omega)$ によって記述される（後で出てくる光学ホール伝導度と区別して，縦光学伝導度と呼ぶ）。たとえば，誘電関数 $\varepsilon(\omega)$ は光学伝導度と

$$\varepsilon(\omega)=1+\frac{i\sigma_{xx}(\omega)}{\omega\varepsilon_0}$$

の関係にあることが，マクスウェル方程式と線形な電流応答 $J(\omega)=\sigma(\omega)E(\omega)$ から得られる。ここで ε_0 は真空の誘電率である。複素屈折率 $N=n+ik$ とは

$$\varepsilon=N^2$$

の関係にあることから，吸収係数 $\alpha(\omega)$ は

$$\alpha(\omega)=\frac{2\omega k}{c}=\frac{\omega\,\mathrm{Im}(\varepsilon)}{nc}=\frac{\mathrm{Re}(\sigma_{xx}(\omega))}{c\varepsilon_0\mathrm{Re}\left(\sqrt{1+\dfrac{i\sigma_{xx}(\omega)}{\omega\varepsilon_0}}\right)}\sim\frac{\mathrm{Re}(\sigma_{xx}(\omega))}{c\varepsilon_0}$$

のように書き表される。ここで c は光速で，最後の式変形は $\dfrac{\sigma_{xx}(\omega)}{\omega\varepsilon_0}\ll 1$ を仮定した。このことから吸収率は $\sigma_{xx}(\omega)$ の実部に比例することがわかる。

光学伝導度は，線形応答（久保）公式から

$$\sigma_{\alpha\beta}=\frac{\hbar}{i}\sum_{ab}j_\alpha^{ab}j_\beta^{ba}\frac{f(\epsilon_b)-f(\epsilon_a)}{\epsilon_b-\epsilon_a}\frac{1}{\epsilon_b+\hbar\omega-\epsilon_a+i0} \tag{5}$$

と与えられる。ここで ϵ_a，ϵ_b は系の固有エネルギー，j_α^{ab} は電流演算子の行列要素，$f(\epsilon)$ はフェルミ分布関数である。

一般的に電流演算子は

$$\mathrm{j}=\frac{\partial H}{\partial \mathrm{A}}$$

と与えられるため，式(3)から磁場中グラフェンに対してはパウリ行列 σ を用いて，

$$\mathrm{j}=ev\sigma$$

と書き下せる。そのため行列要素 $\langle\psi_n|j_\alpha|\psi_{n'}\rangle$ は

$$j_x^{n,n'} = \frac{v}{\hbar} C_n C_{n'} \left[\mathrm{sgn}(n)\, \delta_{|n|-1,|n'|} + \mathrm{sgn}(n')\, \delta_{|n|+1,|n'|} \right],$$

$$j_y^{n,n'} = i\frac{v}{\hbar} C_n C_{n'} \left[\mathrm{sgn}(n)\, \delta_{|n|-1,|n'|} - \mathrm{sgn}(n')\, \delta_{|n|+1,|n'|} \right] \quad (6)$$

となる[10]。ここからグラフェンにおいては2DEG における光学選択則（$n \leftrightarrow n+1$）とは異なった光学選択則，

$$(n, s) \leftrightarrow (n+1, s')$$

が成り立つことがわかる。ディラック点の上側を電子バンド（$s=+$），下側をホール・バンド（$s=-$）と呼ぶことにすると，$(n, \pm) \leftrightarrow (n+1, \pm)$ は電子バンド内またはホール・バンド内の遷移であり，$(n, \pm) \leftrightarrow (n+1, \mp)$ はディラック点をまたいだバンド間遷移である（図4）。

つまり，2DEG では隣りあったLL 間の遷移のみが許容であったのに対し，グラフェンの量子ホール系ではバンド間遷移も許される。また，2DEG ではLL 間隔は $\hbar\omega_c$ で常に一定のため，$\omega = \omega_c$ においてのみ共鳴がおこるが，グラフェンにおいては $\sqrt{n}$ 依存性を持つ非等間隔LL のために様々な周波数において共鳴がおこるのも特徴である。また，$(n+1, -) \leftrightarrow (n, +)$ と $(n, -) \leftrightarrow (n+1, +)$ が共に許容であるときは，光学ホール伝導度（後述）においては二つの共鳴が打ち消し合うが，光学縦伝導度においては二つの共鳴が足しあわされるのでフェルミ・エネルギーの広い領域でバンド間遷移がおこる[12]。

これらのグラフェンに特有の光学応答は実験的に観測され始めている[13,14]。たとえば，透過測定においてOrlita らは図5(a)に示すように種々のバンド間遷移に対応する吸収ピークを観測した。また磁場中グラフェンのLL をtunable なレーザーとして用いることも提案されている。グ

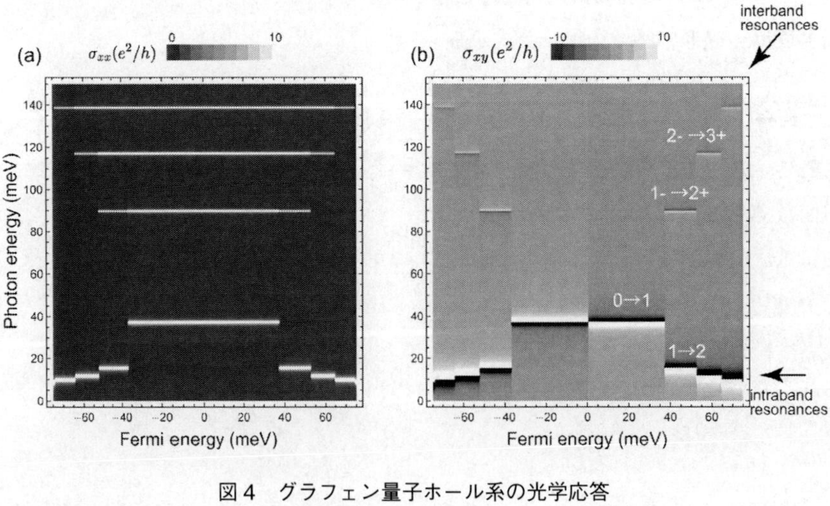

図4　グラフェン量子ホール系の光学応答
(a)光学縦伝導度 $\sigma_{xx}(\epsilon_F, \omega)$ と(b)光学ホール伝導度 $\sigma_{xy}(\epsilon_F, \omega)$ を，磁場 $B=1\mathrm{T}$ に対して示す[11]。

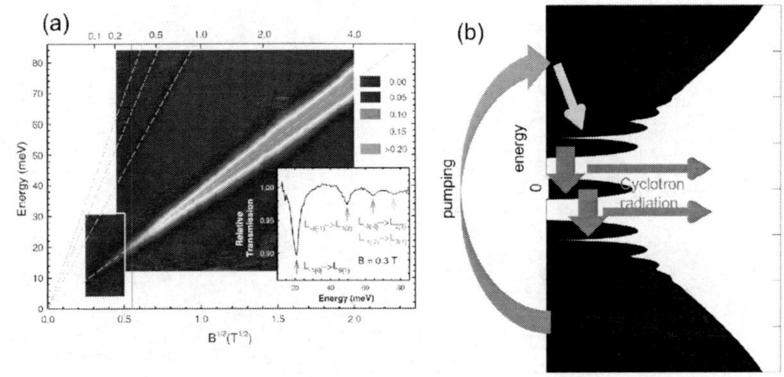

図5　(a) Orlita らによる磁場中グラフェンにおける透過率測定実験[14]。
(b)グラフェン中の非等間隔 LL からのサイクロトロン発光[15]。

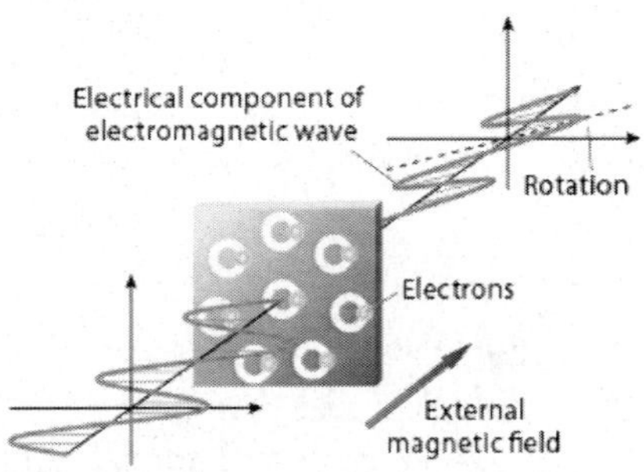

図6　ファラデイ回転の概念図
http://www.natureasia.com/asiamaterials/highlight.php?id=758 から

ラフェン・ランダウ準位は非等間隔であるため旧来の 2DEG LL よりもレージングに適しているという示唆である（図5(b)）[15]。

4　グラフェンにおけるファラデイ回転

一方でホール伝導度 $\sigma_{xy}(\omega)$ は，上記の線形応答の式(5)で，α，$\beta=x$，y とした場合に対応する。普通は輸送現象（直流伝導）として観測するホール効果の光版といえる。実際，光学領域では，ホール伝導度はファラデイ回転として実験観測される。ファラデイ回転というのは図6に示したように，直線偏光が物質を透過した後で偏光面が回転する現象である（反射光に対してはカー回転）。ファラデイ回転は，一般に右円偏光と左円偏光の透過率に差があるときに生じ，これは磁性体や，磁場がかけられた系で発生する。そのため，ファラデイ回転角 Θ_H は，光学ホール伝導度が含まれた

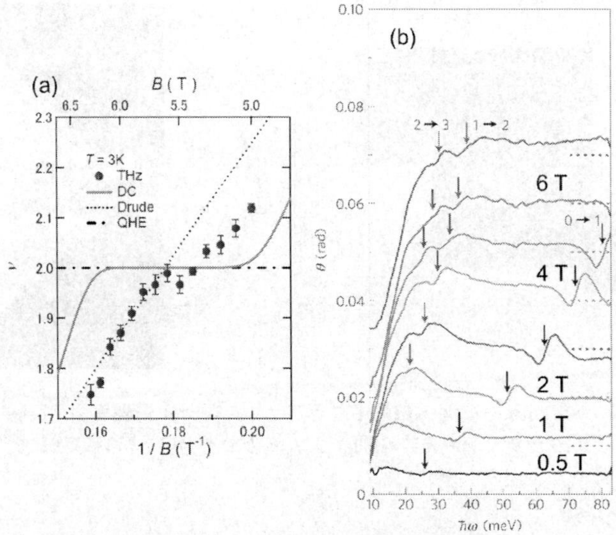

図 7　(a)池辺らによる 2DEG のファラデイ回転の実験結果[17]。(b) Crassee らによる SiC 上グラフェンのファラデイ回転の実験結果[19]。

$$\Theta_H = \frac{1}{2}\arg\left[\frac{n_0 + n_s + (\sigma_{xx} + i\sigma_{xy})/(c\varepsilon_0)}{n_0 + n_s + (\sigma_{xx} - i\sigma_{xy})/(c\varepsilon_0)}\right] \tag{7}$$

という式で書くことができる[16]。ここで $n_0(n_s)$ は真空（基板）の屈折率，arg は複素数の偏角である。量子ホール系では $n_0 + n_s \gg \sigma_{\pm}/(c\varepsilon_0)$ が成り立つので，結局ファラデイ回転は

$$\Theta_H \simeq \frac{1}{(n_0 + n_s)c\varepsilon_0}\sigma_{xy}(\omega)$$

のように光学ホール伝導度 $\sigma_{xy}(\omega)$ に直接比例し，その比例係数は屈折率などで与えられる。このためファラデイ回転を調べることにより，静的には伝導測定調べるホール伝導度を光学領域で調べることができる。

すると，強磁場において，ランダウ準位の間隔が十分分離している場合に，静的なホール伝導度が一連のステップ構造を示す量子ホール効果が観測されるのに対して，光学ホール伝導度はどうなるだろうか，という疑問が生じる。森本，初貝，青木は，この場合でも，光学ホール伝導度 $\sigma_{xy}(\omega)$ が一連のステップ構造を示す（ステップの値は量子化値からずれる）ことを理論的に明らかにした[12]。これは，通常の 2DEG だけでなくグラフェンについても示された。実験的にはその後，まず，2DEG について，島野等による THz 領域での実験により，光学ホール伝導度のステップ構造が観測された（図 7 (a)）[17]。その後 Cerne のグループも観測している[18]。さらに，グラフェンのファラデイ回転については，Crassee ら[19]が磁場中の SiC 由来のグラフェンに対して遠赤外の分光測定を行い，ファラデイ回転でサイクロトロン共鳴を観測し，共鳴周波数が $\sqrt{n}$ に依存することや Dirac 粒子に特有の選択則に従っていることを示した（図 7 (b)）。

5　多層グラフェンにおける磁気光学応答

本節では２層および３層グラフェンの量子ホール系に対して光学応答を議論する。多層グラフェンにおいては単層グラフェンとは異なった電子構造が低エネルギーで実現しており，実験・理論両面において近年興味が高まっている。２層グラフェンの電子構造は，K, K'点において２乗分散の伝導バンドと価電子バンドが一点で接したものになっている[20,21]。また，電子が層間を跳ぶ γ_3 と呼ばれるホッピング項のために，バンド分散が低エネルギーにおいて三角形的に歪む(trigonal warping)。この分散の等高線，つまりフェルミ面を考えると，約 1 meV においてフェルミ面のトポロジーが三角歪みのために変化する（一般に，フェルミ面のトポロジーが変化することをリフシッツ転移と呼ぶので，その一種といえる)。このリフシッツ転移領域では４つのディラック・コーンがあらわれる（図８(a))。なお，２層グラフェンでは，AB の二個の副格子からなる２枚の層が上下でずれて重なっている。これを AB 積層と呼ぶ。

一方，３層グラフェンでは積層に複数の可能性があり，ABA（Bernal）積層構造（図８(b)）と，

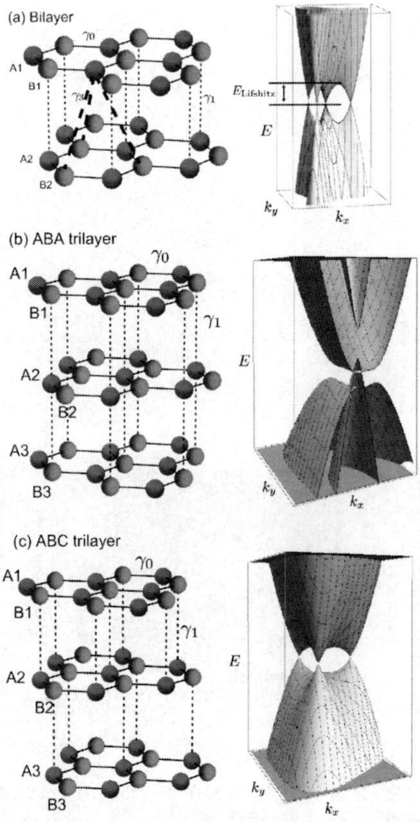

図８　(a)２層グラフェン，(b) ABA，(c) ABC 三層グラフェンの結晶構造およびバンド構造

ABC（chiral）構造（図8(c)）の2種類が可能である。これに伴い，電子構造は，ABA構造では有効的に単層グラフェン的なバンドと2層グラフェン的なバンドの組み合わさったものとなっており，ABC構造では3乗分散の伝導バンドと価電子バンドがあらわれる。実は，これら種々の多層グラフェンが，異なった結晶構造に起因して異なった電子構造をとることは，多彩な光学応答として現れるので，これを以下では見てみよう。

5.1 2層グラフェン

2層グラフェンの低エネルギー有効ハミルトニアンは，γ_3の効果を考慮すると，2層併せてA1，B1，A2，B2を基底としてK, K'点周りで

$$H_0 = \begin{pmatrix} 0 & v\pi^\dagger \\ v\pi & 0 \end{pmatrix}, \qquad V = \begin{pmatrix} 0 & v_3\pi \\ \gamma_1 & 0 \end{pmatrix}$$

として

$$H = \begin{pmatrix} H_0 & V \\ V^\dagger & H_0 \end{pmatrix} \tag{8}$$

と書き表される。$v_3 = \sqrt{3}a\gamma_3/(2\hbar)$ は，ホッピングγ_3由来の速度定数で，グラファイトでの値は$\gamma_1 = 0.39$ eV に対して $\gamma_3 = 0.32$ eV である。

はじめに三角歪みの効果を無視した場合（$\gamma_3 = 0$）に，理論的に計算された光学縦伝導度，光学ホール伝導度の結果を図9（a, b）に示す。ランダウ・インデックスをn，バンド・インデックスを$s = \pm$として，LLのエネルギーは，

$$\epsilon_{n,\pm} = \pm\hbar\omega_c\sqrt{n(n+1)}$$

と書き表される。ここで$\omega_c = eB/m$で，2乗分散バンドの質量は$m = \gamma_1/(2v^2)$である。光学選択則は単層グラフェンのときと同様に，$(n, s) \to (n+1, s')$であることが示されるので，バンド内

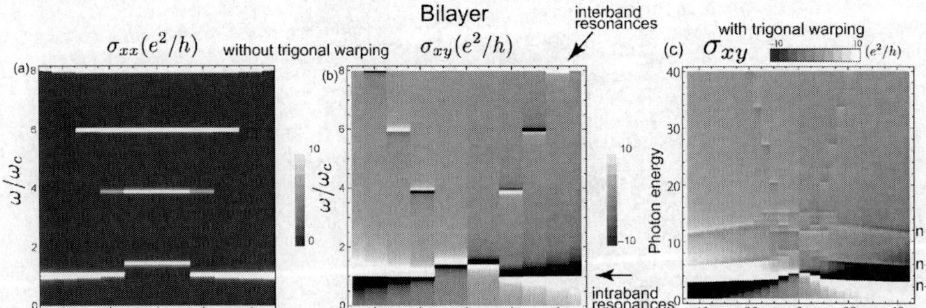

図9　2層グラフェン量子ホール系の光学応答
三角歪みの効果を無視した場合（$\gamma_3 = 0$）の(a)光学縦伝導度$\sigma_{xx}(\epsilon_F, \omega)$と(b)光学ホール伝導度$\sigma_{xy}(\epsilon_F, \omega)$を，(c)三角歪みを考慮した場合と比較。磁場はB＝1T[11]。

遷移に対しては，共鳴周波数は

$$\omega_{\text{intra}} \sim \omega_c = 2v^2 eB/\gamma_1$$

となり，nによらずほぼ一定になることがわかる。これは単層グラフェンのLL（$\propto\sqrt{n}$）と異なり，2層グラフェンのもつ2乗分散に対してはLLがほぼ等間隔に並ぶためである。また共鳴周波数は磁場Bに比例し，$\sqrt{B}$に比例する単層グラフェンと異なる磁場依存性を示すために，分光ピークの同定に用いることができる。一方，バンド間遷移（n, $\pm$）→（$n+1$, $\mp$）は，大きなnでは

$$\hbar\omega_{\text{inter}} \simeq 2|\epsilon_F|$$

でおこり，単層グラフェンと同様な振る舞いを示す。

次に，三角歪みの効果（式(8)でv_3の項）を考慮すると，(n, s)LLと$(n+3m, s)$LLを混ぜる効果を持つため，選択則も$n \leftrightarrow n+1+3m$, $n \leftrightarrow n+2+3m(=n-1+3(m+1))$のように変化する。図9(c)に光学ホール伝導度の結果を示すが，三角歪み由来の$n \to n+2$, $n \to n+4$に対応するバンド内遷移がみてとれる。

5.2　ABA 3層グラフェン

ABA 3層グラフェンのハミルトニアンは

$$H_{\text{ABA}} = \begin{pmatrix} \tilde{H}_0 & V & W \\ V^\dagger & \tilde{H}'_0 & V^\dagger \\ W & V & \tilde{H}_0 \end{pmatrix} \tag{9}$$

のように与えられる[22~25]。ここで，行列要素は各2行2列で

$$\tilde{H}_0 = \begin{pmatrix} 0 & v\pi^\dagger \\ v\pi & \Delta' \end{pmatrix}, \quad \tilde{H}'_0 = \begin{pmatrix} \Delta' & v\pi^\dagger \\ v\pi & 0 \end{pmatrix}, \quad W = \begin{pmatrix} \gamma_2/2 & 0 \\ 0 & \gamma_5/2 \end{pmatrix}$$

で与えられ，Δ'はγ_1で結ばれたサイトとそうでないサイトのポテンシャル差，$\gamma_2(\gamma_5)$はA原子間（B原子間）の2層とびのホッピングで，グラファイトにおける値は$\gamma_2 = -0.020$ eV，$\gamma_5 = 0.038$ eV，$\Delta' = 0.050$ eVである[26,27]。

まず式(9)において，γ_0, γ_1以外の項を無視すると，模型はカイラル対称性（A原子とB原子を入れ替える操作に対する対称性）が保たれているため，固有エネルギーがゼロである状態が存在することがいえ（つまりバンドはギャップレスになり），電子正孔対称性も保たれることがわかる。この近似のもとでの$\sigma_{xx}(\epsilon_F, \omega)$，$\sigma_{xy}(\epsilon_F, \omega)$の理論結果を図10（a, b）に示す。単層グラフェン的な共鳴と，2層グラフェン的な共鳴ピークが現れることがみてとれる。数Tの磁場中では，単層グラフェンの共鳴周波数は$\sqrt{B}$依存性のために2層グラフェンの共鳴周波数よりも大きくなる。2種類のバンドはともに，これまでと同様バンド内遷移，バンド間遷移の両者を示す。

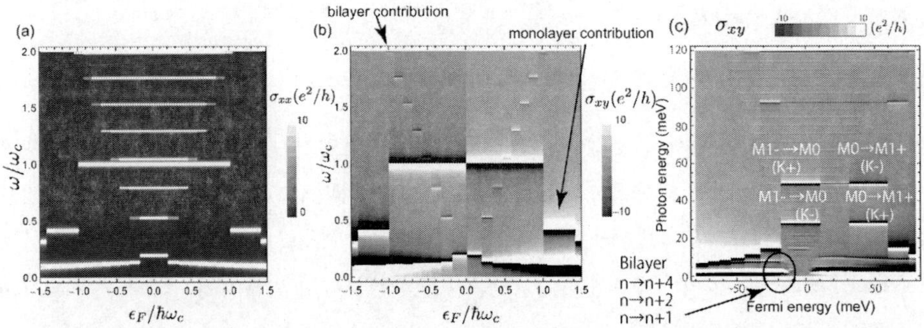

図10　ABA 3層グラフェン量子ホール系の光学応答

γ_0，γ_1 のみを考えた場合（$\gamma_1/\hbar\omega_c=5$）の(a)光学伝導度 $\sigma_{xx}(\epsilon_F,\omega)$ と(b)光学ホール伝導度 $\sigma_{xy}(\epsilon_F,\omega)$ を，(c)式(9)のすべてのホッピングを考慮した場合と比較。磁場は $B=1\mathrm{T}$[11]。

式(9)において，すべてのホッピングをとりこむとカイラル対称性はなくなり，単層的なバンドも2層的なバンドもともにギャップを持つようになる。このときの光学応答の結果を図10(c)に示す。単層的なバンドは massive Dirac 的になるため，ゼロエネルギーLL が K^+ 点では伝導バンドの底に，K^- 点では価電子バンドの頂上に valley split する。これにともなって，$n=0$ の LL に由来する共鳴ピークは分裂する。2層的なバンドについてはギャップが開いたためと三角歪みのために，$n\to n+4$ と $n\to n+2$ に付加的にピークがあらわれる。

5.3　ABC 3層グラフェン

ABC 3層グラフェンのハミルトニアンは

$$H_{\mathrm{ABC}}=\begin{pmatrix} H_0 & V & W' \\ V^\dagger & H_0 & V \\ W'^\dagger & V^\dagger & H_0 \end{pmatrix},\quad W'=\begin{pmatrix} 0 & \gamma_2/2 \\ 0 & 0 \end{pmatrix} \tag{10}$$

のように与えられる。

γ_0，γ_1 のホッピング項のみを考えると，有効ハミルトニアンは A1/B3 上の 2×2 行列により

$$H_{\mathrm{ABC}}^{(\mathrm{eff})}=\frac{v^3}{\gamma_1^2}\begin{pmatrix} 0 & (\pi^\dagger)^3 \\ \pi^3 & 0 \end{pmatrix} \tag{11}$$

のように，運動量の3乗の形に書くことができる[28]。このため LL エネルギーは

$$\varepsilon_{n,\pm}=\pm\frac{v^3}{\gamma_1^2}(2\hbar eB)^{\frac{3}{2}}\sqrt{n(n+1)(n+2)}$$

となる。

図11（a, b）に光学伝導度と光学ホール伝導度の理論結果を示す。ABA 構造のときと異なり，共鳴ピークは3乗分散バンド由来のバンド内遷移，バンド間遷移の一種類のみ現れる。バンド内

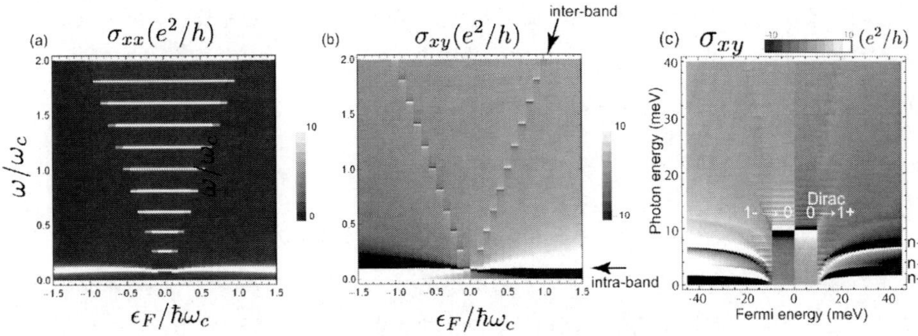

図11　ABC 3層グラフェン量子ホール系の光学応答

γ_0，γ_1 のみを考えた場合（$\gamma_1/\hbar\omega_c=5$）の(a)光学伝導度 $\sigma_{xx}(\epsilon_F,\omega)$ と(b)光学ホール伝導度 $\sigma_{xy}(\epsilon_F,\omega)$ を，(c)式(10)のすべてのホッピングを考慮した場合と比較。磁場は $B=1\mathrm{T}$[11]。

遷移は，ランダウ準位が磁場の3/2乗に依存するために，弱磁場領域では共鳴周波数は単層や2層グラフェンに比べ小さくなる。一方，バンド間遷移は $\hbar\omega\sim2\epsilon_F$ にあらわれ，単層，2層グラフェンと同様の振る舞いを示す。

さて，式(10)ですべての項を考えると，2層と同様，三角歪みの効果によりリフシッツ転移が引き起こされる。ABC三層系では三角歪みが v_3 のみでなく γ_2 によってももたらされるため，リフシッツ転移が2層系よりも大きなフェルミ・エネルギー～ $\gamma_2/2\sim10$ meV で起きる。このため光学ホール伝導度（図11(c)）においても低エネルギーのディラック・コーンのLL間のサイクロトロン共鳴が現れてくる。2層系と同様，リフシッツ転移の外側では三角歪み由来のピーク $n\to n+4$，$n\to n+2$ がみてとれる。

以上，この節で大事なメッセージは，多層グラフェンにおいては，層の枚数や，積層構造に応じて劇的に変わるバンド構造が，磁気光学応答に敏感に反映されるために，カイラル対称性が反映される電子構造の良いプローブになることである。

6　ゼロ磁場中グラフェンにおける光誘起ホール効果

以上では，グラフェンを，特に強磁場中においたときの，線形応答としての光学応答を解説した。全く別の非平衡現象をここで簡単に紹介しよう。これは，（ゼロ磁場中の）グラフェンに，強い円偏光レーザーを照射したときに，ゼロ磁場中にもかかわらず直流ホール伝導が起きるという現象である[29～31]。これは，岡，青木により理論的に予言され，光誘起ホール効果（photovoltaic Hall effect）と名付けられている。この現象は，ac外場をかけるとdc応答する，という一見直感に反する面白い現象であるというだけでなく，グラフェンのディラック・コーンに特有な「トポロジカル」な性質を，非平衡状態で発現させ，現れるホール伝導はレーザー光の強度の2乗に比例することから分かるように，純粋に非平衡・非線形現象という意味でユニークである。したがって，この現象は，光学応答というよりは，光を使ってグラフェンを平衡からずらせたときの現象である。詳細は文献 29～31 に譲り，以下には要点のみ記す。

円偏光中のディラック電子を記述するハミルトニアンは

$$H_{\pm}(t) = v\begin{pmatrix} 0 & k_{\pm} - Ae^{\pm i\Omega t} \\ k_{\pm}^{*} - Ae^{\mp i\Omega t} & 0 \end{pmatrix}$$

のように，(3)式に似るがベクトル・ポテンシャルが時間変化するものとなる。ここで，$A = F/\Omega$，F は入射光の電場強度，Ω はそのフォトン・エネルギー，また $k_{\pm} = \pm k_x - ik_y$ は複素表示された波数である。これから，波数 $\mathbf{k}$ を持つ状態はベクトル・ポテンシャルの効果によって波数空間中を図 12 のように時間変化する。特に，ディラック点を囲むように運動する k 点がある。このハミルトニアンの固有関数も時間変化するが，Floquet 理論（時間軸に対して離散フーリエ変換したような理論）を用いると，レーザー光が強くて摂動とはみなせない場合でも，状態は Floquet 状態というもので表すことができる。そのために，縦およびホール光学伝導度は，上で出てきた式と似た，

$$\sigma_{ij}(A_{\mathrm{ac}}) = i\int \frac{d\boldsymbol{k}}{(2\pi)^d} \sum_{\alpha,\beta\neq\alpha} \frac{[\, f_{\beta}(\boldsymbol{k}) - f_{\alpha}(\boldsymbol{k})\,]}{\varepsilon_{\beta}(\boldsymbol{k}) - \varepsilon_{\alpha}(\boldsymbol{k})}$$

$$\times \frac{\langle\langle \Phi_{\alpha}(\boldsymbol{k}) | J_j | \Phi_{\beta}(\boldsymbol{k}) \rangle\rangle \langle\langle \Phi_{\beta}(\boldsymbol{k}) | J_i | \Phi_{\alpha}(\boldsymbol{k}) \rangle\rangle}{\varepsilon_{\beta}(\boldsymbol{k}) - \varepsilon_{\alpha}(\boldsymbol{k}) + i0}$$

のように表せる。ただし，重要な違いは，Φ は Floquet 状態，$\langle\langle\ \rangle\rangle$ はそれによる行列要素と時間平均，ε は Floquet 理論にでてくる Floquet の擬エネルギーという量である。これから，外部磁場がゼロの場合でも，円偏光によりドライブされた状態はベリーの位相（正確にいうと，その非平衡への拡張版である Aharonov-Anandan 位相とよばれるもの）を獲得し，そのためにホール効果（条件によっては量子ホール効果）が起きる。つまり，「光誘起されたゲージ場」が，外部磁場の役を果たすのである。

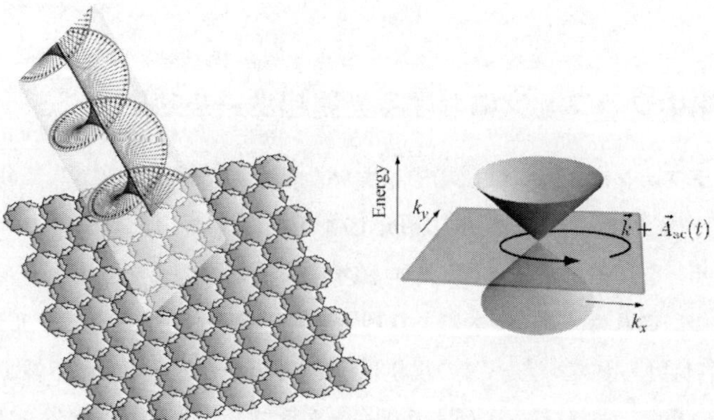

図 12　グラフェンに円偏光を照射したときに生じる光誘起ホール効果の概念図。
添図は，円偏光中で k 空間で k 点がディラック点を周回する概念図。

面白いのは，北川等により示されたように，この現象が，1980年代にHaldaneにより理論的に提唱された，ゼロ磁場中量子ホール効果（quantum anomalous Hall effectと呼ばれることがある）を示す人工的な模型があるが，これを有効的に実現していることである[31)]。

観測可能な効果を生じさせるために必要なレーザー光強度は現実的と見積もられており，これが実験的に観測されることが望まれる。観測には，必ずしも電流を測定する必要はなく，強い円偏光を当てて直線偏光でプローブするall optical測定も可能であろうし，あるいは試料の端を（普通の量子ホール系と同様）流れる端状態を見ても良い。

7　おわりに

グラフェンの磁気光学応答について，ディラック粒子特有の光学選択則や磁場依存性に注意しながら，光学ホール伝導度，ファラデイ回転に焦点をあてて解説した。さらに多層グラフェンも近年盛んに研究されているので，多彩な構造に起因する多彩な光学応答についても議論した。このようにグラフェンはユニークな光学特性や制御性をもっているので，今後ますます発展することが期待される。グラフェンについては，一般的な性質についての解説[1, 32, 33)]や，光学的性質についての解説[34, 35)]，非平衡における光誘起現象の解説[29～31)]があるので，詳細については参照されたい。グラフェンの光学応答については，理論面では岡隆史氏（東京大），初貝安弘氏（筑波大），越野幹人氏（東北大）に，実験面ではMarek Potemsky氏（Grenoble）および島野亮氏（東京大）に大変有益な議論をいただいたので感謝したい。

文　　献

1） 青木秀夫in 斉木幸一朗，徳本洋志（編），グラフェンの機能と応用展望，シーエムシー出版（2009）
2） P. Wallace, *Phys. Rev.*, **71**, 622 (1947)
3） J. McClure, *Phys. Rev.*, **104**, 666 (1956)
4） K. Novoselov, A. Geim, S. Morozov, D. Jiang, Y. Zhang, S. Dubonos, I. Grigorieva, and A. Firsov, *Science*, **306**, 666 (2004)
5） K. Novoselov, A. Geim, S. Morozov, D. Jiang, M. Katsnelson, I. Grigorieva, S. Dubonos, and A. Firsov, *Nature*, **438**, 197 (2005)
6） R. Nair, P. Blake, A. Grigorenko, K. Novoselov, T. Booth, T. Stauber, N. Peres,and A. Geim, *Science*, **320**, 1308 (2008)
7） A. CastroNeto, F. Guinea, N. Peres, K. Novoselov, and A. Geim, *Rev. Mod. Phys.*, **81**, 109 (2009)

8) K. Novoselov, Z. Jiang, Y. Zhang, S. Morozov, H. Stormer, U. Zeitler, J. Maan, G. Boebinger, P. Kim, and A. Geim, *Science*, **315**, 1379 (2007)
9) Y. Zhang, Y. W. Tan, H. L. Stormer, and P. Kim, *Nature*, **438**, 201 (2005)
10) Y. Zheng and T. Ando, *Phys. Rev. B*, **65**, 245420 (2002)
11) T. Morimoto, M. Koshino and H. Aoki, *Phys. Rev. B*, **86**, 155426 (2012)
12) T. Morimoto, Y. Hatsugai, and H. Aoki, *Phys. Rev. Lett.*, **103**, 116803 (2009)
13) M. L. Sadowski, G. Martinez, M. Potemski, C. Berger, and W. A. de Heer, *Phys. Rev. Lett.*, **97**, 266405 (2006)
14) M. Orlita *et al.*, *Phys. Rev. Lett.*, **101**, 267601 (2008)
15) T. Morimoto, Y. Hatsugai and H. Aoki, *Phys. Rev. B*, **78**, 073406 (2008)
16) R. F. O' Connell and G. Wallace, *Phys. Rev. B*, **26**, 2231 (1982)
17) Y. Ikebe, T. Morimoto, R. Masutomi, T. Okamoto, H. Aoki and R. Shimano, *Phys. Rev. Lett.*, **104**, 256802 (2010)
18) A. V. Stier, H. Zhang, C. T. Ellis, D. Eason, G. Strasser, B. D. McCombe, T. Morimoto, H. Aoki and J. Cerne, submitted (arXiv:1201.0182)
19) I. Crassee, J. Levallois, A. Walter, M. Ostler, A. Bostwick, E. Rotenberg, T. Seyller, D. Van Der Marel, and A. Kuzmenko, *Nature Phys.*, **7**, 48 (2010)
20) K. Novoselov, E. McCann, S. Morozov, V. Fal ' ko, M. Katsnelson, U. Zeitler, D. Jiang, F. Schedin, and A. Geim, *Nature Phys.*, **2**, 177 (2006)
21) E. McCann and V. Fal ' ko, *Phys. Rev. Lett.*, **96**, 86805 (2006)
22) F. Guinea, A. H. Castro Neto, and N. M. R. Peres, *Phys. Rev. B*, **73**, 245426 (2006)
23) B. Partoens and F. Peeters, *Phys. Rev. B*, **74**, 075404 (2006)
24) C. Lu, C. Chang, Y. Huang, R. Chen, and M. Lin, *Phys. Rev. B*, **73**, 144427 (2006)
25) M. Koshino and T. Ando, *Phys. Rev. B*, **76**, 085425 (2007)
26) J. Charlier, X. Gonze, and J. Michenaud, *Phys. Rev. B*, **43**, 4579 (1991)
27) M. Dresselhaus and G. Dresselhaus, *Adv. Phys.*, **51**, 1 (2002)
28) M. Koshino and E. McCann, *Phys. Rev. B*, **80**, 165409 (2009)
29) 岡隆史，青木秀夫，日本物理学会誌，**67**, 234 (2012)
30) 岡隆史，青木秀夫，光学，**39**, 445 (2010)
31) 岡隆史，北川拓也，固体物理「動的光物性の新展開」特集号，**46**, 605 (2011)
32) 初貝安弘，青木秀夫，固体物理，**45**, 457 (2010)
33) 青木秀夫，固体物理，**45**, 753 (2010)
34) 森本高裕，池辺洋平，島野亮，青木秀夫，日本物理学会誌，**66**, 365 (2011)
35) Y. Hatsugai, T. Morimoto, T. Kawarabayashi, Y. Hamamoto and H. Aoki, *New J. Phys.*, to be published (arXiv:1210.0714)

第2章　ナノグラフェンの特異な電子物性

若林克法*

1　はじめに

グラフェンの電子状態は，質量のないディラック電子として記述されるため，半導体界面で実現される通常の2次元電子系とは大きく異なった性質を示す。グラフェンが示す10万 cm^2/Vs を超す極めて高い電子移動度や半整数量子ホール効果の起源も，この特異な電子状態に由来する。グラフェンがこうした特殊な電子構造をもつ理由は，グラフェンが炭素原子が蜂の巣格子状に敷き詰められた結晶構造を有していることにある。しかし，グラフェンのサイズがナノスケールになると，端の環境にある炭素原子とバルクの環境にある炭素原子の数が同程度になる。そのため，端の存在とその形状が電子物性に大きな影響を与える[1~4]。グラフェンには，アームチェアおよびジグザグと呼ばれる典型的な二種類のエッジ形状がある。特にジグザグ型のエッジがあると，フェルミ準位近傍にエッジ局在状態を形成し，グラフェンシートでは見られないフェルミ準位近傍での状態密度のピークが現れる。このエッジ局在状態が，グラフェンにおける強いナノスケール効果の起源となり，ナノスケールのグラフェン（以下，ナノグラフェン）の磁性や伝導特性を大きく変える。本章では，グラフェンの電子状態が，ナノスケールおよびエッジ効果によって受ける変化を概説した後，エッジ効果が担うと期待される特異なスピン分極について紹介する。

2　グラフェンの電子構造

グラフェンのフェルミ準位近傍の電子状態の担い手は，グラフェン平面上を遍歴する π 電子である。ここでは，最も近接炭素原子間のみに π 電子のホッピングがある強結合模型によって，グラフェンの電子状態を記述する[5,6]。互いに隣り合う炭素原子間で起きる電子の飛び移り積分を，γ_0 と定義する。グラフェンでは γ_0 は2.8 eV程度と見積もられている。グラフェンは蜂の巣格子構造をもつため，図1(a)に示すように，単位胞には2つの非等価な炭素原子がある（以下，A，B副格子と呼ぶ）。蜂の巣格子構造を反映して，第一ブリルアンゾーンも，図1(b)に示すように六角形となる。また，伝導帯および価電子帯に対応する2つのエネルギー分散関係は，

* Katsunori Wakabayashi　㈱物質・材料研究機構　国際ナノアーキテクトニクス研究拠点　独立研究者

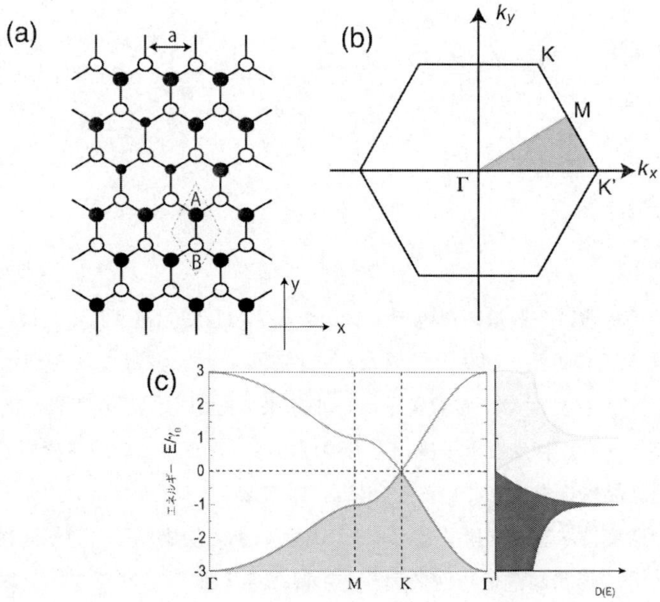

図1
(a)グラフェンの格子構造。破線の菱形が単位胞。黒丸をA原子，白丸をB原子とよぶ。格子定数をaとする。(b)グラフェンの第一ブリルアンゾーン。(c)グラフェンのエネルギーバンド構造と対応する状態密度。

$$E(k_x, k_y) = \pm\, \gamma_0 \sqrt{3 + 2\cos(k_x a) + 4\cos\left(\frac{k_x a}{2}\right)\cos\left(\frac{\sqrt{3}}{2} k_y a\right)}$$

で与えられる。ここで，k_xとk_yは波数，aは格子定数である。図1(b)は，エネルギー固有値をブリルアン域内の特別な対称点を通るようにプロットしたものである。各炭素原子には，平均として一つπ電子が存在するので，基底状態では下側のバンドは完全に電子が詰まっており（価電子帯），上側のバンドは空になっている（伝導帯）。

グラフェンシートのバンド構造では，価電子バンドと伝導バンドが第一ブリュアン域のK点（ディラック点）において，波数の1次で点接触をし，ちょうどそこにフェルミ準位がくる。K点近傍のみの電子状態に着目すると，電子の運動は質量のないディラック方程式に帰着されるため[7]，グラフェン中の電子はディラック電子と呼ばれる。またこの線形分散のため図1(c)に示すように，状態密度はフェルミ準位でゼロとなる特徴がある。

3　グラフェンのナノスケール効果

グラフェンのサイズがナノメータースケールになると，端の形状の違いによって，電子構造に大きな変化が現れる。グラフェンの端の形状には，角度30度の違いによって，アームチェア端，そしてジグザグ端と呼ばれる2つの典型的な端が現れる。ナノグラフェンのπ電子状態が端の形状とサイズにどの様に依存するかを，リボン状の一次元グラフェン格子（以下，グラフェンナノリボンと呼ぶ；図2(a)，(b)）によって考える。ここでは，端に現れるダングリングボンドは全て水素で終端されているものとする。以下では，アームチェア端をもつグラフェンリボンをアームチェアリボン（図2(a)），ジグザグ端をもつグラフェンリボンをジグザグリボン（図2(b)）とよぶことにする。

アームチェアリボンのエネルギーバンド構造を図2(c)に示す。アームチェアリボンの場合には，リボンの幅Nに依存して，系は金属的または半導体になることが知られている。図2(c)は，金属的な場合について示している。三分の一が金属になり，残り三分の二が半導体になるというこの特徴は，カーボンナノチューブの性質と良く似ていると言える。

一方，ジグザグリボンでは，グラフェンシートあるいはアームチェアリボンにはない，ほとんど分散を持たない平坦なバンドがフェルミ準位（$E=0$）に現れる（図2(d)）。そのため，状態密度はフェルミ準位に非常に鋭いピークをもつ。グラフェンの状態密度が$E=0$でゼロであるから，この結果は非常に対照的である。

$E=0$付近に形成される特異な電子状態は，ジグザグ端をもつ半無限のグラフェンを考えると，

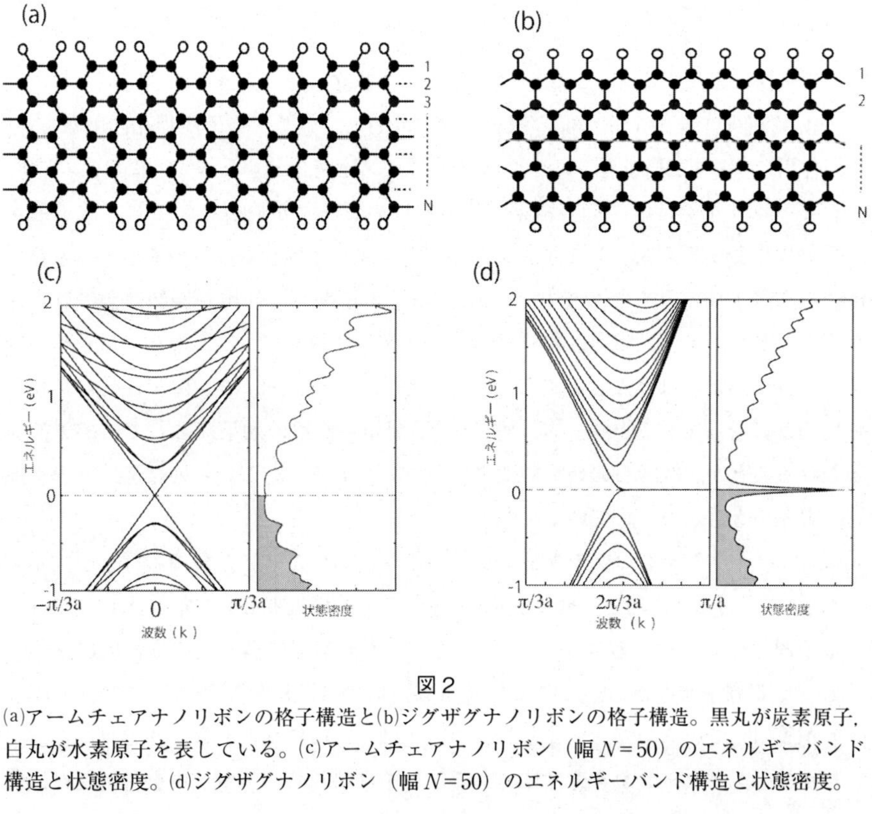

図2
(a)アームチェアナノリボンの格子構造と(b)ジグザグナノリボンの格子構造。黒丸が炭素原子，白丸が水素原子を表している。(c)アームチェアナノリボン（幅$N=50$）のエネルギーバンド構造と状態密度。(d)ジグザグナノリボン（幅$N=50$）のエネルギーバンド構造と状態密度。

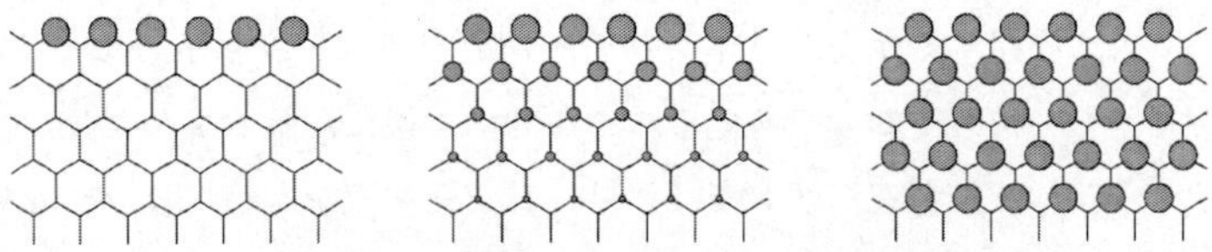

図3　各波数でのエッジ状態による電荷密度の空間分布
(a) $k=\pi/a$, (b) $k=7\pi/9a$, (c) $k=2\pi/3a$。ジグザグ端を終端している水素原子は，簡単化のため，表示していない。

端を起点として解析的に構築される非結合性軌道として理解できる。図3(a)-(c)は，各波数における波動関数の様子を図示したものである。$k=\pi/a$ではジグザグ端に沿って2配位のサイトにのみ完全に電子が局在し，kがπ/aからずれるにしたがって徐々に面内に浸透し，$k=2\pi/3a$で完全に広がったグラフェンのK点の状態になる。したがって，平坦バンドの起源は，ジグザグ端に局在した状態（エッジ状態）である。

強結合模型に基づく，グラフェンナノリボンのエネルギーバンド構造と波動関数の表式は，ここでは割愛するが，興味のある読者は，拙著[8,9]を参照して頂きたい。

4　グラフェンのエッジ・スピン効果

ジグザグ端近傍に出現するエッジ状態は，フェルミ準位近傍に大きな状態密度のピークを形成する（図2(d)）。通常，フェルミ準位の状態密度が高いと，電子－格子間相互作用あるいは電子-電子間相互作用によって，格子歪みあるいは電子スピン分極をともなって，平坦バンドが分裂し，エネルギーギャップを開ける。その結果，状態密度のピークが分裂を起こし，電子系がエネルギー的に安定化しようとする。これはフェルミ不安定性と呼ばれる性質である。電子格子間相互作用が優勢なら格子ひずみをともない，一方，電子-電子間相互作用が優勢に働けば磁性などの起源になる。しかし，エッジ状態は非結合性分子軌道の性質を持つことから，電子格子間相互作用の格子ひずみの効果はほとんど起こらないことが，SSH（Su-Schrieffer-Heeger）模型による計算から明らかになっている[10]。一方，電子-電子間相互作用の効果によって，磁気的な不安定性が誘起されることが，筆者らの研究で明らかになっている[11]。これらの結論は，第一原理電子状態計算によっても確かめられている[12,13]。

図4(a)は，ジグザグ端をもつグラフェンナノリボンにおけるスピン分極の様子を図示したものである。電子-電子間相互作用は，Hubbard modelの平均場近似として取り入れており，オンサイトでの電子間クーロン斥力Uをγ_0としている。ジグザグ端に沿って強磁性的に磁気モーメントが整列している様子がわかる。ここで注意されたいのは，反対側のエッジでは逆向きに磁気モーメントが整列しているので，全体としての磁化は互いに打ち消し合ってゼロになっている点である。しかし，グラフェンが非磁性体であることを反映して，リボン中央付近では磁化がほと

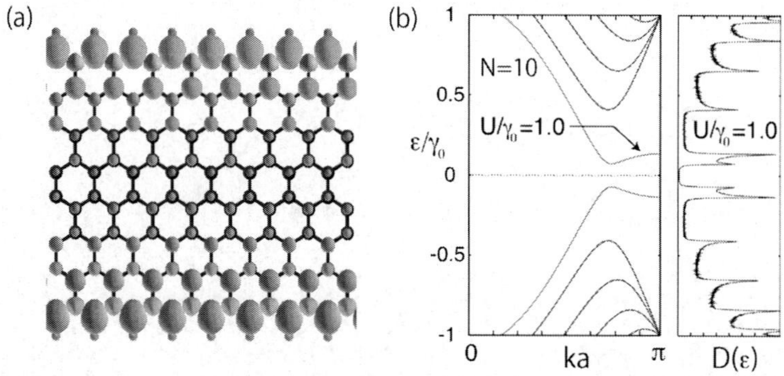

図4　(a)ジグザグ端に現れる磁気構造と，(b)エネルギーバンド構造。U/γ_0=1.0。

んどゼロである。そのため，2つのジグザグエッジ間の磁気的な結合エネルギーは，片方のジグザグエッジに沿ったスピン-スピン結合エネルギーに比べて，極めて小さい[11]。

このエッジ磁性状態は，ホールドーピングに対して特異な振る舞いを示す[14]。図5は，有限長さをもつナノグラフェン・リボンにおけるスピン-スピン相関関数を配置間相互作用（CI）の計算によって求めたものである。ここで，n_{h} はドーピングされたホールの数を示している。中段の図が，実際にCIによって計算をした有限サイズのナノグラフェンの構造である。上段の図は，ジグザグエッジに沿ってのスピン・スピン相関関数である。ここでは，エッジの中央（上のジグザグエッジの0サイト）にあるスピンと，同じエッジにあるjサイトにあるスピンとの間の相関を示している。ジグザグ端に沿って強磁性的な相関をもつため，正の符号をもつ。ジグザグナノリボンでは，スピン-スピン相関関数が距離に関して，指数関数的に減衰せず，べき的に減衰する様子がわかる。また，ホールドーピングを行っても，ジグザグエッジに沿ってのスピン・スピン相関が強く残っている。一方，下段の図は，2つのジグザグエッジ間でのスピン・スピン相関関数を示している。2つのジグザグ・エッジの間ではスピンは，反強磁性に相関しているため負の値を示している。興味深いことに，ホールドーピングによって，この反強磁性相関は，急激に弱められていることがわかる。実際，このときのスピン励起エネルギーを計算すると，そのエネルギーをほぼゼロになっており，系全体として磁性を持ちたがる傾向にある[14]。

図4(b)に示すように，磁気分極が起こると，エッジ状態による平坦バンドは，$k=\pi$ で，Um/γ_0 程度のギャップが開く。ここで，m は磁化の大きさを表しており，ジグザグリボンでは，$m \cong 0.1\ \mu_{\mathrm{B}}$（$\mu_{\mathrm{B}}$ はボーア磁子）程度である。したがって，図4(b)右図からわかるように，状態密度のピーク分裂が起きる。この磁気的な構造は，極低温で起きると期待される。2011年M. Crommieらのグループは，カーボンナノチューブをunzippingする方法で作成したカイラルナノリボンに対して，STS（Scanning Tunneling Spectroscopy）を用いた状態密度測定を行い，ピーク分裂の観測に成功している[15]。また，その分裂幅は，ハバードギャップと同程度であることから，エッジでのスピン分極が期待されている。しかし，ハバードギャップの観測成功からただちにスピン

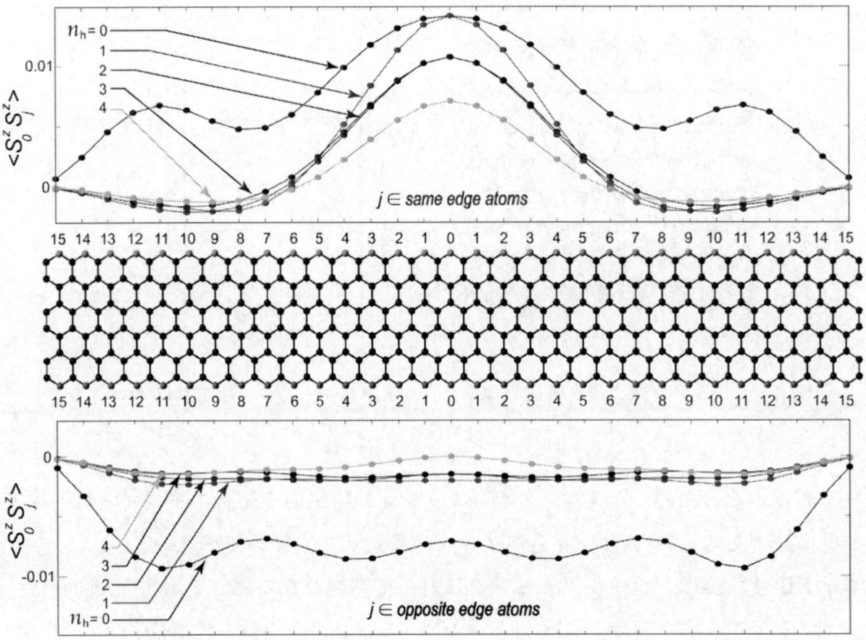

図５　グラフェン・エッジ磁性へのホールドーピング効果

グラフェン・エッジ磁性へのホールドーピング効果。有限の長さをもつジグザグナノリボンにおけるスピン・スピン相関関数。n_h は，ドーピングされたホールの数。最上図の$< S_0^z S_j^z >$は，上側のジグザグエッジに沿ったスピン・スピン相関関数。上側のジグザグエッジ上にある０サイトを基準にとり，同じ上側エッジに属する j 番目のサイトとのスピン・スピン相関関数。最下図のは，上側のエッジと下側のエッジとの間でのスピン・スピン相関関数。上側のジグザグエッジ上にある０サイトを基準にとり，反対側エッジに属する j 番目のサイトとのスピン・スピン相関関数。

分極を結論づけることは不十分であり，今後スピン依存走査トンネル顕微鏡を使った直接観察が期待される。また，化学的にエッジを異原子で修飾することで，磁気的な性質に変調を加えることも可能である。たとえば，図６(a)は，ジグザグ端をボロンで修飾した場合のナノリボンについて，第一原理計算によるエネルギー・バンド構造である。フェルミ準位近傍では，上向きスピン（実線）がほぼ平坦なバンドを形成し，全体として磁性を発現させることがわかる（図６(b)）。興味深いことに，この場合には，線形分散をもったサブバンドが残るので，絶縁化しない。

エッジ磁性を利用した機能応用として提案されているデバイスについて，紹介する[16]。図４(a)で見たように，２つのジグザグエッジでは，互いに逆向きのスピン分極が起きているため，図４(b)に示されるバンド構造を見ると，スピンの自由度について縮退している。しかし，このスピン縮退は，ナノリボンに対して横電場を印加することで，解くことができる。さらに，ハーフメタル（Half-metal）の電子状態を実現させることが可能である。 ハーフメタルとは，図７(a)に示すように，スピン縮退が解け，フェルミ準位近傍の電子状態を担うのが，上向きまたは下向きのスピンの状態のみをもつ状態である[17]。その結果，片方のスピン状態のみが系の電子スピン伝導

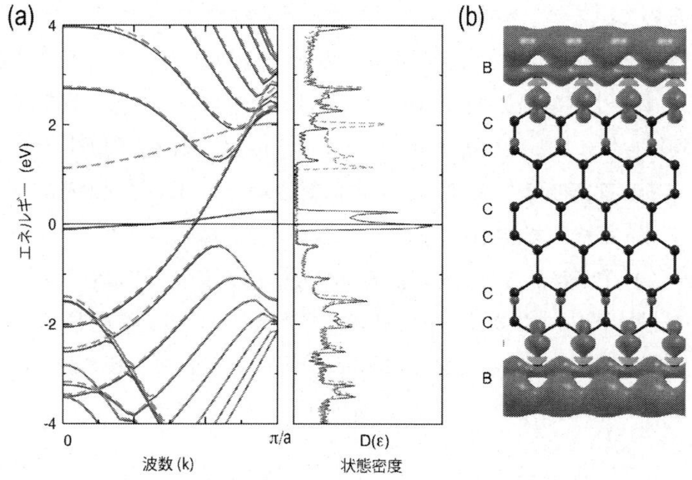

図6
(a)ボロンで端が化学修飾されたナノリボンのエネルギーバンド構造と状態密度。
実線が上向きスピン，破線が下向きスピンの状態を示す。(b)スピン密度分布。

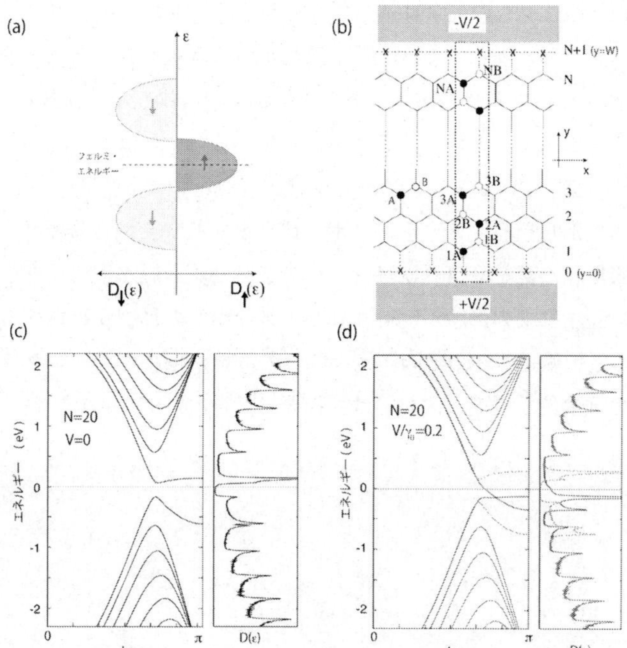

図7　電場印加によるグラフェンナノリボンのハーフメタル化
(a)ハーフメタル物質の状態密度。(b)デバイスの概略図。(c)電場 $V=0$ でのエネルギーバンド図と状態密度。(d) $V/\gamma_0=0.2$ でのエネルギーバンド図と状態密度。スピンの縮退が解け，上向きスピンの状態（破線）はギャップが開いているが，下向きスピンの状態（実線）はギャップが閉じている。ここでは，次近接炭素間の飛び移り積分を，$0.1\gamma_0$ 程度取り入れている。

を担うことになるので，スピン注入材料あるいはスピン整流材料としての応用が期待されている。デバイスの構造を，図7(b)に示す。リボン横方向（y 方向）へ，電場 E を印加する。両エッジ間での電位差を V，リボン幅を W とすれば，横電場の強さは $E=V/W$ である。さきほどまでと同様に，平均場近似によって解析を行う。図7(c)と(d)は，電場を印加した場合のエネルギーバンド図と対応する状態密度である。電場の印加によって，スピン縮退が解ける様子がわかる。電場の強さがハバードギャップ程度になると，片方のスピンは完全にギャップが閉じ，ハーフメタル状態が実現する様子がわかる。現在の技術水準では，実現するのは難しいが，興味深い理論アイデアと言える。電場印加ではなく，窒化ボロンナノリボンに炭素置換ドーピングによっても，同様なハーフメタル状態が実現する可能性があることが，理論的に指摘されている[18)]。

5　まとめ

グラフェンナノリボンは，その強いナノスケール効果とエッジ効果によって，電子伝導および磁性の観点から興味深い物性が現れる。グラフェンの発見直後から，エッティング技術を用いて，物理的にグラフェンを裁断することで，ナノリボンを実験的に作製し，電子伝導を測定する実験がなされている[19)]。しかし，このアプローチで作られたリボンは，端の形状は全く制御できておらず，ランダムなエッジ形状などによって電子散乱が強く誘起され，ディラック点近傍で，伝導ギャップが開くことが報告されている[20)]。その後，2009年頃から，米国のグループを中心に，端の形状を積極的に制御しようとする動きが出てきている。一つは，電流加熱による端の制御である[21)]。また，化学的な手法によって，カーボンナノチューブを切り開き（unzip），原子スケールでより平滑なエッジ形状を有する，ナノリボン構造を作製した例も報告された[22)]。そして，最近になって，芳香族炭化水素を，自己組織的に集合させた後，脱水素化反応をさせることで，原子スケールレベルで完全に端の形状が制御されたナノリボンの作製が可能であることが実験的に示された[23)]。今後，電子輸送等への他の測定実験への波及が期待される。グラフェンナノリボンにおける電子輸送の理論的な側面に関しては，拙著[2, 24~26)]を参考にされたい。

文　献

1) M. Fujita, K. Wakabayashi, K. Nakada, K. Kusakabe, *J. Phys. Soc. Jpn.*, **65**, 1920 (1996)
2) 若林克法，草部浩一，日本物理学会誌，**63**, 344 (2008)
3) K. Nakada *et al., Phys. Rev. B*, **54**, 17954 (1996)
4) K. Wakabayashi *et al., Phys. Rev. B*, **59**, 8172 (1999)
5) P. R. Wallace, *Phys. Rev.*, **71**, 622 (1947)

6) A. H. Castro Neto *et al., Rev. Mod. Phys.*, **81**, 109 (2009)
7) T. Ando, *J. Phys. Soc. Jpn.*, **74**, 777 (2005)
8) K. Wakabayashi, *et al., Solid. Stat. Comm.*, **152**, 1420 (2012)
9) K. Wakabayashi, *et al., Sci. Technol. Adv. Mat.*, **11**, 054504 (2010)
10) M. Igami *et al., J. Phys. Soc. Jpn.*, **66**, 1864 (1997)
11) K. Wakabayashi *et al., J. Phys. Soc. Jpn.*, **67**, 2089 (1998)
12) Y. Miyamoto *et al., Phys. Rev. B*, **59**, 9858 (1999)
13) Y.-W. Son *et al., Phys. Rev. Lett.*, **97**, 216803 (2006)
14) S. Dutta, K. Wakabayashi, *Sci. Rep.* (*NPG*), **2**, 519 (2012)
15) M. F. Crommie *et al., Nature Phys.*, **7**, 616 (2011)
16) Y.-W. Son *et al., Nautre*, **444**, 347 (2006)
17) I. Galanakis and P. H. Dederics, Half-Metallic Alloys, Lecture Notes Physics 676, Springer, Berlin (2005)
18) S. Dutta *et al., Phys. Rev. Lett.*, **102**, 096601 (2009)
19) M. Y. Han *et al., Phys. Rev. Lett.*, **98**, 206805 (2007)
20) T. Ihn *et al., Materials Today*, **13**, 44 (2010)
21) X. Jia *et al., Science*, **323**, 1701 (2009)
22) D. V. Kosynkin *et al., Nature*, **458**, 7240 (2009)
23) J. Cai *et al., Nautre*, **466**, 470 (2010)
24) 若林克法，物性研究 (2012)
25) K. Wakabayashi *et al., New J. Phys.*, **11**, 095016 (2009)
26) M. Yamamoto and K. Wakabayashi, *Nanoscale* (*RSC*), **4**, 1138 (2012)

第3章　グラフェンへの窒素ドーピング：構造と電子状態

寺倉清之[*1]，HOU, Zhufeng[*2]，
WANG, Xianlong[*3]，池田隆司[*4]

1　はじめに

グラフェンの持つユニークな基礎物性が多方面から研究されており，同時に多方面への応用の可能性も検討されている。グラフェンの物性の制御として直ちに考えられるのは，周期律表での隣の元素である，ホウ素や窒素のドーピングである。電子デバイスとしての可能性を考えるならば，それはキャリアー数の制御である。一方，これらの元素のドーピングについては，化学的な性質としても非常に興味深い現象が見つかっている[1)]。実際，我々はこの数年間，窒素ドープの炭素系（構造的にはグラフェン，あるいはグラファイトが主要と考えられている）が，酸素分子の還元反応の触媒として Pt を代替できるようにしようという，野心的な NEDO プロジェクトに関係している。このことについては，他に報告がいくつかあるので[2~4)]，ここではあまり触れない。電子デバイスや触媒の関連では，グラフェンのナノフレークやナノリボンも重要であるが，それらの場合にはグラフェンのエッジが問題になる。グラフェンエッジには，いくつもの特徴的な局在状態の存在が知られている[5,6)]。また，最近の TEM や STM 実験などによって，グラフェン内部の種々の構造欠陥の存在が実際に観測されている[7~11)]。エッジも構造欠陥と見なすなら，これらの構造欠陥自身がグラフェンの物性に強い影響を与えるが，同時にまた，ホウ素や窒素のドーピングと構造欠陥との間には強い関連がある。このために，グラフェンへのホウ素や窒素のドーピングは，複雑で多様な問題になっている。

本章では，グラフェンでの窒素ドープに限って，最近の理論研究の現状を紹介する。

2　グラフェン内部での窒素ドープと構造欠陥

この節では，窒素ドープに関する理論計算については，我々が行ったグラフェンの 9×9 超格子を用いた第一原理電子状態計算の結果を軸にして議論する[12,13)]。

＊1　Kiyoyuki Terakura　東京工業大学　大学院理工学研究科　有機・高分子物質専攻　特任教授；北陸先端科学技術大学院大学　シニアプロフェッサー
＊2　Zhufeng Hou　東京工業大学　大学院理工学研究科　有機・高分子物質専攻　研究員
＊3　Xianlong Wang　愛媛大学　地球深部ダイナミクスセンター　研究員
＊4　Takashi Ikeda　㈱日本原子力研究開発機構　量子ビーム応用研究部門　研究主幹

2.1　完全なグラフェンにドープされた窒素

図1には，9×9超格子を用いた場合の完全なグラフェンのバンド構造（図1(a)）と，その超格子内の一つの炭素を窒素で置換した（graphitic Nと呼ばれることが多い）場合のバンド構造（図1(b)）を示す。また，それぞれに対応した状態密度を図1(c)，(d)に示す。3の整数倍の格子定数を持つ超格子では，もとのグラフェンのK, K'点はいずれもΓ点に折りたたまれるので，図1(a)でのΓ点の近傍に線形の分散を持つバンドが見られる。水平線で示されたFermi準位はDirac点のところにある。ガンマ点の近傍ではK，K'近傍の状態が縮退している。超格子内の一つの炭素を窒素で置き換えたバンド（図1(b)）では，K，K'の縮退が解かれていること，Fermi準位はDirac点から約0.2 eV上に存在し，Fermi準位のすぐ上に部分的に平坦な分散をもつ2つのバンドが見られる。これは，窒素ドープによってもたらされた欠陥準位が軌道について2重に縮退した母体のバンドの一つと混成していることを示唆している。またそのバンドの分散はΓ点のごく近傍では線形ではなくなっている。バンドにおける窒素のπ状態の重みが線の幅として示されているので，平坦部分の状態は窒素の重みが大きい。この欠陥準位は図1(d)の状態密度に鋭い2本のピークとして存在している。超格子を大きくすると，超格子内での欠陥局在状態の，背景のグラフェンの線形分散を示す状態に対する重みは小さくなるので，それらの間の混成は弱くなり，平坦バンドの分裂は小さくなる。

物理的な内容としては，まずフェルミ準位がDirac点より上にシフトしているので，電子がドープされたことを示すこと，欠陥局在状態と混成するバンドについてはフェルミ速度が小さくなっていることが重要である。窒素一つによって伝導体に一つの電子がドープされるが，フェルミ速度が小さくなっているので，あたかも増加したキャリアー数が1より小さいように見え

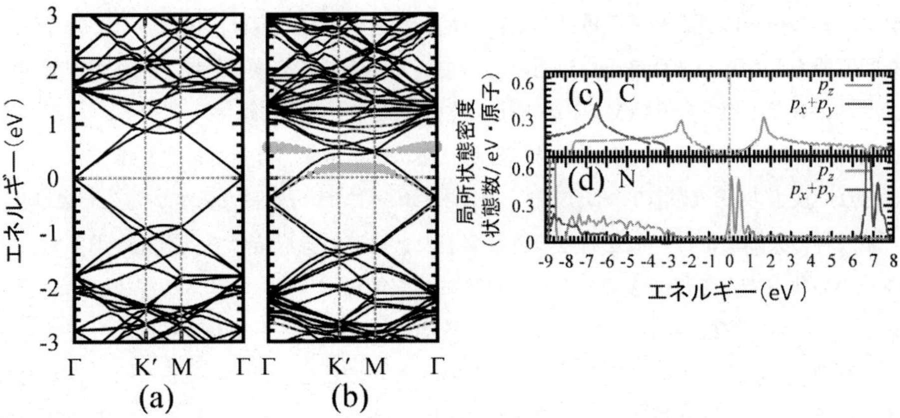

図1

(a)9×9の超格子での完全なグラフェンのバンド構造。(b)超格子内の一つの炭素を窒素で置換した系のバンド構造。灰色の線の太さは，そのバンドでの窒素のπ状態の重みに比例する。(c)完全なグラフェンの炭素原子当たりの状態密度。(d)窒素がドープされた系での窒素における状態密度。

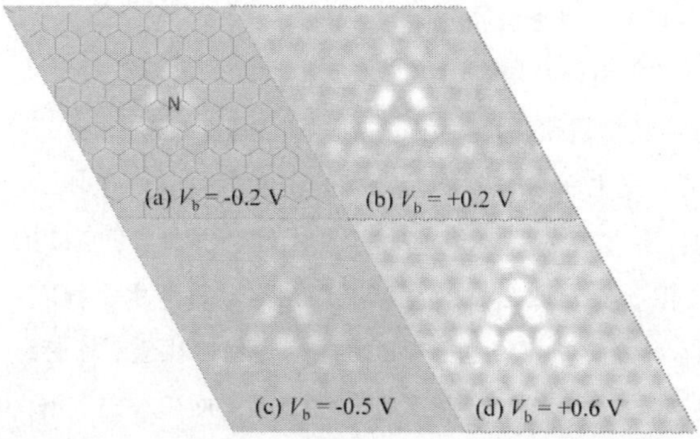

図2
完全なグラフェンに窒素がドープされた（graphitic N）場合の，それぞれのバイアス電圧でのSTM像のシミュレーション。負（正）の電圧は占有（非占有）状態を見る。

る[14,15]。

Graphitic Nの存在はSTMによって直接的に観測されている[14,16,17]。特徴は状態密度から明らかなように，非占有状態のSTM像が窒素の周辺で明るくなっていることである。図2にいくつかのバイアス電圧に対するSTM像のシミュレーション結果を示す。（負のバイアス電圧は占有状態，正のバイアス電圧は非占有状態に対応する。）この計算では，チップと試料の距離は2.0Åと小さくなっているが，実験の特徴は的確に捉えている。

なお，窒素の化学ポテンシャルをN_2分子の全エネルギーの半分として見積もると，窒素ドープに必要なエネルギーは0.785 eVである。

2.2 単一原子空孔（MV）

グラフェンの一つの炭素原子が抜けた空孔の電子状態の理論研究は沢山なされてきたが，単純そうな問題でありながらまだ完全な決着に至っていないところがある[18,19]。概略を理解するために，グラフェンでの原子空孔（MV）の電子状態の模式図を図3に示す。

一番左には，MVに付随して現れる局在した欠陥状態を示す。σ対称の欠陥準位は，欠陥周辺のそれぞれの炭素のsp^2軌道の一つがダングリングボンド（Vσ）になっていることに起因する。一方，π対称の欠陥準位は，欠陥周辺の炭素原子のπ軌道の線形結合で，空孔の周りでπ対称性を持つ一つの軌道である。図3ではこのπ対称の欠陥準位（Vπ）のエネルギーレベルを，グラフェンのDirac点（右端の図はバルクのバンド構造）のエネルギーより少し低くしてある。これは，第一原理電子状態計算の最終結果と辻褄があうようにしたものであるが，その物理的原因の一つは隣り合う原子のπ軌道間の非直交性によるのではないかと考えているが，その詳細の説明はここでは省略する。3つのσのダングリングボンド軌道は結晶場（実際は周辺の炭素原子を媒介とした電子の跳び移りを介してのダングリングボンド間の相互作用）により1重のA状態と2重縮退のE状態に分離する。このE状態の一部が最終的に占有されることになるので，Jahn-

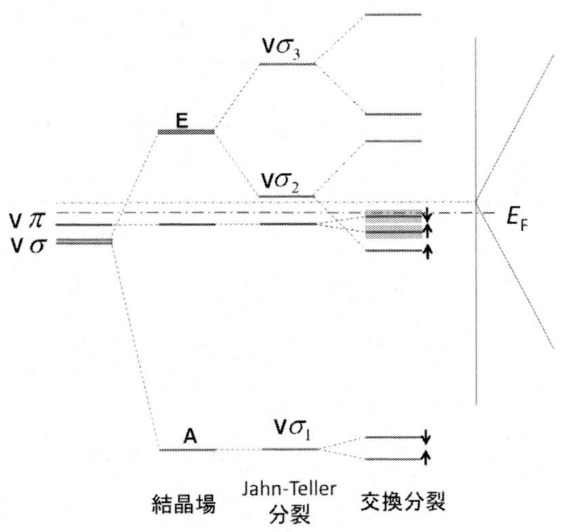

図3
グラフェンにおける単一原子空孔欠陥の電子状態の模式図。文献19
の Fig. 2 を適宜修正したもの。説明は 2.2 項の本文を参照のこと。

Teller 変形をおこして分裂する。Jahn-Teller 変形としては，実際には3つの空孔周辺の原子のうちの2つが近寄って結合を作る。フェルミ準位直上にある V σ_2 状態がスピン分極を起こし，一番低い準位が電子で占有される。フェルミ準位近傍の V σ 状態は，その辺りの母体グラフェンの状態が π 対称性であるから，母体の状態とは混成しないでシャープな準位になる。一方，V π 状態は母体の状態と混成してエネルギー的に幅を持つことになるが，母体の状態密度が小さいためにこの幅も小さく，V π 状態はほとんど完全に占有される。図3では V π 状態にも小さいスピン分裂があるように書いてあるが，MV の濃度が小さい極限で V π 状態がスピン分極するかどうかは，まだ理論的にも決着が付いていない[18]。いずれにせよ，このスピン分極は σ 状態のスピン分極によって誘起されたものである。

右端から2番目に示すエネルギー準位から，欠陥準位にほぼ5個の電子が収容されることになる。MV の中性条件からは4個の電子が収容されるはずなので，約1つの余分の電子は母体の π バンドから取られる。したがって，MV はアクセプターの役割になっている。

9×9 の超格子を用いた電子状態計算では，空孔に伴って生じるスピン分極は，σ 状態からの $1.0\,\mu_B$ に加えて，それによって誘起された π 状態からの寄与が $0.46\,\mu_B$ である。しかし，最近の研究で，MV の濃度を小さくした極限では π 状態はスピン分極しないという主張がある[18]。確かに，超格子を大きくするにつれて π 状態のスピン分極は減少するが，極限でゼロになるかどうかはまだ完全に証明されたことになっていないと思っている。

図4には，MV の周辺の原子配置とそれらの原子での局所状態密度を示した。π 状態のスピン分極は小さいので，スピン分裂も小さい。フェルミ準位に π の局在状態がひっかかっていること

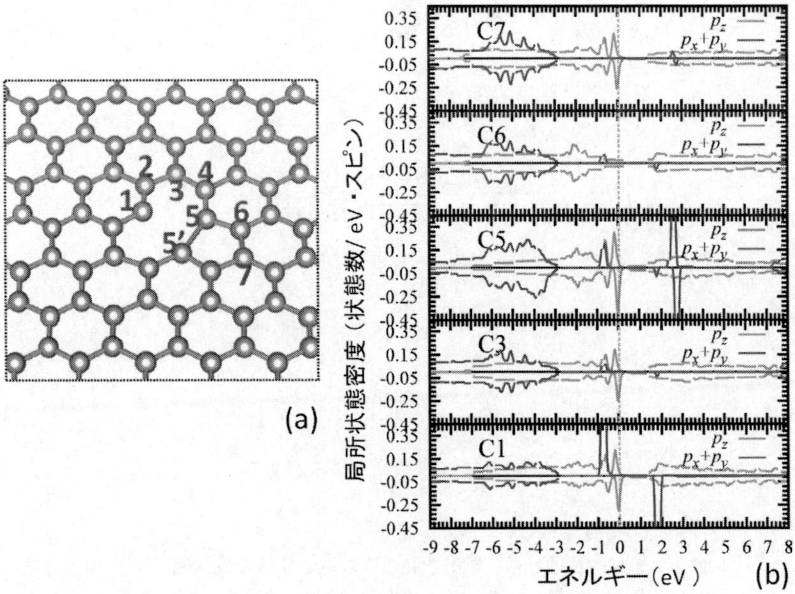

図4
(a)単一原子空孔欠陥の安定構造。(b)各炭素原子での局所状態密度。この計算ではπ状態もわずかにスピン分極している。

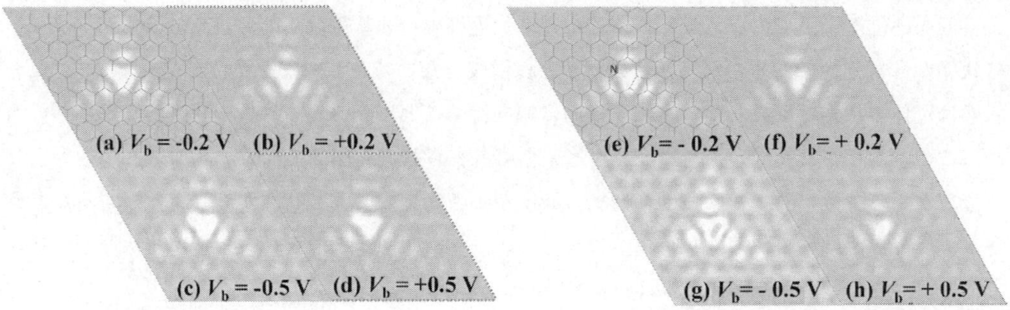

図5
左図は，単一原子空孔欠陥の場合の各バイアス電圧でのSTM像のシミュレーション。
右図は，単一原子空孔欠陥において，窒素が炭素を置換した場合のもの。

がわかる。図5(a)-(d)には，MVの周囲でのSTM像を示す。バイアス電圧の正負ともに，空孔の近傍は明るくなるが，負のバイアス電圧（占有状態）のほうがより明るくなる。

MV形成エネルギーは7.54 eVとかなり大きい。図4(a)の原子1（C1）はなおダングリングボンドを持っているので，例えば水素終端によって安定化される。水素の化学ポテンシャルを水素分子から見積もって，水素終端がある場合のMV形成エネルギーは5.59 eVとなる。水素終端によって供給されるもう一つの電子は，スピン分極したσ状態の非占有部分をFermi準位の下に引き下げることによって収容されてスピン分極が消える。Fermi 準位近傍の電子状態変化はそれだけであって，π 状態は水素終端の影響をほとんど受けない。

2.3　単一原子空孔（MV）と窒素ドープ

もともとグラフェンに MV が存在すれば，窒素はその MV の位置に入って graphitic N となる。それ以外の場合として，graphitic N と MV が共存する場合にその間の相互作用を考える。計算によると，graphitic N と MV が離れて独立に存在する場合に比べて，図 6(a)のような原子配置になると約 3 eV ものエネルギーの低下になる[12, 20]。この原子配置での窒素は pyridinic N と呼ばれる。MV の形成エネルギー，窒素ドープに必要なエネルギーにこの相互作用エネルギーを考慮すると，完全グラフェンに図 6(a)のような構造を作るための形成エネルギーは約 5.5 eV である。この結果はまた次のように言うこともできる。Graphitic N が存在すると，その隣の炭素を抜いて MV を作り易くなる。実験的にも，窒素ドープによって MV ができやすいことは知られている。

窒素ドープされた MV(N-MV) の電子状態は図 6(d)にそのバンド構造を示したが，上述の水素終端した MV のものとほぼ同じである。結局，Fermi 準位近傍の π 状態の様子は，MV，水素

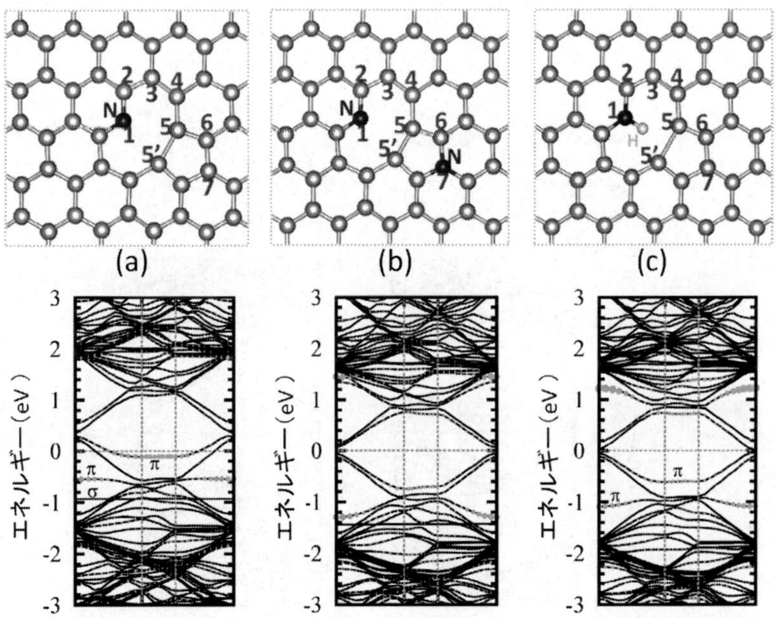

図 6
単一原子空孔欠陥に窒素がドープされたいくつかの可能な構造とそれぞれの場合のバンド構造。右上の図では，窒素を水素が終端している。

終端MV，N-MVの3者でほとんど変わらない。したがって，MVに窒素をドープしてもなおアクセプター的な様相を示すことになる。図5(e)-(h)にはこの場合のSTM像のシミュレーション結果を示す。図5(a)-(d)のMVのものとよく似ているが，窒素位置の明るさが顕著に弱くなっていること，そのためにC5，C5'の明るさが強調されることが特徴的である。N-MVは実験的に観測されており[17,21]，そのSTM像は図5の下図とよく一致する。

このN-MNのpyridinic Nにも水素が終端してエネルギー的に更に1.0 eV安定化され，NH-MVの形成エネルギーは4.5 eVになる。水素によってもたらされた電子は欠陥準位に収容され，Fermi準位は丁度Dirac点に戻る。同様の電子状態は，MVの近傍に2つのNがドープされた場合（2N-MV）にも得られる。図6(b)，(c)に2N-MVとNH-MVの原子配置と図6(e)，(f)にそれぞれのバンド構造を示した。2N-MVでの2つめのNの位置は，5員環の中にあるが，他の欠陥について以下で示すように，Nは5員環を好む。

2.4　2原子空孔（DV）と窒素ドープ

2つの炭素原子が抜けた2原子空孔（DV）とそこでの窒素ドープについて，簡単に説明する。図7(a)にDVの原子配置を示す。この構造は，5員環と8員環の組み合わせから5-8-5 DVと呼

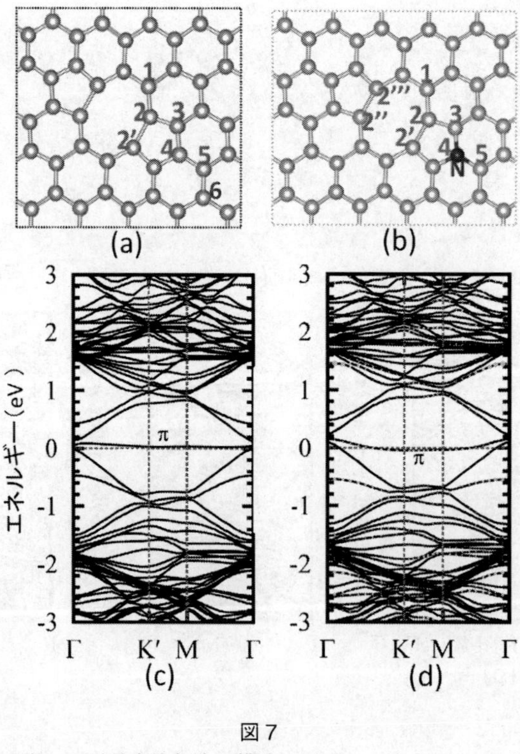

図7
(a)5-8-5型の2原子空孔欠陥の構造，(b)そこに窒素がドープされた構造。それぞれの構造でのバンド構造が(c)と(d)に与えられている。

ぶことにする。DVにはいくつかの変形が可能であり，555-777と呼ばれるものが一番安定である[12]。しかし，ここでは最も単純な5-8-5 DVのことについてのみ議論する。この欠陥の形成エネルギーは7.44 eVで，MVのそれとほぼ等しい。図7(c)には，5-8-5 DVのバンド構造を示す。欠陥準位がFermi準位の直上にあって電子によって占有されておらず，キャリアーを導入する働きはない。

図7(a)に番号の付けられている炭素を窒素で置換するときのエネルギーの安定性の変化を図8(a)に示す。横軸は窒素をドープする前の与えられた炭素の周りの平均原子間距離であり，左の縦軸の目盛りはgraphitic NとDVの相互作用エネルギーであり，右の縦軸の目盛はDVが存在する場合の炭素を窒素に置換するのに必要なエネルギーである。DVが存在しなかったときは，この数値は0.785 eVであった。この図から2つの重要な傾向が読み取れる。一つは，窒素は5員環が絡む位置を好むこと，もう一つは原子間距離の小さい位置を好むことである。また，graphitic NとDVの相互作用も引力的であるが，その強さはMVの場合のおよそ半分になっている。

最も安定なC4位置に窒素をドープした原子配置（図7(b)）でのバンド構造を図7(d)に示す。

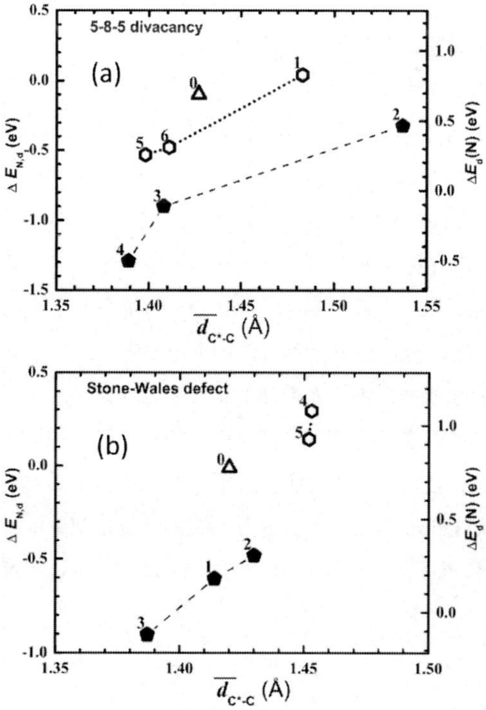

図8
(a)5-8-5 DVの図7(a)に示された各炭素を窒素に置換した場合のエネルギー安定性。左縦軸では，5-8-5 DVとgraphitic Nが独立に存在した場合の全エネルギーを基準にしている。右縦軸は，欠陥が存在した場合の窒素ドーピングに要するエネルギーとして見たもの。(b)は図10(a)に示した，SW欠陥についてのものを示す。文献12より転載。

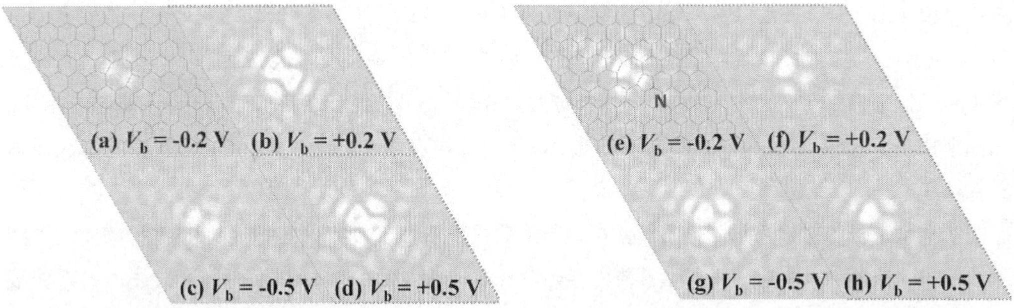

図9

左図は，5-8-5 DV が存在する場合の各バイアス電圧での STM 像のシミュレーション。
右図は，5-8-5 DV において，窒素が炭素を置換した場合のもの。

Fermi 準位近傍の π 状態は，図 6(d)の N-MV のものとよく似ている。図 7(c)と比べると，窒素をドープした結果，むしろ母体にはホールをドープしたことになってしまう。図 9 には，DV と N-DV の STM 像のシミュレーション結果を示す。

2. 5　Stone-Wales（SW）欠陥と窒素ドープ

Stone-Wales（SW）欠陥の特徴は，原子が抜けたりはしないで，ある C-C 結合が回転して結合の組み換えが起こることによって作られる。その構造を図 10(a) に示すが，2 つの 7 員環と 2 つの 5 員環が生じる。原子の組み換えだけであるが，形成エネルギーは結構大きくて 4.88 eV である。図 10(c)にはこの構造のバンド構造を示す。原子 C1，C1' に重みを持った欠陥準位が Fermi 準位より約 2-3 eV に存在するがキャリアーの生成はない。図 8(b)には，SW 欠陥での窒素ドープのエネルギーの原子位置依存性を示すが，DV の場合と定性的には同じ傾向を示している。Graphitic N と SW 欠陥の相互作用はさらに小さくなっている。それでも，SW 欠陥があると，窒素のドーピングはわずかではあるが発熱的になることが分かる。あるいは，窒素がドープされていると，その近傍に SW 欠陥を形成するエネルギーは約 1 eV 低下する。

最も安定な C3 位置に窒素をドープした原子配置（図 10(b)）でのバンド構造を図 10(d)に示す。この場合，欠陥準位はまだ Dirac 点より上にあり，欠陥準位は部分的に電子に占有されるとともに，伝導バンドにわずかに電子がドープされる。図 11 には，SW と N-SW の STM 像のシミュレーション結果を示す。

3　グラフェンエッジでの窒素ドープ

冒頭で述べたように，我々は窒素ドープされた炭素系物質の，酸素還元反応触媒としての性能向上を目指した研究を進めている。この立場では，グラフェンのエッジは大変重要な研究課題であり，エッジ近傍にドープされた窒素の振舞いについて多面的な研究を行ってきた。グラフェン

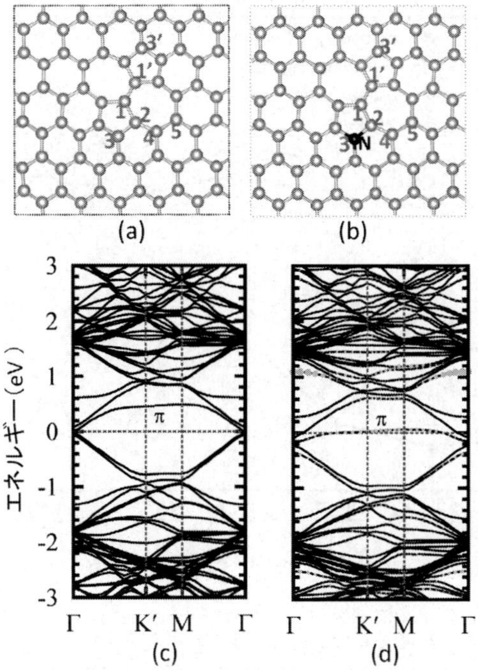

図10
(a)SW 欠陥の構造，(b)そこに窒素がドープされた構造。それぞれの構造でのバンド構造が(c)と(d)に与えられている。

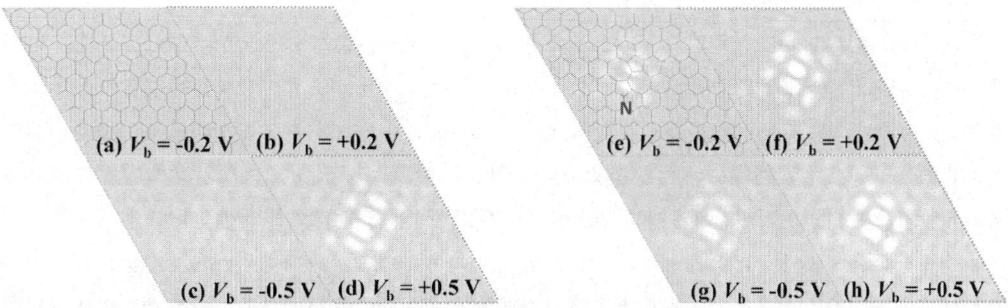

図11
左図は，SW 欠陥が存在する場合の各バイアス電圧での STM 像のシミュレーション。右図は，SW 欠陥において，窒素が炭素を置換した場合のもの。

エッジは物理の課題としては理想的な終端の状態を想定した研究が進められているが，現実の触媒を問題にする場合は，種々のバリエーションを考慮する必要がある。例えば，単に水素による終端だけではなく，酸素を含む種々の官能基による終端も問題になる。その終端の様子に依存して，ドープされた窒素の安定状態も変化する。本章でこれを議論するにはあまりに膨大になるの

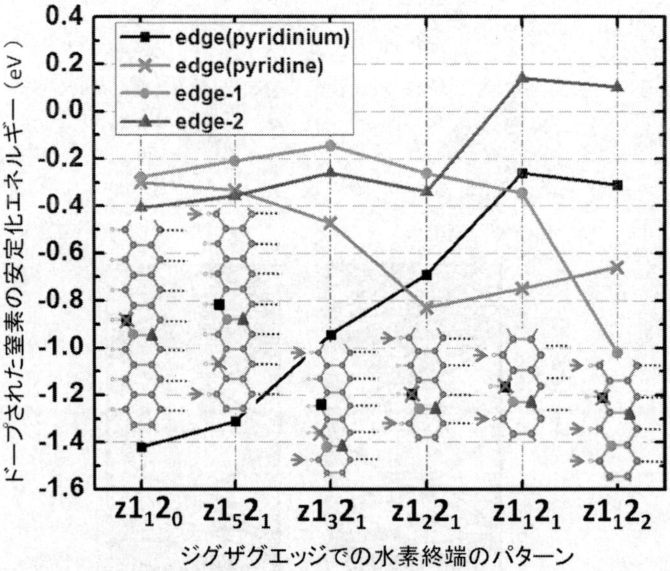

図 12
ジグザグエッジの炭素の水素終端の種々のパターンにより，ドープされた窒素の安定性が変化する様子を示す。矢印で示されたところは，2 水素終端になっている。他の場所では 1 水素終端である。文献 22 より転載。

で，ここでは，ジグザグエッジでの水素終端の仕方に依存して，窒素の安定位置が変化することを示す計算結果だけを示すことにする[22]。

図 12 の横軸には，ジグザグエッジでのエッジ炭素の水素終端パターンが示されている。たとえば，左から 3 つめの $z1_32_1$ は，まずジグザグエッジを示す z があり，1 水素終端された炭素が 3 つつながり，ついで 2 水素終端した炭素が 1 つあることを意味する。したがって，横軸の右に行くに従って，2 水素終端の割合が増える。縦軸は，窒素がグラフェンリボンの内部にあって graphitic N の配置になっている場合に比べて，窒素がエッジ近傍の種々の位置にある場合の全エネルギーの差である。ほとんどの場合に，安定化エネルギーが負であるから，窒素はグラフェン内部にあるよりも，エッジ近傍にあるほうがエネルギー的に安定である。それぞれの水素終端パターンごとに，グラフェンの一部の構造が示されている。それぞれについて，左端がジグザグエッジであり，その右にはグラフェン構造がつながっている。図が小さくて水素終端の様子が分かりにくいので，2 水素終端のところには右向きの矢印で示した。窒素の位置はエッジにあって水素終端されていないものは■，水素終端されているものは×，エッジの次の列の炭素を置換した窒素は“edge-1”で●，エッジから 2 列中に入ったところの炭素を置換した窒素は“edge-2”で▲で表わされている。この図から分かるように，水素終端の仕方によって，ドープされる窒素の安定位置は大きく変化する。最近行っている計算によると，終端が C-OH であるか，C＝O であるかによっても，大きい変化が生じることが分かっている。

4　ドープされた窒素のX線光電子分光の解析

グラフェンでの窒素の存在状態を実験的に調べるには，STM，XPS，XAS，XES，さらにはNMRなど多彩な手法が用いられている。我々はそれらの理論解析を行ってきたが，ここではXPSによるN 1s内殻の結合エネルギー解析の結果と実験結果との対応について簡単に触れる。計算は密度汎関数法に基づき，N 1sにコアホールを作った状態と，フェルミ準位から電子を一つ抜いた状態の全エネルギーの差としてN 1s状態のフェルミ準位を基準としての結合エネルギーを見積もった。このようにして得られた結合エネルギーは，実験にもよるが，実験結果と1～2 eVの範囲で一致する。ここでは，graphitic Nでの結合エネルギーを基準として，他の配置のN 1s結合エネルギーを化学シフトとして，実験と計算を比較する[13, 23, 24]。そのようにして，実験的に得られたXPSのピークの帰属を行った結果を図13に示した。

この図から読み取るべきことは，N 1s結合エネルギーは，ごく近傍の環境だけに依存していること，graphitic Nの中にもいろいろのものがあり，一番上の完全グラフェン内のものはn型ドーパントになるが，DVのところのものはむしろp型ドーパントである。Pyririnic Nにもいろいろあり，周辺の炭素の状態への影響はそれぞれの配置で異なっている。具体的に言えば，酸

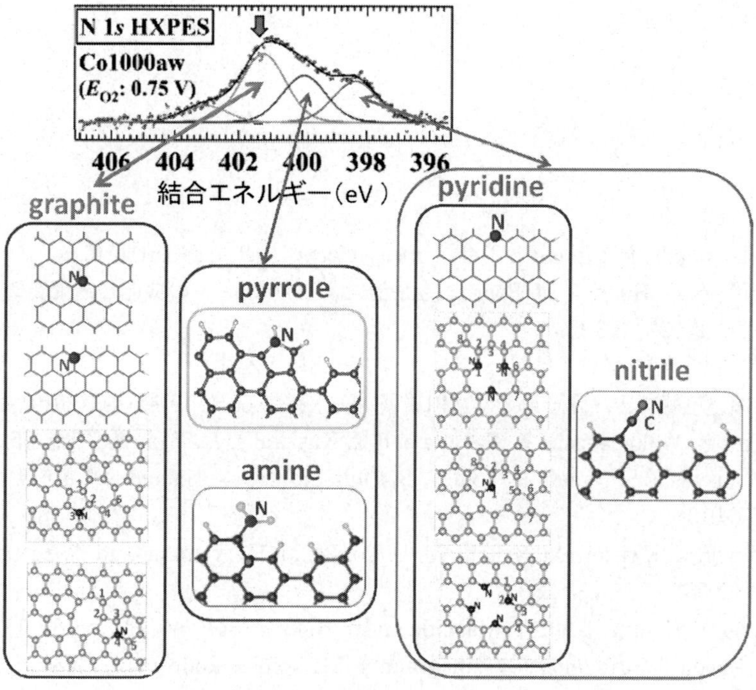

図13
窒素をドープされた炭素系の触媒についての窒素の1s状態に関するXPSの実験データ（文献23）と，そのピークを構成する窒素の状態についてのグラフェンを用いた理論計算の解析結果（文献13，22，24）。

素吸着特性などはpyridinic Nでもそれぞれに違うと期待される。また，pyrrolicピークと言われるピークにはamine型の窒素からの寄与も含まれる。nitrile（cyanideと言われることもある）型の窒素は，pyrrolicピークに重なるとされているが[25]，我々の計算ではpyridinicピークに含まれる[24]。

5 おわりに

本章では，グラフェンにおける比較的簡単な典型的な構造欠陥と窒素ドープの関係について，基礎的な問題を議論した。窒素ドープといえども，窒素の周辺の環境に依存して，窒素ドープがn型ドーパントになるか，p型ドーパントになるか，化学的反応性については不活性化か活性化など，いろいろの場合がある。また，酸素や水素との共存によっても強い影響を受ける。今のところ，こうした種々の場合の個別的な検討を行っているが，それらをうまく系統的に理解できるようになれば，グラフェンの機能設計が可能になるだろう。

本章で紹介した我々の研究については，NEDOプロジェクトの仲間との多くの有益な議論の恩恵を受けている。敬称を省略してお名前だけを列挙すると，尾嶋正治，斉木幸一朗，原田慈久，難波江裕太，黒木重樹，近藤剛弘，小幡誠司，およびこれらの人達のグループの研究員や学生さんに感謝したい。

文　献

1） D. Yu, E. Nagelli, F. Du and L. Dai, *J. Phys. Chem. Lett.* **1**, 2165 (2010)
2） 池田隆司，S. F. Huang，M. Boero，寺倉清之,「グラフェンの機能と応用展望」(シーエムシー出版，2009）第3章
3） 「白金代替カーボンアロイ触媒」(シーエムシー出版，2010)
4） 尾嶋正治，尾崎純一，寺倉清之，宮田清蔵，工業材料58巻10号，80 (2010)
5） M. Fujita, K. Wakabayashi, K. Nakada and K. Kusakabe, *J. Phys. Soc. Jpn.* **65**, 1920 (1996)
6） K. Wakabayashi, S. Okada, R. Tomita, S. Fujimoto and Y. Natsume, *J. Phys. Soc. Jpn.* **79**, 034706 (2010)
7） J. C. Meyer, C. Kisielowski, R. Erni, M. D. Rossel, M. F. Crommie and A. Zettle, *Nano Lett.* **8**, 3582 (2008)
8） T. Kondo, Y. Honma, J. Oh, T. Machida and J. Nakamura, *Phys. Rev. B* **82**, 153414 (2010)
9） M. M. Ugeda, I. Brihuega, F. Guinea and J. M. Gómez-Rodríguez, *Phys. Rev. Lett.* **104**, 096804 (2010)
10） F. Banhart, J. Kotakoski and A. V. Krasheninnikov, *ACS Nano* **5**, 26 (2011)
11） M. M. Ugeda, I. Brihuega, F. Hibel, P. Mallet, J.-Y. Veuillen, J. M. Gómez-Rodríguez and F.

Ynduráin, *Phys. Rev. B* **85**, 121402 (2012)
12) Z. Hou, X. Wang, T. Ikeda, K. Terakura, M. Oshima, M. Kakimoto and S. Miyata, *Phys. Rev. B* **85**, 165439 (2012)
13) Z. Hou, X. Wang, T. Ikeda, K. Terakura, M. Oshima and M. Kakimoto, submitted to *Phys. Rev. B* (arXiv:1205.6575v1)
14) L. Zhao *et al.*, *Science* **333**, 999 (2011)
15) 斉木幸一朗，私信
16) F. Joucken *et al.*, *Phys. Rev. B* **85**, 161408 (R) (2012)
17) T. Kondo, S. Casolo, T. Suzuki, T. Shikano, M. Sakurai, Y. Harada, M. Saito, M. Oshima, M. I. Trioni, G. F. Tantardini and J. Nakamura, *Phys. Rev. B* **86**, 035436 (2012)
18) J. J. Palacios and F. Ynduráin, *Phys. Rev. B* **85**, 245443 (2012)
19) B. R. Nanda, M. Sherafati, Z. S. Popović and S. Satpathy, *New J. Phys.* **14**, 083004 (2012)
20) Y. Fujimoto and S. Saito, *Phys. Rev. B* **84**, 245446 (2011)
21) R. J. Koch, M. Weser, W. Zhao, F. Viñes, K. Gotterbarm, S. M. Kozlov, O. Höfert, M. Ostler, C. Papp, J. Gebhardt, H.-P. Steinrück, A. Görling and Th. Seyller, *Phsy. Rev. B* **86**, 075401 (2012)
22) X. Wang, Z. Hou, T. Ikeda, S.-F. Huang, K. Terakura, M. Boero, M. Oshima, M. Kakimoto and S. Miyata, *Phys. Rev. B* **84**, 245434 (2011)
23) H. Niwa et al., *J. Power Sources* **196**, 1006 (2011)
24) X. Wang, Z. Hou, T. Ikeda, M. Oshima, M. Kakimoto and K. Terakura, submitted to *J. Phys. Chem. C*
25) S. C. Ray, C. W. Pao, J. W. Chiou, H. M. Tsai, J. C. Jan, W. F. Pong, R. McCann, S. S. Roy, P. Papakonstantinou and J. A. McLaughlin, *J. Appl. Phys.* **98**, 033708 (2005)

第4章　グラフェンのエピタキシャルCVD成長

吾郷浩樹*

1　はじめに

グラフェンは原子一層の厚さにもかかわらず，極めて高いキャリア移動度を示し，光透過性や機械的柔軟性にも優れ，かつトップダウンで加工できることから，タッチパネルなどの透明電極，高周波トランジスタ，集積回路，そしてセンサーなど，多様なエレクトロニクスへの応用が期待されている[1,2]。グラフェンの成長法として，遷移金属の薄膜を触媒として，メタンなどの炭素原料を高温で反応させる化学蒸着法（CVD法）が2008年末頃から活発化してきた[3~8]。それは，大面積で高品質のグラフェンを比較的安価に合成することが可能で，金属触媒の種類や合成条件などの組み合わせによってさらなる発展が期待できるからである。さらにCVDグラフェンは，プラスチックやゴムなど他の基板に転写可能であることも，フレキシブルデバイスなどへの応用を考える上で有利である。

究極的な原子シートとして期待されるグラフェンだが，CVD法によって合成されたグラフェンは一般的には多結晶である[9]。たとえば図1に示すように，Cuホイルなどを用いて大きなサイズのグラフェン膜を合成できたとしても，実際にはグラフェンの小さなドメインの集合体であり，それぞれのドメインの向き（構成する六員環の向き）はランダムである（図1左上）。ドメ

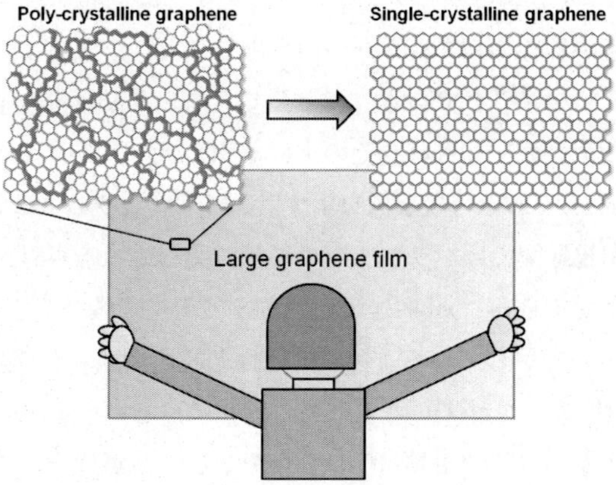

図1　大面積に合成したグラフェンのイメージとそのドメイン構造
左上がCVDグラフェンに見られる多結晶グラフェンで，右上が理想的な単結晶グラフェン。

*　Hiroki Ago　九州大学　先導物質化学研究所　准教授

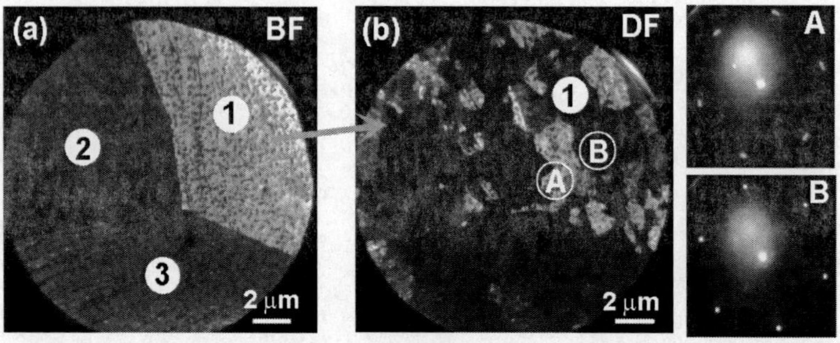

図２　Cu ホイル上に成長した単層グラフェンの LEEM イメージ
(a)明視野像。①，②，③は Cu ホイルのグレインを示している（グレインごとに面方位が（100）面から異なる角度で少しずつ傾いているので，明視野像にコントラストが生じている）。(b)同じ視野の暗視野像。A（明るいエリア）と B（暗いエリア）という２つの異なる向きのグラフェンドメインが主に存在していることが分かる。

インの境界であるドメインバンダリーの存在は，グラフェンの移動度，機械的特性，熱伝導度など，様々な物性の低下につながると考えられている。たとえば，電気伝導では，ドメインバンダリーによってキャリアが散乱される，あるいはドメイン間のキャリアのホッピング伝導に支配されてしまうという問題がある[10)]。そのため本来のグラフェンの物性を最大限に引き出すためには，図１右上に示すようなドメインバンダリーをもたない単結晶グラフェンが望まれている[8)]。

それでは，グラフェンが多結晶になってしまう理由は何だろうか？　いくつかの要因が考えられるが，大きく２つの理由で説明できる。一つは，下地となる金属触媒が多結晶であるため，異なる金属のグレイン上で成長したグラフェンは異なる向きを持ったドメインを形成してしまうことである。後述するように，金属触媒のグレインバンダリーは，グラフェンの析出サイトとして，層数の不均一化にも関与する。そしてもう一つの理由は，大きなドメインを成長させるのに適した合成条件が確立されていないことである。例として，図２に大面積の単層グラフェンの成長に幅広く利用されている Cu ホイルを用い，その上に CVD でグラフェンを成長させたサンプルの低エネルギー電子顕微鏡（LEEM）の観察像を示す[11)]。LEEM はグラフェンを転写することなく，広い範囲で測定でき，明視野像ではグラフェンの層数に関して，暗視野像ではグラフェンの方位に関して情報を得ることができる[12)]。図２(a)は LEEM の明視野像で，Cu にグレイン構造（①，②，③）が存在しているのを示している。図２(b)は同じ視野の暗視野像で，Cu の一つのグレイン①内においても，A（明るいエリア）と B（黒いエリア）という２つの向きのドメインが存在し，また，図２(b)の回折像からその相対角度は 30° であることが分かる。さらに，そのグラフェンドメインのサイズは数ミクロン程度に過ぎないことも見てとれる。A と B の境界がドメインバンダリーに相当する。

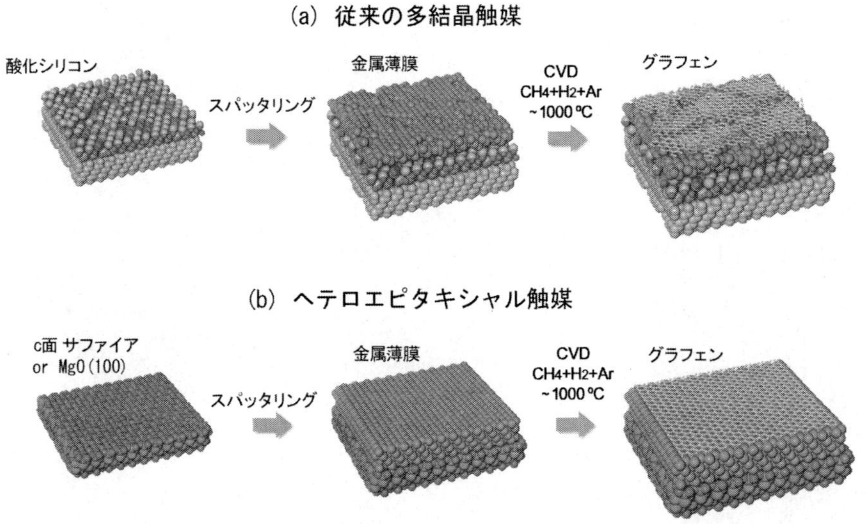

図3　CVDによるグラフェンの成長スキーム
(a)従来の多結晶金属上でのCVD成長と(b)サファイア基板上に堆積させたヘテロエピタキシャル金属上でのCVD成長。

2　ヘテロエピタキシャル触媒によるCVD

グラフェンの品質を単結晶に近づけていくためには，金属触媒を単結晶にすることが考えられる。実際，表面科学の分野では，グラフェンが剥離によって報告される2004年よりも以前に，Ni(111) 基板などの単結晶金属の上で，グラフェンの方位を揃えて合成できることが示されている[13]。しかし，単結晶の金属基板は，高価であり数cm角で数十万円もする。そのため，CVD法でよく用いられる金属のエッチングを伴う転写を行うのは現実的ではない。このような問題を解決するため，筆者らは図3(b)に示すように，サファイアなどの単結晶基板を下地に用い，その上にCo, Ni, Cuなどをエピタキシャルに堆積させ，それらをグラフェンの成長触媒に応用することを検討している[11,14~17]。サファイアは，近年，LED用のGaNを堆積させる基板として，広く利用され，大型化，低コスト化が進んでいる基板である。図3(b)は，サファイア上のエピタキシャル金属膜上に，さらにエピタキシャルにグラフェンをCVD成長させるもので，ダブル・エピタキシャル・アプローチと呼ぶこともできるだろう[18]。また，金属をエッチングした後，下地として使った単結晶基板の再利用が可能であることも報告されている[19]。比較のため，広く用いられている，酸化シリコン基板の上に多結晶金属膜を使ったCVDのスキームも，図3(a)に示す。多結晶金属には多数のグレイン構造が存在するためグラフェンの向きがランダムになり，さらにNi等の触媒の場合には多層グラフェンの成長を誘起しやすい。

実際に，酸化シリコン基板とサファイア基板のそれぞれに堆積したCo膜で，グラフェンのCVD合成を行った結果を図4に示す[15]。なお，Co膜は高温下での高周波スパッタリングによっ

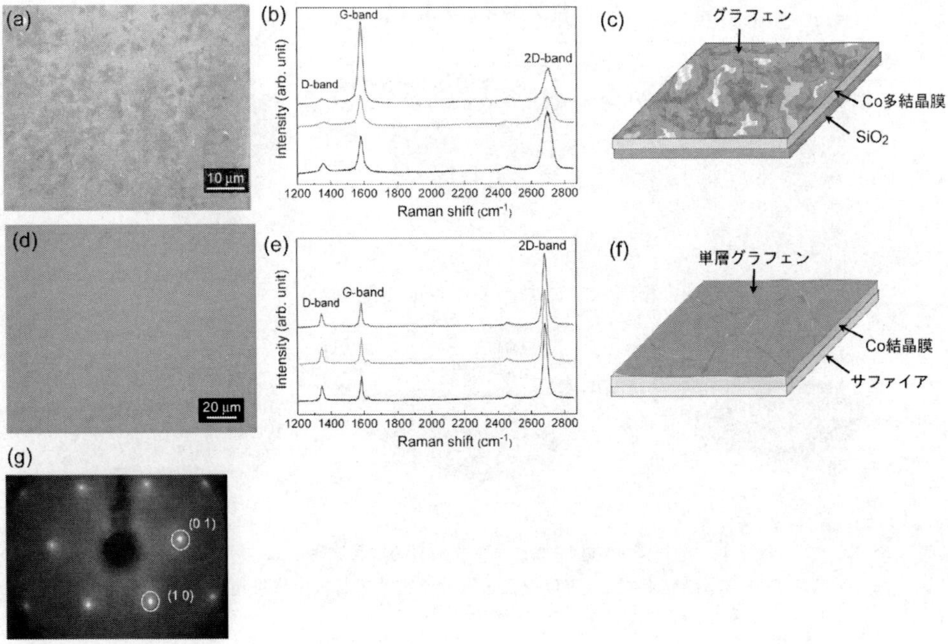

図４
酸化シリコン上に堆積したCo薄膜を用いCVD成長させたグラフェンの転写膜の光学顕微鏡(a)とラマンスペクトル(b)，およびグラフェンの成長モデル(c)。(d-f) は，サファイア上のCo薄膜を用いて成長したグラフェンの結果を表す。(b)と(e)のラマンスペクトルは，グラフェン転写膜の異なる３点で測定したものである。(g)単層グラフェン /Co/ サファイアのLEED パターン。

て厚さ200 nmで堆積させ，さらに結晶性を向上させるため500 ℃での水素アニーリングを行っている。CVDはメタンと水素の混合ガス（CH_4 濃度1 vol%）を用い，1000 ℃で20分間反応を行った後，急冷させてグラフェンを得た。ちなみに，NiやCoのような炭素溶解度が高い金属の場合には，高温では金属触媒膜のバルク中に炭素原子が溶け込み，それが冷却時に析出すると説明されており，反応終了時の冷却スピードもグラフェンの層数などを均一にするためには重要である。図４（a，b）は多結晶Co膜を用いて合成したグラフェン膜をシリコン基板に転写した後の光学顕微鏡像とラマンスペクトルである。図４(c)に図示したように，グラフェン膜は厚さが非常に不均一で，単層から多層まで混在していることが分かる。この原因として，Coのグレインバンダリーがグラフェンの析出サイトとなって，析出が制御できないため厚さに大きなばらつきができると考えている。ちなみに，このような不均一なグラフェンの成長は，酸化シリコン上のNi膜を用いて，多くのグループから報告されている[3,4]。

一方，エピタキシャルに堆積したCo結晶膜の上では，図４（d，e）のように，非常に均一なグラフェン膜が得られる[15]。ラマンスペクトルの2Dバンド強度がGバンドの２倍以上あること，2Dバンドの幅が狭いこと（30～40 cm^{-1}）などから，この膜は単層グラフェンであることが分かった。なお，石英に転写した膜が550 nmの波長で97.8±0.2 %の光透過率を示しており，これも均一な単層グラフェンの成長を支持するものである（理論値は97.7％の透過率）[15]。図4(f)のように，エピタキシャルCo膜にグレインバンダリーがほとんど存在せず，均一にグラフェンの析出が起こり，触媒表面が単層グラフェンで覆われたためと推測している。この結果は，金属の結晶性を高めれば，NiやCoのような高炭素溶解度をもつ金属でも単層グラフェンを優先的に合成できることを示した点で重要である。ただし，ラマンスペクトルでは欠陥に由来するDバンドが比較的強く観測されている（図4(e)）。転写プロセスなどによるダメージも考えられるが，グラフェンとCo表面の相互作用が強く（共有結合しているという説もある），Co金属のエッチングの際にグラフェンに欠陥が入ってしまう可能性があるのではないかと考えている。

エピタキシャルCo膜を使うことのもう一つの利点は，図3(b)に示すように，グラフェンの面内の向き，つまり六員環の方位がCo結晶と同じ方向に揃えられることである。単層グラフェンの六員環の方位を低エネルギー電子線回折（LEED）で測定したのが図4(g)である。シャープな6個の回折スポットが観測され，グラフェンの六員環の向きが，約1 mmのビーム径の範囲で平均的に揃っていることが確認できた。

金属触媒としてCuを用いた場合には，その低い炭素溶解度を反映して，図2(a)で見られたような多結晶のCuホイルの上でも単層グラフェンを合成することができる（ただし，六員環の向きは揃っていない）。Cu上での単層グラフェンの優先的な成長はよく知られているが[5~9]，合成条件によってはCuのグレインバンダリーが局所的に多層グラフェンの生成を促すケースもある。サファイア上にエピタキシャルに堆積させたCu(111）単結晶膜でも単層グラフェンを均一に合成することができる。さらに，Cuとグラフェンの相互作用が弱いためか，シリコン基板に転写した膜でも図4(e)のCoで見られたような強いラマンのDバンドは見られない。そういう意味で，筆者らのグループで合成したグラフェンは，Cu上のものがCo上のものよりも高品質である。一方，グラフェンドメインの方位に関しては，Coと同様に1000℃でCVDを合成した単層グラフェンではCuと同じ方位に六員環の向きが揃っていることが分かっている[11,16]。

3　CVDグラフェンの方位制御

より細かなドメイン構造を調べるため，MgO(100）とMgO(111）の基板上にそれぞれCu(100）膜とCu(111）膜をエピタキシャルに堆積させ，その表面に単層グラフェンを合成して比較した。なお，Cu(100）はCuホイルのモデルケースとみなすことができる。図5(a)はCu(100)上に1000℃で合成した単層グラフェンのLEEMによる暗視野像である。グラフェンでは二種の方位をもつドメインが存在し，それらのドメインは30°の角度をもつことが明らかになった[17]。図5(b)に示すように，Cu(100）は四回対称の正方格子を有するため，Cu-Cu結合がC-C結合と平行になるには2通りの六員環の向きがあり，そのために二種の方位のドメインが生成したと結論づけられる。そして図5(c)に示すように，この2つの異なる向きのドメイン間にバンダリーが存在する。

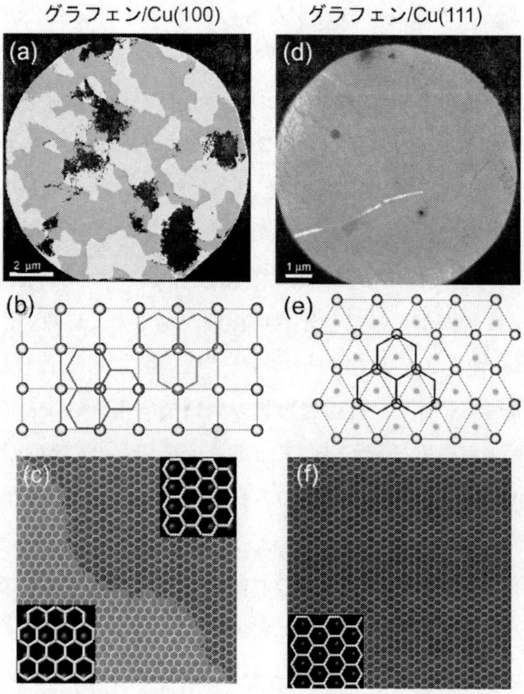

図5
(a)エピタキシャル Cu(100) 上に成長した単層グラフェンの LEEM 暗視野像。灰色の2つのコントラストが，グラフェンのドメインの向きを示す。(b) LEEM から得られた Cu(100) 格子上の2つのグラフェンドメインの向き。(c)予想されるドメインバンダリーのイメージ。(d-f) エピタキシャル Cu(111) 上の単層のグラフェンの LEEM 暗視野像とその原子モデル。

一方，Cu(111) 上のグラフェンの LEEM の暗視野像では，グラフェンの方向がほぼ完全に一つに揃い，明瞭なドメインバンダリーは観察されなかった（図5(d)）。その理由は，Cu(111) の対称性がグラフェンのそれと合うため（図5(e)），グラフェンの方位を揃えた成長に有利であるからと考えている。なお，図5(d)の中央の白いラインは，グラフェンのリンクル（皺）に由来するものと思われる。しかしながら，ドメインの方位が同じでも，本当にバンダリーが消失しているのかは LEEM の分解能では分からない。そのため，隣接したドメイン境界のより詳細な研究が今後必要とされる。

4 CVD グラフェンの大ドメイン化

理想的な単結晶グラフェンを実現するもう一つのアプローチは，一つのドメインサイズができるだけ大きくなるように成長条件を最適化することである[8]。これは CVD 時のメタン濃度をかなり低く抑えて（大気圧 CVD では 10 ppm 程度）核発生密度を低くし，かつ Cu の融点である 1083℃近くで合成を行うことで炭素原子の Cu 表面での拡散長を長くするといった試みが中心で

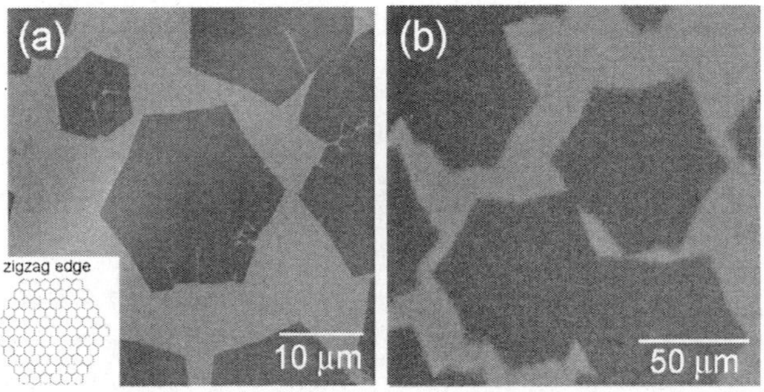

図6　(a) Cu ホイルと(b) Cu(111) エピタキシャル膜上に成長させたグラフェンの六角形ドメインの SEM 像
(a)の挿図は，六角形ドメインのエッジ構造を表している。

ある。図6(a)は Cu ホイル上で筆者らが観察したグラフェンのドメインの走査型電子顕微鏡 (SEM) 像である。グラフェンが Cu 表面を全て覆う前にメタンを止めて，ドメインのサイズと構造を見ている（黒いコントラストがグラフェンに対応する)。図6(a)は 1075℃, CH_4 10 ppm で成長させたグラフェンのドメインであるが，サイズが 10-20 μm 程度とかなり大きくできる。さらに興味深いことに，図6(a)のグラフェンドメインは六角形の形状を示しており，まさにグラフェンの対称性を反映した形である。すでに海外の多数のグループでもこの六角形の形状は報告されており，このエッジはジグザグエッジと呼ばれるものであることが電子線回折から分かっている[20]。このジグザグエッジは，非結合性軌道を与え，磁性の観点からも興味深い対象である[21]。なお，Cu ホイル上では六角形ドメインの向きはランダムであった（図6(a))。

筆者らのエピタキシャル Cu(111) 基板を用いると，ドメインサイズは 50-100 μm まで大きくできることを見いだしている[8,22]。Cu ホイルに比較して，エピタキシャル膜は原子的に平坦であるため，表面吸着した炭素原子が長距離を拡散できることと関連していると考えている。そして，グラフェンのエピタキシャル成長を反映して，全ての六角形のドメインの向きが揃っているのも特筆すべき点である。

5　おわりに

本稿では，グラフェンの高品質化を目指した，筆者らのエピタキシャル CVD 成長について主に解説した。ごく最近では，グラフェンの CVD 成長は他の層状物質である h-BN や MoS_2 などの薄層合成にまで広がりを見せている[23,24]。グラフェンの CVD 成長では，転写が必要であることが特性の低下やプロセスなどの問題につながるため，転写フリーの合成法が望まれている。また，高移動度のグラフェンを半導体として応用する場合には，ゼロバンドギャップの問題がある（バンドギャップがないとトランジスタでオフ電流が流れるため，高い on/off 比が得られない)。二層のグラフェンや，ナノリボンと呼ばれるナノサイズの幅の細長いグラフェンを用いることで，バンドギャップを開くことが提案されており，CVD で直接的にこれらの構造を作り出すことが求められている。最近，筆者らは CVD 法によるナノリボンの合成を実現しているが，まだリボンの幅が数百 nm と広く，さらなる改善が必要である[25]。

グラフェンは新しい素材であり解決すべき課題も多いが，世界中で活発に研究がなされており，今後，フレキシブル・透明・省エネルギーといったキーワードでグラフェンの応用が発展していくであろう。そして，特に，エピタキシャル CVD というユニークなアプローチを通じて，グラフェンの優れた特性を十分に発揮した応用が展開していくことを期待している。

謝辞

本研究は，内閣府の最先端・次世代研究開発支援プログラム（NEXT プログラム），JST さきがけ研究の助成を受けて行ったものである。共同研究者であるグループメンバー，ならびに九州大学の辻正治教授，水野清義教授，池田賢一助教，NTT 基礎研の日比野浩樹博士に深く感謝致します。

文　　献

1) A. K. Geim, *Nat. Mater.*, **6**, 183 (2010)
2) C. Biswas, *Adv. Funct. Mater.*, **21**, 3806 (2011)
3) Q. Yu, *Appl. Phys. Lett.*, **93**, 113103 (2008)
4) A. Reina, *Nano Lett.*, **9**, 30 (2009)
5) X. Li, *Science*, **324**, 1312 (2009)
6) S. Bae, *Nat. Nanotech.*, **5**, 574 (2010)
7) C. Mattevi, *J. Mater. Chem.*, **21**, 3324 (2011)
8) H. Ago, *J. Phys. Chem. Lett.*, **3**, 2228 (2012)
9) P. Y. Huang, *Nature*, **469**, 389 (2011)
10) H. S. Song, *Sci. Rep.*, **2**, 1 (2012)
11) C. M. Orofeo, *Carbon*, **50**, 2189 (2012)
12) H. Hibino, *Phys. Rev. B*, **77**, 75413 (2008)
13) Y. Gamo, *Surf. Sci.*, **374**, 61 (1997)
14) H. Ago, *Small*, **6**, 1226 (2010)
15) H. Ago, *ACS Nano*, **4**, 7407 (2010)
16) B. Hu, *Carbon*, **50**, 57 (2012)
17) Y. Ogawa, *J. Phys. Chem. Lett.*, **3**, 219 (2012)
18) S. Yoshii, *Nano Lett.*, **11**, 2628 (2011)
19) T. Iwasaki, *Nano Lett.*, **11**, 79 (2011)
20) Q. Yu, *Nat. Mater.*, **10**, 443 (2011)
21) S. E. Stein, *J. Am. Chem. Soc.*, **109**, 3721 (1987)
22) H. Ago, in preparation.

23) Z. Liu, *Nano Lett.*, **11**, 2032 (2011)
24) K. K. Liu, *Nano Lett.*, **12**, 1538 (2012)
25) H. Ago, *Nanoscale*, **4**, 5178 (2012)

第5章　化学気相成長法によるグラフェンの合成

佐藤信太郎*

1　はじめに

グラフェンは炭素原子一層分の厚みの理想的な二次元材料であり，その特殊な電子状態から，室温での半整数量子ホール効果やクライントンネリングなど，非常に興味深い性質を示す[1~3]。2004年の粘着テープを利用したグラフェンの単離とその電気特性の報告以来[4]，その興味深い性質について多くの論文が報告されている。物理的な興味に加え，実用的な観点からもグラフェンは非常に魅力的である。特にその移動度については，ヘリウム温度で数十万 cm^2/Vs から百万 cm^2/Vs，室温付近でも十万 cm^2/Vs 程度の高い値が得られている[5~7]。電子とホールの移動度に差が無いことも従来の半導体に無い特徴である。これら事実は非常に高速，あるいは低消費電力のトランジスタがグラフェンをチャネルとすることにより実現可能であることを示唆する。また透明で電気抵抗も低く，機械的に柔軟であることから，透明・フレキシブル電極への応用も盛んに研究されている[8]。さらにスピン緩和長が長いという特徴も持ち，スピンを利用した将来の“Beyond CMOS”デバイス用の材料としても期待されている。2層グラフェンを利用したBiSFET（Bilayer pseudoSpin Field-Effect Transistor）と呼ばれる新しいコンセプトのデバイスも提案されている[9]。

上記の様なグラフェンの電子デバイス応用のためには，高品質のグラフェンを基板上に一様に形成する技術が不可欠である。粘着テープを利用してグラフェンを剥離・転写する方法が，このような産業的応用にそぐわないのは明らかであろう。グラフェンの形成法として，SiC基板の高温アニール（千数百℃以上）によるグラフェン形成も注目されているが[10]，我々は大基板への適用が容易で，半導体プロセスとの親和性も高い化学気相成長法（CVD法）に注目している。本章では金属触媒を利用した熱CVD法について概説した後，我々の多層グラフェン，単層グラフェン合成への取り組みについて述べる。さらに，トランジスタ応用で注目されているグラフェンナノリボンに関し，CVD法を利用した自己組織的形成法について述べる。

2　グラフェンのCVD合成

グラフェンのCVD法による合成では，一般に，Ni, Co, Cuなどの触媒薄膜が形成された基板，

＊　Shintaro Sato　㈱産業技術総合研究所　連携研究体グリーン・ナノエレクトロニクスセンター　グループリーダー

あるいは金属触媒フォイルを加熱し，メタンに代表される炭化水素系ガスを導入することにより，金属上にグラフェンを形成する。超高真空下でNiなどの清浄表面上にグラフェンが形成されることはかなり前から報告されているが[11, 12]，工業的には金属単結晶を利用する方法は好ましくない。そのため数年前から，多結晶薄膜，またはフォイルを用いたCVD法が試みられている[13~18]。CVD法は汎用的な半導体プロセスであり，大基板への適用も容易なため，電子デバイス応用には有力な方法である。

CVD法によるグラフェン形成の試みは，まずNi多結晶薄膜/フォイルから始まった[13~15]。このように炭素の固溶量が大きい触媒を利用すると，単層から多層までのグラフェンを得ることができるが，多結晶のグレイン毎に炭素の析出量にばらつきが生じ，結果として層数制御が困難となる。単層のグラフェンを得る，という意味では，2009年にテキサス大学のグループが発表した銅触媒が現状最も制御性に優れており，ほぼ基板全面に単層のグラフェンを得ることが可能である[16]。従って，単層ないし数層のグラフェンが必要なトランジスタ応用を考えた場合，銅触媒の利用は有力な選択肢である。しかしながら，グレインサイズ，方向の制御や，合成時のしわの問題などまだ解決しなければいけない点も多い。また配線応用などを考えた場合，多層グラフェンの形成が必要であり，そのためには銅以外の炭素固溶量が大きい触媒を利用する必要がある。

我々はこれまで鉄膜，銅膜を利用したグラフェンの形成に取り組んできた[17~20]。鉄触媒は比較的低温で高品質のグラフェンが得られる，また多層グラフェンが容易に得られる，という利点がある。一方銅は上述のように単層グラフェンの形成が容易であり，トランジスタ応用を考えた場合非常に重要な触媒である。以下に，鉄膜，銅膜を利用したグラフェンのCVD合成について，順に述べる。鉄触媒に関しては，グラフェン/CNTの選択合成についても言及する。続いて，CVD法によるグラフェンナノリボンの自己組織的形成についても紹介する。

3　鉄膜を利用したグラフェンの合成

3.1　ホットフィラメントCVD法によるグラフェン，CNTの選択合成[18]

本節では，鉄触媒を利用したグラフェン，CNTの選択合成について説明する。我々は以前から配線応用などのためCNTの合成に取り組んできたが[21]，単に鉄膜の厚さを変えることにより，CNT，グラフェン，CNT-グラフェン複合構造が選択的に得られることを見出した。以下にその技術を概説する。

グラフェン，CNTの合成はホットフィラメントCVD法を用いて行った。CVD装置はコールドウォールタイプであり，加熱ステージ上に基板が置かれた。基板は酸化膜（厚さ350 nm）付シリコン基板で，その上に鉄膜が0.4-200 nmの範囲でスパッタ法により堆積された。原料ガスはアセチレン・アルゴン混合ガス（1：9）であり，トータル流量は200 sccm，圧力は1 kPaであった。ホットフィラメントは基板上約10 mmの位置に置かれ，温度は約1000 ℃であった。基板温度は約620 ℃，合成時間は60分とした。

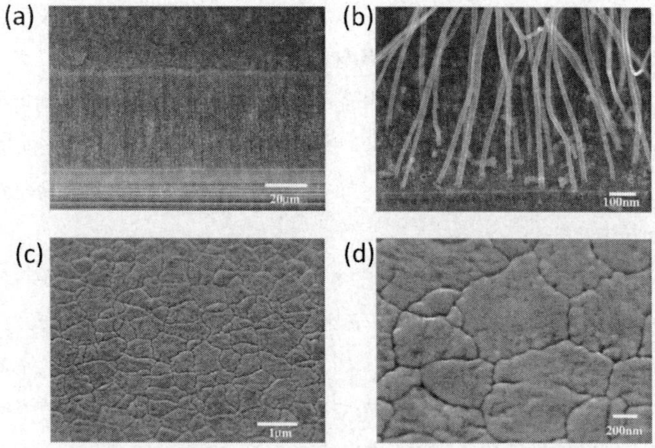

図1
(a) 2.5 nm の鉄膜から得られた CNT の SEM 像。(b) (a)の CNT の根元部拡大図
(c) 100 nm の鉄膜上に合成されたグラフェンの SEM 像。(d) (c)の拡大図。

図1に鉄膜が 2.5 nm，100 nm の場合の合成物の走査電子顕微鏡写真を示す。膜が薄い時には CNT が得られ，膜が厚い時にはグレインにより構成された薄膜状のものが得られていることがわかる。薄膜状のものを断面 TEM で解析した結果，約 13 nm の厚みの多層グラフェン（グラファイト）が得られていることがわかった。このように，合成条件が同一でも，鉄膜の厚みを単に変更することによりグラフェン，CNT を作り分けることができる。厚みに依存した形成物について図2(a)にまとめる。おおむね 10 nm 未満の膜厚では CNT が，20 nm 程度以上の膜厚ではグラフェンが形成される。膜厚が 10 nm 程度の場合は，配向した CNT の上に多層グラフェンが乗ったような構造が得られた。以前，Co 系の触媒を利用して同様の構造が得られたことを報告しているが[22]，鉄膜においても得られることがわかった。20 nm を越えた鉄膜の利用によりグラフェンが得られることがわかったが，その厚みは図2(b)に示すように触媒の厚みに反比例している。この厚み依存性は以下の様なモデルで説明可能である：①鉄膜内に溶け込むカーボンの量は膜厚に関わらず一定であり，従って鉄膜内のカーボン分率は厚みに反比例する；②得られるグラフェンの厚みは，鉄膜内のカーボン分率に比例する。このモデルは暗に固溶したカーボンの析出によりグラフェンが形成されることを仮定しているが，後述のようにこれが正しいかどうかは議論の余地がある。なおこのような反比例の関係が成り立つとすると，厚い鉄膜を利用すれば単層や数層のグラフェンが得られることになる。

3.2 熱 CVD 法によるグラフェンの合成[17]

熱 CVD 法によるグラフェンの合成においても，コールドウォールタイプの CVD 装置を用い，加熱ステージ上に基板を置いて合成を行った。一般にホットフィラメント CVD の方が低温での成長が可能であるが，基板全体の一様性は熱 CVD の方が制御しやすい。この場合も酸化膜付シ

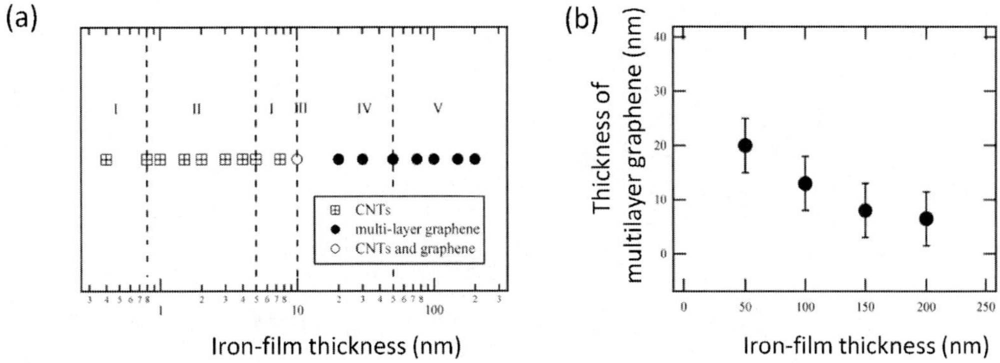

図２　(a)鉄膜の厚みと合成物の関係，(b)多層グラフェンの厚みの鉄膜厚さ依存性

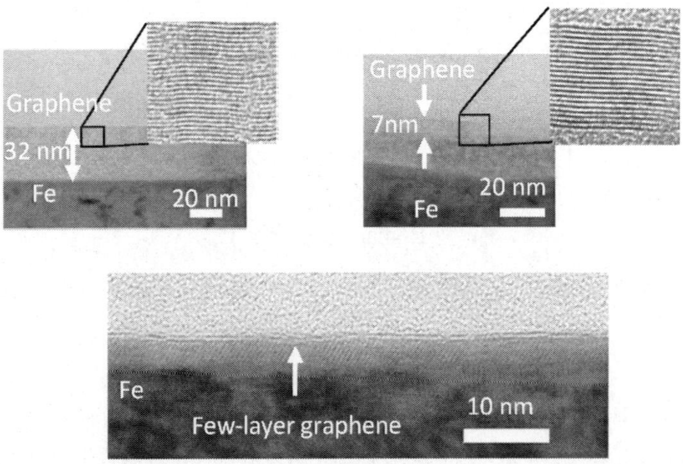

図３　鉄膜上に合成された数層・多層グラフェンの断面透過電子顕微鏡像

リコン基板に堆積した鉄膜（厚み 200 nm，または 500 nm）を触媒として用いた。原料ガスとしては，アルゴンで希釈されたアセチレンを用い，全圧は 1 kPa とした。合成温度は 650 ℃である。前節の場合と異なり，ここでは多層グラフェンの厚みを制御するため，原料ガスの分圧や成長時間を変化させた。

図 3 は，650 ℃の合成温度で鉄触媒上に合成された様々な厚みの多層グラフェンの断面透過顕微鏡像である。時間，アセチレン分圧を制御することにより，数層のグラフェンから約 100 nm 程度の厚みの多層グラフェンまで，厚みを制御して合成することができた。図 4 は，得られた多層グラフェンの厚みを，分圧・合成時間の積の関数としてプロットしたものである。厚みは上記積の平方根に比例するような依存性を示したが，これは，シリコンの熱酸化による酸化膜の厚み依存性（酸化膜が厚い場合）と同様である[23]。シリコン酸化膜の場合，この依存性は形成された酸化膜中を酸素が拡散する必要性から得られた。我々の結果は，「多層グラフェンの厚みが，合

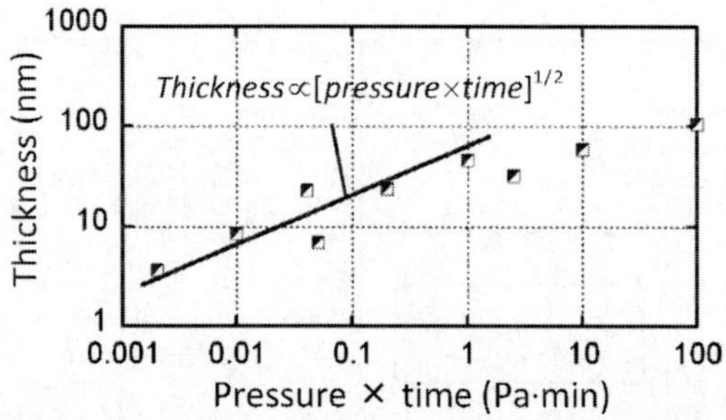

図4　多層グラフェンの厚みのアセチレン分圧と時間の積への依存性

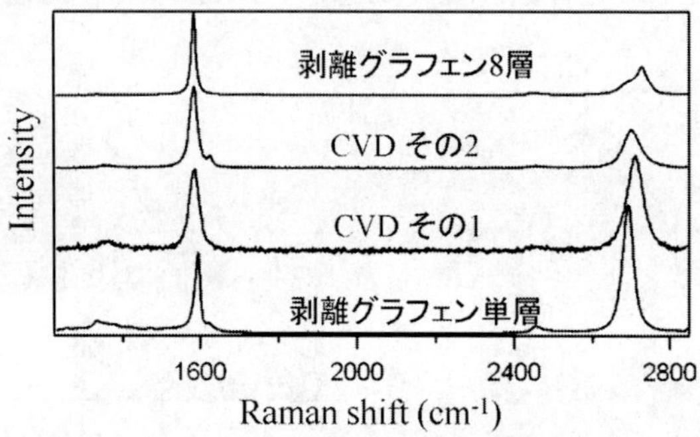

図5　「数層」CVD グラフェンのラマンスペクトルと剥離グラフェンのラマンスペクトル

成されたグラフェン中（おそらくグレイン境界）における原料ガスの拡散により支配される」ことを示唆している。このモデルは現在主流で前節でも触れた「冷却時析出モデル」[13]とは異なり，高温で原料ガスが供給されている状態でグラフェンが形成されることを示す。しかし最近，その場 X 線光電子分光法（*in situ* XPS）により，高温状態でグラフェンの形成を示す結果の報告がある[24]。我々としては，両方の形成プロセスが共存しているものと考えているが，今後グラフェンの形成メカニズムに関してさらなる研究が必要と思われる。

数層のグラフェンが得られる条件で，数センチ角の基板全面にグラフェンを形成した場合の典型的なラマンスペクトルを図5に示す。低温合成にも関わらずＤバンドは小さく，比較的高品質のグラフェンが得られていることがわかる。しかしながら 2D バンドとＧバンドの比の変化は層数のばらつきを示唆している[25]。Ni と同様[14]，鉄の場合も層数のばらつき制御は応用を考えた場合大きな課題である。

4　銅膜を触媒としたグラフェンの合成[19, 20, 26]

銅触媒を用いたグラフェン合成においては，銅薄膜を酸化膜付シリコン基板にスパッタ法によ

表1　グラフェングレインサイズの合成条件依存性

合成条件	a	b	c	d
グレインサイズ（μm）	0.2–0.3	1–1.5	1–1.5	4–5

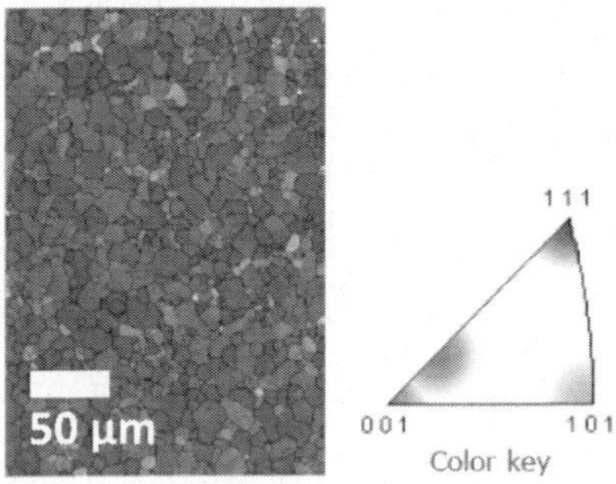

図6　EBSD 法により取得された，グラフェン形成後の SiO_2/Si ウェハ上銅膜のグレイン方向分布

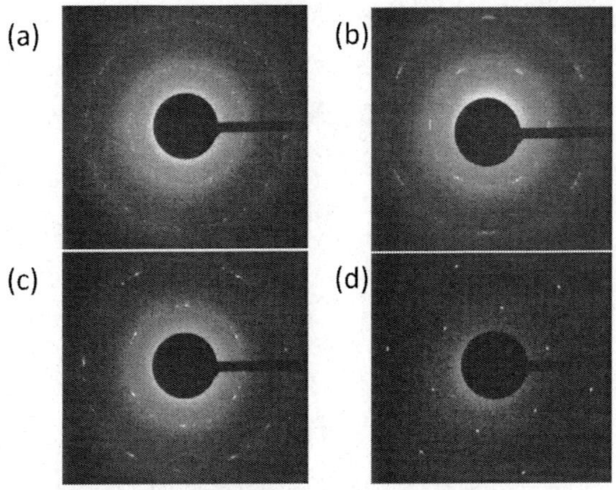

図7　様々な条件で合成されたグラフェンの制限視野電子線回折像（アパーチャサイズ3μm）
(a)エチレン分圧：3.9 Pa，合成時間：30秒　(b)エチレン分圧：0.59 Pa，合成時間：4分　(c)エチレン分圧：0.079 Pa，合成時間：60分　(d)メタン分圧：0.68 Pa，合成時間：60分

り堆積した。銅薄膜の厚みは500 nmないし1000 nmである。合成時のガスとしては，エチレン，ないしメタンをアルゴン・水素混合ガス（10：1）により希釈したものを用い，全圧は1 kPaで一定とした。合成時はまず基板をアルゴン・水素混合ガス中860 ℃で20分間アニールした後，同じ温度でエチレンを導入した。エチレンの分圧，合成時間は成長条件最適化のためのパラメータとして用いた。

まず，500 nmの銅薄膜にグラフェンを形成した後，Electron Backscattered Diffraction法（EBSD法）により銅グレインの結晶方向を調べたものを図6に示す。ほとんどのグレインは［111］方向が基板に垂直になっていた（実際，99.5 %が［111］±10 %の範囲に入っていた）。これはCuフォイルの典型的なグレイン方向（［100］方向）と対照的である[27]。グレインサイズは平均14 μm程度であったが，銅のグレインサイズとグラフェンのそれは必ずしも一致するとは限らない。原料ガスの分圧を変えて合成したグラフェンの制限視野電子線回折像を図7に示す。この制限視野回折像などから見積もった，図7(a)–(d)のグラフェンのグレインサイズを表1に示す。エチレンを使用した場合，分圧が低いほどグレインサイズは大きくなるが，ある程度低くなると飽和する傾向があった。また，同分圧では，メタンの方が大きなグレインサイズを与えた。低分圧ほど，また分解しにくいメタンを使用するほど核形成点の数が減ることが，大きなグレインサイズを与える原因であると考えている[28]。グレインサイズの飽和は，銅の表面状態が影響しているのかもしれないが，詳細は調査中である。

我々はさらに直径 200 mm の Cu(1000 nm)/SiO_2/Si ウェハにグラフェンを合成した（図 8(a)）。この時のエチレン分圧は 0.59 Pa，合成時間は 4 分である。ウェハ上の異なる 5 点でラマンスペクトルを取得した結果を図 8(b)に示す。ラマンスペクトルからもわかる通り，グラフェンは基板上にほぼ一様に形成された。図 8c はウェハ中央付近で取得した TEM 像であり，単層グラフェンの形成を示している。形成されたグラフェンの電気特性を調べるために，メタンを原料として合成したグラフェンを SiO_2/Si ウェハに転写し，バックゲートトランジスタを作製した。図 8(d)はドレイン電流のゲート電圧依存性である。電界効果移動度としては，約 3,200 cm^2/Vs の値が得られた。

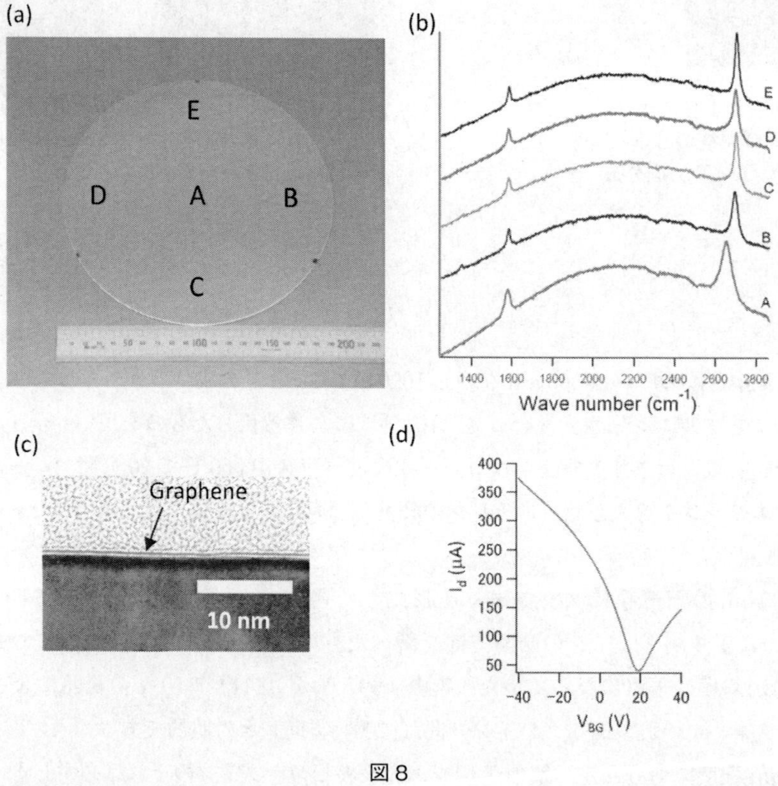

図 8
(a)グラフェンが形成された 200 mm Cu/SiO_2/Si ウェハ。(b) (a)に示した A-E の 5 点で取得したラマンスペクトル。(c)ウェハのほぼ中心に形成された銅上グラフェンの断面 TEM 像。(d)バックゲートトランジスタのドレイン電流のゲート電圧依存性（チャネル幅　W = 1 μm，チャネル長　L = 1 μm，ドレイン電圧 V_d = 0.1 V，ゲート絶縁膜厚　t = 90 nm）

5　銅双晶上のグラフェンナノリボン形成[29)]

グラフェンはバンドギャップを持たないが，リボン化によりバンドギャップが形成されることが知られており，電子線リソグラフィなどを利用したトップダウンの手法によるリボン加工が主として試みられている[30)]。しかしながら，トップダウン的手法ではなめらかなエッジを持つリボンが得られにくく，化学合成などを利用したボトムアップ的手法も報告されている[31)]。最近我々は，CVD法を利用してボトムアップ的にグラフェンリボンが形成され得ることを見出した[29)]。以下にその技術を紹介する。

銅薄膜を高温でアニールすると，条件によって図9に示すような細い双晶領域が現れる。この部分はそれを挟む両側の部分と鏡面対象になっている。我々は，銅の双晶表面上にグラフェンが選択的に形成され得ることを見出した。この場合，原料ガスはメタンであり，それを水素・アルゴンの混合ガスで希釈した。基板温度はパイロメータによれば860℃であった。図10に銅薄膜の光学顕微鏡像と，各所で得られたラマンスペクトルを示す。双晶上にのみ，グラフェンが選択的に形成されていることがわかる。双晶上にグラフェンが選択的に形成されるかどうかは，メタンの分圧に大きく左右される。図11にメタンの分圧を変えた時のグラフェンの形成の様子を示

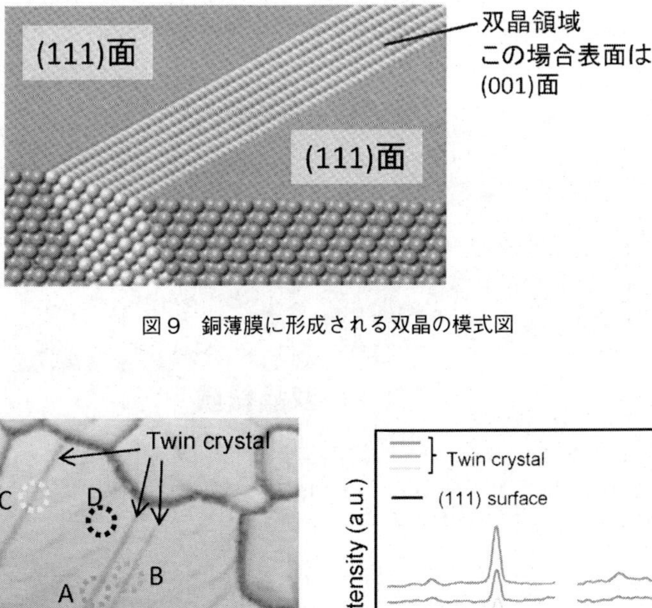

図9　銅薄膜に形成される双晶の模式図

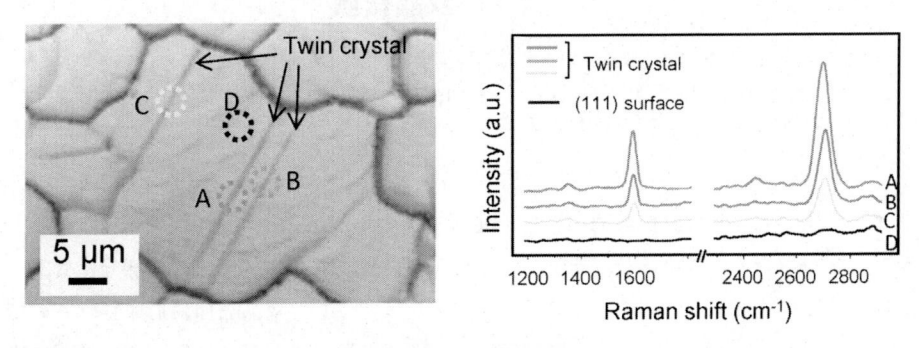

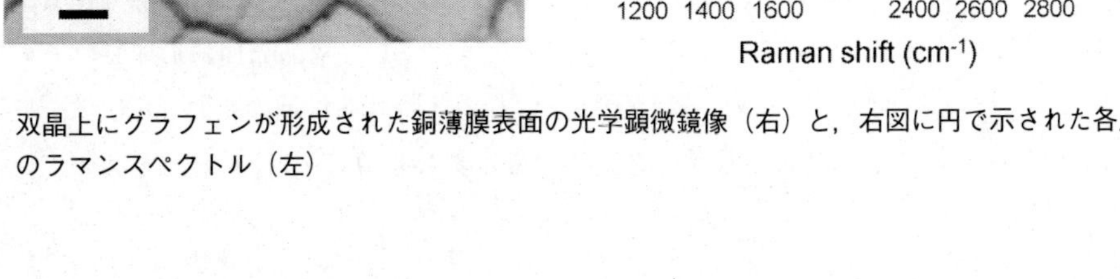

図10　双晶上にグラフェンが形成された銅薄膜表面の光学顕微鏡像（右）と，右図に円で示された各点でのラマンスペクトル（左）

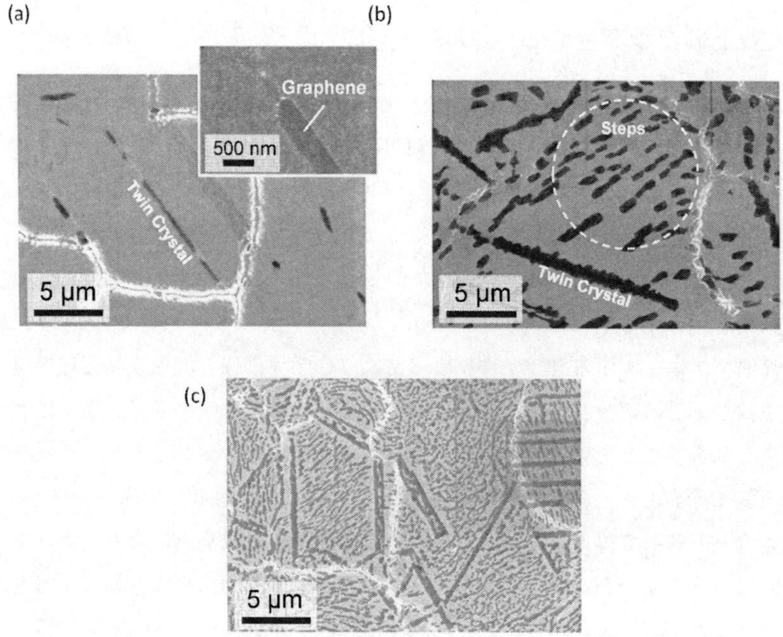

図 11　銅表面でのグラフェン形成の合成条件依存性を示す走査電子顕微鏡像
写真中，暗い領域がグラフェンが形成されている領域を示す。(a)メタン分圧：0.091 Pa，合成時間：65 分
(b)メタン分圧：0.24 Pa，合成時間：25 分　(c)メタン分圧：0.95 Pa，合成時間：10 分

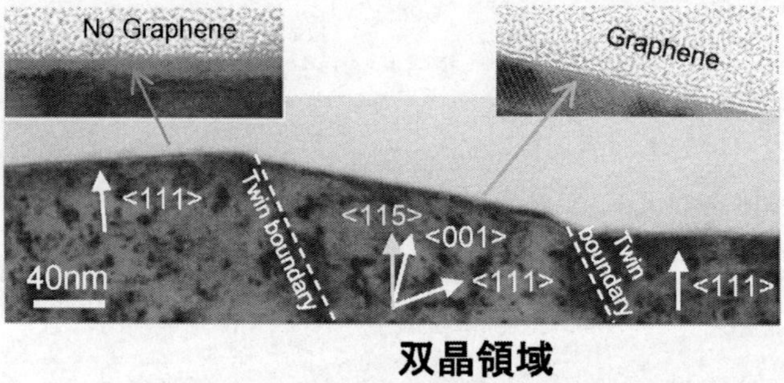

図 12　双晶領域を含む銅薄膜表面付近の断面 TEM 像
この場合双晶表面は（001）面である。挿入図は，（111）面，及び双晶表面の拡大図。
双晶表面にのみグラフェンが形成されている。

す。なお，分圧（流量）と合成時間の積は一定にしている。低分圧（0.091 Pa）では双晶上にのみグラフェンが形成されているが，分圧が高くなるに従い，表面のステップの部分にもグラフェンが形成されていくことが分かる。さて，グラフェンはどうして双晶表面に形成されるのであろうか。それを調べる一助とするため，双晶領域を含む銅薄膜表面付近の断面 TEM 像を取得した(図 12)。何箇所か観察した結果，双晶のグレインは基板に垂直に <115> 方向を向いているが，

表2　銅表面における吸着エネルギー（eV）

	カーボンモノマー	カーボンダイマー	C_2H_2
Cu(111)	−6.67	−5.84	−1.39
Cu(001)	−7.42	−5.93	−1.53

双晶表面はその方向から傾いており，(001) 面あるいは高指数面であることがわかった。この事実は，(111) 面より (001) 面，または高指数面の方がグラフェンの核形成が起こりやすいことを示唆している。高指数面も (001) 面と (111) 面の組み合わせから成ると考えられることから，(001) 面の存在が優先的な核形成に関係している可能性がある。そこで我々は第一原理計算により，グラフェン形成のプレカーサの各面における吸着エネルギーを計算することを試みた。しかしながら，現時点ではプレカーサが何かは未知であるため，カーボンモノマー，カーボンダイマー，アセチレンを候補として，その吸着エネルギーを計算した。結果を表2に示す。ここでエネルギーの基準は，プレカーサが表面から無限に遠い位置にある場合をゼロとした。表から明らかなように，いずれの場合でも，(001) 面の方が (111) 面より大きな吸着エネルギーを持つことがわかった。さらに我々はこの結果と，同時に計算した各面での拡散障壁エネルギーを用いて，(111) 面に (001) 面（すなわち双晶表面）が挟まれた状況でのプレカーサの拡散方程式を解き，プレカーサの濃度分布を計算した。詳細は文献29を参照頂きたいが，ある状況下で確かに (001) 面での濃度が高くなる，すなわち (001) 面で核形成が起こりやすくなることがわかり，実験を定性的に説明することができた。

今回得られたグラフェンナノリボンの幅は最小で90 nm程度であった。リボン幅は双晶の幅で規定されるため，より細い双晶領域を作ることができれば，より細いグラフェナノンリボンを作ることができることになる。実際にそのような双晶の報告もあるため[32]，我々のアプローチでより細いグラフェンナノリボンが形成できる可能性がある。今後は，その可能性を追求するとともに，今回の手法で得られたグラフェンナノリボンのグレインサイズやエッジの形態などを調査していく予定である。

6　おわりに

本章では，金属触媒を利用した熱CVD法について概説した後，我々の鉄触媒，銅触媒を利用した多層グラフェン，単層グラフェン合成への取り組みについて説明した。さらに，銅薄膜中に形成される狭い双晶領域を利用したグラフェンナノリボンの形成法について紹介した。

鉄触媒は多層グラフェンを比較的低温（600℃台）で形成することに適しており，さらに，鉄膜の厚みや原料ガスの濃度，合成時間によって多層グラフェンの厚み（層数）をある程度制御することができることが分かった。また，その他条件を一定として，鉄膜の厚みを変えるだけで，CNTと多層グラフェンの作り分けができることがわかった。しかしながら，鉄触媒を利用した場合，単層のグラフェンが形成しにくい，鉄グレイン毎に多層グラフェンの厚みがばらつく，などの問題がある。

単層のグラフェンを大基板に一様に合成するには現状では銅触媒が最も良い。本章では銅薄膜を触媒として利用した場合の，グレインサイズの合成条件依存性調査や，200 mm シリコン基板上への一様なグラフェン形成について紹介した。エチレンを原料とした場合，エチレンの分圧が低くなるに従いグレインサイズが大きくなるが，ある程度低くなると飽和する傾向があることがわかった。また原料ガスとしてはメタンの方が，同分圧でより大きなグレインサイズを与えることがわかった。グレインサイズの飽和には，表面モフォロジーが影響している可能性があるが，詳細は不明である。

さらに，銅触媒膜に形成される細い双晶領域にグラフェンが選択的に形成される，すなわちグラフェンナノリボンが自己組織的に形成されることを見出した。選択的形成は，グラフェン形成のプレカーサの，(001) 面と (111) 面における吸着エネルギーの違いに起因していると思われる。得られたナノリボンの幅は最小 90 nm 程度であったが，今後より狭い双晶領域を利用することにより，より細いナノリボンを形成できると考えている。

謝辞

本研究の一部は，総合科学技術会議により制度設計された最先端研究開発支援プログラムにより，日本学術振興会を通して助成されたものです。

文　　献

1) K. S. Novoselov *et al.*, *Nature* **438**, 197 (2005)
2) Y. Zhang *et al.*, *Nature* **438**, 201 (2005)
3) M. I. Katsnelson *et al.*, *Nature Phys.* **2**, 620 (2006)
4) K. S. Novoselov *et al.*, *Sicence* **306**, 666 (2004)
5) K. I. Bolotin *et al.*, *Solid State Commun.* **146**, 251 (2008)
6) K. I. Bolotin *et al.*, *Phys. Rev. Lett.* **101**, 096802 (2008)
7) A. S. Mayorov *et al.*, *Nano Lett.* **11**, 2396 (2011)
8) S. Bae *et al.*, *Nature Nanotech.* **5**, 574 (2010)
9) S. K. Banerjee *et al.*, *IEEE Electron Dev. Lett.* **30**, 158 (2009)
10) J. Has *et al.*, *Appl. Phys. Lett.* **89**, 143106 (2006)
11) J. C. Shelton *et al.*, *Surf. Sci.* **43**, 493 (1974)
12) C. Oshima *et al.*, *J. Jpn. Appl. Phys.* **16**, 965 (1977)
13) Q. Yu *et al.*, *Appl. Phys. Lett.* **93**, 113103 (2008)
14) A. Reina *et al.*, *Nano Lett.* **9**, 30 (2009)
15) K. S. Kim *et al.*, *Nature* **457**, 706 (2009)

16) X. Li *et al.*, *Science* **324**, 1312 (2009)
17) D. Kondo *et al.*, *Appl. Phys. Express* **3**, 025102 (2010)
18) D. Kondo *et al.*, *Chem. Phys. Lett.* **514**, 294 (2011)
19) S. Sato *et al.*, *ECS Trans.* **35** (3), 219 (2011)
20) S. Sato *et al.*, *ECS Trans.* **37** (1), 121 (2011)
21) Y. Awano *et al.*, *Proc. IEEE* **98**, 2015 (2010)
22) D. Kondo *et al.*, *Appl. Phys. Express* **1**, 074003 (2008)
23) B. E. Deal, and A. S. Grove, *J. Appl. Phys.*, **36**, 3370 (1965)
24) R.S. Weatherup *et al.*, *Chem. Phys. Chem.* **13**, 2544 (2012)
25) A. C. Ferrari *et al.*, *Phys. Rev. Lett.* **97**, 187401 (2006)
26) K. Yagi *et al.*, Proceedings of SSDM 2012, Kyoto (2012)
27) J. M. Wofford *et al.*, *Nano Lett.* **10**, 4890 (2010)
28) X. Li *et al.*, *Nano Lett.* **10**, 4328 (2010)
29) K. Hayashi *et al.*, *J. Am. Chem. Soc.* **134**, 12492 (2012)
30) M. Y. Han *et al.*, *Phys. Rev. Lett.* **98**, 206805 (2007)
31) J. Cai *et al.*, *Nature* **466**, 470 (2010)
32) L. Lu *et al.*, *Science* **304**, 422 (2004)

第6章　マイクロ波プラズマCVD法によるグラフェンのロールツーロール成膜

山田貴壽[*1]，石原正統[*2]，長谷川雅考[*3]

1　大面積グラフェン成膜技術の現状と量産連続成膜技術開発の課題

グラフェンは，炭素原子がハニカム構造に配列された原子一層のシートであり，屈曲性に優れている。一層のグラフェンの透過率は97.7％，これまでに報告された移動度は200,000 cm^2/Vsにもおよび，透明電極や次世代電子・光デバイス用材料として期待されている。また，熱伝導度は5000 W/mKとダイヤモンドの2倍以上あるため，透明放熱デバイス用材料としても有望視されている。しかしながら，これら報告されている特性のほとんどは，単結晶グラファイトからの機械的剥離法により形成されたグラフェンを用いて評価した値である。そこで，上述のようなグラフェンの特性を有効に利用したデバイス開発のために，優れた結晶性を有するグラフェン成膜技術開発が積極的に進められている。さらに実用化の観点からは，大面積，連続，量産技術開発も必要不可欠である。

大面積なグラフェンの成膜技術に関しては，触媒金属上への熱気相成長（CVD）法[1)]および酸化グラフェンの還元法[2)]の二つの方法が試みられている。銅（Cu）箔を用いた熱CVD法では，125 Ω/sqのシート抵抗と97％の以上の透過率という優れた透明電極特性を有する高品質なグラフェンが成膜されて，30インチディスプレイサイズの透明電極や高周波用電子デバイスなどが試作されている。また，酸化グラフェンの還元法を用いることで，12インチの大面積透明導電膜が形成されている。この方法は，グラファイト粉末を酸化剤中で単離させた酸化グラフェンフレークの水溶液を，スピンコート法で塗布し，真空中やアルゴン / 水素（Ar/H_2）雰囲気中で加熱処理する方法であり，大面積化や層数制御が容易である[2)]。しかし，これら二つの方法によるグラフェン形成には，1000℃程度の高い処理温度と数十分以上の処理時間が必要である。このため，量産技術の観点では，成膜温度の低下と処理時間の短縮が課題であった。最近，プラズ

＊1　Takatoshi Yamada　㈱産業技術総合研究所　ナノチューブ応用研究センター　ナノ物質コーティングチーム　研究員

＊2　Masatou Ishihara　㈱産業技術総合研究所　ナノチューブ応用研究センター　ナノ物質コーティングチーム　主任研究員

＊3　Masataka Hasegawa　㈱産業技術総合研究所　ナノチューブ応用研究センター　ナノ物質コーティングチーム　研究チーム長

マCVD法による低温かつ高速なグラフェン成膜に関して報告された[3,4]。原料ガスの分解にプラズマを利用するため，熱CVDと比較して基材を低温に保持することが実現されている。成膜されたグラフェンを用いて約20 cm角サイズの透明電極や，タッチパネルが試作されている[3]。このように，プラズマCVD法は低温成膜かつ高速成膜が可能であり，グラフェンの量産に適した成膜方法であると考えられる。

ロールツーロール技術は，長さ数100 mから数kmのウェブ（フィルム状の基材）をロール状に巻き，連続的な製造プロセスにより加工や機能付加したウェブを巻取りながら処理する工程である。このため，薄膜成膜やインプリント，ラミネート等を効率良く量産することができる[5]。ロールツーロール技術とプラズマCVD技術を組合せることで，グラフェンの量産連続成膜プロセスの実現が期待される。グラフェンのロールツーロール・プラズマCVD装置の開発には，①広範囲に均一なプラズマを形成すること，②基材搬送時にプラズマを安定に維持できること，③基材へのプラズマによるダメージが小さいこと，④従来の樹脂フィルムではなく銅やニッケル（Ni）などの金属がグラフェン成膜用ウェブであること，などの課題があった。本章では，開発したグラフェン成膜用ロールツーロール・マイクロ波プラズマCVD装置と，成膜したグラフェンの特性を紹介する[6~8]。

2　ロールツーロール・マイクロ波プラズマCVD装置の開発

低電子温度で大面積のプラズマを形成可能な表面波励起マイクロ波プラズマ[9]を用いて，グラフェンのロールツーロール・マイクロ波プラズマCVD技術を開発した。表面波プラズマは，マイクロ波が誘電体とプラズマの界面に沿って伝搬する表面波によりプラズマが生成・維持される。誘電体付近には高密度のプラズマ生成領域が形成され，マイクロ波がプラズマ中に侵入しない。そのため，可動部材が真空装置内部にあっても，プラズマを安定に維持することができる。さらに，プラズマや基材がマイクロ波により加熱されることがなく，電子温度が低いために，基材表面の損傷が小さいことがグラフェン成膜に有利である。

開発した300 mm幅ロールツーロール・マイクロ波プラズマCVD装置の概略を図1に示す。リニアアンテナ型マイクロ波プラズマCVD装置内[10]に，ロールツーロール機構を設置したものである。リニアアンテナ型マイクロ波プラズマCVD装置は，8本の石英製の管で覆われたアンテナを有している。アンテナの両端にマイクロ波電力を投入し，プラズマを生成する。最大投入可能電力は20 kWである。プロセスガスにはメタン（CH_4），H_2およびArを用いて成膜した。プロセスガスを装置上方より導入し，下方よりロータリーポンプで排気することで，CVD装置内の圧力を制御した。

ロールツーロール機構は，巻出し部，送出し部，水平型ステージで構成されている。巻取り部と送出し部は，水平ステージの横に配置し，金属製の仕切りで区切ることで，パーティクル等の取込み低減とウェブの汚染防止を実現した。巻取り部に設置したモーター機構と，送出し部に設

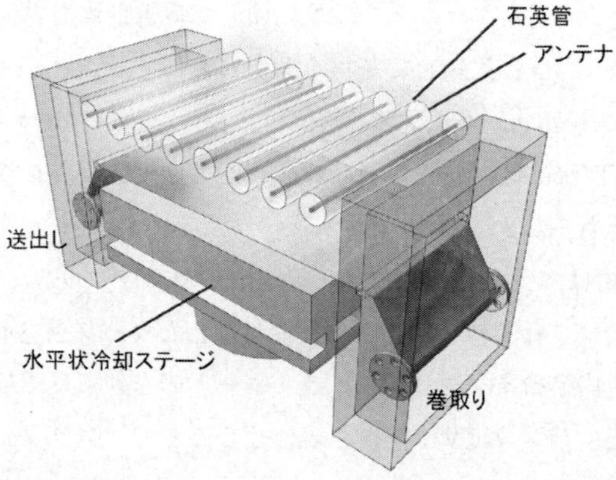

図1　開発したロールツーロール・マイクロ波プラズマCVD装置

置したブレーキ機構で，基材の搬送速度とテンションを制御した。フィルムウェブのロールツーロール装置で利用されている回転式ドラム状の成膜ステージを採用せずに，水平状の成膜ステージを採用することで，金属基材のテンションの制御性向上と広範囲に均一なプラズマ形成を実現した。水平ステージは金属ウェブ冷却のために，水冷機構を有している。

3　グラフェンのロールツーロール成膜

グラフェンの連続膜が形成される典型的な成膜条件は以下の通りである。CH_4 流量：30 sccm，H_2 流量：50 sccm，Ar 流量：20 sccm，圧力：30 Pa，マイクロ波電力：16 kW，基材温度：350 ℃，基材搬送速度：5 mm/s。基材には，幅 297 mm，厚さ 33 μm の圧延銅箔を用いた。

成膜したグラフェンの A4 幅方向（搬送方向に対して垂直方向）のラマンスペクトルを測定することで均一性を評価した。図2に，A4（297 mm）幅方向に 4 cm 間隔で測定したラマンスペクトルを示す。ラマンスペクトルの測定は，532 nm の波長の半導体レーザーを励起光源として用いた。レーザービーム径は 1 μm である。全ての測定点において，スペクトルの形状に大きな違いが見られず，均一であることが確認された。グラフェンに起因する G バンド（1592.6 cm^{-1}）と 2D バンド（2652.3 cm^{-1}）が観測されていることから，ロールツーロール・マイクロ波プラズマ CVD 装置によって，グラフェンの巻取り成膜に成功したと考えている。この結果から，ロールツーロール・マイクロ波プラズマ CVD 法を用いたグラフェンの連続成膜による産業用量産技術への発展が期待できる。アンテナの構造や配置を検討することで，更なる大面積化や高速化も可能である。

また，ラマンスペクトルには D バンド（1322.6 cm^{-1}）および D'（1616.9 cm^{-1}）バンドが観測されていることから，欠陥を含んだグラフェン膜であることがわかった。低温でのプラズマ CVD 法で成膜されたグラフェン膜[3]や，酸化グラフェンの還元法によって形成されたグラフェン

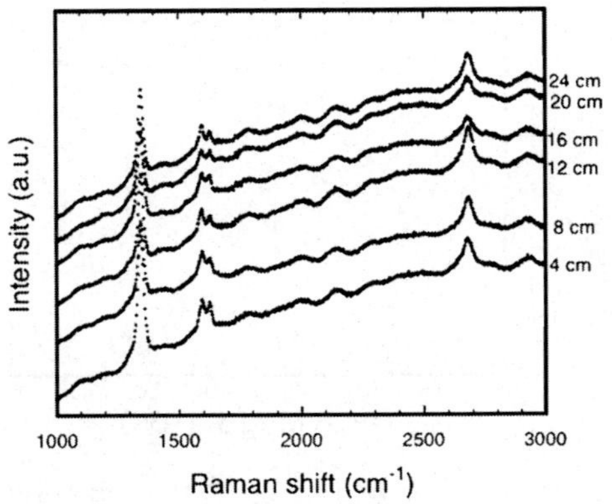

図2　ロールツーロール成膜されたグラフェンの銅箔ウェブ幅のラマンスペクトルの均一性評価結果

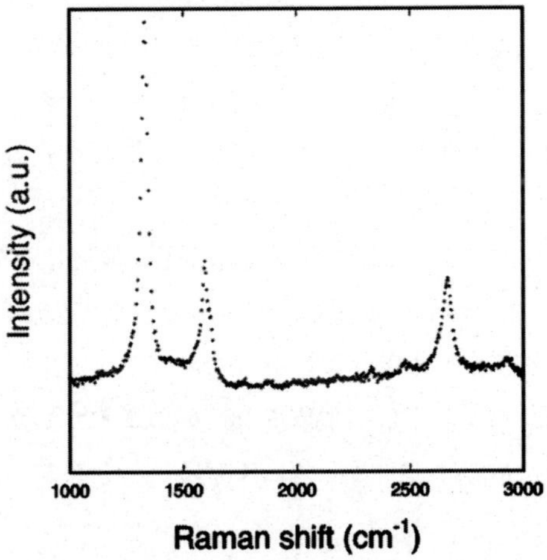

図3　典型的なロールツーロール成膜されたグラフェンのラマンスペクトル

膜[2)]のラマンスペクトルでも，Dバンドが観測されていることから，ロールツーロール・マイクロ波プラズマCVD法で成膜されたグラフェン膜は，過去の報告例と同等の結晶性を有すると考えられる。

ロールツーロール・マイクロ波プラズマCVD法で成膜されたグラフェン膜の結晶性を検討するために，図3に典型的なラマンスペクトルを示す。鋭く強いDバンドのピークが観測されている。Dバンドピークの強度は端部の構造に起因することが報告されており[11)]，ロールツーロール・マイクロ波プラズマCVD法で成膜されたグラフェン膜は，アームチェア型端部を有するグラフェンフレークの集合体であると推察される。2DバンドとGバンドのピーク強度比（I_{2D}/I_G）が1.1〜1.2であることから，得られたグラフェンは2〜3層であると考えられる[12)]。

図3から，成膜したグラフェンのラマンスペクトルのGバンドピークが高波数側にシフトし

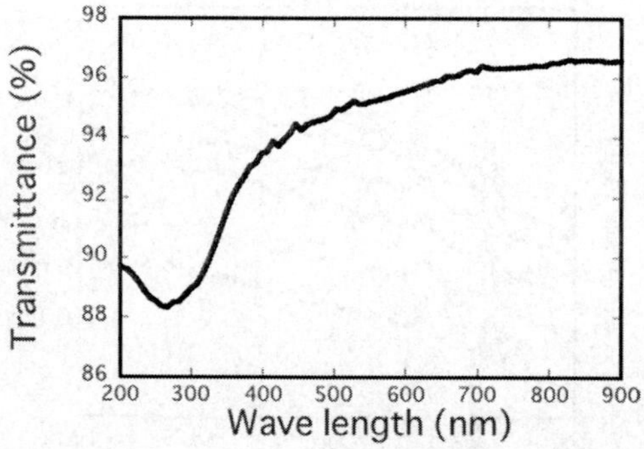

図4　典型的なロールツーロール成膜されたグラフェンの紫外可視光スペクトル

ていることが確認できる。高波数側へのピークシフトは，グラフェン膜内の圧縮応力が原因であると報告されている[13)]。ロールツーロール工程では，銅ウェブの進行方向に張力が加えられているため，ウェブは伸びた状態でグラフェン膜が成膜される。グラフェン膜の成膜後には張力が開放され，ウェブは元の状態に戻る。成膜されたグラフェン膜は，銅箔ウェブに比べて4桁程薄いために，伸ばされた銅箔が元の状態に戻る際に，グラフェンは縮む方向に圧縮応力が生じると考えられる。

石英ガラス上に転写したグラフェン膜の紫外可視分光光度計により測定した結果を図4に示す。265 nm 付近に π-π^* による吸収が見られるが，他の波長で吸収は観測されていない。400～800 nm の波長範囲での平均透過率は 95.2 % であった。グラフェン一層の光透過率が約 2.3 % であることを考慮すると，グラフェンが二層形成されていることがわかる。この見積もりは，ラマンスペクトルから見積もった層数とおよそ一致している。

4　グラフェン透明導電フィルムの作製

成膜したグラフェン膜を 297 mm×150 mm に切り出し，グラフェン透明導電フィルムを作製した。銅箔のエッチング工程と透明で絶縁性のポリエチレンテレフタレート（PET）フィルムへの転写工程の2工程で作製した。作製は，以下の手順で行った。グラフェンの成長面に熱剥離（紫外線剥離）フィルムを張合わせ，塩化第二鉄（$FeCl_3$）水溶液中に浸すことで銅箔をエッチングし，流水で洗浄をおこなった。その後，グラフェンの銅箔除去面側を PET フィルムに張合わせ，熱剥離（紫外線剥離）フィルムを剥がすことで，グラフェン/PET フィルム構造を作製した。作製したグラフェン/PET フィルム構造（297 mm×150 mm）を図5に示す。一面に均一な透過性であることがわかり，屈曲性を有することも確認できることから，フレキシブル性を有する透明導電フィルムとしての優位性を実証できた。

作製したグラフェン/PET フィルムの 297 mm 幅方向の透過率とシート抵抗を測定した。透過率測定は波長 550 nm の光源を用いて大気中でおこなった。測定領域は直径 7 mm である。図6

図5　作製したグラフェン/PET構造

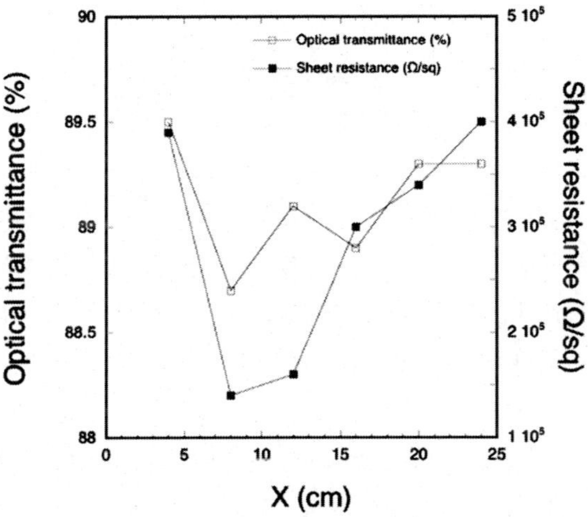

図6　ロールツーロール成膜されたグラフェンの銅箔ウェブ幅の透過率およびシート抵抗の均一性評価結果

に，グラフェン/PETフィルムの透過率を4 cm間隔で測定した結果を示す。PETフィルム込みの透過率は約89 %であった。得られた結果から，銅ウェブ幅（297 mm）方向に均一性の高い光透過性を有することが確認できた。ラマンスペクトルもほぼ均一であることから，高い均一性の光学特性を持つグラフェンが成膜されたと考えられる。

作製したグラフェン/PETフィルムのシート抵抗を，4探針法を用いて測定した。プローブはタングステン製で，プローブ間隔は0.1 mmとした。大気中，室温での測定結果を図6に示す。シート抵抗値が10^5Ω/sq台と高い値であるが，シート抵抗も光学特性と同様に297 mm幅方向にほぼ均一であることが確認できた。シート抵抗が高い原因としては，グラフェンフレークの不連続性，フレーク界の存在と膜内の応力の三つの要因が考えられ，今後これらを改善することにより導電性の向上を図る予定である。

図7に，ラマンスペクトルから得られたI_{2D}/I_G比のマッピング結果（測定領域：30 μm角）を示す。強度比が，1.1～1.2の範囲であり，測定領域内での均一性は良好である。一方，成膜され

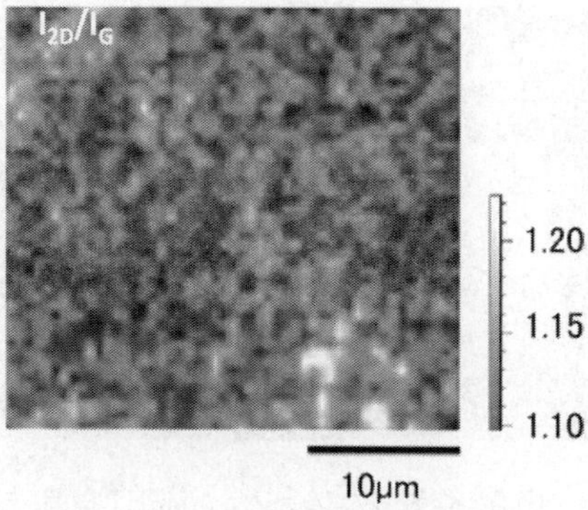

図7　I_{2D}/I_G 比マッピング測定結果（30 μm 角）

たグラフェンはフレークの集合体であると推測されることから，フレーク界やフレークの重なり部でキャリア輸送が制限され，これらが導電性に大きく影響していると考えている。さらに，前述したように，ラマンスペクトルのピークシフトから，グラフェン膜内に圧縮応力の残留が示唆される。圧縮応力とシート抵抗の関連性は，これまでのところ十分に解明されていないが，残留応力がグラフェン膜のバンドギャップに影響することが報告されており[14]，グラフェン膜内の残留応力が何らかの形で導電性に影響を与えているものと考えている。今後は高導電性の実現に向け，残留応力の生じない成膜プロセスやフレークサイズの拡大に取り組んでいく予定である。

5　まとめ

表面波マイクロ波プラズマ CVD 法を用いて，グラフェンのロールツーロール成膜装置，および成膜手法を開発した。これによりグラフェンの産業応用を見据えた量産連続成膜プロセスを実証した。成膜したグラフェンの A4 幅方向でのラマン分光測定により，均一性の高い膜であることを確認した。また PET フィルムに転写したグラフェンの光透過率測定でも高い均一性を有することが確認できた。PET フィルムを含む透過率は約 89 % であった。シート抵抗を A4 幅方向で評価した結果，$1.4〜4\times10^5\,\Omega/sq$ の範囲であり，ほぼ均一な値であった。今後，高導電性の実現に取り組んでいく予定である。以上のように，ロールツーロール・マイクロ波プラズマ CVD 法はグラフェン量産技術として有効な手法と考えられる。今後，ロールツーロール転写技術と組み合わせることで，グラフェン透明導電フィルムの量産が実現できると期待する。

謝辞

本研究の一部は，NEDO「希少金属代替材料開発プロジェクト／透明電極向けインジウムを代替するグラフェンの開発／グラフェンの高品質大量成膜と応用技術を活用した透明電極向けインジウム代替技術の開発」として行われた。

文　　献

1） S. Bae, H. Kim, Y. Lee, X. Xu, J. S. Park, Y. Zheng, J. Balakrishan, T. Lei, H. R. Kim, Y. I. Somg, Y. J. Kim, K. S. Kim, B. Ozyilmaz, J. H. Ahn, B, H. Hong and S. Iijima, *Nature Nanotechnol.* **5**, 574 (2011)

2） H. Yamaguchi, G. Eda, C. Mattevi, H. Kim, M. Chhowlla, *ASC Nano* **4** (2010)

3） J. Kim, M. Ishihara, Y. Koga, K. Tsugawa, M. Hasegawa and S. Iijima, *Appl. Phys. Lett.* **98**, 091502 (2011)

4） Y. Kim, W. Song, S. Y. Lee, C. Jeon, W. Jung, M. Kim and C. -Y. Park, *Appl. Phys. Lett.* **98**, 263106 (2011)

5） 杉山征人 監修，ロールツーロール技術の最新動向－プロセス最適化への課題と解決策. CMC出版（2011）

6） T. Yamada, M Ishihara, J. Kim, M. Hasegawa and S. Iijima, *Carbon* **50**, 2615 (2012)

7） T. Yamada, M, Ishihara, M. Hasegawa and S. Iijima, *Proc. International Conference of Coatings of Glass and Plastics* **9**, 223 (2012)

8） T. Yamada, M. Ishihara, J. Kim, M. Hasegawa and S. Iijima, *Mater. Res. Soc. Symp. Proc.* 1401, DOI: 10.1557/opl.2010.1299 (2010)

9） K. Tsugawa, DRM

10） K. Tsugawa, M. Ishihara, J. Kim, M. Hasegawa, Y. Koga, *New Diamond and Frontier Carbon Technology* **16**, 337 (2006)

11） L. M. Malard, M. A. Pimenta, G. Dresselhaus. M. S. Dresselhaus, *Physcs Rep.* **473**, 51-87 (2009)

12） A. Reina, X. Jia, J. Ho, D. Nezich, H. Son, V. Bulovic, M. S. Dresselhaus and J. Kong, *Nano Lett.* **9**, 30 (2009)

13） Z. H. Ni, H. M. Wang, Y. Ma, J. Kasim, Y. H. Wu and Z. X Shen, *ASC Nano* **2**, 1033 (2008)

14） Z. H. Ni, T. Yu, Y. H. Lu, Y. Y. Wang, Y. P. Feng and Z. X. Shen, *ACS Nano* **2**, 2301 (2008)

第7章　SiC上グラフェン成長と電子顕微鏡観察

楠　美智子[*1]，乗松　航[*2]

1　はじめに

炭素原子単体からなる単原子厚さの2次元網目構造グラフェンは，半導体として伝導帯と価電子帯を持つにもかかわらず，一点で接し，この接点（ディラック点）の近傍では質量ゼロの相対論的粒子の振る舞いをすることが2004年にNovoselovらにより実験的に示された[1)]。その後，室温における異常な量子ホール効果や[2,3)]，理論的に200,000 cm^2/Vsという極めて高い移動度が予想されたことから[4)]，世界的に多くの研究者を強く惹きつけ，現在も精力的な研究が進められている。

グラフェンの合成に関して，第Ⅲ編で紹介されている劈開法，CVD法等のほかに，高品質グラフェンの合成法として，2006年にde Heerのグループにより提案されたSiC熱分解法が挙げられる[5)]。SiC熱分解法とは，真空中，1150℃以上に加熱することによりSiCからSiのみが昇華し，表面に残存した炭素が表面に平行にグラフェンを自己構築する現象である。この熱分解によって表面に形成するSiC由来のナノカーボン構造については古く1965年Badami[6)]，1975年Bommelら[7)]にまで遡り，X線回折法やLEEDによる結晶構造解析に関しての報告がなされている。このグラフェンのc軸がSiCのc軸に平行に形成されることから，エピタキシャルグラフェンと呼ばれる。この手法は，高純度単結晶SiCを半絶縁体基板として担わせることで，グラフェンをSi半導体に替わる次世代の高移動度トランジスターに期待するものである。de HeerらはSiC上に形成したグラフェンに電極をパターニングし，初めて輸送特性の測定を行い，Dirac電子としての特徴を実証した[5)]。最近では，IBMのAvourisのグループにより高周波トランジスターとして100 GHz以上の高い遮断周波数が得られることが実証され[8)]，さらに同グループにより集積回路の作製とその動作も報告されるなど[9)]，実用化に向けた実証実験に注目が集まっている。

本章では，このSiC熱分解によって形成されるグラフェンについて，合成方法，構造，基板との界面構造の特徴，成長様式について，透過型電子顕微鏡観察（TEM）によって明らかにされた結果を中心に紹介する。

＊1　Michiko Kusunoki　名古屋大学　エコトピア科学研究所　教授

＊2　Wataru Norimatsu　名古屋大学　大学院工学研究科　助教

2　SiC表面分解法によるナノカーボン構造の形成

SiC結晶には多くの多形が存在することが知られているが，現在，一般に4H，6Hタイプの直径3インチのSiC基板を購入可能であり，エピタキシャルグラフェンの生成に用いられている。これらの構造はウルツ鉱構造をとり[0001]方向に沿って極性を有する。その結果，(0001)面はSi面で終端され，(000$\bar{1}$)面はC原子のみで終端されている。楠らはこれまで真空下での表面分解により図1(a)に示したように，(000$\bar{1}$)面上に高配向・高密度のカーボンナノチューブ（CNT）が形成されることを示してきた[10,11]。このCNTはSiC結晶のSi-C結合配位を一部引き継ぐことにより，表面に垂直にジグザグ型CNTが選択形成されるという特徴を有する[12]。一方，(0001)Si面は図1(b)のように表面に平行に多層グラフェンが形成され易い[11]。この違いは，両面の反応性の差によるものであり，超高真空下において熱処理を行うと分解が抑制され，Si面においてはより均一な薄層グラフェンの形成が可能となり，C面においてもCNTの形成は抑えられ表面に平行にグラフェンが形成可能となる。特に，C面において形成されるグラフェンは結晶性が低いにも拘わらず，Si面上のそれに比べ一桁近く移動度が高く，高周波トランジスターとしての応用が期待される。

このように，Si面とC面では分解様式が大きく異なることから，以下ではSi面上グラフェン

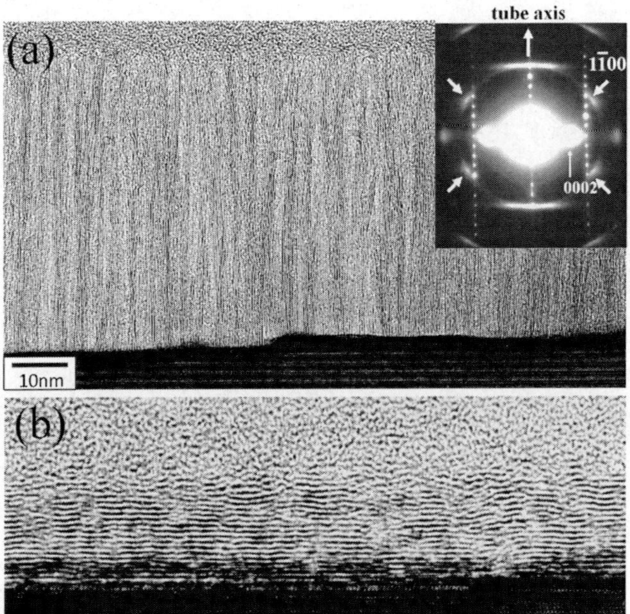

図1　真空下，SiC熱分解によるナノカーボン表面構造のTEM像
(a)C面上に形成された高密度CNT配向膜。電子線回折像よりジグザグ型CNTの選択成長が確認される。(b)Si面上に形成された多層グラフェン構造。

とC面上グラフェンの違いに注目して，それぞれの生成手法，構造上の特徴，特性について紹介することとする。

3 Si面上に形成されるグラフェン

SiC上グラフェンに関しては，最初，化学的に安定で，しかも研磨により平滑性の得られやすいSi面を中心に研究が進められた[5]。表面分解法によるグラフェン成長が，従来の蒸着法による種々の基板上へのエピタキシャル成長と大きく異なる点は，SiC基板に接する層（界面層）が最後に形成された層であることである。したがって，界面が平滑に維持されている限り，形成されたグラフェンは常に基板の構造を反映したものとなる。Si面上グラフェンの最も大きな特徴は，この界面層が（$6\sqrt{3}\times6\sqrt{3}$）R30°構造を有し[13]，この再配列構造を形成するC原子の1/3がSiC基板最表面に位置するSi原子とσ結合している点である。この界面層はバッファー層とも呼ばれ，その存在の結果，界面電荷移動に起因する相互作用により，k空間において一点で接していたバンド構造は，バンドギャップが僅かに開き，半導体となる[14]。

また，常にバッファー層として形成される（$6\sqrt{3}\times6\sqrt{3}$）R30°構造は，数層のグラフェン層が基板SiCと一定の方位関係を維持するためのテンプレートの役目を果たし，後述するように，選択的積層様式，均一なグラフェン形成に重要な役割を果たす。このエピタキシャルグラフェンの形成は，超高真空下での分解からスタートし，多くの報告がなされた[5, 15~17]。しかし超高真空下での分解では，SiCステップを起点とした不均一な浸食反応が進行してしまい，30～100 nmの小さな粒径のグラフェンが形成され，分解制御，層数の制御が困難であった。この問題の解決策として，超高真空仕様のチャンバー内にArガスを導入することが考案された。Seyllerのグループは，900 mbrのAr雰囲気下，1650℃で加熱することにより，50 μm以上の領域に亘って1 μm幅のテラス上に平均1.2層の均質なグラフェンが形成されることを報告している[18]。これは，Arガスの分解抑制効果により，分解開始温度の上昇が起こり，グラフェンの大面積化に繋がっていると説明されている。真空中では1350℃で1～2層のグラフェンが形成すること[12]から比較すると，1気圧のArガス導入により，分解温度は300℃上昇していることになる。

また，LEEMによりSiCのステップ近傍でグラフェン層数がテラス上に比較して多いことが観察され[17]，グラフェンの核生成，成長にステップが重要な役割を果たすことが間接的に示された。乗松らは，ステップを有する4° off-axis SiCから形成したグラフェンのSiCステップ近傍におけるグラフェンのTEM観察を行った[19]。図2は広いテラス領域に形成されたグラフェン(a)と，その両端に位置するステップ近傍の拡大像(b)，(c)を示している。模式図(d)にも示したように，ステップ付近のグラフェンの興味深い特徴として，(c)で観察されるようにステップ付近での曲率を持ったグラフェンが，図中のステップ右下のテラスに対して垂直に近い角度で立ち上がっていることが挙げられる。このSiCのステップを覆うようなグラフェンは，ステップ左上のテラス領域に広がっている。すなわち，ステップで核生成したグラフェンはステップの両サイド

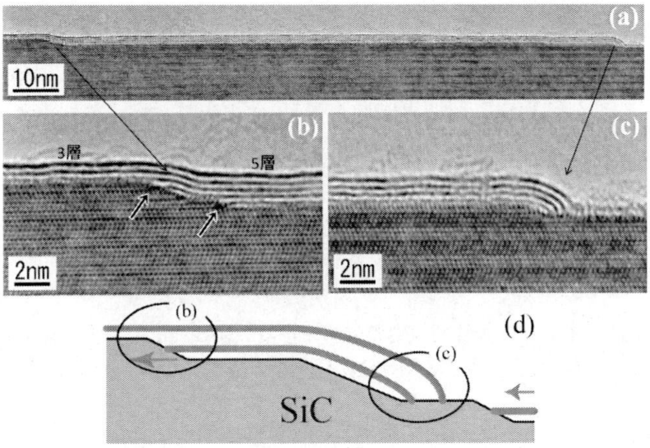

図2　Si 面上のステップ近傍に形成されたグラフェンの TEM 像

(a) SiC テラス上のグラフェン。(b)ステップにおいてピン止めされたグラフェン。ステップを挟み，層数が変化，(c)ステップ右下のテラスに垂直に立ち上がり，ピン止めされたグラフェン。(d)図(b)，(c)の模式図。

に成長して行くのではなく，一方はステップ下端の根本に垂直にピン止めされたまま，上のテラス上を一方向にのみ成長することを示唆している。また，(b)では，ステップを境にグラフェンの層数が変化しており，SiC ステップにおいてグラフェンの成長がピン止めされる場合があることを示唆している。

以上のように，TEM 観察結果からも，グラフェン成長には SiC ステップが重要な役割を果たしていることが明らかになった。しかしながら，前述のように均一なグラフェンを形成させるために Ar ガスを導入して熱処理することで，表面分解温度が上昇したことにより，同時に SiC 基板の表面ステップのバンチングが激しくおこり，1650 ℃ではステップ高さが 10 nm 以上に成長してしまう[18]。グラフェンは 1 nm 以下のステップ高さの場合はステップを難なく跨ぎ，連続したグラフェン膜が成長できる場合も多く観察されるが，図2で示したように，ステップにおいてグラフェンの欠陥も高い確率で発生してしまう。近年，ステップ間を跨ぐデバイスは1枚のテラス上でのデバイスに比べ数倍の高抵抗を示すことが示され[20]，ステップが伝導に与える影響が議論されている[21,22]。グラフェンの2次元性を最大限に活用し，高集積・高移動度デバイス応用を実現するためには，出来る限りステップバンチングを抑制し，しかも粒径の大きな高品質グラフェンの新たな形成手法が求められる。一方では，次章で述べられるように，グラフェンのバンドギャップを開くために，敢えてこのステップを積極的に活用し，ナノグラフェンを形成する興味深い試みが行われているので，参照されたい。

3.1　Si 面上平滑グラフェン形成—SiO_2 マスク法

以上の問題を解決するために乗松・楠により開発された SiO_2 マスク法[23,24]について紹介する。

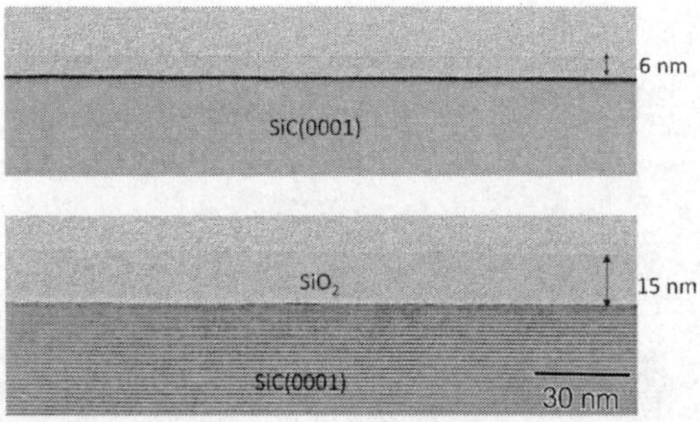

図3　ドライ酸素雰囲気中のアニールによりSi面上に形成された
6 nm，15 nm厚のSiO_2膜のTEM像

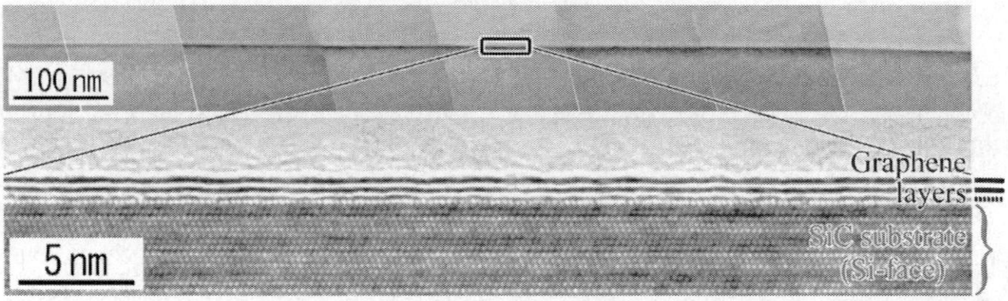

図4　SiO_2マスク法によって形成された大面積・平滑グラフェンのTEM像

まず，SiC(0001)Si面からのミスカット角が充分小さく，化学的機械的研磨により充分平滑平面を有する基板を準備する。次にフッ化水素酸溶液を用い，表面の汚れ，自然酸化膜を充分除去したSiC基板をドライ酸素1気圧雰囲気中，1000℃にて1～3時間アニールすることにより，図3に示すように，SiC表面に，界面が平滑で，数nm～20 nmの均一な厚さのSiO_2膜を形成する。次に，酸化被膜を施したこの基板を高真空中（10^{-4}～10^{-5} Torr）において1350～1450℃でアニールする。この手法により，図4に示すように，ステップバンチングを効果的に抑制し，2～3層のグラフェンを広い領域に高均質に形成させることが可能となった。

これは，SiC面上に形成されたSiO_2膜が表面分解の保護膜として働く効果によるものである。すなわち，緻密で高均質なSiO_2膜は，真空中の加熱により徐々に昇華し均一な厚さを保ちながら薄くなってゆくが，1300℃以上まで持ち堪えるため，SiC表面からのSi原子の分解・脱離をぎりぎりまで抑制する役割を果たす。その後，1350℃に達するまでにはSiO_2膜はすべて昇華してしまい，平滑なSiC面が露出するが，すでに不均一なグラフェンの核発生する温度を超えており，グラフェンがSiC表面を高速で成長出来る温度に達しているため，ステップ密度の少ない広いテラス上に欠陥の少ない均質グラフェンを形成させることが比較的容易になると考えられる。また，SiO_2膜の存在により，高温においてもSiC表面の拡散を抑制する効果があるため，ステップバンチングを抑える効果をも担っていると予想される。また，この手法は，装置の超高真空仕様を必ずしも必要としない点で，今後エピタキシャルグラフェンの実用化において有効となろう。

エピタキシャルグラフェンの形成は，SiCの表面分解温度とステップバンチングの現象がほぼ同一の温度範囲で開始してしまうために，現象が複雑で，制御を困難にしているが，このように，耐熱性の高い均一膜をマスクとして形成させることにより，比較的容易に高品質グラフェンの形成が可能となった。以下に，このSiO_2マスク法により得られた高範囲で平坦な界面を有するエピタキシャルグラフェンのTEM観察による界面構造，積層秩序について紹介する。

3.2　グラフェン/SiC(0001)界面構造[25)]

図5は，Si面にSiO_2膜を施したSiC基板を真空中1450℃，30分でアニールすることにより得られた(a)Type-1と(b)Type-2の2種類のグラフェン/SiC界面構造の高分解能TEM像である。いずれもSiC上に3層のグラフェンが形成されているが，それぞれの界面における層間隔が異なる。多くの領域で注意深く観察した結果，すべての界面は，この2種類の層間距離に相当することが確認された。

SiC上グラフェンの形成においては，SiCバイレイヤーが一層ごとに整然と分解することで，均質な成長に繋がる。ここで，SiCバイレイヤーと理想的グラフェンのC原子の数密度の比はほぼ1：3であるため，グラフェン1層の形成には，SiCバイレイヤー約3層が必要である。このことは，分解の過程で3種類の遷移状態の界面構造が現れることを予想させる。第一原理計算に

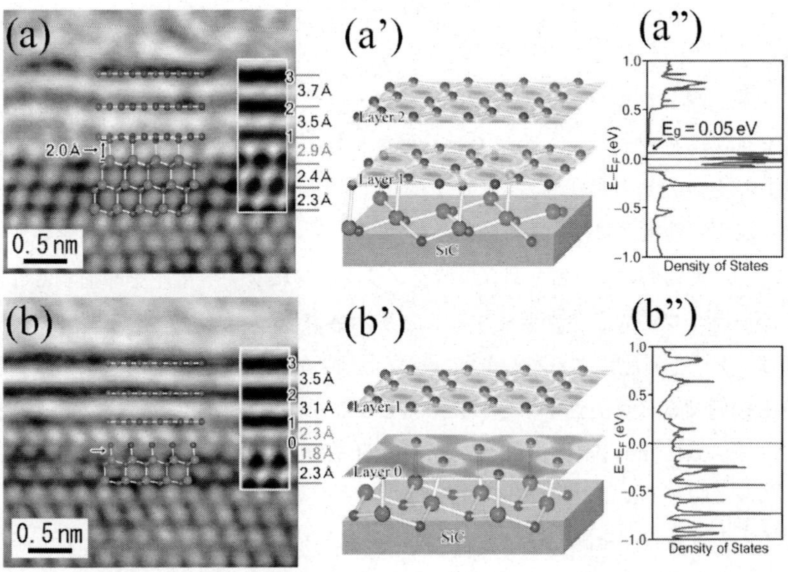

図5　SiO_2マスク法によって形成された3層グラフェン／SiC（Si面）界面構造
(a)Type-1，(b)Type-2の界面の高分解能TEM像。(a')，(b')それぞれの界面構造の第一原理計算に基づくモデル図。(a")，(b")それぞれの状態密度計算結果。

よる検討を行った結果，図5(a)，(b)で示した界面の層間距離 Type-1，Type-2 は図5（a'），（b'）に示したような，それぞれ SiC バイレイヤー3層，1層が分解して形成された界面構造でよく説明されることが明らかになった。図5(a)，(b)の高分解能 TEM 像中には，それぞれの場合における構造モデルに基づくシミュレーション像を示しており，良い一致を示している。なお，TEM 観察条件のデフォーカス量 −30 ～ −40 nm の範囲では，試料厚さ 1.2～6.0 nm において，同様の定性的なコントラストならびに上記の定量的な層間隔が得られることが確認されている。

図5(a)に示す Type-1 の界面構造の特徴は，Layer-1 において，一部の C 原子が，直下の Si 原子に向かってわずかに変位し，C-Si 原子間に共有結合が存在し，Layer-1 が電気的には前述したようなバッファー層として振る舞うことを示唆している[14,26]。一方，図5(b)の界面構造 Type2 の実験結果は，グラフェン Layer-1 の下に SiC バイレイヤー1層が分解して生じた，グラフェンの 1/3 の炭素原子数密度を有する遷移状態の層が存在することを示している。さらに，それぞれの状態密度の計算結果を図5（a"），（b"）に示す。これらの図から，界面構造 Type-1 は半導体的な挙動を示すが，Type2 の遷移的界面構造では，金属的な特徴を持つことがわかる。以上のように，グラフェン/SiC の界面の TEM 観察により，厳密には SiC の分解過程の遷移状態が存在し，その界面構造により，電子状態も変化することが示された。

3.3 ABC 積層構造の選択的形成[27]

グラファイトの積層秩序は六方晶の AB 積層が一般的によく認知されており，Bernal 積層とも呼ばれる。他に割合は少ないが AA 積層（単純六方晶），ABC 積層（菱面体晶）も存在することが報告されており[28,29]，グラファイト結晶は厳密にはこれら3種類を含むランダムな積層による乱層構造をとることが多い。

近年，この複数層のグラフェン積層秩序に注目が集まっている。これは AB 型の2層，ABC 型3層，ABCA 型4層グラフェンの場合には外部電場の印加によってバンドギャップが開くことが理論的に示されたことによる[30~32]。この結果は，前述した基板との相互作用によりバンドギャップが形成する効果と同様，本質的にバンドギャップゼロのグラフェンにおいて，応用上極めて重要である。実験的にも ABA 型3層積層グラフェンにゲート電圧を印加することにより，バンドオーバーラップの大きさが変化することが示された[33]。特に，ABC 積層のグラフェンが形成できれば，ゲート電圧によるバンドギャップが効果的に開き，電場誘起電子状態制御によりその大きさも制御できる可能性が示された[31]。しかしながら，ABC 積層は AB 積層と比較して全エネルギー差が 0.11 meV/atom と僅かながらも不安定な存在であり[28,29]，ABC 積層グラフェンの選択的形成に関してはこれまで報告がない。

グラファイトの積層秩序を調べる最も確実な方法は，積層構造を断面方向から原子レベルで直接観察することであり，高分解能 TEM 観察が威力を発する。また，図6(a)に示すように，回折学的に，AA，AB，および ABC 積層グラファイトは①のように $[1\bar{1}00]$ 方向から観察した場合は全く等価な強度分布を示すが，②～④のように $[11\bar{2}0]$ 方向から観察することで，消滅則の違

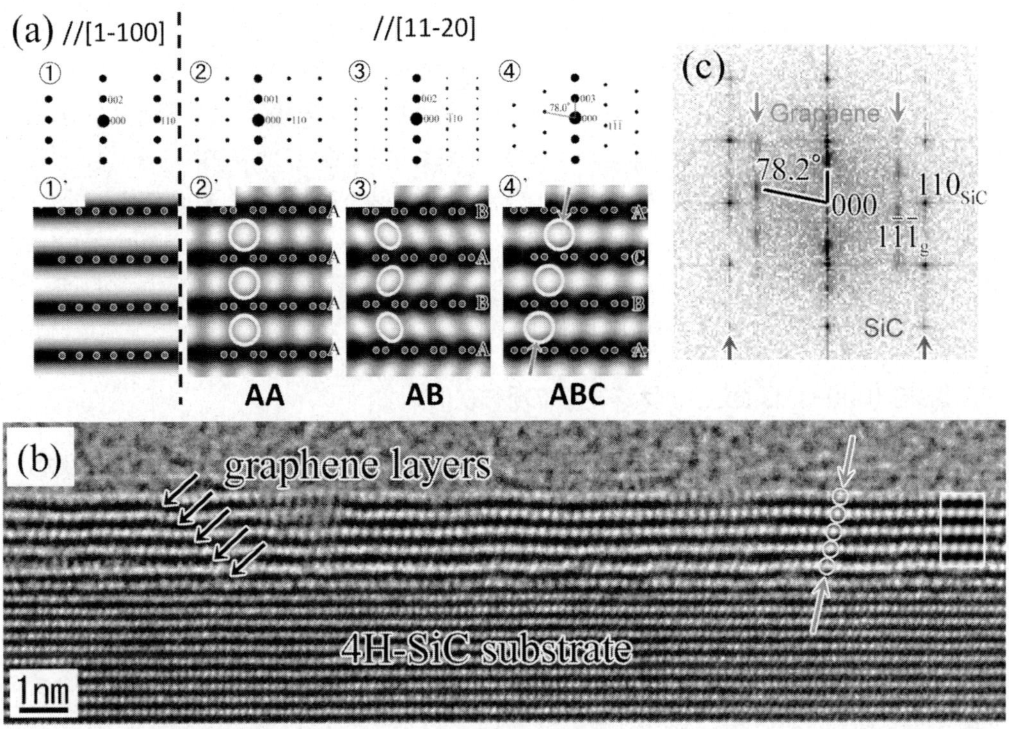

図6
(a)[1$\bar{1}$00]，[11$\bar{2}$0] 方向から入射したときのグラフェン積層秩序 AA，AB，および ABC のそれぞれの電子線回折図形と対応する高分解能 TEM シミュレーション像。(b)4H-SiC Si 面上に形成された5層グラフェンの積層秩序を示す高分解能 TEM 像。(a)の④'に示す ABC 積層グラフェンのシミュレーション像と良い一致を示す。(c)(b)に示す TEM 像の FFT 像。④の ABC 積層グラフェンの電子線回折像の計算結果と一致。

いからこれらを見分けることができることに気づく。図6(c)下方には，それぞれの積層秩序に対する電子回折図形および高分解能像のシミュレーション結果も示している。特に，ABC 積層の高分解能シミュレーション像においては，Scherzer 条件下，図6(a)④'に示すように，原子層間の明るい斑点状コントラストが矢印で示すように積層方向から78°傾いて配列する。

図6(b)には，SiO_2 マスク法で得られたステップ成長が抑制された 4H-SiC 上グラフェンの高分解能 TEM 像を示している。5層のグラフェンのコントラストが広い領域で観察されるが，層間には，いずれも明るい斑点状コントラストが積層方向とは傾いて並んでおり，ABC 積層の存在を示唆する。図6(c)に示す FFT パターンから，グラフェン由来の反射において，c^* 方向から約78°傾いた位置に回折斑点が存在することが示され，SiC 上に形成された数層グラフェンは，ABC 積層を有することが結論づけられる。

また，6H-SiC にも同様に ABC 積層のグラフェンが形成されることが確認されており[27]，SiC の積層秩序がグラフェンの積層秩序にほとんど影響を与えないことが示された。さらに，平滑な

Si 面のテラス上ではほぼ全領域にわたりこの ABC 積層構造が観察されたことから，第 0 層のバッファー層における一部の C 原子が基板上 Si 原子との共有結合により積層方向に僅かに変位することで，上層のグラフェンとの層間距離に変化が生じ，その結果，AB 積層と ABC 積層の安定性が逆転し，ABC 積層グラフェンが選択的に形成されたと推定している[27]。

以上，広い領域においてステップの少ない平滑な SiC-Si 面上において，ABC 積層グラフェンが選択的に形成することを明らかにしたことは，エピタキシャルグラフェンの今後のデバイス応用に重要な風穴を開けたと言えよう。

4 SiC(000-1)C 面上グラフェンの形成

SiC(000-1)C 面上に形成されるグラフェンは，その反応性の高さ故に，Si 面に比較して層数・界面の制御が難しいため，Si 面に比べ，少し遅れて研究がスタートした。しかしながら，C 面に形成されるグラフェンは一般に，多層グラフェンでありながら単層グラフェンと同様な線形分散関係を示し，Si 面のグラフェンと比較し一桁近く高い移動度が得られることが相次いで報告された[34~37]。そのため，高周波トランジスターへの期待が高まり，C 面のグラフェンに注目が集まるようになった。Si 原子と C 原子が 4 面体配位の強固な σ 結合を取りながら交互に積層している構造において，3 層の SiC バイレイヤーが分解し，グラフェンが 1 枚完成する。C 面では，3 層目の SiC バイレイヤーから Si 原子が失われグラフェンが 1 枚完成する毎に，SiC 基板との結合を失う。そのため，各層間で 2～3° 積層回転が生じ，その結果，層間の相互作用が弱まり，単層グラフェンと同様な高い移動度が得られると現在は説明されている[34~37]。実際，C 面上グラフェンの LEED パターンにおけるグラフェン由来の反射は円周方向にストリーク状強度分布を示す。しかしながら，ストリークが，層間の積層回転欠陥によるものか，はたまた，細かな粒径を持つグラフェン面内の粒界における回転欠陥に由来するものとする報告もなされており[38]，明快な決着はついていない。また，この結果は，逆説的に粒界の存在が，必ずしも面内の移動度を極端に低下させるものではないことを示唆している。

しかしながら，グラフェン本来の驚異的なキャリア移動度を実現するためには，C 面において如何に大面積で高品質なグラフェンを形成出来るかが最重要課題となることは言うまでもない。

4.1 C 面上グラフェン形成—高圧 Ar ガス法[39]

Si 面上に平滑なグラフェンを形成するために紹介した前述の SiO_2 マスク法は，かつて SiN 膜を用い C 面上に形成される CNT のパターニングに試みられた手法でもある[40]。C 面は Si 面に比べ反応性が高く，1 気圧の O_2 ガス雰囲気下では，900 ℃，0.5 h で数 nm の SiO_2 が形成される。しかしながら，得られた酸化膜は Si 面上のそれに比べ耐熱性に劣るため[41]，SiC の分解開始速度の充分な高温化に繋がらず，また，大面積で高均質化なグラフェン形成に役立てることは出来ていない。

ところで，SiCの熱分解によるエピタキシャルグラフェンの形成とは，SiC表面における(1)で示す酸化反応により，SiがSiOとなって選択的に蒸発する現象と捉えるべきであろう[10, 40]。

$$SiC + (O) \rightarrow SiO + C \quad (1)$$

なぜならば，SiCを分解させてグラフェンを形成させるためには少なくとも1200℃～1600℃の加熱が必要であり，このような高い温度での加熱を行うためには，実際の実験において，たとえ超高真空チャンバーを用い平衡時に超高真空が得られたとしても，昇温時に壁からSiC表面一層を酸化させるには十分な酸素が供給されてしまう。したがって，表面分解によるグラフェンの成長制御は酸化反応の制御と言っても過言ではない。

以上の対応策として，高圧Ar法が示された[39]。図7はArガス1，6，および9気圧の雰囲気下，1500℃，30分のアニールによりC面上に形成されたそれぞれのグラフェンを[1-100](//[11-20]$_{SiC}$) 方向から観察したTEM像と表面のAFM像である。いずれも7～8層のグラフェンが形成されているが，1気圧ではSiC表面の凹凸が激しく，数十nmにわたりグラフェンが基板から剥がれて波打っている様子が観察される。AFM像にはしわ（wrinkle）に当たるコントラストも観察される。一方，9気圧の場合は，平面の凹凸は平滑になるが，界面の形態は20～30 nmのさざ波状の凹凸が生じ，それに沿って層数も変化している。ところが，6気圧では，層数は均一で，界面形態は200～300 nmにわたり均一で平滑なグラフェンが形成されることが明

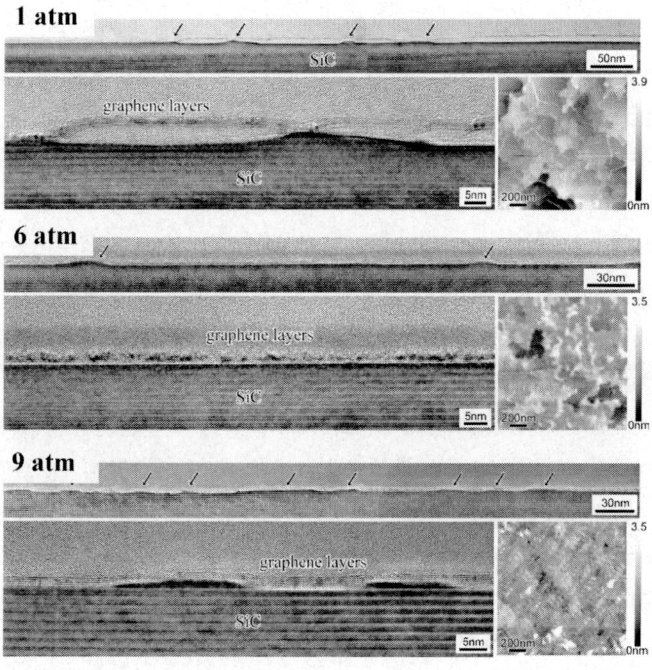

図7　高圧Ar法（1，6，及び9気圧）によってC面上に形成されたそれぞれのグラフェンのTEM像とAFM像

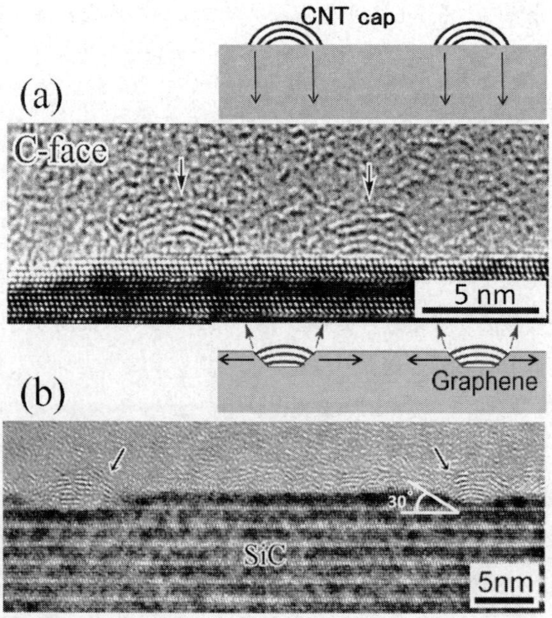

図8

C面における，(a)CNT形成初期過程（真空中，1250℃加熱）および(b)グラフェン形成初期過程（Arガス6気圧，1500℃加熱）に形成されるアーク状グラフェンのTEM像。

らかになった。Arガスの圧力がより高くなることで，SiC表面上のSi原子が酸素（主にCO）との衝突による酸化反応を阻害され，さらに発生したSiOが表面に滞ることにより酸化反応が抑制され，分解温度が高温側にシフトすることで，グラフェンの均質化に繋がっていると考えられる。9気圧まで気圧が高くなった場合には，1500℃では酸素不足により分解そのものが滞ることにより逆に不均一化に繋がったと考えられ，今後詳細な検証が必要である。

図8はC面において(a)CNT形成初期過程（真空（1×10^{-4} Torr）中，1250℃，30分加熱）および(b)グラフェン形成初期過程（Arガス6気圧，1500℃，30分加熱）の断面TEM像を比較したものである。いずれも表面に直径約5 nm程度で数層のアーク状グラフェンが観察されるが，両者にはその後の成長を左右する形態の違いがすでに形成されていることが興味深い。(a)の場合はグラフェンのエッジは表面に垂直に立ち上がっており，その後，内部に向かい分解が進行することによりCNTが表面に垂直に成長する。一方，(b)のグラフェン成長の場合は，Si面とは異なり，テラス上に形成されたクレーター内にアーク状グラフェンが形成されるため，グラフェンのエッジはSiC表面と30°前後の角度のステップを成す。このように，C面の分解においては，高圧Ar雰囲気下で酸化による分解が抑制された条件下，表面に垂直に分解が進行することなく，クレーター中のナノグラフェンが核となり，表面に平行に放射状に拡大成長すると考えられる。

5　おわりに

以上，SiCのSi面，C面に形成されるグラフェンの構造的特徴，成長機構，さらに均一化のための合成方法について紹介した。エピタキシャルグラフェンは，Siに代わる半導体材料としての期待と共に，2次元膜の新規な成長様式として，新たな結晶学的研究分野を成すものであり，詳細な解析を進めることが重要と思われる。今後の発展に期待したい。

文　献

1) K. S. Novoselov *et al., Science*, **306**, 666 (2004)
2) S. V. Morozov *et al., Phys. Rev. Lett.*, **100**, 016602 (2008)
3) Y. Zhang *et al., Nature*, **438**, 205 (2005)
4) K. S. Novoselov *et al., Nature*, **438**, 197 (2005)
5) C. Berger *et al., Science*, **312**, 1191 (2006)
6) D. V. Badami, *Carbon*, **3**, 53 (1965)
7) A. J. V. Bommel *et al., Surf. Sci.*, **49**, 463 (1975)
8) Y-M. Lin *et al., Science*, **327**, 662 (2010)
9) Y-M. Lin *et al., Science*, **332**, 1294 (2011)
10) M. Kusunok *et al., Phil. Mag. Lett.*, **79**, 153 (1999)
11) M. Kusunoki *et al., Appl. Phys. Lett.*, **77**, 531 (2000)
12) M. Kusunoki *et al., Chem. Phys. Lett.*, **366**, 458 (2002)
13) K. Emtsev *et al., Phys. Rev. B*, **77**, 155303 (2008)
14) A. Bostwick *et al., Progress in Surface Science*, **84**, 380 (2009)
15) E. Rolling *et al., J. Phys. Chem. Solids*, **67**, 2172 (2006)
16) P. Mallet *et al., Phys. Rev, B*, **76**, 041403 (2007)
17) H. Hibino *et al., Phys. Rev. B*, **77**, 075413 (2008)
18) K. Emtsev *et al., Nature Materials*, **8**, 203 (2009)
19) W. Norimatsu and M. Kusunoki, *Phys. Rev. B*, **84**, 035424 (2011)
20) Y-M. Lin, *et al., IEEE Elec. Dev. Lett.*, **32**, 1343 (2011)
21) T. Low *et al., PRL*, **108**, 096601 (2012)
22) C. Dimitrakopoukos *et al., APL*, **98**, 222105 (2011)
23) W. Norimatsu *et al., Chem. Phys. Lett.*, **468**, 52-56 (2009)
24) 楠美智子，乗松航，PCT出願/JP2009/004200, 2011.1.24
25) W. Norimatsu and M. Kusunoki, *Chem. Phys. Lett.*, **468**, 52 (2009)
26) F. Varchon *et al., Phys. Rev. Lett.*, **99**, 126805 (2007)
27) W. Norimatsu and M. Kusunoki, *Phys. Rev. B*, **81**, 161410 (2010)
28) R. R. Haering, *Can. J. Phys.*, **36**, 352 (1958)

29) J.-C. Charlier *et al., Carbon,* **32**, 289 (1994)
30) S. Latil and L. Henrard, *Phys. Rev. Lett.,* **97**, 036803 (2006)
31) M. Aoki and H. Amawashi, *Solid State Commun.,* **142**, 123 (2007)
32) Y. Zhang *et al., Nature,* **459**, 820 (2009)
33) M. F. Craciun *et al., Nat. Nanotech.,* **4**, 383 (2009)
34) W. A. de Heer *et al., SolidState Cummun.,* **143**, 92 (2007)
35) J. Kedzierski, *et al., IEEE Trans. Electron Devices,* **55**, 2078 (2008)
36) J. Hass *et al., Phys. Rev. Lett.,* **100**, 125504 (2008)
37) J. L. Tedesco *et al., Appl. Phys. Lett.,* **95**, 122102 (2009)
38) L. I. Johansson *et al., Phys. Rev. B,* **84**, 125405 (2011)
39) W. Norimatsu *et al., Phys. Rev. B,* **84**, 035424 (2011)
40) M. Kusunoki *et al., Jpn. J. Appl. Phys.,* **42**, L1486 (2003)
41) T. Nagano *et al., Jpn. J. Appl. Phys.,* **42**, 1380 (2003)

第8章　SiC 上グラフェンの成長と電子物性

田中　悟*

1　はじめに

グラフェンは究極の2次元物質であり，古くからその電子状態の特異性は指摘されていた。しかしながら実際にそのような物質を合成することは不可能であるという理論的な予想もあり，実験的検証には至っていなかった。Geim と Novoselov らは非常に単純な手法（グラファイトの剥離）によってグラフェンの形成に成功し，その電子物性を明らかにした。その業績に対して2010年度のノーベル物理学賞が与えられた[1)]。

剥離法は非常に単純かつ簡便である。グラファイト片をテープによって段階的に剥離・薄膜化し，最終的に原子層1層（数層）のグラフェンを得るものである。今までにこの手法によって得られたグラフェンの新奇な物性やデバイスに関する報告が数多くなされており，現在では物性研究の大きなトピックスの一つとなっている。しかしながら，この剥離手法で得られるグラフェンの大きさは，出発原料であるグラファイト片の大きさや品質に大きく依存し，たかだか数百ミクロン程度の大きさしか得ることができない。将来的なデバイス応用においては，既存の（半導体）プロセス技術で対応できる形成法が好ましい。現在までのところ，グラフェンの形成手法としては，剥離法の他に結晶成長法として汎用基板上への化学気相成長法（CVD）[2)]，分子線エピタキシー法（MBE）[3)]，また SiC 表面熱分解法[4)]などが報告されているが，特に SiC 表面熱分解法によるグラフェン形成は，真空あるいは不活性ガス雰囲気下の高温加熱という非常に単純なプロセスで可能であるため重要である。さらに，重要な点は，基板となる SiC が近年になり高品質化・大型化していることであろう。それは，SiC が次世代高出力・高周波電子デバイスの最有力材料であり，単結晶基板（ウエハー）の開発が加速しているからである。

本章では，そのような SiC ウエハーを利用する表面熱分解法によるグラフェン成長とその電子物性に焦点を当て解説する。

2　SiC について

SiC は数多くの多形（ポリタイプ）を有する結晶であり，それぞれ異なる物性を示す。図1に示すようにポリタイプは基本的には c 軸 [0001] 方向の積層の違いを反映した結晶構造である。各層が60度ずつ回転した ABCABC 積層では，3C-SiC（立方晶）となる。それに対して周期的

---

*　Satoru Tanaka　九州大学　大学院工学研究院　教授

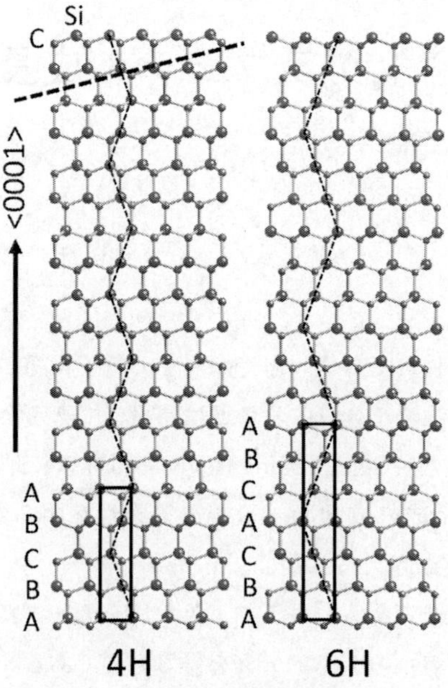

図1　SiC の結晶構造
(a) 4H-SiC, (b) 6H-SiC。それぞれのユニットセルを示した。

に積層欠陥（いわゆる構造欠陥ではない）が導入されるとその周期に応じて異なるポリタイプとなる。現在汎用基板として市販されている 4H-SiC および 6H-SiC は，それぞれ ABCBA, ABCACBA という積層順序を有している（図1）。4H(6H) の数字はユニットセルの積層数を示し，H は Hexagonal（六方晶）を意味する。これらの基板は SiC デバイス開発と相まって近年では大型化・高品質化・低価格化が加速している。

SiC 基板パラメータとしては，ポリタイプの他に面指数，面極性，オフ角度・方向が挙げられる。図1の上下の面は (0001) であり，上部は Si 面，下部は C 面となっている。オフ基板は図1の点線で示すように (0001) 面を数度の角度で切断することにより得られるが，原子レベルで見ると表面は周期的なステップ・テラス構造となる。これらのパラメータはグラフェン成長においても重要なパラメータとなる。我々は特にオフ基板に注目したグラフェン成長に関する研究を行っている。後述するように SiC オフ基板表面には，高温水素ガスエッチングによって，ナノメートルオーダーの周期性を有するファセット構造（ナノ表面）が形成され，特異なグラフェン成長モードやナノ構造の形成への期待がある。

3　SiC 表面熱分解によるグラフェンの成長

SiC の表面物理的な研究は 80 年代から行われており，超高真空中の高温加熱時に表面にグラファイト相が形成されることやその構造などに関して多くの報告がなされている。2004 年にジョージア工科大学のグループがこれをエピタキシャルグラフェン成長であるとし，トランジスタ応用に関する報告を行った[5]。

SiC基板を超高真空中で加熱すると表面から構成原子であるSiが優先的に脱離し，残留したC原子同士が表面において sp^2 結合し，ハニカム構造であるグラフェンを形成する。しかし，この最初にできる層は，SiC(0001)表面のSiダングリングボンドと周期的な sp^3 結合を形成することによってエネルギー安定となり[6]，結果的にバッファー層となる。この構造は図2に示すような $(6\sqrt{3}\times6\sqrt{3})$ R30°構造であり[7]，構造的にはほぼグラフェンであるが，SiC(0001)に対して30度回転した状態で安定化するためエピタキシャル成長となる。また，電子状態はK点にディラックコーンがないため絶縁性である。図3に低速電子線回折（LEED）像を示す。SiCおよびグラフェンの回折点まわりに見えるサテライト回折点が $(6\sqrt{3}\times6\sqrt{3})$ R30°構造によるものである。このように $(6\sqrt{3}\times6\sqrt{3})$ R30°構造を有するバッファー層がSiC上にエピタキシャル成長する

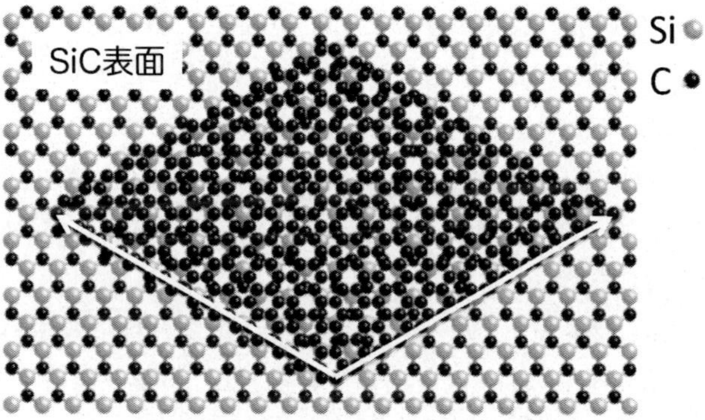

図2　SiC上のバッファー層構造
SiCに対して $(6\sqrt{3}\times6\sqrt{3})$ R30°構造を有している。図はユニットセルのみを示した。

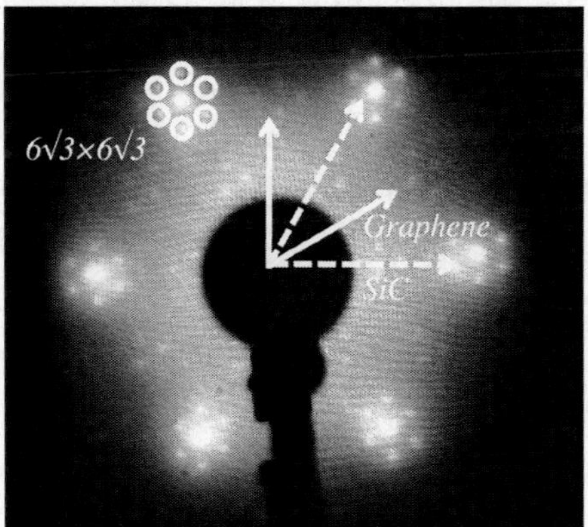

図3　グラフェン／バッファー層／SiCの低速電子線回折（LEED）像
SiCおよびグラフェンの回折点まわりに見えるサテライト回折点が $(6\sqrt{3}\times6\sqrt{3})$ R30°構造を示す。

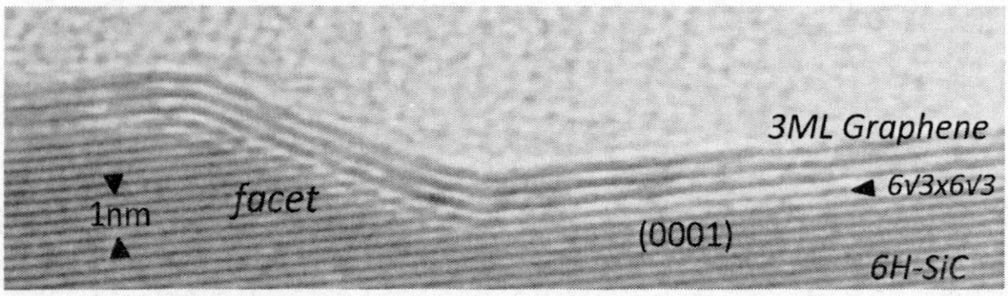

図4　グラフェン（3層）／バッファー層／SiC の断面透過型電子顕微鏡（TEM）像
SiC のファセットにも連続的にグラフェンが成長している。

ということが，高品質な単結晶グラフェンを成長する上で重要な因子となっている。また，この構造は界面を水素化することにより1層グラフェンに構造転移させることが可能である[8]。

次に1層グラフェンは，上述のバッファー層／SiC 界面に新たなバッファー層が成長することにより形成される。影島らの第一原理計算によれば新たな層は，バッファー層表面より界面に形成する方がエネルギー的に有利であるからとしている[9]。これにより1層グラフェン／バッファー層／SiC 構造となる。このように界面にバッファー層がエピタキシャル形成することが，SiC 上のグラフェンが高品質な単結晶となる大きな理由である。また，この系の特徴として，図4の断面透過型電子顕微鏡（TEM）像に示すようにグラフェン層は，SiC 表面のステップやファセット構造に関わりなくカーペットを敷いたような形状を有することが挙げられる。故にカーペットエピタキシーとも称される。

近年この SiC 熱分解法にブレークスルーがもたらされた。それは超高真空中ではなく，大気圧に近い不活性ガス（Ar，N_2）の雰囲気で熱分解を行うと，より高品質なグラフェン成長が可能であるというものである[10]。この手法では簡易な装置でのグラフェン成長が可能であり，かつ大幅な結晶品質の改善や層数の空間的な均一性の向上が期待できる。

現在，SiC 熱分解法によるグラフェン成長において，世界中のほとんどの研究グループは SiC(0001) ジャスト基板（0°オフ）を用いている[11]。基板によってはミクロンオーダーの広いテラス上へのグラフェン成長が可能であるが，ジャスト基板は，ウェハー加工精度上完全なジャスト面を得ることは不可能であり，結果的に不可避なオフ角度（メーカー保証では例えば±0.2°以下）がランダムな方向に導入される。一方，オフ基板は SiC 電子デバイス用基板として市販されており，品質的に優れている。我々のグループではこのオフ基板の表面構造に早くから注目し，その上のグラフェン成長に関して研究を行っている。原子レベルの SiC 表面構造（ステップ・テラス）とグラフェン形成は非常に密接な関係があり[12]，グラフェン構造因子（層数，層数の空間分布，ドメインサイズなど）に大きな影響を及ぼすことがわかっている。本稿ではこのオフ基板上のグラフェン成長に関して概説する。その他関連の電子物性やキャリア輸送特性に関しては一部報告済みであり，詳細は論文[13~16]を参照されたい。

4　SiCオフ基板の熱分解グラフェン

4.1　実験方法

基板には傾斜オフ（⟨11-20⟩または⟨1-100⟩方向～4°オフ）6H(4H)-SiC(0001)（n型，Si面）を用いた。基板はCMP（Chemical Mechanical polishing）処理および高温水素ガスエッチング処理を行うことにより微細な研磨スクラッチが除去される。このガスエッチング処理によりオフ基板に特徴的である周期的化ファセット構造が形成される[17,18]。以下，この表面を「SiCナノ表面」と呼ぶ。図5(a)にその原子間力顕微鏡（AFM）像，(b)に表面構造モデル図を示す[19]。(a)で見られる表面の周期構造（周期＝約20 nm）は，(b)に示すようなナノファセット（10 nm）＋テラス（10 nm）から形成されている。このようにナノメートルオーダーで周期化した表面構造はグラフェンナノ構造（特にナノリボン）形成のためのテンプレートとしての応用が期待される。このSiC基板を超高真空装置に導入し，直接通電により加熱する。この時の成長温度，時間をパラメータとして種々のサンプルを作製し，構造評価として原子間力顕微鏡（AFM），低速電子顕微鏡（LEEM），また，物性評価として顕微ラマン分光，角度分解光電子分光（ARPES）を用いた。

4.2　グラフェンの構造評価

LEEMを用いてグラフェンの層数評価が可能である[20]。これは電子波の干渉効果（電子反射率）を利用するもので，グラフェン層数の空間分布を比較的高い分解能（～20 nm）で調べることができる。他の手法（ラマン分光スペクトルのG'(2D)バンド半値幅[21]，Gバンド強度による空間マッピングや走査型トンネル顕微鏡（STM）[22,23]など）に比較して，結晶情報や空間分解能という点で優れた手法である。近年，AFMのフェーズモード像や摩擦像により層数分布を高い空間分解能で観察できることが報告されている[11]。これらはLEEMより装置的に簡便でかつ空

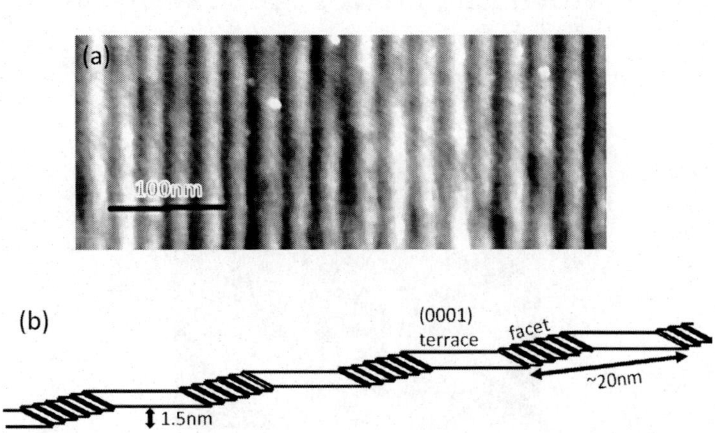

図5　SiCナノ表面の(a)原子間力顕微鏡（AFM）像，(b)表面構造モデル図
6H-SiCの場合は約20 nmの周期を示す。

間分解能が高いため有望な手法であるが，コントラストの起源がよくわかっていない。1600℃において成長時間を変化させたサンプルのLEEM像を図6に示す[13,19]。図中の数字は層数を表し，暗い部分が1層領域である。バッファー層の成長速度は非常に早くこの温度域では成長温度到達以前に既に成長が終了している。10 sec後には，表面を1層のグラフェンが覆った後，2層目が核形成し広がっている。特徴として，グラフェンはステップに平行な方向〈1-100〉（オフ方向に垂直な方向）に沿って異方的に成長している。その後2層目が全体を覆い（30 sec），やがて3層目が核形成する（60 sec）。このようにこの温度領域では，1層ごとに成長するモード（層状成長モード）である。バッファー層から1層目成長時の急激な成長速度の現象は，界面からSiがバッファー層を介して脱離する速度の減少のためと考えられる。このような異方性層状成長モードを利用することによってリボン状のナノ構造が形成可能である。成長機構の詳細については論文を参照されたい[13,19]。

異方性層状成長モードはグラフェンの高品質化においても重要な知見である。成長条件の最適化により均一な層数を有するグラフェン薄膜の成長が可能である。図7にそのサンプルのLEEM像を示す。3層目の核形成が少し認められるが，広い面積（約35 μm^2）に2層グラフェ

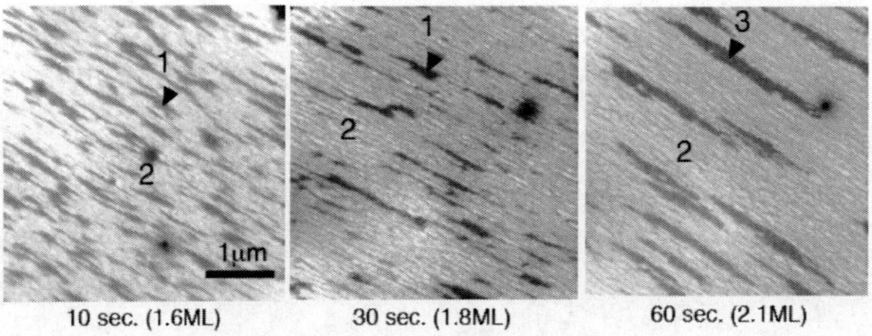

図6　種々の成長時間における傾斜SiC上グラフェンのLEEM像

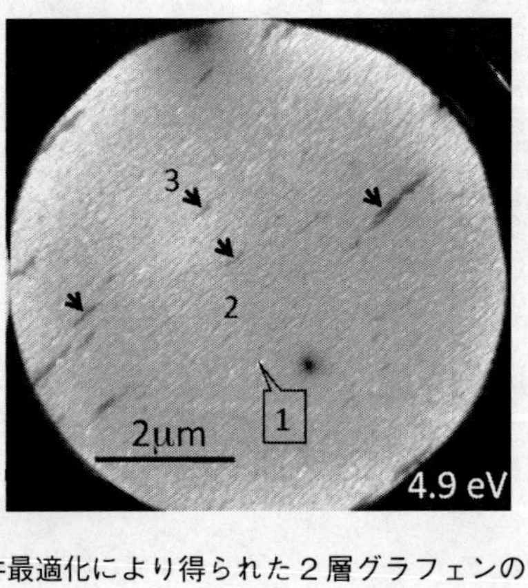

図7　条件最適化により得られた2層グラフェンのLEEM像
比較的層数分布の少ないグラフェンが全面に成長している。

ンがほぼ均一に形成していることがわかる。

4.3　電子物性評価

空間的な層数制御は成長温度と時間により可能であることがわかった。そこで1，1.5，2層グラフェンをそれぞれ成長し，ARPESでK点（Γ-K-M）のエネルギー分散を直接観察した。図8に結果を示す。グラフェンの特徴はK点において直線的なエネルギー分散を示すことであるが，確かに1層(a)では直線的なπおよびπ*バンドが認められる。2つのバンドが接するディラック点（E_D）はフェルミエネルギーより約0.4 eV低エネルギー側にあり，n型を示している。このディラック点の移動は，バッファー層である（$6\sqrt{3}\times6\sqrt{3}$）R30°層からのキャリアドーピングの効果であると理解されている[24)]。さらに特徴として，ディラック点付近においてバンドの屈曲が観察され，バンドギャップである可能性も指摘されているが[25)]，現在では多体効果の影響であると理解されている[26)]。2層(c)では，2本のπバンドが観察され，価電子帯トップにおいて曲率を有していることがわかる。1.5層(b)では1層(a)と2層(c)を重ねたような電子状態である。これは前述のLEEM像で見られるように面内に1層と2層の部分が混在しているためである。

SiCナノ表面上に形成したグラフェンの大きな特徴として，図4のTEM像に示すようにファセット部分にも連続的につながっており，ナノメートルオーダーの階段状のモフォロジーを有している。このようなモフォロジーのグラフェンにはSiCのテラス・ファセットからの異なる相互作用により周期的なポテンシャルが付加され，K点の電子状態が変調される可能性がある[27, 28)]。実際にナノ表面上に形成されたグラフェンにおいてフェルミ面の異方性が明瞭に確認された[16)]。

このようにグラフェンにナノオーダーの構造変形（リップルやファセット構造）や周期ポテンシャルを付与したり，ナノ構造化（ナノリボンやドット）を行うことにより，電子状態の変調が期待できる。電子デバイス（FET）応用に必須であるバンドギャップの実現はもとより，他の新奇な物性が現れる可能性も大きく，理論・実験の両面から探索する意義は大きいと考えている。

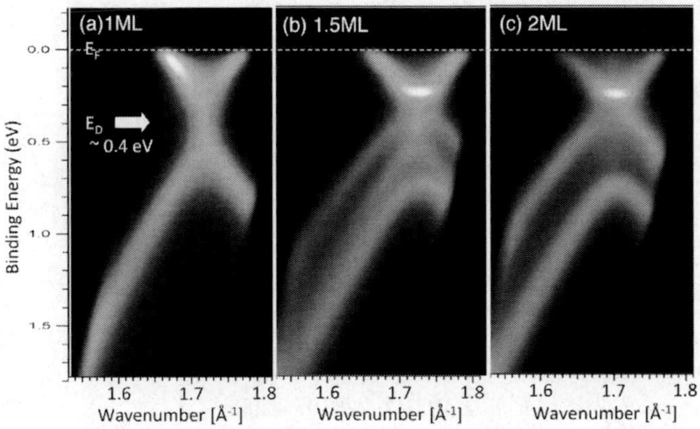

図8　(a)1層，(b)1.5層，(c)2層グラフェンの角度分解光電子分光（ARPES）スペクトル

5 おわりに

SiC 上のエピタキシャルグラフェン成長の特徴を述べた。SiC 基板のパラメータの中で特に「オフ（傾斜）基板」に注目し，水素ガスエッチングによって特徴的に現れる周期的な「ナノ表面」を用いた表面熱分解グラフェンについて解説した。この系では異方性のある層状成長モードにとなり，空間的な層数制御が可能であることを示した。また，角度分解光電子分光によりＫ点の電子状態を観察した。SiC ナノ表面をテンプレートとしたグラフェンナノ構造（リボンや周期リップル）には電子状態の変調が期待され，新奇な物性発現やデバイス応用の可能性を秘めている。

謝辞

本研究は多くの共同研究者や研究室の学生諸氏の協力で行われた。東京大学物性研究所小森文夫氏，中辻寛氏，吉村継生氏，NTT 物性基礎研究所の日比野浩樹氏，研究室の森田康平氏，梶原隆司氏にこの場を借りてお礼申し上げる。また，本研究の一部は文部科学省科学研究費補助金（23246014）の援助を得て行われた。

文　　献

1） K. S. Novoselov *et al., Nature*, **438**, 197（2004）
2） 例えば，X. Li *et al., Science*, **324**, 1312（2009）
3） E. Moreau *et al., phys. stat. sol.*（*a*）, **207**, 300（2010）
4） A. J. van Bommel *et al., Surf. Sci.*, **48**, 463（1975）
5） C. Berger *et al., J. Phys. Chem. B*, **108**, 19912（2004）
6） S. Kim *et al., Phys. Rev. Lett.*, **100**, 176802（2008）
7） K. V. Emtsev *et al., Phys. Rev. B*, **77**, 155303（2008）
8） C. Riedl *et al., Phys. Rev. Lett.*, **103**, 246804（2009）
9） H. Kageshima *et al., Appl. Phys. Exp.*, **2**, 065502（2009）
10） K. V. Emtsev *et al., Nat. Mater.*, **8**, 203（2009）
11） H. Hibino *et al., J. Phys. D, Appl. Phys.*, **43**, 374005（2010）
12） R. M. Tromp and J. B. Hannon, *Phys. Rev. Lett.*, **102**, 106104（2009）
13） S. Tanaka *et al., Phys. Rev. B*, **81**, 041406(R)（2010）
14） K. Nakatsuji *et al., Phys. Rev. B*, **84**, 045428（2010）
15） S. Odaka *et al., Appl. Phys. Lett.*, **96**, 062111（2010）
16） K. Nakatsuji *et al., Phys. Rev. B*, **85**, 195416（2012）
17） H. Nakagawa *et al., Phys. Rev. Lett.*, **91**, 226107（2003）
18） M. Fujii and S. Tanaka, *Phys. Rev. Lett.*, **99**, 016102（2007）

19） 田中悟，森田康平，日比野浩樹，表面科学，**32**, 381（2011）
20） H. Hibino *et al., Phys. Rev. B*, **77**, 075413（2008）
21） P. Lauffer *et al., Phys. Rev. B*, **77**, 155426（2008）
22） A. C. Ferrari *et al., Phys. Rev., Lett.* **97**, 187401（2006）
23） P. Mallet *et al., Phys. Rev. B*, **76**, 041403(R)（2007）
24） A. Bostwick *et al., New J. Phys.*, **9**, 385（2007）
25） A. Bostwick *et al., Nat. Phys.*, **3**, 36（2007）
26） S. Y. Zhou *et al., Nature Mater.*, **6**, 770（2007）
27） C-H. Park *et al., Nature Phys.*, **4**, 213（2008）
28） S. Okada and T. Kawai, *Jpn. J. Appl. Phys.*, **51**, 02BN05（2012）

第9章　酸化グラフェンの合成と還元

小幡誠司*

1　はじめに

グラフェンは基礎的研究の対象としてだけでなく，その特異な物性を生かしたさまざまな産業応用も期待されている。応用を視野に入れた場合，グラフェンの大量作製方法の確立は必須である。そのため，現在でもCVD法やSiC上での高温加熱によるエピタキシャル成長など剥離法（大量生成には不向き）に代わるグラフェン生成法の研究が盛んに行われている。

この章では大量作製法の候補の一つであり，非常に簡便な合成方法として期待されている酸化グラフェン（GO）を用いた化学的グラフェン生成法についてGOの合成，成膜，還元法に焦点を絞り紹介する。

2　酸化グラファイトの合成と酸化グラフェンの単離

グラファイトを化学的に酸化させて得られる酸化グラファイトは，種々の官能基（エポキシ基，ヒドロキシル基など）を持ち，グラファイトシート同士の層間が広がった層状物質である。GOを利用した化学的手法は，層間距離の増加によりシート間のファンデルワールス力が弱まり，剥離が容易になることを利用してグラフェンシートを単離する手法である（図1）。

酸化グラファイトの合成の歴史は古く，1800年代から論文が報告されているが[1]，2004年のGeimらによる剥離法によるグラフェンの単離[2]以来，グラフェンの前駆体として大きな注目を集めている物質である。

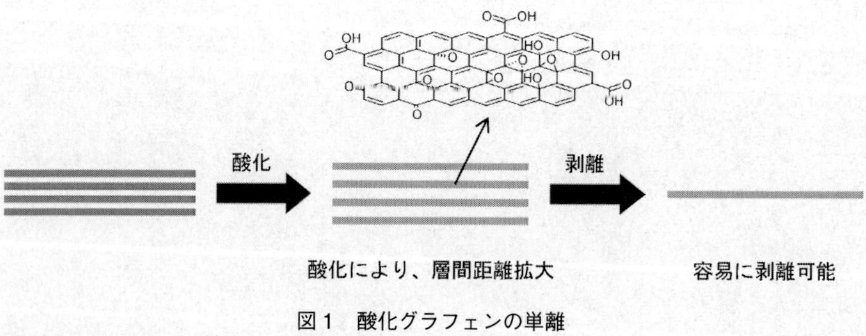

図1　酸化グラフェンの単離

*　Seiji Obata　東京大学　大学院新領域創成科学研究科　助教

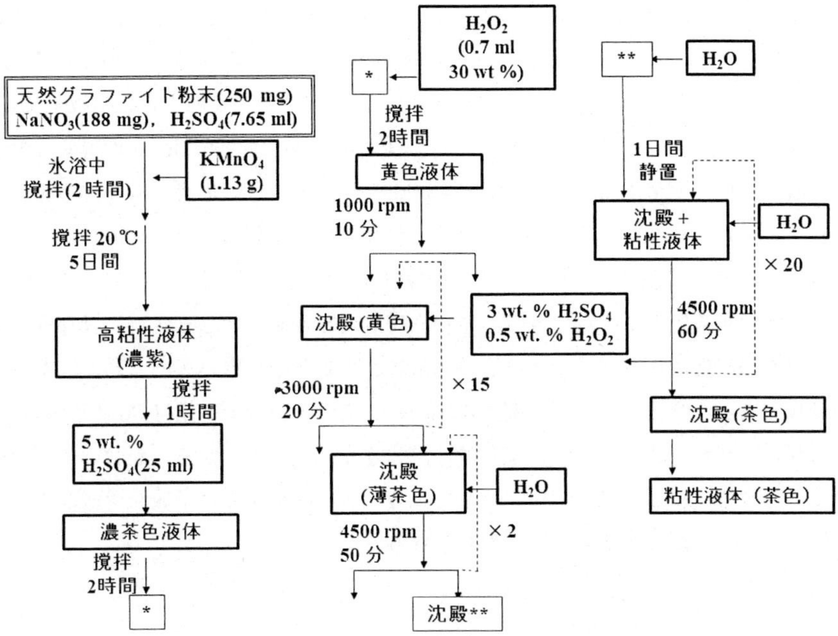

図2　改良 Hummers 法のフローチャート

我々のグループでは改良 Hummers 法と呼ばれるグラファイトパウダーを過マンガン酸カリウム，硝酸ナトリウム，濃硫酸中で酸化させる手法を用いて酸化グラファイトの合成を行っている。その後，洗浄過程を経て成膜に使用する GO 水溶液を得ている[3,4)]。その方法のフローチャートが図2である。文献5にも詳しく述べられているので参照していただきたい。

上記の方法で得られた GO 溶液を遠心分離機にかけ，得られた上澄み溶液を用いると dip 法，cast 法，spin coat 法いずれの方法を用いても単層および数層の GO シートをさまざまな基板上に得ることができる。この際，成膜方法や GO 溶液の濃度，溶媒を基板と溶媒のぬれ性などを考慮し，柔軟に選択することで Cu(111)，Pt(111) などの金属単結晶から金属箔，300 nm の熱酸化膜を持つ Si 基板など多様な基板の上に被覆率を制御して成膜が可能となる。これは GO を利用した方法の大きな利点である。

また一般には得られた GO 溶液に超音波振動を加えることでグラファイトシートの剥離は進行し，単層のグラフェンシートの割合は高まる。しかし，その分シート内での切断も同時に進行するために得られるシートのサイズが小さくなってしまう。超音波の印加の有無は目的に応じて選択するべきである。

出発物質のグラファイトのサイズも当然ながら最終的に得られる GO のサイズに大きな影響を与える。我々のグループでは SEC カーボン社製 SNO-30（平均粒径 20～30 μm）と日本黒鉛社製の SCB-100（平均粒径 250 μm 以上）を出発物質として用いて超音波印加なしで GO の作製を行った。図3(a)は SNO-30 を用いて作製した GO シートの AFM 像である。出発物質の粒径とほぼ同程度の大きさを持ったGOシートが得られていることがわかる。また高さは図3(b)から約1 nmと，一層のGOシートが得られていることもわかる。一方でSCB-100を用いた場合，図3(c)のSEM像に示したように100 μmほどの大きなGOシートが一度に大量に基板上に得られる。しかしこのサイズのグラファイトの場合，出発物質より粒径の小さなGOしか得ることができなかった。この原因は不明であるが，大きいサイズのグラファイトの場合，酸化が不十分であり剥離が行われず，酸化・洗浄の過程で排除された可能性が考えられる。

以上に示したように酸化グラファイトを出発物質として用いた場合，容易に大量の100 μmサイズのGOを多様な基板上に成膜できる。また一度溶液を合成してしまえば，繰り返し使用出来ることや，溶液の濃度や成膜プロセスを調整することで被覆率や厚みをある程度制御できることも大きな利点である。今後の成膜法に関する課題としては，層数を厳密に制御できる成膜法の開発が挙げられる。グラフェンは層数により特性が大きく異なることから，層数の厳密な制御な他のグラフェン作製方法においても課題となっている。化学的手法では，成膜手法を工夫することでそれが実現できる可能性があり，開発が待たれる。

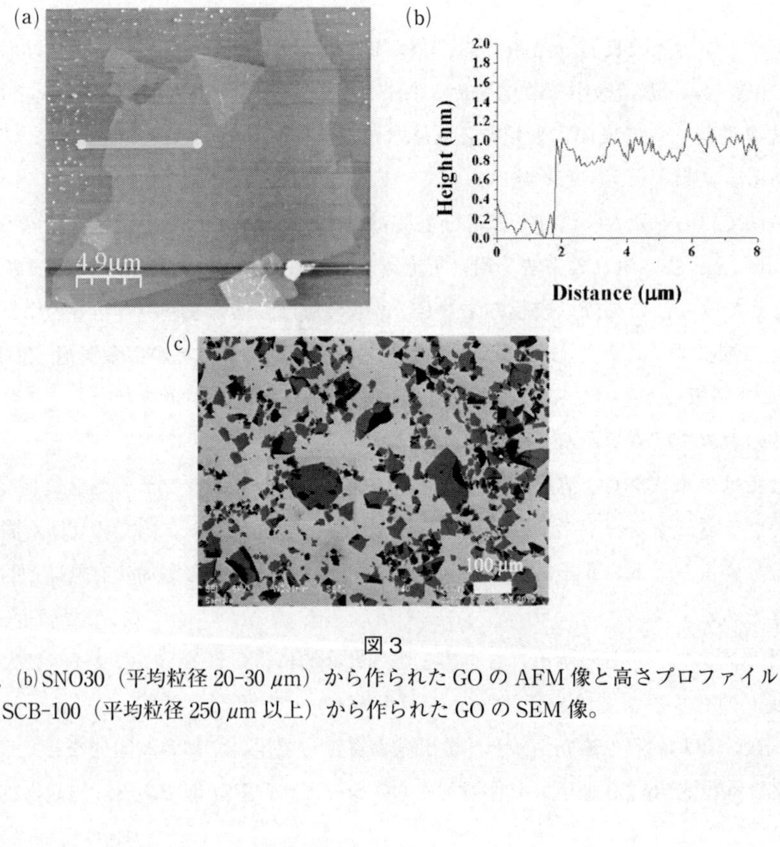

図3
(a), (b) SNO30（平均粒径20-30 μm）から作られたGOのAFM像と高さプロファイル，
(c) SCB-100（平均粒径250 μm以上）から作られたGOのSEM像。

3　酸化グラフェンの還元法

単離されたGOは種々の官能基によってπ共役系のネットワークが破壊されており絶縁体である。そのため，そのままではグラフェンのように透明電極や半導体素子としての利用はできない。それらの用途で使用する場合には，還元を行いπ共役系のネットワークを回復させる必要がある。還元の方法により伝導度が大きく異なること，大量合成を念頭に置いた場合にはより環境負荷の少ない簡便な方法が望ましいことなどから，さまざまな還元方法が試みられている。最近の還元法の進展を以下に簡単に紹介する。

還元剤を用いた化学的還元方法については代表的なヒドラジン（N_2H_2）を用いた方法に加え，水素化ホウ素ナトリウム（$NaBH_4$）[6)]やビタミンC[7)]など多様な還元剤を用いた還元が試みられている。環境負荷なども含め，適切な還元剤を選択する必要がある。しかし現在ではどの還元剤を用いても，完全に官能基を除去することは困難であり，より効果的な還元剤の検討は今後の課題の一つである。一方，加熱による還元では真空中2173 Kという高温で加熱することで，大きく伝導度が上昇し，Raman分光において既存の還元方法ではほとんど見られない2Dバンドがはっきりと観測されるなど，新たな進展が見られている[8)]。また，ごく最近Pd微粒子と水素ガスを用いることで，室温での還元であるにも関わらず，非常に伝導度の高い還元された酸化グラフェン（rGO）膜の作製に成功した報告があり，金属微粒子の触媒性を利用する方法は今後の発展が期待される手法である[9)]。

しかし，いずれの還元方法においても得られるrGOは移動度やラマン分光の結果などを見ると剥離法，CVD法などで得られるグラフェンとは大きく異なり，グラフェン本来の特性を発揮するにはいまだ至っていない。グラフェンの前駆体としてGOを用いようと考えるならば，合成・還元方法の両面からのより一層の改良が必要である。また炭化水素ガスを用いて，rGOの修復を行う試みも行われており，伝導度の大きな上昇は確認されているが，高品質なグラフェンの作製には至っていない[10,11)]。

GOからCVD法などと同程度の品質のグラフェンを得るには，還元過程の理解が必要である。しかし還元の初期過程における伝導度や化学組成の変化，還元方法による差異などはGOに関する研究が多く行われている[12,13など)]現在においても未解明な点が多く残されている。そこで我々のグループでは還元中に*in situ*で電気伝導を測定できるチャンバーを作製し，還元初期過程における伝導度の変化を測定した。さらにXPSを併用し，伝導特性と還元状態の関係についても調べた。以下ではその結果について紹介する。

4　酸化グラフェンの還元過程

GOを成膜したSiO_2(300 nm)/Si基板に金電極を蒸着して，伝導測定用の試料を作製した（図4)。それらを用いてヒドラジン還元および真空還元中に*in situ*で伝導度の変化を測定した結果

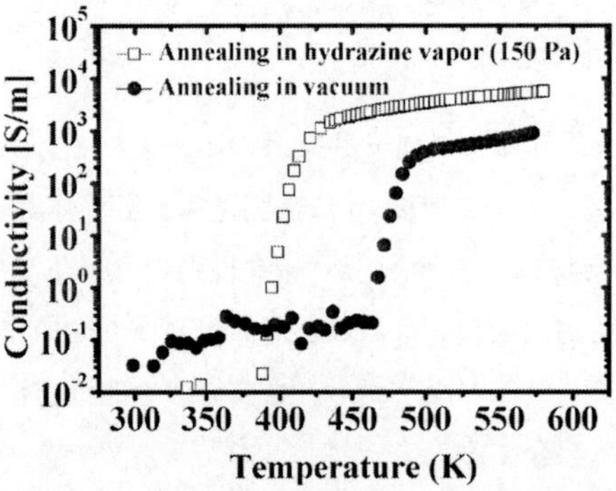

図４　ヒドラジン還元と真空還元中の伝導度の温度依存性

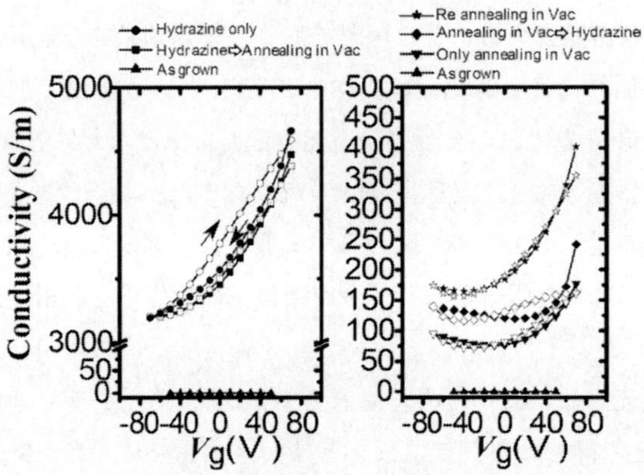

図５　伝導度の V_g 依存性

ヒドラジン還元→真空加熱（左），真空還元→ヒドラジン還元→真空加熱（右）。図中の矢印はゲート電圧のスイープ方向を示す。○は V_g −70V → 70V，●は 70V → −70V その他の記号も同様。

が図５である。ヒドラジン還元の場合，高真空チャンバーへヒドラジン一水和物を 150 Pa になるまで曝露し，その後約 10 K/min の昇温速度で 573 K まで加熱した。真空還元は高真空中（1×10^{-3}Pa）でヒドラジン還元の場合と同じ昇温速度で 573 K まで加熱した。

図５を見ると，興味深いことにどちらの還元方法でも急激に伝導度が上昇する温度があることがわかる。ヒドラジン還元の場合 393 K，真空還元の場合 465 K 付近である。この差はヒドラジン蒸気の存在により GO の還元がより低温で進行していることを示している。伝導度が急激に上昇した温度付近での GO の組成変化を明らかにするため，真空およびヒドラジン還元を伝導測定と同様の条件で行い XPS を測定した。すると伝導度が立ち上がった付近で GO 中の sp^2C-C 炭素の割合は 65 % 前後となった，この値はパーコレーション理論によるハニカム格子の閾値に近い値である[14]。伝導度の立ち上がりの急峻さもパーコレーションモデルの閾値前後での変化で説明できる。つまり GO の還元過程における伝導度の変化は，還元の進行により GO 上に π 共役系

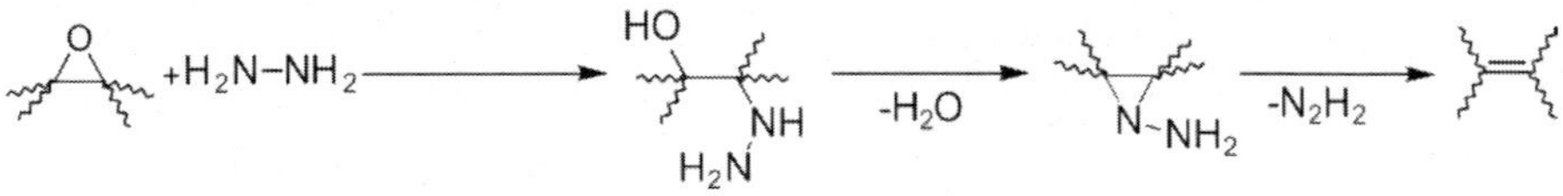

図6　ヒドラジンによる還元機構[16)]

のネットワークが増加していくパーコレーションモデルを考えることで表現できる。この結果はより広い温度領域で断続的に測定した実験結果とも一致している[15)]。

さらに573 K において伝導度が上昇しなくなるまで加熱した後の室温での伝導度は，ヒドラジン還元の場合 3.6×10^3 S/m，真空還元の場合 80 S/m と大きな違いがみられた。この違いが①還元過程は同様であるが，還元の進行が異なることに由来するのか，②そもそも還元方法により還元過程が異なるのかを明らかにするため，二種類の還元方法の順序を入れ替えて FET 移動度を測定する実験を行った。大気曝露することなく連続して複数の還元を行えるのは我々の装置の特徴である。

図6はその結果を示している。ヒドラジン還元→真空加熱の場合，ヒドラジン還元後はディラックポイントが大きくシフトし，電子移動度のみしか計測できないが，その値は 3.0 cm^2/V·s となった。さらに真空加熱を行うとディラックポイントはあまり変化せず，スイープ方向によるヒステリシスは消失し，電子移動度は 2.5 cm^2/V·s を示した。一方で真空還元→ヒドラジン還元→真空加熱の場合，最終的な電子移動度は 0.46 cm^2/V·s となった。真空還元のみを行った後は，大きなディラックポイントのシフトは見られず両極性を示した。以上の結果からディラックポイントの移動は，還元過程においてヒドラジン分子が GO と反応したことによるドーピングが原因であること，ヒステリシスは rGO に吸着したヒドラジン分子によって引き起こされていることが示唆される。さらに重要なことは還元の順序を入れ替えると最終的な移動度が大きく異なるという点である。これは2つの還元方法において還元力が異なっているのではなく，還元過程がそもそも異なっているということを意味している。その過程について考察してみる。真空還元では酸素を含む官能基が還元される際に，一酸化炭素や二酸化炭素などの気体として脱離し，結果として rGO に多くの欠陥が生成すると考えられる。一方ヒドラジン還元の場合，図7で示したような反応が進行し，欠陥生成を伴うことなく還元が行われ，伝導度・移動度に大きな差が生じたと考えられる。以上の実験から還元方法により還元過程が異なり，rGO の伝導特性に大きく影響を与えることが明らかになった。さらに我々のグループでは STM を用いて，還元方法による表面形態の違いの直接観測も行った。基板としては高ドープの n 型 Si(100) を用い，GO の成膜は伝導測定と同様な方法で行った。図8は真空還元（1050 K）とヒドラジン還元後さらに真空加熱（1050 K）を行った試料の STM 像である[17)]。どちらも CVD 法で作製されるグラフェンなどに比べ，非常に乱雑な構造を示している。このことが rGO の伝導度や移動度の低さにつながっていると考えられる。細部に注目すると，真空還元後の試料には周期的な構造はまったく確認されないが，ヒドラジン還元を行った rGO でも黒丸で囲った領域のように乱雑な構造がまだ多数

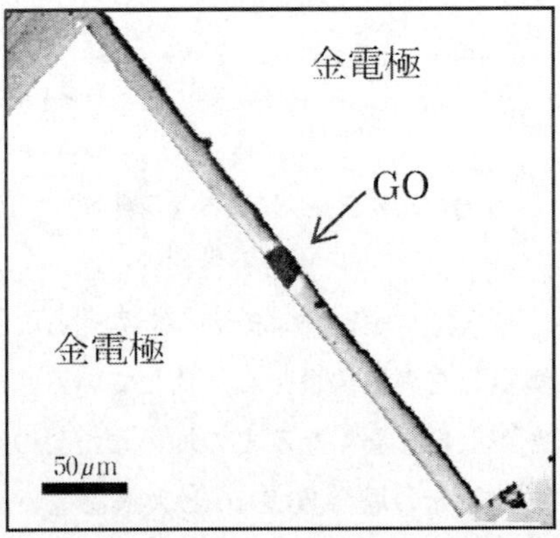

図7　伝導測定に使用した試料のSEM像

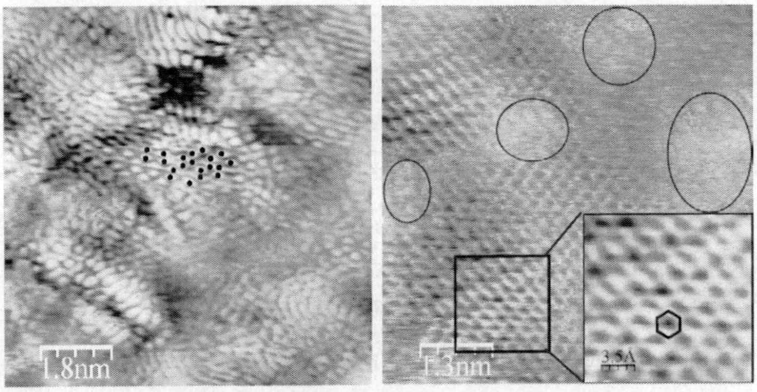

図8　Si基板上でのrGOのSTM像
真空還元（左）　黒点は輝点の位置を示した（周期性は見られない）。ヒドラジン還元＋真空加熱（右）　黒円部は乱雑な構造を示している。

残っているものの，一部に図の四角で囲った領域のように部分的にハニカム構造が回復している様子が確認される。

以上の伝導測定・STM測定から還元方法により還元過程が異なり，その結果として得られるrGOの構造が異なること，その差異が還元後の物性に大きな影響を与えることが明らかとなった。そのためGOの還元方法の選択は非常に重要であり，手法の簡便さと得られる性質，基板の制約などを考慮して選択する必要がある。

また，現在においてGOの還元に非常に有効であると考えられているヒドラジン還元を行っても，STMを用いて局所構造を観察してみると乱雑な箇所が多く見られた。つまりrGOの伝導特性などが剥離法などのグラフェンに比べ大きく劣っていることの主要因のひとつが格子の歪みであることがわかる。すなわちGOを出発物質としてグラフェンを作製しようとした場合，還元を行うのみでなく，官能基によって歪まされた格子の乱れを修復する必要があることを意味する。

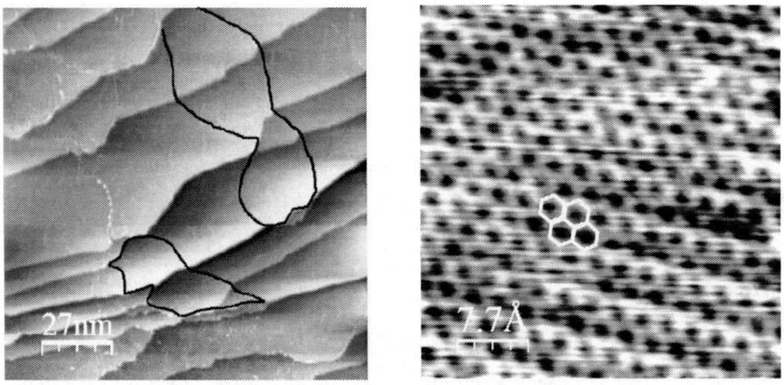

図9　Pt(111) 上で真空還元を行った時のSTM像
広範囲（左）；黒線に囲まれたところは同一のモアレ構造を示している。
原子像（右）；明瞭なハニカム構造が確認。

これには基板の触媒作用などを利用する必要があると考え，我々は金属基板上でのGOの還元を行った。次節ではその研究について紹介する。

5　酸化グラフェンを用いた金属基板上でのグラフェン生成

この節ではGOを金属基板上で加熱し，金属基板の触媒作用を用いて格子の乱れを修復した実験の結果について紹介する。基板にはCVD法によるグラフェン生成でも用いられているPt(111) を用いて行った。GOをPt(111) 基板上に成膜した後，STMを測定できるチャンバーに試料を導入し，超高真空下（$<1\times10^{-7}$ Pa）で高温加熱することでGOからのグラフェン生成を行った。1300 Kという高温で30分間アニールすると，図9のようなSTM像が得られる。広範囲の像を見るとPt(111) の構造を反映したステップテラス構造の上に100 nm×100 nm程度のドメイン境界を持たない一様なモアレ構造が確認される（図の黒線で囲った部分）。さらに図9（右）の拡大像を見ると，欠陥やrGOに特有の格子の乱れはほとんど観測されず，CVD法で作製したグラフェンと同程度の質を持つグラフェンが作製されたことがわかる。その生成機構は未解明のことも多いが，グラフェンを厚く成膜すると，ハニカム構造は確認されず，SiO_2上での構造と同様，乱雑な構造が得られたことなどから，Pt(111) と接している一層のGOのみがPt(111) の触媒作用によりグラフェンへと再構成されたと現在では考えている。

6　今後の展望

グラフェンの大量合成法の前駆体として期待されるGOについて合成，成膜，還元過程や新たな還元手法を中心に説明してきた。現在まで様々な還元方法が試みられているが，酸化時に生じた歪みなどのために還元後も本来のグラフェンの特性を示すには至っていない。そのため金属基板などを用いて還元する手法は非常に有効であり，現在，Pt(111) 以外の金属単結晶での実験や金属箔上での実験，還元方法の改良などを行っている。さらにGOは官能基を持っていることからドーピング，他の官能基への変換も容易に行えるという利点がある。この特徴を生かし，金属基板上でグラフェンを還元する際，異種原子のドーピングも同時に行うことで，CVD法よりも容易にドーピングを行える可能性がある。さらにこの場合，酸化・還元度合を調整することでドーピング量・位置の調整も実現しうる。

また現在までは，GOをグラフェンの前駆体とみなし，還元して利用する例が多く報告されてきた。しかし見方を変えれば，厚さ1 nm程度の絶縁膜としてGOを利用することもでき，実際に最近では酸化グラフェンを絶縁膜としたデバイスの作製の報告がされている[18]。またさまざまな官能基を有機化学的に変換することで新たな特性を付与できること[19]や金属微粒子の担持材としての利用[20]など，溶液プロセスとの親和性の高さと官能基の存在を有効に用いたGOならではの応用も今後大いに進展すると期待される。

謝辞

本研究は東京大学 新領域創成科学研究科 斉木幸一朗教授および斉木研究室の大学院生である田中弘成君らとの共同研究による成果であり，斉木研究室で共に実験を行ってきた学生の皆さんに感謝申し上げます。

文　献

1) B. C. Brodie, *Philosophical Transactions of The Royal Society of London*, **149**, 249, (1859)
2) K. S. Novoselov *et al.*, *Science*, **306**, 666 (2004)
3) W. S. Hummers Jr. *et al.*, *J. Am. Chem. Soc.*, **80**, 1339 (1957)
4) M. Hirata *et al.*, *Carbon*, **42**, 2929 (2004)
5) 斉木幸一朗ほか，グラフェンの機能と応用展望，p169, シーエムシー出版 (2009)
6) H. J. Shin *et al.*, *Advanced Functional Materials*, **19**, 1987 (2009)
7) L. Guardia *et al.*, *J. Phys. Chem. C*, **114**, 6426 (2010)
8) M. Jin *et al.*, *Advanced Functional Materials*, **21**, 3496 (2011)
9) M. Liang *et al.*, *Small*, **8**, 1180 (2012)
10) V. López *et al.*, *Advanced Materials*, **21**, 4683 (2009)
11) M. Cheng *et al.*, *Carbon*, **50**, 2581 (2012)
12) G. Eda *et al.*, *Advanced Materials*, **22**, 2392 (2010)
13) S. Pei *et al.*, *Carbon*, **50**, 3210 (2012)
14) P. N. Suding *et al.*, *Physical Review E*, **60**, 275 (1999)
15) C. Mattevi *et al.*, *Advanced Functional Materials*, **19**, 2577 (2009)
16) S. Stankovich *et al.*, *Carbon*, **45**, 1558 (2007)
17) S. Obata *et al.*, *Applied Physics Express*, **4**, 025102 (2011)

18） B. Standley *et al.*, *Nano letters*, **12**, 1165 (2012)
19） W. R.Collins *et al.*, *Angewandte Chemie*, **123**, 9010 (2011)
20） C. Xu *et al.*, *Small*, **5**, 2212 (2009)

第10章　ナノグラフェンの化学合成

川澄克光[*1]，伊丹健一郎[*2]

1　はじめに

グラフェンは sp^2 混成炭素からなる二次元シート状化合物であり，その電子輸送能や機械的強度の高さから次世代のマテリアルとして注目されている。2004年，Geimらはグラファイトから炭素原子1層のグラフェンシートを粘着テープで剥がし取るという極めてシンプルな方法でグラフェンを単離した[1]。その後，炭化ケイ素の熱分解，酸化グラフェンの還元や化学蒸着（CVD）法等，様々な合成法が開発され，均一で大面積のグラフェンの合成が可能となってきている。

ナノメートルサイズのグラフェンはナノグラフェンとも呼ばれる。ナノグラフェンはその電子物性がサイズや端の形状の影響を大きく受け，グラフェンとは異なった特異な電子物性をもつことが理論研究により明らかにされつつある[2]。しかし，上記の合成法ではサイズや端の形状が厳密に制御されたナノグラフェンを得ることは現状では困難である。ナノグラフェンの性質を実験的に明らかにし，材料科学へと応用展開するためには，分子式で表すことができるナノグラフェンをサイズや端の構造を原子単位で制御しながらボトムアップ合成することが最も有効な手段として考えられる。このような有機化学的な取り組みは，多環芳香族炭化水素（PAH：polycyclic aromatic hydrocarbon）の合成研究として約100年もの歴史がある[3]。PAHとはヘテロ元素や官能基をもたず，ベンゼン環が3つ以上縮環した芳香族化合物の総称であり，小さなナノグラフェンとも言える。PAHは分子サイズが大きくなるに連れてあらゆる溶媒に溶け難くなるため，

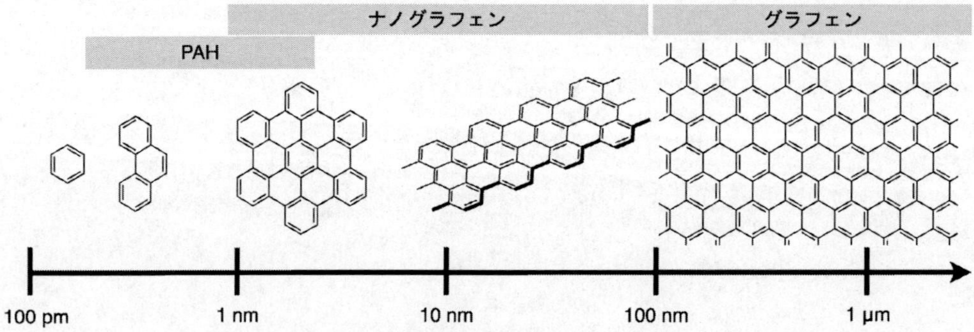

図1　グラフェン関連分子とその分子サイズ

＊1　Katsuaki Kawasumi　名古屋大学　大学院理学研究科　博士課程3年
＊2　Kenichiro Itami　名古屋大学　大学院理学研究科　教授

1 nm を超えるような大きなPAHの合成は非常に困難であった。しかし，近年，新たな有機合成反応や方法論の出現によって，ナノメートルサイズのPAH，すなわちナノグラフェンの化学合成が数多く報告されるようになった。

本章では，近年の有機合成化学の発展により実現可能となったナノグラフェンの合成を概観するとともに，PAHをモノマーとしたグラフェンナノリボンのボトムアップ合成についても紹介する。

2　オリゴフェニレンを前駆体とする方法

古典的なPAHの合成では環構造を１つ１つ逐次的に増やしていた。そのため，工程数が多く非効率である上に，溶解性の壁に阻まれ合成できるPAHのサイズには制限があった。Müllenらはこの問題を克服した独自の合成戦略で数々の巨大PAH（ナノグラフェン）の合成を達成し

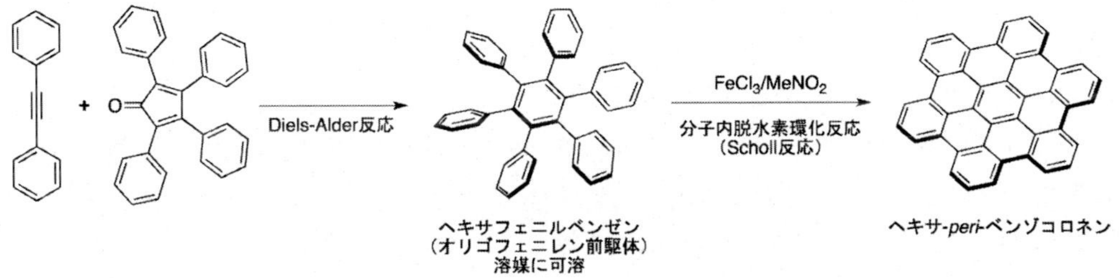

図２　ヘキサ-*peri*-ベンゾコロネンの合成

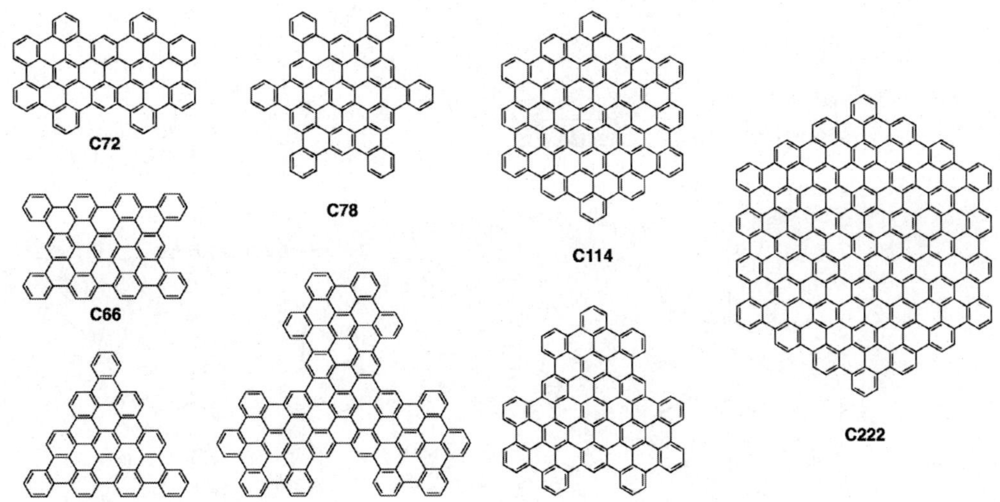

図３　Müllenらによって合成されたナノグラフェン

た。彼らの基本的戦略は，①目的のナノグラフェンに対応するサイズのデンドリマー状オリゴフェニレンを合成し，②塩化鉄などのLewis酸を用いた分子内脱水素環化反応によりオリゴフェニレンをナノグラフェンへと変換するというものである。極めてシンプルな考え方だが，巨大なPAHの合成に大きなブレイクスルーをもたらした[4,5]。

例えば，13環性のヘキサ-*peri*-ベンゾコロネンを合成する場合，まず前駆体となるヘキサフェニルベンゼンをDiels-Alder反応により合成し，塩化鉄を用いて脱水素環化させることで得られる（図2）。ヘキサフェニルベンゼンのようなオリゴフェニレン前駆体はベンゼン環同士がねじれているため，分子間相互作用が弱く，有機溶媒に溶けやすい。この合成手法はさらに大きなPAH合成にも適用でき，様々なサイズやトポロジーのナノグラフェンの合成が達成されている（図3）。中でも炭素原子222個からなる**C222**はこれまでに精密に化学合成され，完全に構造決定されたナノグラフェンの中で最大のものである[5e)]。

3　光環化反応を用いた合成例

ヨウ素存在下で，紫外線を照射することによる分子内脱水素環化反応もナノグラフェンの合成に強力な手法の一つである（図4）。例えば，スチルベン骨格を有するアントラセン誘導体にヨウ素存在下で紫外線照射し，2,3-ジクロロ-5,6-ジシアノ-*p*-ベンゾキノン（DDQ）で酸化すると13環性のサーカムアントラセンが得られる[6)]。また，Nuckollsらは紫外線照射による光環化反応を用いてヘキサ-*cata*-ベンゾコロネンの合成を報告している[7)]。

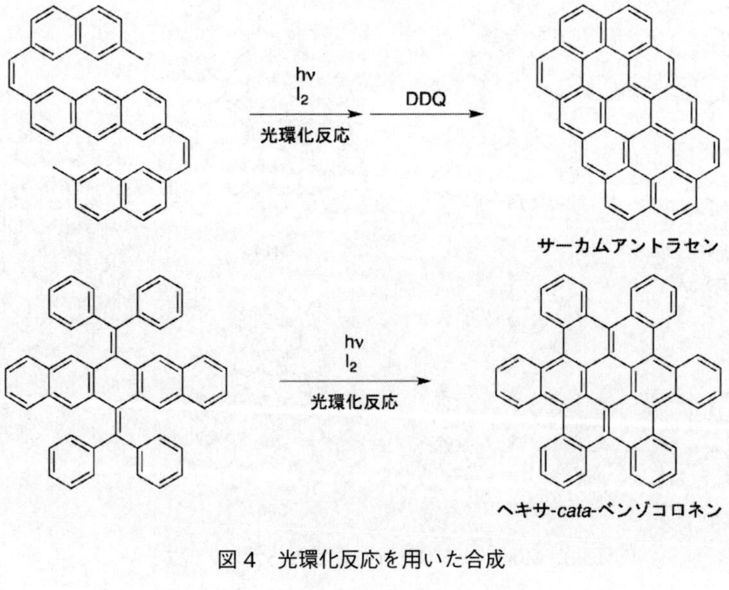

図4　光環化反応を用いた合成

4　ビアリールアセチレンの求電子環化反応

ビアリールアセチレン骨格は求電子剤[8, 9]や塩化白金[10]，カチオン性ルテニウム錯体等[11]を用いることで分子内求電子環化反応が起きフェナントレン骨格へと変換が可能である。Swager らはアルキンの求電子環化反応を用いてポリアセン状のナノリボンの合成を報告している（図5）[8]。2,5-二置換ジフェニルアセチレン骨格を有するポリフェニレンを，トリフルオロ酢酸で処理することで対応するナノリボンが温和な反応条件で定量的に得られる。

Liu らはアルキンの求電子環化反応における触媒による位置選択性の違いを利用し，形状の異なる3種類のフェナセン状ナノグラフェンの選択的合成を報告している（図6）[12]。例えば，白

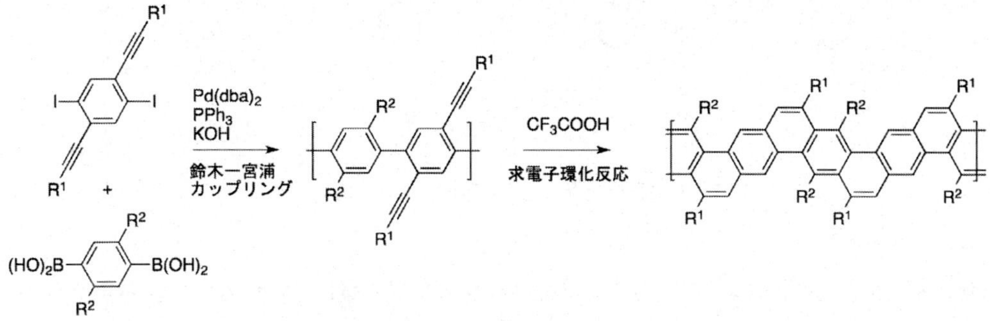

図5　求電子環化反応を用いたポリアセン状のナノリボンの合成

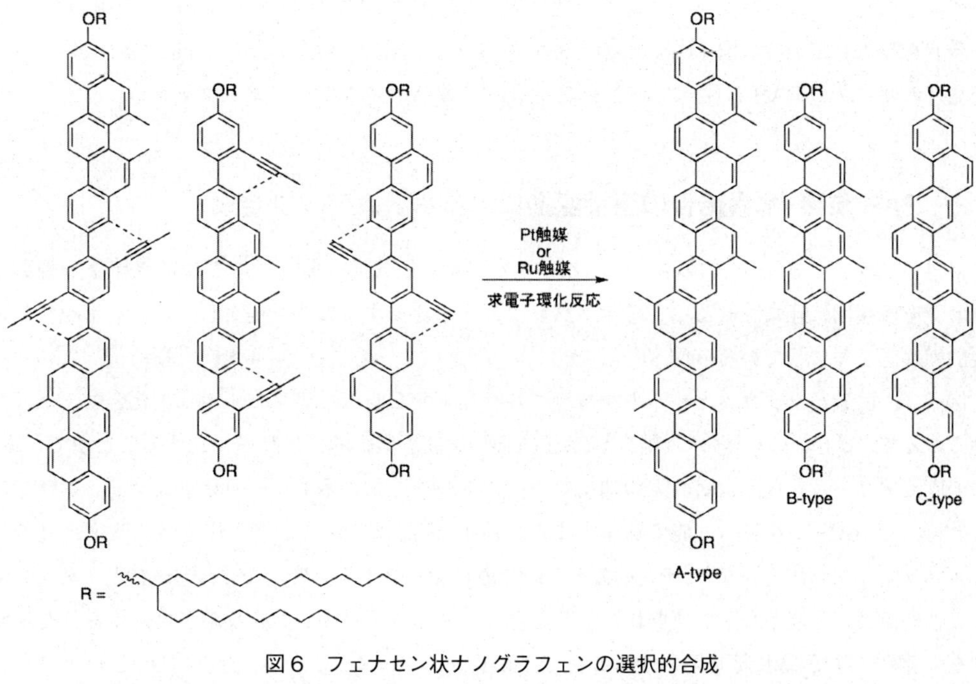

図6　フェナセン状ナノグラフェンの選択的合成

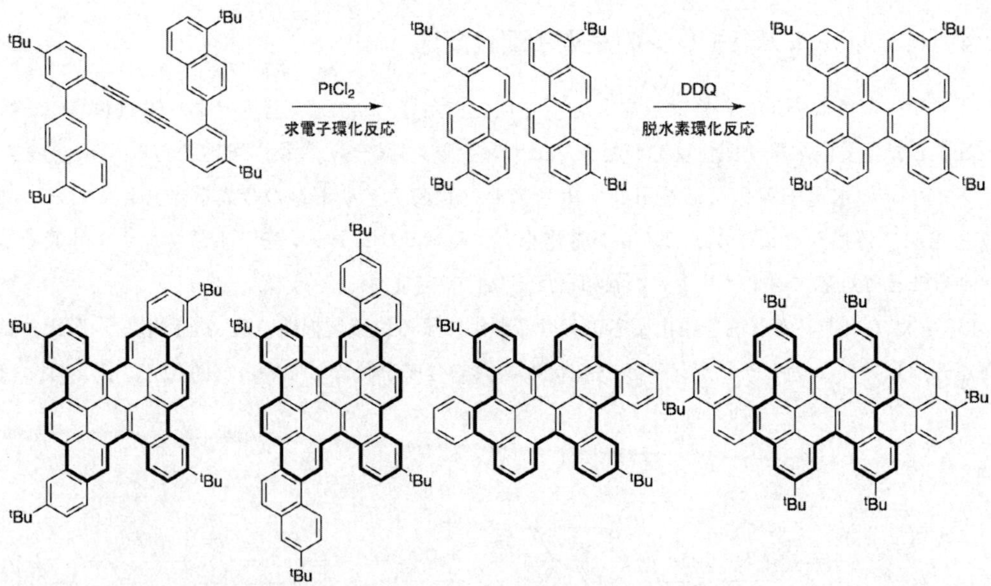

図7　求電子環化反応と脱水素環化反応を用いた合成

金触媒を用いた場合ではより求電子反応の起きやすい位置で環化反応が進行しＡおよびＢタイプのフェナセンが得られる。一方で，ルテニウム触媒ではより立体的に空いている位置で反応するためＣタイプのフェナセン状ナノグラフェンが得られる。

さらにLiuらは，アルキンの求電子環化反応と，DDQを用いた脱水素環化反応を用いたPAHの合成を報告している（図7）[13]。この方法で得られるPAHはClar sextet ruleの寄与が小さく，同程度のサイズのPAHに比べて小さなHOMO–LUMOエネルギーギャップをもつ。

5　PAH炭素–水素結合の直接変換によるボトムアップ合成

伊丹らはグラフェンの構成単位である小さなPAHを出発物質とし，これに適切な芳香環ブロックを直接的に連結させることでナノグラフェンを合成する方法を提案し，これを実現する新規触媒反応を報告している（図8）[14]。

例えば，酢酸パラジウムとオルトクロラニル存在下でピレンとアリールホウ素化合物を反応させることで，ピレンの炭素–水素結合（C–H結合）を位置選択的にアリール化することができる。この直接アリール化反応はピレンの他にフェナントレン，コロネン，フルオランテン，ペリレンなど様々なPAHにも適応可能である。また，鈴木–宮浦カップリングに代表される従来型のクロスカップリング法と異なり，PAHをあらかじめ官能基化する必要がなく，迅速なナノグラフェンの骨格構築が可能となる。実際に，ピレンとビフェニルボロキシンを反応させ，得られた生成物を塩化鉄による脱水素環化させることで，ピレンをアームチェア端方向に拡張したナノグラ

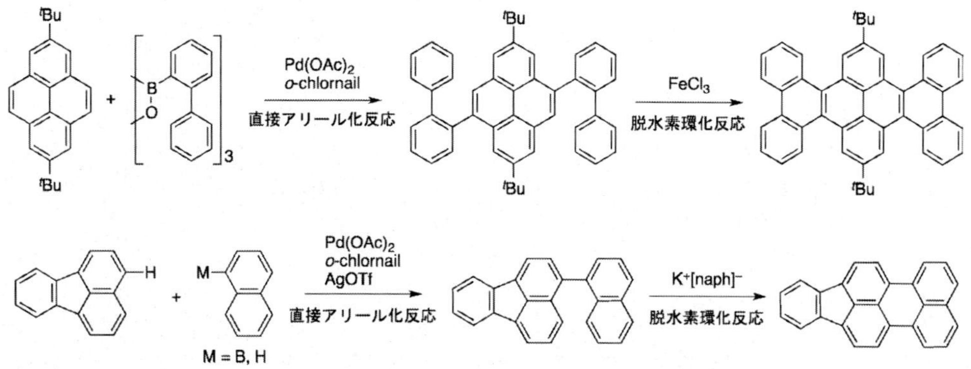

図8　PAH からの直接的ボトムアップ合成

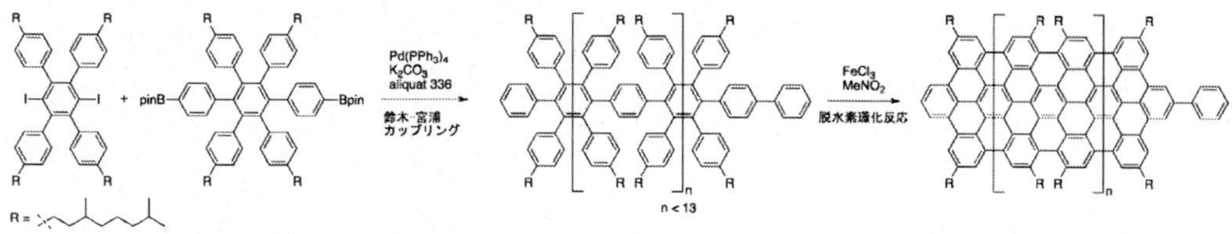

図9　鈴木-宮浦カップリング反応によるグラフェンナノリボン合成

フェンが得られる。同様に，フルオランテンに対してナフタレンを連結させ，カリウムナフタレニドを用いて脱水素環化させるとジグザグ端方向への拡張も可能である。

6　鈴木-宮浦カップリングによるグラフェンナノリボンの化学合成

Müllen らは鈴木-宮浦カップリングを用いてヘキサフェニルベンゼンを1次元伸張したポリマーを合成し，これを塩化鉄で処理することにより，幅が均一なグラフェンナノリボンの化学合成を報告している（図9）[15]。このナノリボンは有機溶媒に可溶で NMR や紫外可視吸光スペクトルの測定も可能である。また，質量分析および走査トンネル電子顕微鏡（STM）からナノリボンの長さは最大で 12 nm であることが確認されている。

7　金属表面上の化学反応を利用したグラフェンナノリボンのボトムアップ合成

これまで，液相におけるナノグラフェンの合成について述べた。しかし，合成されたナノグラフェンは溶解性に乏しく分子量も非常に大きいため，塗布や蒸着といったプロセスでのデバイス作成には不向きである。この問題を克服する手段として，Fasel と Müllen らは金属基板表面での化学反応を利用したグラフェンナノリボンの合成法を開発した（図10）[16]。すなわち，ラジカ

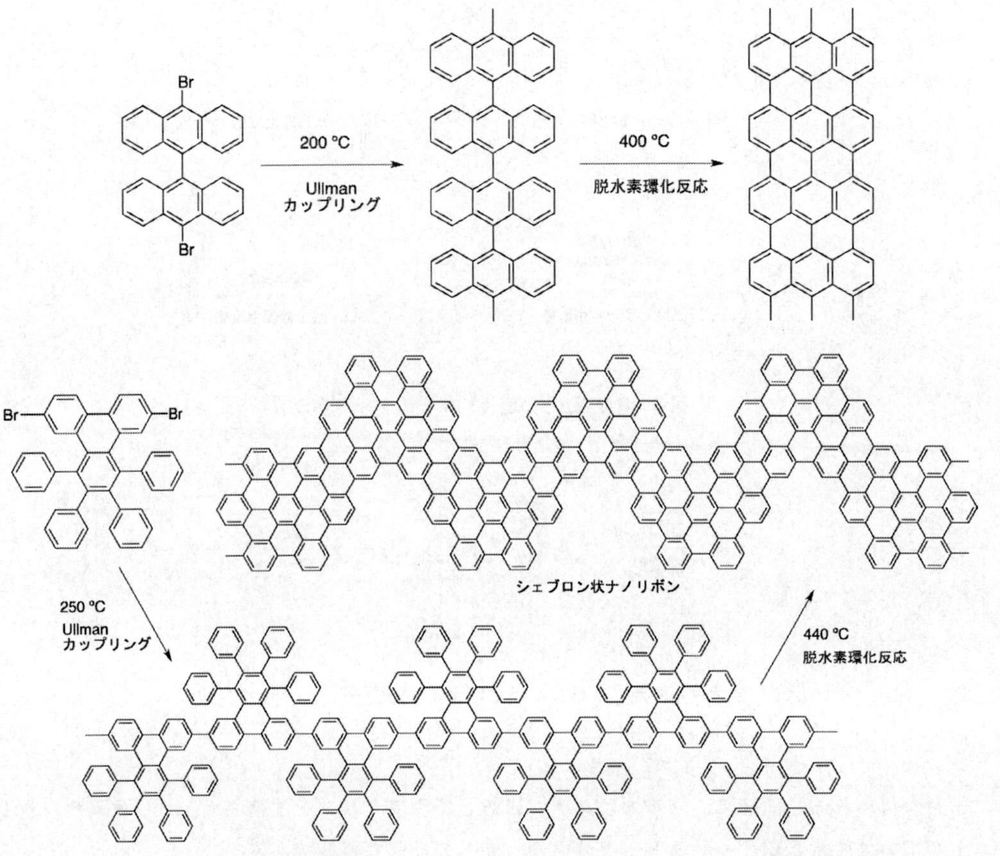

図10　金属表面上でのグラフェンナノリボンのボトムアップ合成

ル重合によるナノリボン前駆体となるオリゴフェニレン骨格の構築と脱水素環化反応を同一の金属基板表面上で段階的に行うものである。

例えば，グラフェンナノリボンのモノマーとなるジブロモビアントリルを Ag(111) や Au(111) 等の金属基板表面で 200℃に加熱すると，対応するビラジカル種が生じて Ullman カップリングによる重合が進行し，直線状のポリマーが生成する。続いて，400℃に加熱することでポリマーが分子内脱水素環化により平面化しナノリボンが得られる。STM およびラマン分光法より直線状ナノリボンの生成が確認されている。また，6,11-ジブロモ 1,2,3,4-テトラフェニルトリフェニレンをモノマーに用いるとシェブロン状のナノリボンも得られる。この方法で合成されたナノリボンの長さは 20～30 nm に分布しており，最大で 100 nm のものも確認されている。また，これらの方法で合成したグラフェンナノリボンは別の基板への転写も可能であり，デバイスへの応用も期待できる。

8　今後の展望

本章では有機合成化学によるナノグラフェンのボトムアップ精密合成の最近の動向について紹介した。さらに，有機合成反応で合成したグラフェンのモノマーを金属表面上での重合や脱水素環化反応させる「物理的」手法により，幅，エッジ構造，トポロジーを厳密に制御したグラフェンナノリボンの合成が可能となった。また紙面の都合上割愛したが，ホウ素や窒素を組み込んだPAHの合成も報告されている[17]。今後，新たな有機合成の方法論や触媒反応の開発が，サイズや端の構造を制御するだけでなく，欠損やヘテロ原子の周期性といったトポロジー全般の制御したグラフェンの合成への起爆剤となることが大いに期待される。

文　　献

1) K. S. Novoselov, A. K. Geim, S. V. Morozov, D. Jiang, Y. Zhang, S. V. Dubonos, I. V. Grigorieva, A. A. Firsov, *Science*, **306**, 666 (2006)
2) 若林克法，炭素，**243**, 116 (2010)
3) R. G. Harvey, *Polycyclic Aromatic Hydrocarbons* Wiley-VCH (1997)
4) (a) J. Wu, W. Pisula, K. Müllen, *Chem. Rev.*, **107**, 718 (2007), (b) M. D. Watson, A. Fechtenkçtter, K. Müllen, *Chem. Rev.*, **101**, 1267 (2001), (c) M. Müller, C. Kübel, K. Müllen, *Chem. Eur. J.*, **4**, 2099 (1998), (d) X. Feng, W. Pisula, K. Müllen, *Pure Appl. Chem.*, **81**, 2203 (2009), (e) L. Chen, Y. Hernandez, X. Feng, K. Müllen, *Angew. Chem. Int. Ed.*, **51**, 7640 (2012)
5) (a) V. S. Iyer, M. Wehmeier, J. D. Brand, M. A. Keegstra, K. Müllen, *Angew. Chem. Int. Ed.*, **36**, 1603 (1997), (b) M. Müller, V. S. Iyer, C. Kiibel, V. Enkelmann, K. Müllen, *Angew. Chem. Int. Ed.*, **36**, 1607 (1997), (c) F. Dötz, J. D. Brand, S. Ito, L. Gherghel, K. Müllen, *J. Am. Chem. Soc.*, **122**, 7707 (2000), (d) X. Feng, J. Wu, M. Ai, W. Pisula, L. Zhi, J. P. Rabe, K. Müllen, *Angew. Chem. Int. Ed.*, **46**, 3033 (2007), (e) C. D. Simpson, J. D. Brand, A. J. Berresheim, L. Przybilla, H. J. Räder, K. Müllen, *Chem. Eur. J.*, **8**, 1424 (2002)
6) R. D. Bronene, F. Diederich, *Tetrahedron Lett.*, **32**, 5227 (1991)
7) S. X. Xiao, M. Myers, Q. Miao, S. Sanaur, K. L. Pang, M. L. Steigerwald, C. Nuckolls, *Angew. Chem. Int. Ed.*, **44**, 7390 (2005)
8) (a) M. B. Goldfinger, T. M. Swager, *J. Am. Chem. Soc.*, **116**, 7985 (1994), (b) M. B. Goldfinger, K. B. Crawford, T. M. Swager, *J. Am. Chem. Soc.*, **119**, 4578 (1997)
9) T. Yao, M. A. Campo, R. C. Larock, *J. Org. Chem.*, **70**, 3511 (2005)
10) (a) V. Mamane, P. Hannen, A. Fürstner, *Chem. Eur. J.*, **10**, 4556 (2004), (b) A. Fürstner, V. Mamane, *J. Org. Chem.*, **67**, 6264 (2002)
11) (a) P. M. Donovan, L. T. Scott, *J. Am. Chem. Soc.*, **126**, 3108 (2004), (b) H. C. Shen, J. M.

Tang, H. K. Chang, C. W. Yang, R. S. Liu, *J. Org. Chem.*, **70**, 10113 (2005)

12) (a) T.-A. Chen, T.-J. Lee, M.-Y. Lin, S. M. A. Sohel, E. W. G. Diau, S. F. Lush, R.-S. Liu, *Chem. Eur. J.*, **16**, 1826 (2010), (b) B. S. Shaibu, S.-H. Lin, C.-Y. Lin, K. T. Wong, R.-S. Liu, *J. Org. Chem.*, **76**, 1054 (2011)

13) (a) T.-A. Chen, R.-S. Liu, *Chem. Eur. J.*, **17**, 8023 (2011), (b) T.-A. Chen, R.-S. Liu, *Org. Lett.*, **13**, 4644 (2011)

14) (a) K. Mochida, K. Kawasumi, Y. Segawa, K. Itami, *J. Am. Chem. Soc.*, **133**, 10716 (2011), (b) K. Kawasumi, K. Mochida, T. Kajino, Y. Segawa, K. Itami, *Org. Lett.*, **14**, 418 (2012), (c) K. Itami, *Pure Appl. Chem.*, **84**, 907 (2012)

15) X. Yang, X. Dou, A. Rouhanipour, L. Zhi, H. J. Räder, K. Müllen, *J. Am. Chem. Soc.*, **130**, 4216 (2008)

16) J. Cai, P. Ruffieux, R. Jaafar, M. Bieri, T. Braun, S. Blankenburg, M. Muoth, A. P. Seitsonen, M. Saleh, X. Feng, K. Müllen, R. Fasel, *Nature*, **466**, 470 (2010)

17) (a) T. Hatakeyama, S. Hashimoto, M. Nakamura, *Org. Lett.*, **13**, 2130 (2011), (b) T. Hatakeyama, S. Hashimoto, S. Seki, M. Nakamura, *J. Am. Chem. Soc.*, **133**, 18614 (2011), (c) S. Saito, K. Matsuo, S. Yamaguchi, *J. Am. Chem. Soc.*, **134**, 9130 (2012)

第11章　ショウノウ（樟脳）からのグラフェン合成

梅野正義*

1　はじめに

炭素新素材「グラフェン」は，極薄膜のシート状結晶で，2010年のノーベル物理学賞の対象になったが，当初（2004年）は，グラファイトをスコッチテープで剥がしてミクロン程度の極小さいグラフェンを得ていた[1]。2006年に，ショウノウ（樟脳；camphor；$C_{10}H_{10}O$）による熱CVD法で大面積グラフェン膜が得られることを明らかにし，その成膜法とラマン分光特性，TEM像，光透過特性を明らかにした[2]。また，ショウノウを用いると，小分子のメタン等の熱CVDに比べて200℃程度の低温の800℃でも良いグラフェンが得られることを示した。また，マイクロ波表面波プラズマCVDでは，その高い表面波プラズマ密度のために，高密度の炭化水素のラジカルが生成して，300℃以下の低温でも成膜でき，また，ガラスやシリコンへの直接成膜ができる。さらに，原料として，元々六員環，五員環をもつショウノウの多分子原料を用いると，長さ200 μm程度の大きなドメインをもつグラフェンが作成出来るようになった。

本章では，ショウノウからの熱CVDおよびマイクロ波表面波プラズマCVDによるグラフェン合成について述べる。

2　ショウノウの熱CVD法によるグラフェンの成膜

我々の研究グループは，熱CVDによりショウノウ（$C_{10}H_{16}O$）を昇華させ原料ガスとして用い，ニッケル（Ni）基板の上にグラフェンを堆積させた。ショウノウは，植物由来で，クスノキの水蒸気蒸留で得られるので，環境負荷が少なく，非常に安価な原料である。この方法は，2006年にChemical Physics Lettersに発表した[2]。

工業的にも有望なCVD法で初めての平面状グラフェンの作成に成功したことで，Science Direct Top 25 Hottest Article（Oct.-Dec. 2006）として注目を集めた。

その後2～3年経って，CVD法によるグラフェン成膜は，2008年にNi薄膜上で米国Houston大[3]から，2009年からはNi薄膜上およびCu薄膜上で米国MIT，韓国Sungkyunkwan大など[4~7]から活発に発表されるようになったが，CVD法による最初のグラフェン膜の作成は，中部大学の我々のグループからと思われ，特許も査定された[8]。

*　Masayoshi Umeno　中部大学　総合学術研究院　客員教授；名古屋産業科学研究所　上席研究員

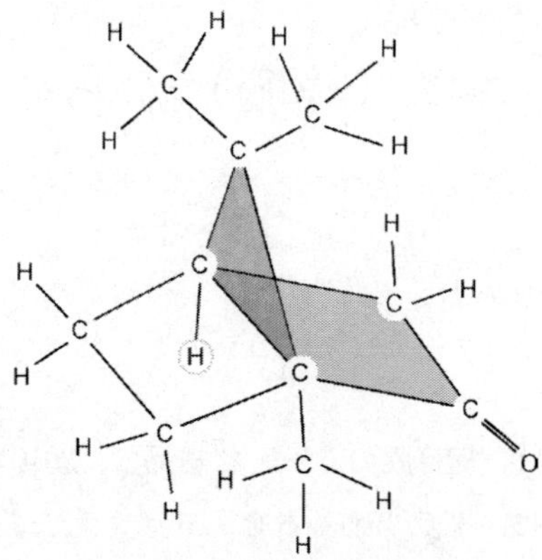

図1　ショウノウの分子構造

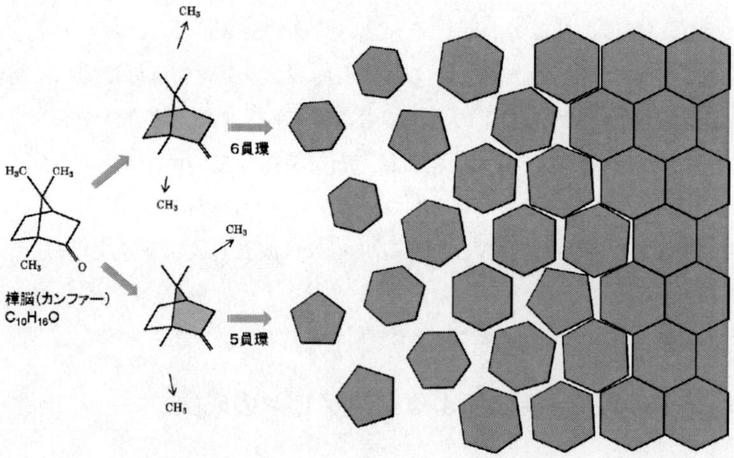

図2　ショウノウによるグラフェン成長

ショウノウ（樟脳；Camphor）は，その分子構造（$C_{10}H_{16}O$）は図1に示す通りで，コスト，安全性，環境性ともに非常に優れており，CVD 条件下で容易に解離する。

ショウノウは，2つのメチル基（CH_3）と六員環および五員環をもっていて，酸素原子も1つ含んでいる。常圧で融点 180 ℃，沸点 208 ℃の白色半透明のろう状の昇華性結晶である。クスノキ（楠）の葉や枝などのチップを水蒸気蒸留すると結晶として得ることができ，また，マツの精油などから化学合成される。

200～300 ℃で気化して，800 ℃に加熱されている Ni や Cu 基板に飛来したショウノウ分子は，メチル基が容易に解離して，六員環，五員環を形成し，それらが活性なグラフェン端で平面的につながることで，図2に示すように，触媒金属上で大面積グラフェンを構成して成膜すると考えられる[2]。その際，ショウノウに含まれている酸素原子は，水素原子と共に，触媒金属上に吸着したCH基からの水素の効果的な引き抜きに寄与していると思われる。

小分子メタン（CH_4）などにおける1000℃の熱CVDに比べて，ショウノウによる熱CVDは，200℃程度の低温の800℃でも，良いグラフェン膜を形成できる。

図3に，実験で使用したショウノウの熱CVDによるグラフェンの成長法概略図を示す。

図4に，銅（Cu）基板上の単層グラフェンのラマン分光スペクトルを示す。Dピークがほとんどなく，欠陥の少ないグラフェン結晶であることが分かる[10]。

図5に，単層，二層および三層グラフェンシートの高分解能TEM写真を示す[10]。

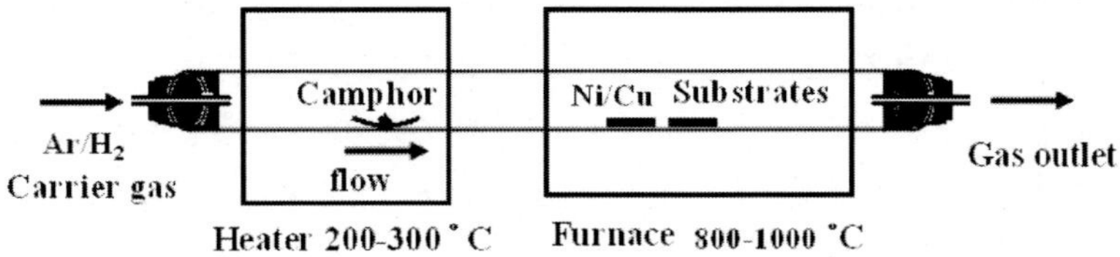

図3　ショウノウの熱CVDによるグラフェンの成長法概略図

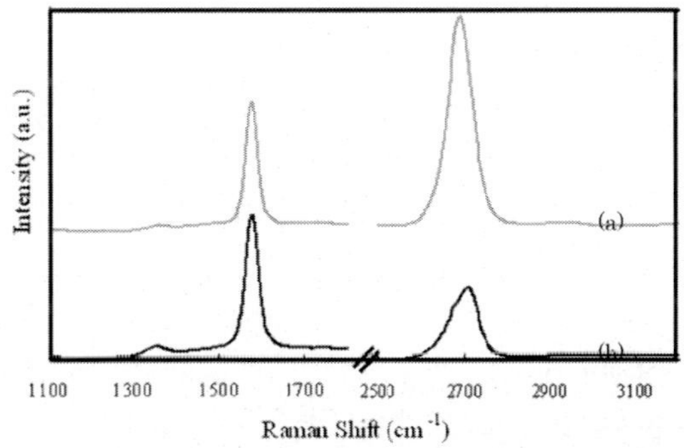

図4　Cu基板上の単層グラフェンのラマンスペクトル
銅箔上のショウノウから合成した(a)単層グラフェン膜 (b)複数層のグラフェン膜。

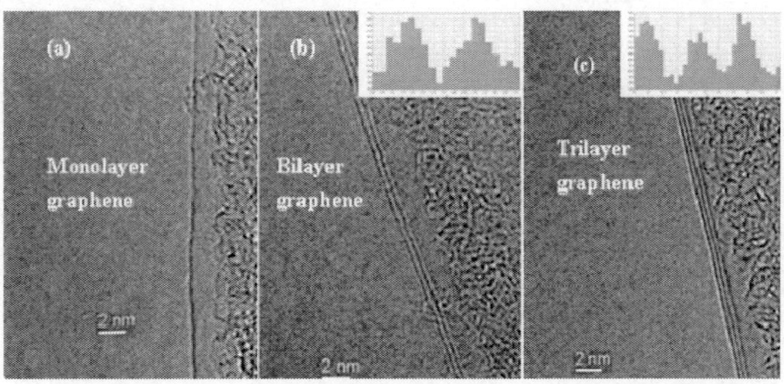

図5　ショウノウから合成したグラフェン膜のHRTEM像
(a)単層グラフェン膜，(b)二層グラフェン膜，(c)三層グラフェン膜。

ショウノウを用いる場合は，その六員環，五員環のため，Ni基板上では，容易に数層のグラフェンが形成され，Cu基板上では，その低い溶解度のために，単層グラフェンが形成される。

3　ショウノウのマイクロ波表面波プラズマCVDによるグラフェンの成長

これまで10年間カーボン系薄膜太陽電池の研究開発に使用してきたマイクロ波励起表面波プラズマCVD[11]においては，熱エネルギーの一部をプラズマエネルギーに置き換えることができ，また，高密度なラジカル分子を生成できるので，熱CVDに比べて700℃も低温の300℃程度の成長温度でも，メタンを原料に用いてグラフェンの成膜ができ[12]，また，ガラスやシリコン上に直接グラフェンを成膜できる。図6に，Cuフォイル上に240℃でもグラフェンが成膜できることを示す[13]。また，図7に，ガラスやシリコン上に直接グラフェン成膜できることを示す[14]。

さらに，この場合も，メタンよりもショウノウを原料として用いることにより，成膜の低温化と高品質化をはかることができる。

原料としてショウノウを用いたマイクロ波励起表面波プラズマCVD（MW-SWP-CVD）によるグラフェン成長は，図8に示す通りである[15]。

表面波プラズマをϕ30 cmにわたって一様に励起できるようになっている。

グラフェン成膜にあたっては，まず，チャンバーを10^{-3} Paまで真空にして，200℃に熱せら

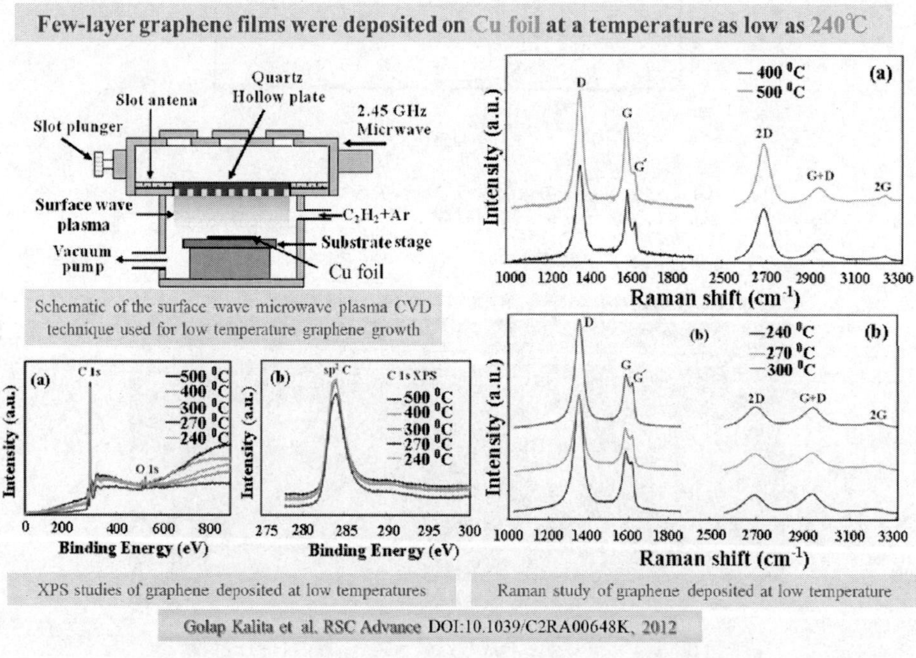

図6　マイクロ波プラズマCVDによるグラフェンの直接成長

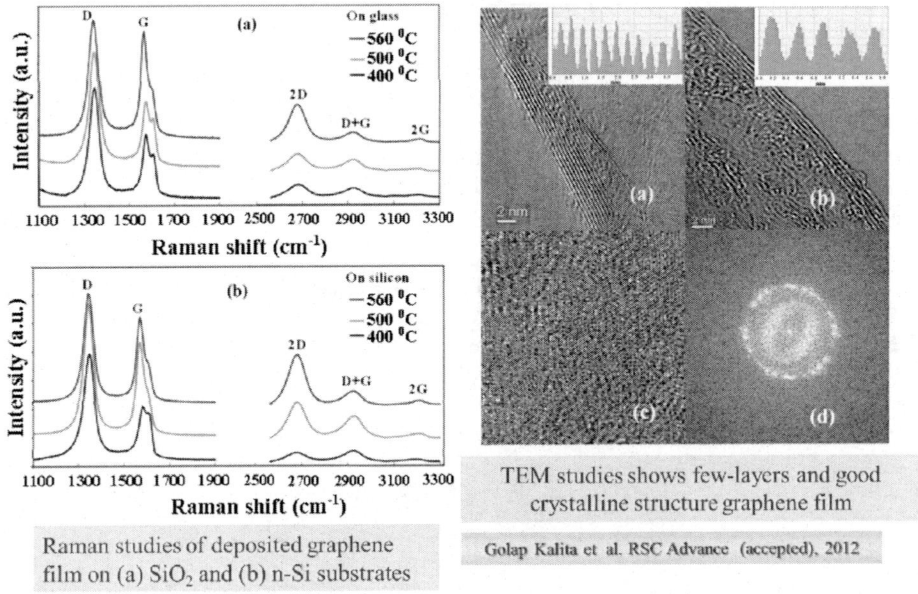

図 7　マイクロ波表面波プラズマ CVD によるグラフェンの直接成長

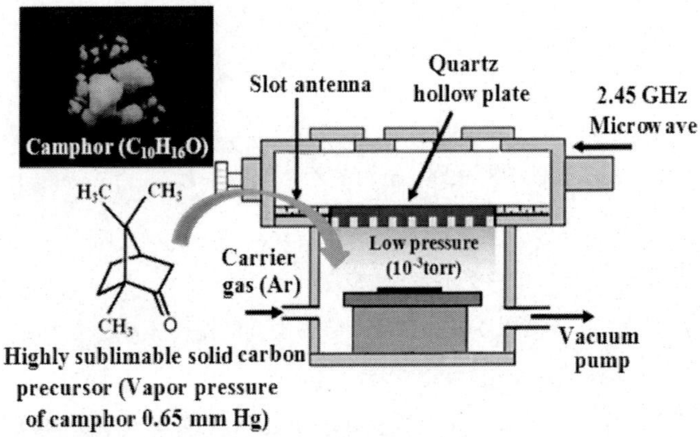

図 8　樟脳によるマイクロ波表面波プラズマ CVD 装置

れて昇華したショウノウガスを，アルゴンのキャリアガスを通して反応用チャンバーに導入して行った。ショウノウガスの圧力は 0.65 mmHg であった。

グラフェンの層数や厚さは，チャンバーへ導入するショウノウの量と，成長時間によって制御できる。

図 9 は，500 ℃と 560 ℃で成長したグラフェンのラマン分光である。G ピーク以外に，sp^2 フォノンの振動に起因する 1575 cm^{-1} の強い G ピークが表れている。欠陥によるフォノン散乱や極微ドメインによる D バンドが 1345 cm^{-1} に表れている。また，2683，2936，と 3225 cm^{-1} に，

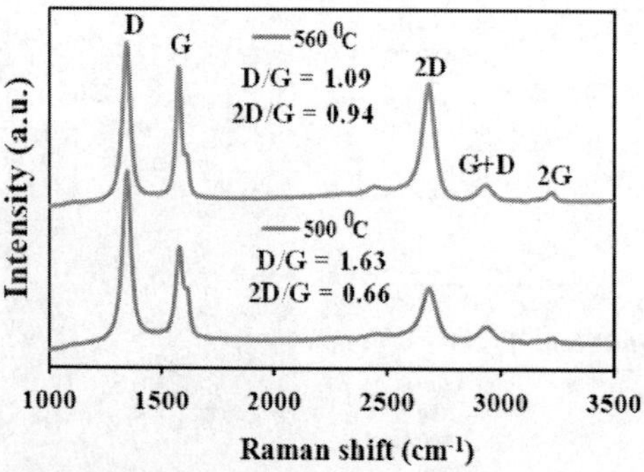

図9　樟脳のマイクロ波プラズマ CVD によるグラフェンのラマン分光

図10　銅フォイル上で550℃成長させたグラフェン膜の SEM 画像
長さ 180〜200 μm のドメインが見られる。

2D，G + D と 2G の 2 次ラマンピークが表れている。

560 ℃で成長したグラフェンの 2D ピークは，それより低温の 500 ℃でのグラフェンよりも，非常に大きい。

また，560 ℃でのグラフェンの 2D/G のピーク比は，500 ℃のグラフェンのそれよりも大きな値をもっていて，ショウノウがマイクロ波プラズマ中で解離して，銅の触媒作用で CH 基から水素が引き抜かれ，炭素の 2 次元結晶グラフェンが形成されていると考えられる。

図 10 は，ショウノウから得られたグラフェンの最近の代表的な SEM 写真である。長さ 180 μm の大きいドメインが観察できる[16]。

小分子のメタンを原料に用いて，同様に実験してみると，ドメインサイズがせいぜい 5 μm 程で，ショウノウを原料とする良質なグラフェン成長効果が，はっきりと読み取れる。

4　おわりに

以上で，ショウノウ（樟脳；camphor；$C_{10}H_{10}O$）の多分子炭化水素を用いた熱CVDおよびマイクロ波表面波プラズマCVDによるグラフェンの成膜について述べた。メタン等の小分子によるCVDに比べて低温で成長でき，良質なグラフェンが得られた。今後は，グラフェンの結晶成長の成長機構を明らかにしながら，ドメインをさらに拡大して，ITOを代替できる高性能でフレキシブルな透明導電膜[17]やグラフェンFET等を作製し，グラフェンエレクトロニクスの研究開発も行っていきたい。

謝辞

本研究にあたっては，中部大学での大学院博士課程を修了した日本学術振興会外国人特別研究員Golap Kalita博士（現 名古屋工業大学助教）や，研究員Aryal Hare Ram博士，脇田紘一教授，内田秀雄准教授をはじめ，研究室関係者のご協力・ご支援に感謝する。

文　　献

1) K. S. Novoselov, A. K. Geim, S. V. Morozov, D. Jiang, S. V. Dubonas, I. V. Grigorieva and A. A. Frisov, *Science*, **306**, 666 (2004)
2) P. R. Somani, S. P. Somani, M. Umeno, *Chemical Physics Letters*, **430**, 56-59 (2006)
3) Q. K. Yu, J. Lian and S. Siriponglert, *Appl. Phys. Lett.*, **93**, 113103 (2008)
4) K. S. Kim, Y. Zhao, H. Jang, S. Y. Lee, J. M. Kim, K. S. Kim, J. H. Ahn, P. Kim, J. Y. Choi and B. H. Hong, *Nature*, **457**, 706 (2009)
5) X. S. Li, W. W. Cai, J. H. An, S. Kim, J. Nah, D. X. Yang, R. Piner, A. Velamakanni, I. Jung, E. Tutuc, S. K. Banerjee, L. Colombo and R. S. Ruoff, *Science*, **324**, 1312 (2009)
6) Y. Lee, S. Bae, H. Jang, S. E. Zhu, S. H. Sim, Y. Song, B. H. Hong and J. H. Ahn, *Nano Lett.*, **10**, 490 (2010)
7) S. Bae, H. Kim, Y. Lee, X. Xu, J. Park, Y. Zheng, S. H. Sim, Y. Song, B. H. Hong and S. Iijima, *Nature Nanotech.*, 5 (2010)
8) 特願2006年8月26日・梅野正義，パラカス ラビンドラ ソマニ・単結晶グラファイト膜の製造方法・梅野正義・特許第4804272号（平成23年8月19日）
9) G. Kalita, M. Matsushima, H. Uchida, K. Wakita and M. Umeno, *Materials Letters*, **64** (20), 2180-2183 (2010)
10) G. Kalita, K. Wakita and M. Umeno, *Physica E*, **43**, 1490-1493 (2011)
11) M. Umeno, S. Adhikary, *Diamond and Related Material*, **14**, 1973-1979 (2005)
12) J. Kim, M. Ishihara, Y. Koga, K. Tsugawa, M. Hasegawa and S. Iijima, *Appl. Phys. Let.*, **98**, 98 (2011)
13) G. Kalita, K. Wakita and M. Umeno, RSC Advance (Paper), DOI:10.1039/C2RA00648K

(2012)
14) G. Kalita, M. S. Kayastha, H. Uchida, K. Wakita and M. Umeno, DOI:10.1039/C2RA01024K. (2012)
15) G. Kalita, S. Sharma, K. Wakita, M. Umeno, Y. Hayashi and M. Tanemura, *Phys. Status Solidi A*, 1-4, /DOI.10.1002/pssa.201228554 (2012)
16) H. R. Aryal, S. Adhikari, M. S. Kayastha, H. Uchida, K. Wakita and M. Umeno, 11th APCPT・25th SPSM (Kyoto, Oct, 2012), 2-P01 (2012)
17) 梅野正義“CVDによるグラフェン成膜と透明電極—ITO代替グラフェン—”, *New Diamond*, **27** (2), 17-22 (2011)

第12章　グラフェン類似層状物質

上野啓司*

1　はじめに

2004年にUniv. ManchesterのK. S. Novoselov, A. K. Geimらによって，グラファイトの1単位層である「グラフェン」の大面積試料が初めて絶縁性基板上に形成され，それ以降グラフェンの持つ特異な物性に関する研究が目覚ましく進展した[1~5]。その一方で，グラファイトと同様な積層構造を持つ数多くの層状物質も再び注目を集めている。層状物質はその2次元構造に起因する特徴的な物性に興味が持たれ，古くから多くの研究が行われてきているが，最近ではそれらの1単位層，あるいは数層が積層した試料が示す新奇な物性に特に注目が集まっている。

本章では最初にさまざまな層状物質を簡単に分類し，その中から筆者が主に研究対象としている層状カルコゲナイドの構造，物性について紹介する。続いて層状物質単結晶及び単層膜試料の作製手法や，最近の新しい層状物質研究の動向について述べる。最後にグラフェン以外の層状物質のデバイス応用に関する筆者の最近の実験を紹介する。なお，グラフェンのデバイス応用に関する筆者の研究については，本書第22章にて別途紹介する。

2　層状物質の分類

層状物質は，共有結合やイオン結合のような「強い」結合により形成されている単位層が，主に「弱い」ファンデルワールス力を介して積層した層状構造を持つ。雲母，粘土，グラファイトあるいは輝水鉛鉱（モリブデナイト：molybdenite, MoS_2）のような層状物質の天然鉱物は非常に古くから知られており物性研究の対象とされてきたが，その他にも人工合成可能な層状物質が多数存在する。表1に主な層状物質をまとめる。

多くの層状物質は絶縁体／半導体であるが，中心金属が5族元素の遷移金属ダイカルコゲナイドは金属となり，超伝導を示す化合物も存在する（$2H_a$-NbS_2，$2H_a$-$NbSe_2$等）。以下，筆者が主な研究対象としている遷移金属ダイカルコゲナイドと13族層状カルコゲナイドの結晶構造と物性について述べる。

2.1　遷移金属ダイカルコゲナイド[6~9]

遷移金属ダイカルコゲナイド（MCh_2）には60種類近い物質が属し，そのうちおよそ3分の2

---

*　Keiji Ueno　埼玉大学　大学院理工学研究科　物質科学部門　准教授

表1　層状物質の分類

単原子層状物質と類似化合物	C（グラファイト），P, As, Sb, Bi, h-BN
遷移金属ダイカルコゲナイド	MCh_2：M ＝ Ti, Zr, Hf, V, Nb, Ta, Mo, W 等 Ch ＝ S, Se, Te
13族カルコゲナイド	GaS, GaSe, GaTe, InSe
14族カルコゲナイド	GeS, SnS_2, $SnSe_2$, PbO 等
ビスマスカルコゲナイド	Bi_2Se_3, Bi_2Te_3
層状高温超伝導化合物	$Bi_2Sr_2CaCu_2O_x$, $Bi_2Sr_2Ca_2Cu_2O_x$, $LaFeAsO_{1-x}F_x$ 等
水酸化2価金属	$M(OH)_2$：M ＝ Mg, Ca, Mn, Fe, Co, Ni, Cu, Zn, Cd 等
ハロゲン化金属	$MgBr_2$, $CdCl_2$, CdI_2, Ag_2F, AsI_3, $AlCl_3$ 等
層状ケイ酸塩，粘土	雲母，滑石，カオリン等

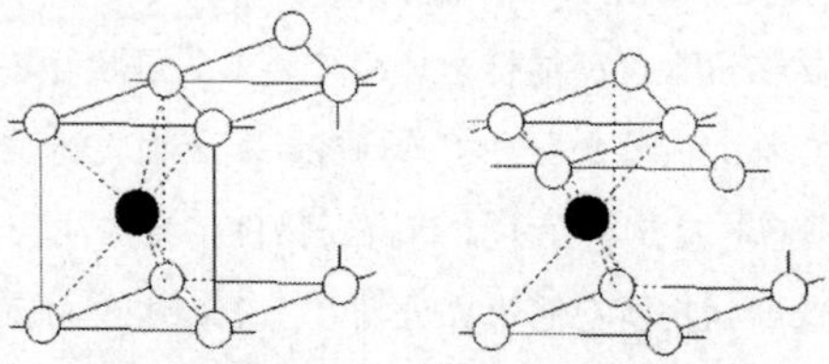

図1　MCh_2 の配置構造

が層状の結晶構造を持っている。層状構造を持つ MCh_2 に属する物質には，単位層内のカルコゲン元素 Ch の中心金属 M に対する配置の形式に2種類ある（図1）。一つは正八面体型配置，もう一つは三角プリズム型配置である。どちらの形を取るかは，M-Ch 間結合のイオン性に大きく依存する。結合のイオン性が大きい場合には，中心の M に結合する上下の Ch 原子間の斥力が大きくなり，正八面体型配置となる。一方共有結合性が大きい場合には，三角プリズム型配置となる。このため4族（Ti，Zr，Hf）化合物は主に正八面体型配置を，6族（Mo，W）化合物は三角プリズム型配置を持ち，5族（Nb，Ta）化合物はどちらの配置も取る。

層状 MCh_2 では各単位層の c 軸方向の積み重なり型の違いにより様々なポリタイプが存在し，物性もそれにより異なる。例えば天然に唯一存在する層状 MCh_2 であるモリブデナイト MoS_2 は三角プリズム型の配置構造を持ち，主に $2H_b$ 型の積層構造を取る。$MoSe_2$ も $2H_b$ 型の積層構造を持ち，一方金属である NbS_2 や $NbSe_2$ は主に $2H_a$ 型の積層構造を取る（図2）。他のポリタイプにおける積層構造を図3に示す。ある MCh_2 がどのポリタイプを取るかは，その組成も大きく影響する。$NbSe_2$ の場合，化学量論比が正しく1：2であれば $2H_a$ 型の積層構造を取るが，Nb が過剰になると 3R 型になり易くなる。なお正八面体型配置の MCh_2 は 1T 型の積層構造となる。

層状 MCh_2 の物性は，その中心金属 M の違いにより大きく異なる。Ch が S 又は Se の場合，中心金属 M が4族（Zr，Hf）である MCh_2 は，ワイドギャップ半導体となる。ただし Ti のカルコゲナイドは半金属となる。M が5族（V，Nb，Ta）の場合は，MCh_2 は金属となり，$NbSe_2$ は $2H_a$ タイプの積層構造のものが超伝導（超伝導転移温度＝7.0～7.35 K）を示す。M が6族

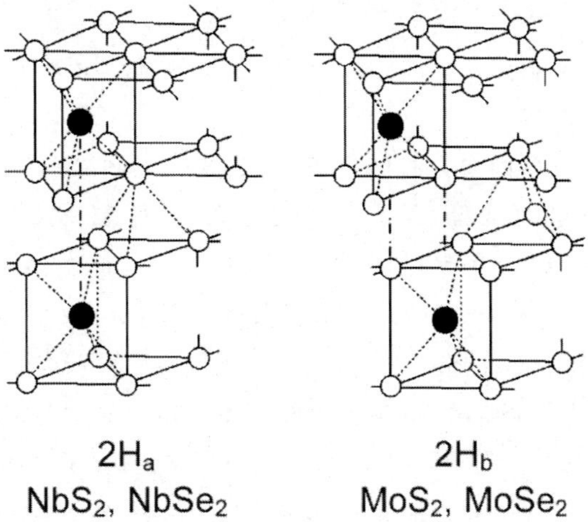

図2　2H型 MCh_2 の積層構造

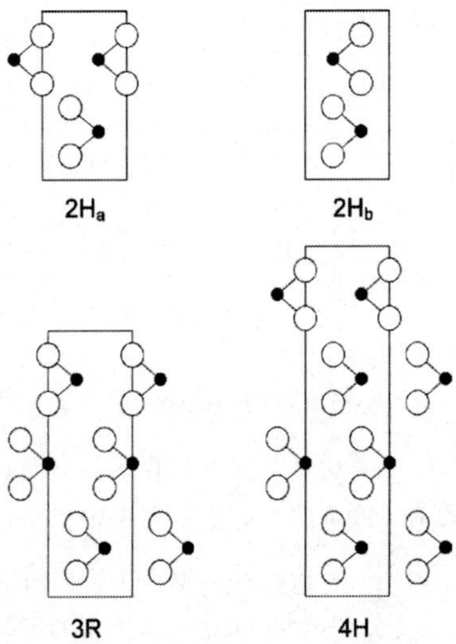

図3　三角プリズム型配置 MCh_2 の積層ポリタイプ

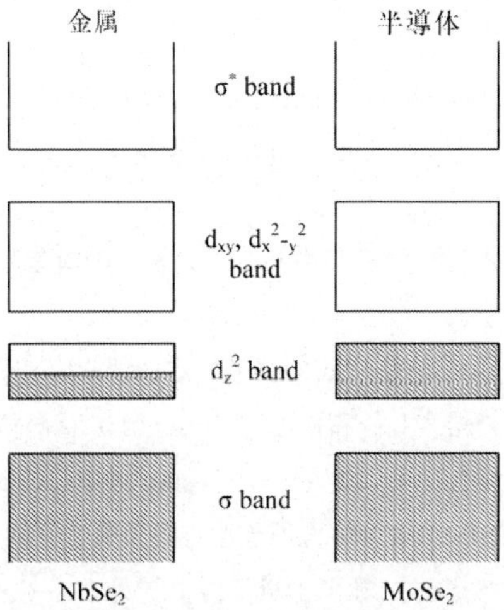

図4　$NbSe_2$, $MoSe_2$ の電子帯構造モデル

(Mo, W) の場合は，MCh_2 は半導体となる。これらの性質については，電子帯構造から次のように説明される（図4)。

例として第5周期遷移金属 MCh_2 の $NbSe_2$，$MoSe_2$ について考える。これらの原子の最外殻を占めているのは4d，5s電子で，バンド構造においてはd軌道から形成されるバンドのエネルギー位置が最も重要になる。$NbSe_2$，$MoSe_2$ において金属原子のd軌道は，三角プリズム型配置による配位子場の影響を受け，エネルギーが d_{xy} と $d_{x^2-y^2}$ 軌道，d_{yz} と d_{zx} 軌道，及び d_{z^2} 軌道の3準位に分裂する。このうち d_{yz}，d_{zx} 軌道は，金属原子の5s，5p軌道，および2個のSe原子の4s，4p軌道が構成する sp^3 混成軌道と重なり合って，価電子帯を形成する結合軌道（σバンド)

と，伝導帯を形成する反結合軌道（σ^*バンド）に分かれる。d_{xy}，$d_{x^2-y^2}$軌道は非結合軌道として，σバンドとσ^*バンドの間に入り，さらにd_{z^2}軌道はその低エネルギー側，σバンドの上に独立して存在する。

$NbSe_2$では，Nb原子の価電子は$(4d)^4(5s)^1$，Se原子の価電子は$(4s)^2(4p)^4$である。このうち2個のSe原子の4s電子4個は孤立電子対をつくり，層間に突き出ているSeのsp^3混成軌道の一つにそれぞれ入り，ファンデルワールス力を誘起する。次にNbの5s電子と3個の4d電子，および2個のSeからの8個の4p電子の合計12個の電子がσバンドを占める。最後の1個のNbのd電子はd_{z^2}バンドに入る。よってd_{z^2}バンドは半充満帯となり，$NbSe_2$はd_{z^2}を伝導帯とする金属になる。一方$MoSe_2$はMo原子の価電子が$(4d)^5(5s)^1$であるため，d_{z^2}バンドには2個電子が入り充満帯となる。そのため$MoSe_2$はd_{z^2}を価電子帯とする半導体になる。このような単純なモデルがほぼ正しいことは光学測定，X線光電子分光，電子エネルギー損失分光等の数々の実験で確かめられており，またバンド計算からも同様の結果が得られている[7)]。

MCh_2の物性はc軸方向の積層構造にも依存して変化する。例えば$NbSe_2$は，$2H_a$タイプは超伝導性を示すが，3Rタイプは示さない。またこれまで述べた物性はあくまでバルク単結晶についてのもので，単層あるいは超薄膜試料においては物性が変化する。後述するように単原子層のMoS_2は電子帯構造がバルク単結晶からは変化し，バンドギャップが拡大することが判明している。また$NbSe_2$ではT_cが低下することが予想されている。

2.2　層状13族カルコゲナイドの構造と物性[8~11)]

GaSe，GaS，InSe等の13族カルコゲナイドも層状の構造を持つ。各単層は，例えばGaSeではSe-Ga-Ga-Seの順序で結合する4原子層から構成され（図5），各単層がファンデルワールス力で結合し，積層している。この積層構造の差異により，ポリタイプが存在する（図6）。GaSの場合は主にβタイプ，GaSeは主にεタイプの積層構造を取る。この二つの積層タイプは，単層2枚が1単位格子となる結晶構造を持つ2Hタイプである。一方，層3枚で1単位格子となるγ-GaSe，4枚で1単位格子となるδ-GaSeも存在する。またInSeは主にγタイプの積層構造を取る。それぞれの化合物，ポリタイプでの格子定数を表3に示す。単層内の結合は共有結合性であるが，13族元素と16族（カルコゲン）元素間の電気陰性度の違いによるイオン結合性も含まれている。このイオン性が，各単層の重なり方に影響する。すなわち，GaSは結合のイオン性が

表2　MCh_2の積層ポリタイプと格子定数

	a（Å）	c（Å）		a（Å）	c（Å）
2H-NbS_2	3.31	2 × 5.945	2H-MoS_2	3.16	2 × 6.147
3R-NbS_2	3.33	3 × 5.967	3R-MoS_2	3.164	3 × 6.13
2H-$NbSe_2$	3.449	2 × 6.27	2H-$MoSe_2$	3.288	2 × 6.46
3R-$NbSe_2$	3.45	3 × 6.29	3R-$MoSe_2$	3.292	3 × 6.464
4H-$NbSe_2$	3.44	4 × 6.31			

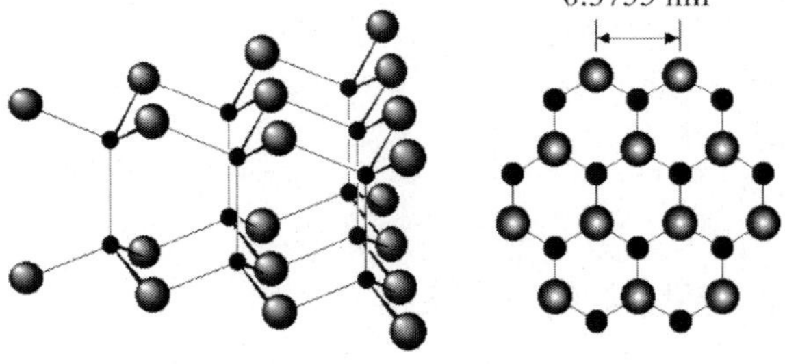

図5　GaSe 単層の構造

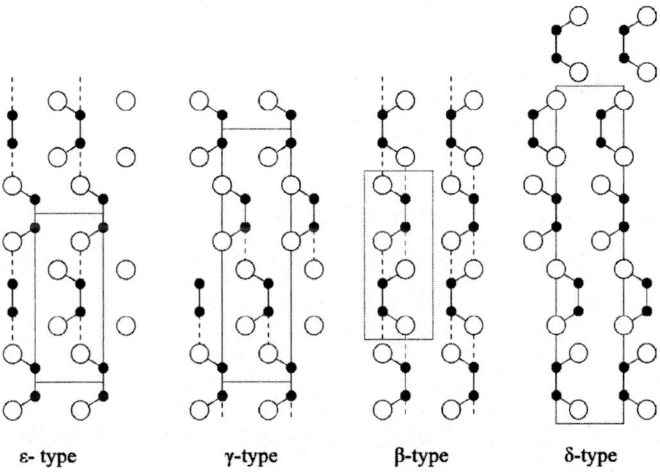

図6　層状13族カルコゲナイドの積層ポリタイプ

表3　層状13族カルコゲナイドの積層ポリタイプと格子定数

	a（Å）	c（Å）		a（Å）	c（Å）
β-GaS	3.586	15.500	β-InSe	4.05	16.93
β-GaSe	3.759	16.04	γ-InSe	4.00	25.32
γ-GaSe	3.747	23.910			
ε-GaSe	3.755	15.946			
δ-GaSe	3.755	31.990			

大きいため，全ての13族元素と16族元素が直線上に並ぶようなβ型の積層構造を取ると考えられている。このようなイオン性は，単層間の結合がファンデルワールス力だけではなく，ある程度のイオン結合性を持つ要因となっている。

GaSeは間接遷移の半導体で，バルク単結晶は黒赤色をしている。バンドギャップは間接遷移で 1.95 eV(RT)，2.10 eV(4.2 K)，直接遷移の最小値は 2.02 eV(RT)，2.13 eV(4.2 K) と報告されている。GaS のバルク単結晶は黄色で，バンドギャップは間接遷移で 2.53 eV(RT)，直接遷移の最小値が 3.05 eV(77 K) と報告されている。また InSe は黒色で，バンドギャップは間接遷移で 1.23 eV(RT) と報告されている。

3 カルコゲナイド系層状物質単層試料の作製手法

カルコゲナイド系層状物質の単層試料作製法としては，バルク単結晶の劈開剥離による方法と，薄膜成長による方法の二つに大別できる。以下，まずバルク単結晶の作製手法を述べ，続いてバルク単結晶の劈開剥離による単層試料形成法について述べる。最後に，薄膜成長による単層形成法について筆者の研究例を中心に紹介する。

3.1 カルコゲナイド系層状物質バルク単結晶の形成手法[8,12]

天然に存在しない層状物質の単結晶薄片を劈開剥離手法で形成するためには，なるべく大きく結晶性の良い単結晶の育成が必要である。また，天然鉱物にはさまざまな不純物が含まれている可能性があるが，人工結晶であれば不純物の種類，量を制御することができる。遷移金属ダイカルコゲナイドの単結晶育成では蒸気輸送法が主に用いられ，層状 13 族，14 族カルコゲナイドの単結晶育成では蒸気輸送法に加えて融液法も用いられている。

蒸気輸送法による単結晶成長では，主に石英製の輸送管内に原料物質を真空封入し，左右に温度勾配を与えて昇温し，高温側から低温側に原料を徐々に輸送して析出させ，単結晶を生成させる。原料としてはあらかじめ合成したもの，あるいは原料元素を目的の化学量論比で混合したものを用いる。カルコゲナイド系層状物質の単結晶成長では，多くの場合ハロゲン X_2(Cl_2，Br_2，I_2) を加えた化学的蒸気輸送法が用いられている。ハロゲンを添加した遷移金属ダイカルコゲナイドの場合には，

$$MCh_{2(s)} + 2X_{2(g)} \rightleftarrows MX_{4(g)} + Ch_{2(g)}$$

の平衡状態となり，高温側で右向きの，低温側で左向きの反応が進行し，単結晶 MCh_2 が低温側に徐々に生成する。反応温度で構成元素の金属とカルコゲンが気化する化合物では，ハロゲンを加えなくても蒸気輸送が進行し，単結晶成長できることがある (GaS，GaSe，SnS_2 等)。一般にハロゲンはカルコゲナイド系層状物質に対してドナー不純物となり，成長した単結晶が n 型半導体となることが多い。ハロゲンを加えないで育成した単結晶では，p 型特性を示すものも得られている。

融液法による単結晶成長では，ブリッジマン法が用いられることが多い。適当な温度勾配をもった炉内で溶融試料を真空封入した容器（主に石英製）を移動するか，あるいは炉の温度に勾配をつけて降温することにより，容器の低温側先端部の種結晶から順次溶融試料を凝固させるこ

とで，種結晶と同じ方位の単結晶を成長させる手法である。温度勾配がかかる方向により垂直ブリッジマン法，水平ブリッジマン法に大別できるが，カルコゲナイド系層状物質の単結晶成長では両方とも用いられている。

3.2　粘着テープ剥離法による単層形成

Geim, Novoselovらは，「スコッチテープ」を用いてグラファイト単結晶を繰り返し劈開し，テープに貼り付いている薄片試料を単結晶Siウエハー上の熱酸化SiO_2層に擦りつけることで，大面積な単層グラフェン薄片が形成できることを発見した。この粘着テープを用いた手法の開発がグラフェン研究にブレークスルーをもたらしたが[1~5]，グラフェン以外にもh-BN，MoS_2，$NbSe_2$，$Bi_2Sr_2CaCu_2O_x$といった様々な層状物質の単層薄片形成が可能であることが初期の論文で既に示されている[2]。カルコゲナイド系層状物質単層薄片の素子応用に関する最近の論文も，多くがこの手法を用いている。

3.3　インターカレーションによる単層剥離法

層状物質はその層間にさまざまな物質を挿入すること（インターカレーション）が可能である。それにより得られる層間化合物に関する研究が古くから行われているが，インターカレーションを利用して層状物質バルク単結晶から単層試料を作製することも可能であり，水素やLiのインターカレーションによる単層化の試みが1970年代から行われている[13~15]。例えば，n-ブチルリチウムのようなグリニャール試薬をMoS_2単結晶粉末と反応させると，層間に金属Liが挿入された化合物が得られる。次にこの層間化合物を純水に投入すると，Liが水と反応して爆発的にH_2が発生する。このH_2発生時の体積膨張力により，MoS_2の積層構造を破壊し，単層薄片の分散水溶液を得ることができる（図7）[15]。また，この手法により得られる単層剥離MoS_2は，バルクMoS_2の単位層とは構造と物性が大きく異なることも以前から報告されている[16,17]。

3.4　極性有機溶媒中での超音波照射による単層剥離法

層状物質単結晶粉末を適当な溶媒中に分散させ，超音波を照射することで直接的に単層剥離と可溶化を行う試みが，グラファイトやその他の多くの層状物質に対して試みられている[18~22]。層状物質は劈開面にダングリングボンドが存在せず化学的に不活性で，層内の結合も多くの場合共

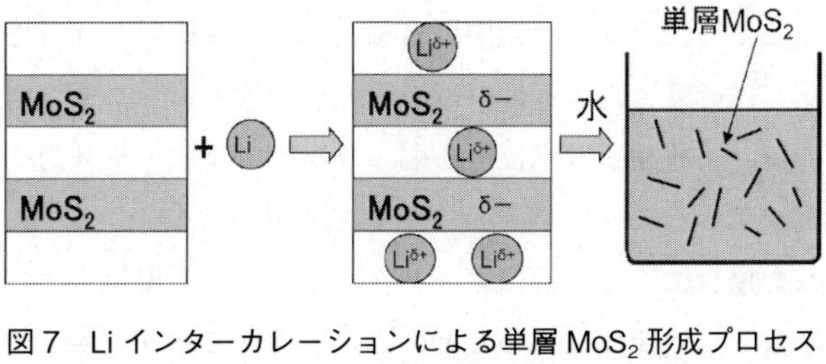

図7　Liインターカレーションによる単層MoS_2形成プロセス

有結合性が大きく分極が小さいため，溶媒和が起こりにくい。グラファイトの場合は，本書第22章で示すように，酸化・単層剥離により得られる酸化グラフェンが水に高い溶解性を示し，塗布膜の還元によりグラフェン膜を得ることができる。また長鎖有機化合物をグラフェンのエッジに付加させることでも可溶性を高めることができるが，純粋なグラフェンそのものを高濃度で溶解・分散させることは非常に難しい。数十 μg/mL 程度の濃度であれば，N,N-ジメチルホルムアミド，N-メチルピロリドン，シクロヘキサノン，1-プロパノール，2-プロパノール，クロロホルムといった極性溶媒にグラフェンが分散することが知られている[18]。他の層状物質もグラフェンと同様に，これらの有機溶媒中で単結晶粉末に超音波を照射することによって単層剥離し，濃度は低いものの分散溶液が得られることが報告されている[19~22]。ただし，超音波照射により層が破壊されるため，得られる単層薄片のサイズは数百 nm 以下と小さなものになっている。

3.5 ファンデルワールス・エピタキシー法

薄膜の成長メカニズムの解明や結晶性の向上に関する研究が，多種多様な物質に対して行われてきている。それらの研究において，用いられる基板と成長物質の組み合わせは多岐にわたっているが，単純には基板と成長物質が同じである「ホモ成長」と，両者が異なる「ヘテロ成長」に分けられる。ところがこの「ヘテロ成長」のほとんどの場合において，使用する基板と成長する薄膜の間で結晶構造，格子定数あるいは熱膨張率などが一致しない。これらの不一致がヘテロ成長において，良質なエピタキシャル薄膜の成長を困難にしている。

例えば，Si や GaAs といった半導体単結晶基板の清浄表面には，結合が切れたことによるダングリングボンドが存在するため，反応性が高く元素吸着に対して非常に活性である。このような基板表面に他物質の薄膜成長を試みると，一般にはその界面に共有結合性の「強い」結合が発生する。ここで基板と成長しようとする物質の結晶構造や格子定数が異なる場合，成長薄膜の結晶構造はこの「強い」結合によって歪められる。膜厚が薄い場合には結晶格子が歪んだままエピタキシャル成長する場合もあるが，いずれにせよ膜厚が増加し，蓄積された歪みエネルギーが臨界値を超えると，薄膜中には格子不整合転位と呼ばれる欠陥が発生し，薄膜の結晶性は著しく悪化する（図8(a)）。また結晶構造や格子定数がほとんど一致する場合でも，熱膨張係数が異なる場合には，薄膜成長時の温度から室温まで基板温度が変化する間にやはり薄膜中に歪みが発生し，薄膜の結晶性が低下する要因となる。これらの現象は，基板と薄膜の界面に強い結合が存在する限りは，避けることが困難である。このためヘテロ成長で結晶性の良い薄膜を得るには，界面の歪みをなるべく解消するために，何らかの中間層を設ける手法が取られることが多い。

一方，本章でこれまで述べてきたように，清浄表面に活性なダングリングボンドが現れない物質が「層状物質」である。層状物質は単位層が弱いファンデルワールス力を介して積層しているため，層に沿って容易に劈開し，その劈開面上には共有結合が切れた活性なボンドは現れない。単位層内の結合が切れた場合にはその端にダングリングボンドが出現するが，層に垂直方向には元来強い結合が存在しない。劈開面はほとんどの場合不活性であり，多くの物質の吸着に対し共

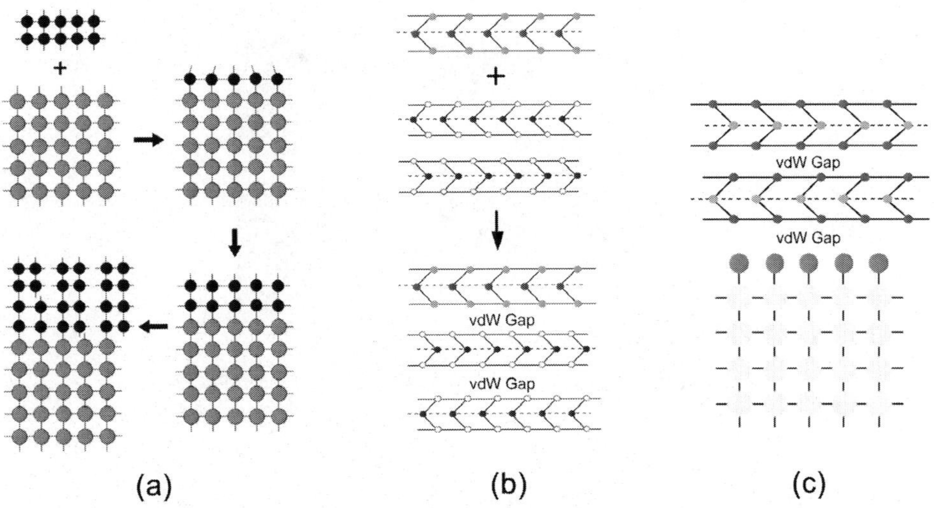

図8　ファンデルワールス・エピタキシーの概念図
(a) 3次元的物質間でのヘテロ成長，(b)層状物質間でのヘテロ成長，
(c)表面不活性化基板上への層状物質ヘテロ成長。

有結合的な「強い」結合が発生しない。

さて，このような層状物質の劈開面を基板として薄膜成長を行うと，どうなるであろうか。反応性が非常に高い場合を除けば，基板上に入射する物質は表面の結合を切って強い結合を形成することができない。その一部は 基板表面から再蒸発するが，残りは基板表面を拡散後に成長核を形成し，薄膜を形成する。その際，入射物質によってはその物質自身の固有の結晶構造・格子定数を持って薄膜成長することが可能になる（図8(b))。筆者らはこの層状物質基板上での様々な物質の薄膜成長について研究を行い，結晶構造や格子定数の大きく異なる異種層状物質間でのヘテロ成長において，結晶性の良い薄膜をエピタキシャル成長できることを報告してきた。この層状物質基板上へのエピタキシャル成長は，主にファンデルワールス力のような弱い相互作用を介して進行することから，1984年に小間によって“van der Waals epitaxy (VDWE)”と命名されている[23,24]。

活性なダングリングボンドを持つ一般的な3次元的結晶構造を持つ物質の表面であっても，もしそれらのボンドを適当な原子によって規則的に終端し不活性化することができれば，その表面は層状物質劈開面に類似した不活性表面となり，ファンデルワールス力のような弱い力を介した層状物質薄膜のヘテロエピタキシャル成長が可能になる（図8(c))。これまでに，硫黄／セレン終端GaAs(111)A，水素終端Si(111)，フッ素終端CaF_2(111)，およびbilayer-GaSe終端Si(111)といった不活性化表面上に，$NbSe_2$，$MoSe_2$，GaSe，InSeといった層状物質の薄膜をヘテロエピタキシャル成長することに成功している[24]。

一例として図9に，MoS_2劈開面上に分子線エピタキシー（Molecular beam epitaxy：MBE）

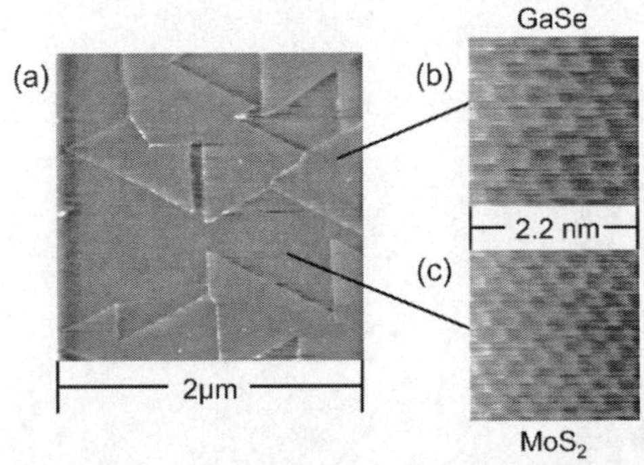

図９　MoS_2 劈開面上に GaSe 単層膜を成長した試料の AFM 像
(a)広範囲像，(b) GaSe 単層膜上の原子像，(c) MoS_2 劈開面上の原子像。

法によってヘテロエピタキシャル成長した単層 GaSe ドメインの原子間力顕微鏡（Atomic force microscope：AFM）像を示す[25]。(a)の広範囲像に見られる３角形状のドメインが，MoS_2 劈開面上に単結晶成長した GaSe の単層ドメインである。単層内の Se-Ga-Ga-Se の積層順には A-b-b-A 型と A-c-c-A 型の２通りが存在し，その違いにより３角形ドメインの向きが反転することが確認されている。向きが異なるドメイン間には，明瞭な境界欠陥が見られている。また，基板及び膜表面で観察したそれぞれの原子分解能 AFM 像から，界面第１層目の GaSe が基板とは異なる，それ自身の結晶構造と格子定数（MoS_2：0.316 nm，GaSe：0.3755 nm）をもって成長していることが確認されている。

このような MBE 法による単層膜成長に加えて，金属基板上[26]やグラフェン上[27]への化学的気相成長（CVD）法による MoS_2 単層膜形成，あるいは Mo 蒸着膜の硫化による MoS_2 単層膜形成[28]，なども近年報告されている。また後述するトポロジカル絶縁体の研究分野でも，高品質薄膜試料の作製手法として VDWE 法が注目されている。

4　カルコゲナイド系層状物質の新奇物性探索

ここでは，近年注目を集めているカルコゲナイド系層状物質の新奇物性について概要を紹介する。

4.1　単層 MoS_2 の物性変化に関する研究

バルク単結晶の MoS_2 はバンドギャップが約１eV の間接遷移半導体であるが，単層化するとバンドギャップが拡大し直接遷移半導体となることが理論計算により示され[29]，2010 年に粘着テープ剥離法により得た単層の MoS_2 がバンドギャップ約 1.8 eV の直接遷移半導体となることが実験的に報告された[30]。以降活発な研究が行われており，光電子素子[31]や低消費電力電界効果トランジスタ（Field-effect transistor：FET）への応用[32, 57~64]などが試みられている。また，上述のLiインターカレーションにより得られる単層MoS_2では，S原子の配置構造が三角プリズム型から正八面体型へと変化することが以前から示されているが[17]，加熱により三角プリズム型配置に戻り，粘着テープ剥離単層MoS_2と同様の物性を示すことが報告されている[33]。MoS_2以外のカルコゲナイド系層状物質についても，単層化とFET形成の研究報告が出始めており（例えばSnS_2[34]，WSe_2[35]，GaS/GaSe[36]等），新奇物性の発現が期待される。

一方，バルク単結晶MoS_2を用いた実験ではあるが，イオン液体をゲート誘電体に用いた電気2重層トランジスタにおいて，電子注入により$T_c = 9.4$ Kで超伝導が発現することも報告されている[37]。MoS_2の超薄膜化・単層化によってT_cにどのような変化が生じるか興味が持たれる。

4.2　トポロジカル絶縁体Biカルコゲナイド

近年，トポロジカル絶縁体[38~40]という新奇な性質を示す物質に注目が集まっている。トポロジカル絶縁体は，バルク固体はエネルギーギャップを持つ絶縁体であるにもかかわらず，その端（2次元系物質）や表面（3次元系物質）にギャップの無い金属状態が生じる物質である。この物質では，固体内部の電子状態を記述する波動関数が持つ「トポロジカル状態」と，真空が持つ「トポロジカル状態」が異なっており，両状態は連続的に遷移することができないため，それらの境界である「端」「表面」においてギャップが閉じ，金属的な状態が出現する，と考えられている。

このような「端」「表面」における金属状態は，上述のトポロジカルな原理によって「強制的」に存在させられているため，非磁性不純物や構造欠陥による摂動を受けても消失・局在化しない。さらに，この金属状態内を流れる電子は質量を持たず，スピンを揃えて動き回る，という特殊な性質を持っている。これはトポロジカル絶縁体の表面では，ギャップ内に2本の直線的な分散を持つバンドが交差する「ディラック電子系」が生じることに起因している。ディラック電子系はグラフェンでも出現することが知られているが，グラフェンのディラック電子系はスピン縮退しており，一方トポロジカル絶縁体のディラック電子系では，スピンの自由度が消失し，スピンの向きが電子の運動量kの符号により固定される，という特徴がある。これらの特異な性質は，価電子帯における強いスピン軌道相互作用によって生じている。

3次元トポロジカル絶縁体物質の探索の結果，Bi_2Se_3およびBi_2Te_3がトポロジカル絶縁体となり得ることが理論的に予言され[41]，実験的にも確認された[42,43]。特にBi_2Se_3は$k=0$のディラック点がバルクの最高被専有準位よりも上のギャップ内に存在するため，表面状態測定の実験に適している。Bi_2Se_3は図10に示すような，Se＝Bi-Se-Bi＝Seの5原子層からなる単位層がファンデルワールス力を介して積層した層状物質である[41,42]。

トポロジカル絶縁体の輸送特性測定では，絶縁体であるはずのバルクを流れる電流が欠陥や不純物などにより多く存在すると，表面金属状態が関わる輸送現象を分けて測定することが難しくなる。そこでバルク体積を減らし，表面金属状態の割合を増やすために，単結晶超薄膜を成長することが試みられている。例えば基板として雲母[44]や$NbSe_2$[45]といった層状物質を用い，その劈開面上でVDWEを行うことにより，Bi_2Se_3の良質な超薄膜が得られることが報告されている。

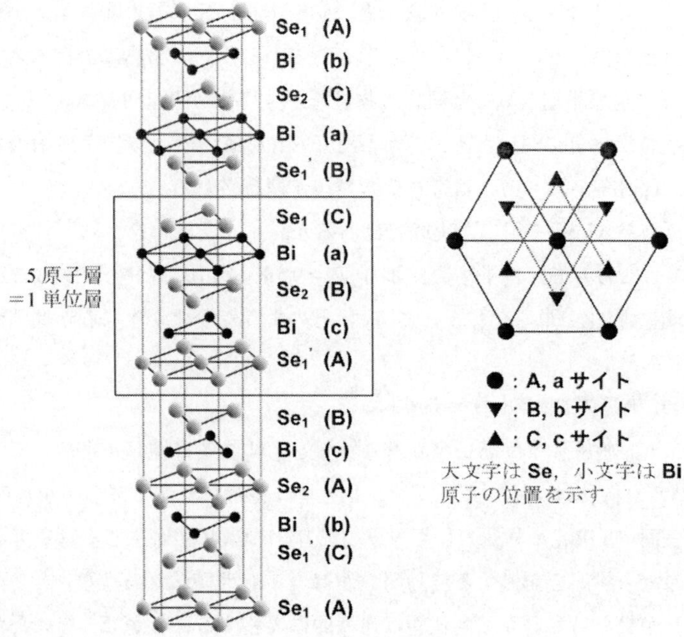

図10　トポロジカル絶縁体 Bi_2Se_3 の結晶構造

特に $NbSe_2$ は前述のように超伝導体であるため，トポロジカル絶縁体と超伝導体の接合によって生じると理論的に予想されている「マヨラナ粒子」[46, 47]の実証研究においても注目されている。

5　層状物質のデバイス応用例

ここでは，層状物質のデバイス応用例として，筆者が近年行った太陽電池素子および薄膜FET素子への応用の研究例を紹介する。

5.1　太陽電池への応用例

有機半導体薄膜を光電変換層に用いる有機薄膜太陽電池では，光励起子の解離により生じる正孔と電子を高い効率で分離輸送するために，正孔輸送層および電子輸送層が，アノードおよびカソード電極との間にそれぞれ挿入される。この正孔輸送層としては，塗布可能な導電性高分子材料であるポリ(3,4-エチレンジオキシチオフェン)-ポリ(スチレンスルホナート)（poly(3,4-ethylenedioxythiophene)-poly(styrenesulfonate)：PEDOT：PSS）が用いられることが多い。しかし PEDOT：PSS の水溶液は強酸性であり，吸湿性，腐食性を持つため，太陽電池素子の安定動作，寿命に対する悪影響が懸念されている。そのため代替材料が数多く研究されているが，三酸化モリブデン MoO_3 もその一つである[48~55]。

MoO_3 を正孔輸送層に用いる場合，アノード電極と光電変換層の間に MoO_3 薄膜を形成しなけ

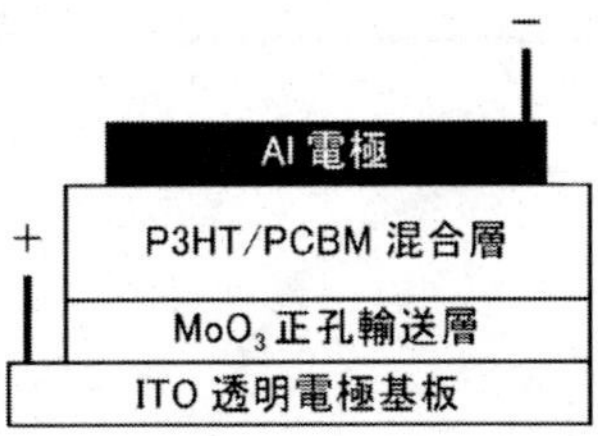

図 11　塗布 MoO_3 を正孔輸送層とする有機薄膜太陽電池の構造

ればならないが，その手法としてはもっぱら真空蒸着法とゾルゲル法が用いられている。しかし大面積な有機薄膜太陽電池を安価かつ簡便に作製するためには，真空プロセスはコスト的に好ましくなく，ゾルゲル法では均一で欠陥の少ない超薄膜を形成することが難しい。そこで筆者らは，前述の Li インターカレーションによる剥離法を用いて作製した単層 MoS_2 分散溶液をアノード電極表面に塗布し，酸化することによって均一な MoO_3 超薄膜を形成することを試みた[56]。

図 11 に，作製した有機薄膜太陽電池の構造図を示す。酸化インジウムスズ（Indium tin oxide：ITO）がスパッタコートされたガラス基板を透明電極（アノード）とし，まずこの上に MoS_2 分散溶液をスピンコートし，MoS_2 塗布膜を形成した。次にこの膜に酸素雰囲気下で紫外線を照射することでオゾン酸化を行い，MoO_3 膜を形成した。オージェ電子分光および紫外光電子分光測定から，オゾン酸化により MoS_2 が MoO_3 となることが確認されている。この MoO_3 層上に，光電変換層としてポリ(3-ヘキシルチオフェン-2,5-ジイル)（poly(3-hexylthiophene-2,5-diyl)：P3HT）とフェニル C_{61} 酪酸メチルエステル（[6,6]-phenyl C_{61} butyric acid methyl ester：PCBM）の混合クロロベンゼン溶液をスピンコートし，アルミニウム電極を蒸着した後に試料を熱アニールすることによって，いわゆるバルクヘテロ接合型の有機薄膜太陽電池素子を作製した。

図 12 に，暗所および AM 1.5 G，100 mW/cm^2 の疑似太陽光照射下で測定した電流密度 - バイアス電圧（*J*-*V*）特性，および測定結果から得た素子特性パラメータを示す。塗布 MoS_2 の酸化により得た MoO_3 を用いた素子では，PEDOT：PSS を用いた素子よりも高い光電変換効率が得られており，良質な正孔輸送層が形成されていることが分かる。

5. 2　薄膜 FET への応用例

前述のように，単層～数層に剥離した MoS_2 等の層状物質を用いた FET 作製に関する報告が相次いで行われている[32, 34～37, 57～64]。単層化やキャリア注入による新物性発現の試み，といった基礎物性研究に加えて，層状物質の持つ柔軟性や有機半導体を上回るキャリア移動度に注目した，新たなフレキシブル素子材料としての応用の試みも始まっている。

ところが，ゲート誘電体として導電性 Si ウエハー上の熱酸化 SiO_2 を用いると，表面トラップの影響で良い素子特性が得られないことが報告されている[32]。また，多くの報告では天然 MoS_2 鉱物（モリブデナイト）が試料として用いられているが，不純物が多いためかゲート電圧がゼロ

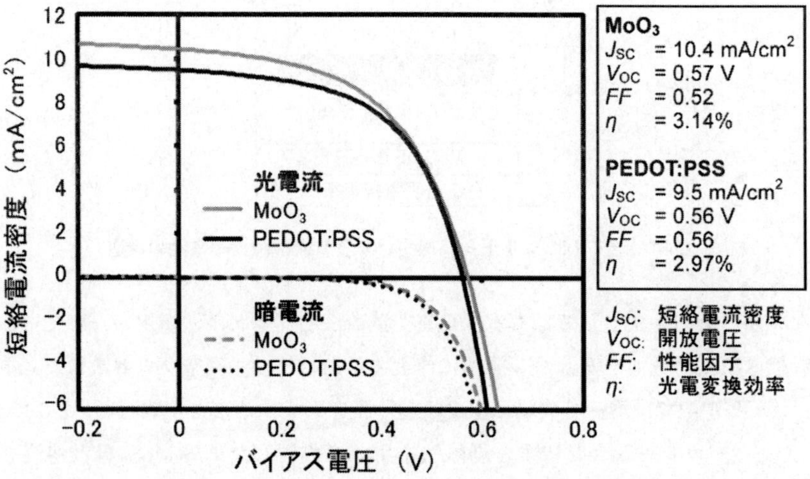

図12　塗布形成 MoO_3 膜を正孔輸送層とする有機薄膜太陽電池の特性

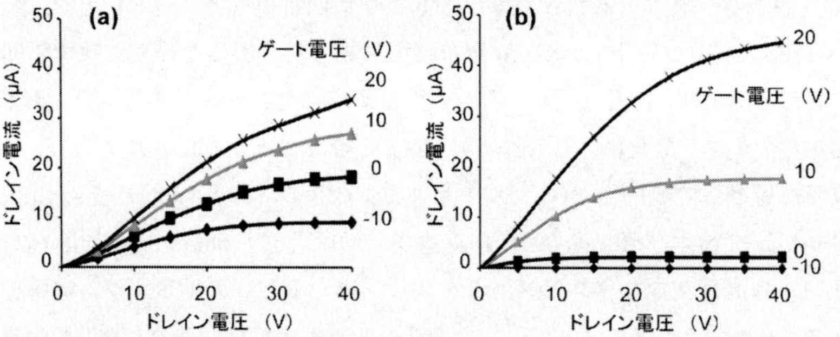

図13　人工結晶から粘着テープ剥離形成した数層 MoS_2 をチャネルとする FET の出力特性
(a)未処理熱酸化 SiO_2 ゲート表面上，(b) HMDS 処理熱酸化 SiO_2 ゲート表面上。

でも多くのドレイン電流が生じ，オフにならない（n 型で，しきい電圧が大きな負の値を示す）。そこで筆者らは，Br_2 を添加した蒸気輸送法を用いて人工育成した MoS_2 単結晶を粘着テープ剥離して薄片化し，表面を自己組織化単分子膜で覆った熱酸化 SiO_2 を有するゲート基板上に転写することで，素子特性の改善を試みた。自己組織化単分子膜材料としては 1,1,1,3,3,3-ヘキサメチルジシラザン（hexamethyldisilazane：HMDS）を用い，ソース／ドレイン電極は金ペースト塗布により形成している。

図 13 に，(a)ゲート表面未処理基板，および(b) HMDS 処理基板を用いた FET の出力特性図を示す。両素子とも n 型動作特性を示し，HMDS 処理基板上では高ドレイン電圧でドレイン電流が飽和している。また未処理基板上では飽和移動度 $\mu_{sat} = 2.1\ cm^2/V \cdot s$，しきい電圧 $V_T = -59\ V$ であるが，HMDS 処理基板上では $\mu_{sat} = 39\ cm^2/V \cdot s$，$V_T = -6.4\ V$ となり，素子特性の改善が見られている。これは HMDS 処理によって SiO_2 膜表面が疎水化され，-OH 基によるキャリアト

ラップが低減されたことによると考えられる。また，ハロゲン添加せずに育成した WSe_2 単結晶を用いたFETではp型特性が得られており，不純物が動作特性に与える影響が大きいことも判明している。

6　おわりに

グラフェン研究の進展に刺激され，各種層状物質を対象にした研究が活発化しているが，バルク結晶を単層化して用いる研究の多くは，グラファイトと同様に大型の単結晶が天然鉱石として得られる MoS_2 を対象としている。ところが，天然 MoS_2 に含まれているはずの不純物についての解析が，ほとんどの論文では行われていない。これは半導体物性の研究としては大問題である。今後はSiやGaAs等の半導体に対してこれまで行われてきた基礎物性研究・応用研究と同様に，微量不純物の種類と量を正しく認識した実験を進めていくことが必要である。そのためには，良質なバルク単結晶，薄膜の成長技術が必須である。かつてこの分野の研究は日本でも盛んに行われており，結晶成長や物性測定に関する多くの知見が残されている。それらを失うこと無く引き継ぎ，層状物質研究を今後も盛り立てていきたいと考えている。

謝辞

筆者の層状物質に関する研究は，小間篤・東京大学名誉教授（現・秋田県立大学学長）のご指導により始められたものです。ここに感謝の辞を述べさせていただきます。

文　献

1）K. S. Novoselov *et al.*, *Science*, **306**, 666 (2004)
2）K. S. Novoselov *et al.*, *Proc. Natl. Acad. Sci.*, **102**, 10451 (2005)
3）A. K. Geim *et al.*, *Nature Mater.*, **6**, 183 (2007)
4）K. S. Novoselov, *Rev. Mod. Phys.*, **83**, 837 (2011)
5）A. K. Geim, *Rev. Mod. Phys.*, **83**, 851 (2011)
6）J. A. Wilson and A. D. Yoffe, *Adv. Phys.*, **18**, 193 (1969)
7）R. Coehoorn *et al.*, *Phys. Rev. B*, **35**, 6195 (1987)
8）日本化学会編，「低次元物質の化学」，化学総説 No. 42，日本化学会（1983）
9）A. Aruchamy："Photoelectrochemistry and Photovoltaics of Layered Semiconductors", Kluwer Academic Publishers (1992)
10）A. Gouskov *et al.*, *Prog. Crystal Growth Charact.*, **5**, 323 (1982)
11）N. C. Fernelius, *Prog. Crystal Growth Charact.*, **28**, 275 (1994)

12） R. M. A. Lieth："*Preparation and Crystal Growth of Materials With Layered Structures*", D. Reidel Publishing Co. (1977)
13） D. W. Murphy and G. W. Hull, *J. Chem. Phys.*, **62**, 973 (1975)
14） C. Liu *et al.*, *Thin Solid Films*, **113**, 165 (1984)
15） P. Joensen *et al.*, *Mater. Res. Bull.*, **21**, 457 (1986)
16） P. Joensen *et al.*, *J. Phys. C：Solid State Phys.*, **20**, 4043 (1987)
17） D. Yang *et al.*, *Phys. Rev. B*, **43**, 12053 (1991)
18） A. O' Neill *et al.*, *J. Phys. Chem. C*, **115**, 5422 (2011)
19） J. N. Coleman *et al.*, *Science*, **331**, 568 (2011)
20） R. J. Smith *et al.*, *Adv. Mater.*, **23**, 3944 (2011)
21） P. May *et al.*, *J. Phys. Chem. C*, **116**, 11393 (2012)
22） A. O' Neill *et al.*, *Chem. Mater.*, **24**, 2414 (2012)
23） A. Koma *et al.*, *Microelectronic Engineering*, **2**, 129 (1984)
24） Web ページ http：//van-der-waals-epitaxy.info/ にて VDWE 法の解説および関連論文リストを公開（Web ページ作成：上野啓司）。
25） K. Ueno *et al.*, *Appl. Surf. Sci.*, **113-114**, 38 (1997)
26） D. Kim *et al.*, *Langmuir*, **27**, 11650 (2011)
27） Y. Shi *et al.*, *Nano Lett.*, **12**, 2784 (2012)
28） Y. Zhan *et al.*, *Small*, **8**, 966 (2012)
29） T. Li and G. Galli, *J. Phys. Chem. C*, **111**, 16192 (2007)
30） A. Splendiani *et al.*, *Nano Lett.*, **10**, 1271 (2010)
31） Z. Yin *et al.*, *ACS Nano*, **6**, 74 (2012)
32） B. Radisavljevic *et al.*, *Nature Nanotech.*, **6**, 147 (2011)
33） G. Eda *et al.*, *Nano Lett.*, **11**, 5111 (2011)
34） H. T. Yuan *et al.*, *Appl. Phys. Lett.*, **98**, 012102 (2011)
35） H. Fang *et al.*, *Nano Lett.*, **12**, 3788 (2012)
36） D. J. Late *et al.*, *Adv. Mater.*, **24**, 3549 (2012)
37） K. Taniguchi *et al.*, *Appl. Phys. Lett.*, **101**, 042603 (2012)
38） X. Qi *et al.*, *Phys. Today*, **63**, 33 (2010)
39） J. E. Moore, *Nature*, **464**, 194 (2010)
40） M. Z. Hasan *et al.*, *Rev. Mod. Phys.*, **82**, 3045 (2010)
41） H. Zhang *et al.*, *Nature Phys.*, **5**, 438 (2009)
42） Y. Xia *et al.*, *Nature Phys.*, **5**, 398 (2009)
43） Y. L. Chen *et al.*, *Science*, **325**, 178 (2009)
44） H. Li *et al.*, *J. Am. Chem. Soc.*, **134**, 6132 (2012)
45） M. X. Wang *et al.*, *Science*, **336**, 52 (2012)
46） L. Fu and C. L. Kane, *Phys. Rev. Lett.*, **100**, 096407 (2008)
47） J. Linder *et al.*, *Phys. Rev. Lett.*, **104**, 067001 (2010)
48） V. Shrotriya *et al.*, *Appl. Phys. Lett.*, **88**, 073508 (2006)
49） T. Hori *et al.*, *Thin Solid Films*, **518**, 522 (2009)

50）L. Cattin *et al., J. Appl. Phys.,* **105**, 034507 (2009)
51）F. Zhang *et al., Energy Fuels,* **24**, 3739 (2010)
52）J. Sakai *et al., Sol. Energy Mater. Sol. Cells,* **94**, 376 (2010)
53）F. Liu *et al., Sol. Energy Mater. Sol. Cells,* **94**, 842 (2010)
54）D. W. Zhao *et al., Sol. Energy Mater. Sol. Cells,* **94**, 985 (2010)
55）M. Zhang *et al., Appl. Phys. Lett.,* **96**, 183301 (2010)
56）S. Kato *et al., Jpn. J. Appl. Phys.,* **50**, 071604 (2011)
57）Y. Yoon *et al., Nano Lett.,* **11**, 3768 (2011)
58）B. Radisavljevic *et al., ACS Nano,* **5**, 9934 (2011)
59）H. Li *et al., Small,* **8**, 63 (2012)
60）K. K. Liu *et al., Nano Lett.,* **12**, 1538 (2012)
61）H. Qiu *et al., Appl. Phys. Lett.,* **100**, 123104 (2012)
62）D. J. Late *et al., ACS Nano,* **6**, 5635 (2012)
63）Q. He *et al., Small* (to be published), DOI：10.1002/smll.201201224
64）H. Wang *et al., Nano Lett.,* **12**, 4674 (2012)

第13章　グラフェン格子へのヘテロ原子ドーピング

斉木幸一朗*

1　はじめに

グラフェンの様々な応用を考えるとき，電子状態を変調して電子物性を変化させることが重要である。今日使われている無機の半導体Si，GaAsではヘテロ原子を化学的にドープすることによって電子や正孔の濃度を制御したp型，n型の半導体を作り，その接合によるダイオード，トランジスタを基本素子として電子デバイスを構成している。グラフェンは構造的に1枚の原子シートであり，それが積み重なったグラファイトではシート間へのアルカリ金属を始めとするインターカレーションによる電荷ドープの研究が過去に多数なされてきた。しかしながら上述のSiのドーピングのようなヘテロ原子の置換型導入を意識した研究例は従来少なかったと言える。現在急展開しているグラフェン研究の中で，置換型ドープの研究が基礎，応用の両面から興味を持たれ，この1-2年多数の研究例が報告されるようになってきた。本章ではグラフェンの置換型ドープの研究について代表的なものをリストアップし，ドーピングの手法，ドーピングの評価法，ドープグラフェンの応用についてまとめてみた。

2　ドーピングの方法

図1はグラフェンの様々な作製法を，物理的か化学的か，あるいはトップダウン法かボトムアップ法かによって分類したものである。トップダウン法はバルクのグラファイトを機械的あるいは化学的に剥離する手法，一方，ボトムアップ法は炭化水素分子の金属基板上での重合あるいは金属中へ固溶させての析出などによる合成手法である。ヘテロ原子をグラフェンあるいはグラファイトにドープする場合には，①ボトムアップ法の成長時にヘテロ原子を含んだ分子を原料ガスに混入させて直接成長する，②トップダウン法で剥離したグラフェンへ，ガス中での加熱，ラジカルやイオン照射，化学処理，などの事後処理によってドーピングする，③炭素材の黒鉛化反応時にドーパント原料を添加する，の3つの手法に大別される。図2にその模式図を示す。以下ではこの3つの分類にしたがって説明する。

2.1　金属基板上でのドープグラフェンの直接成長

表1は金属基板上での反応および析出によるドープグラフェン成長の研究例を示したものであ

＊　Koichiro Saiki　東京大学　大学院新領域創成科学研究科　教授

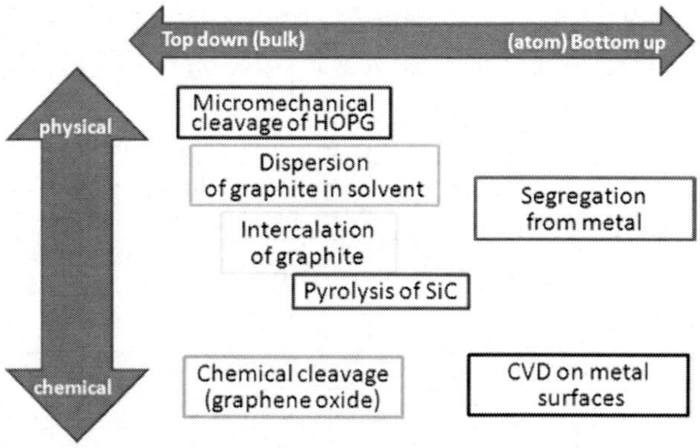

図1　グラフェンの様々な成長法
縦軸は物理的-化学的傾向で，横軸はトップダウン-ボトムアップ法で分類。

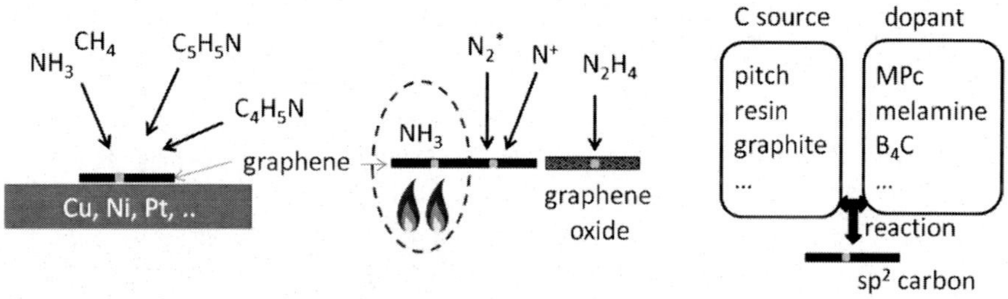

図2　グラフェン格子へのヘテロ原子ドーピング法
（左）金属基板（Cu，Ni，Ptなど）上での縮重合による直接成長，（中）グラフェン，酸化グラフェンへの各種事後処理；ガス中の加熱，ラジカル，イオン照射，化学処理，（右）炭素源とドーパントの反応による直接成長。MPc；金属フタロシアニン。

る。この中で気相反応・析出はいわゆる化学気相成長法（CVD；Chemical Vapor Deposition）である。Cu基板上の成長では通常の炭素源となるCH_4，C_2H_4原料ガスにNH_3を混入させることで窒素のドープがおこなわれている[3,4,6,8,9)]。原料ガスの分子として窒素を含有した炭化水素分子を利用した例として，ピロール[1,2)]，ピリジン[7,11)]，トリアジン[10)]の使用例がある。また窒素，ホウ素の両元素を分子内に含有したヘキサフェニルボラジンを用いた場合には両者のドーピングが観測されている[13)]。窒素含有分子による窒素ドープグラフェンのCVD成長では，用いる分子の形状や温度が大きな影響をあたえる。われわれは図3に示す各種の窒素含有分子を高真空中で加熱したPt(111)基板に供給し，グラフェンの成長，窒素ドープの状況について研究をおこなった。メラミン以外ではグラフェンの形成が観測されたが，グラフェン格子内に窒素がドープされたのはピリジン（C_5H_5N）とヘキサフェニルボラジン（$C_{36}H_{30}B_3N_3$）で，アクリロニトリル（C_2H_3CN），ジュロリジン（$C_{12}H_{15}N$）では光電子分光の検出感度（0.1％）以上のドープは観測されなかった[14)]。

表1　金属基板上での反応，析出法によるドープグラフェンの成長例

成長法	金属	炭素源	ドープ源	原子	ドープ量（%）	目的・評価	掲載年	文献
気相反応・析出	Ni	pyrrole	pyrrole	N	0.2-3.3	PES	1994	1
	Ni	pyrrole	pyrrole	N	0.2-12.4	PES	1995	2
	Ni	CH_4	NH_3	N	4	ORR	2010	3
	Cu	CH_4	NH_3	N	0.2-3.2	FET	2009	4
	Cu	CH_3CN	NH_3	N	9	Li イオン電池	2010	5
	Ni，Cu	CH_4	NH_3	N	na	TEM	2011	6
	Cu	pyridine	pyridine	N	2.4	FET	2011	7
	Cu	C_2H_4	NH_3	N	1.6-16	ORR	2011	8
	Cu	CH_4	NH_3	N	0.23-0.35	STM	2011	9
	Ni	s-triazine	s-triazine	N	0.4	ARPES	2011	10
	Pt(111)	pyridine	pyridine	N	4	PES	2011	11
	Cu	CH_4 plasma	N_2 plasma	N	0.5-1.5	PES	2012	12
	Pt(111)	hexaphenyl -borazine	hexaphenyl -borazine	N. B	6	PES	2012	13
固相反応	Cu	PMMA	melamine	N	2-3.5	FET	2010	16
析出	Ni	固溶炭素	N_2	N	0.3-2.9	FET	2011	17

目的・評価欄の略号，ORR（Oxygen reduction reaction；酸素還元活性），FET（Field effect transistor；電界効果トランジスタ），PES（Photoemission electron spectroscopy；光電子分光），ARPES（Angle resolved PES；角度分解光電子分光），TEM（Transmission electron microscope；透過型電子顕微鏡）

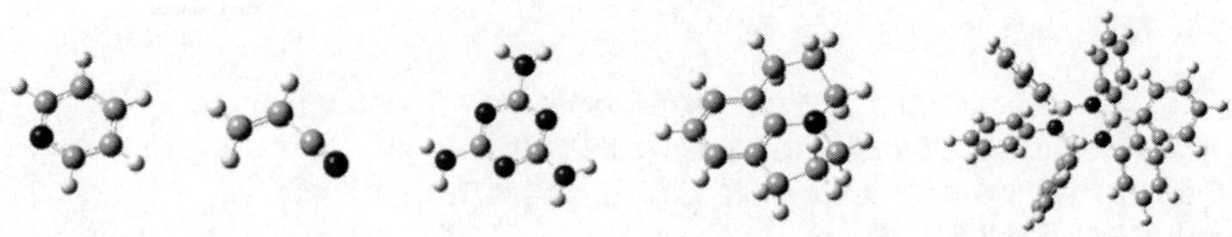

C_5H_5N　C_2H_3CN　$C_3H_6N_6$　$C_{12}H_{15}N$　$C_{36}H_{30}B_3N_3$

図3　Pt(111)基板上での高真空CVD成長に用いた各種窒素含有炭化水素分子
左から，ピリジン，アクリロニトリル，メラミン，ジュロリジン，ヘキサフェニルボラジンの構造と化学式。

ピリジンとアクリロニトリルについて窒素ドープの有無を考察したモデルを図4に示す[11]。ピリジンの場合，基板温度が600℃までは窒素のグラフェン格子中への取り込みが観測されたが，それ以上の高温ではグラフェン格子から排除される。高温の場合にはPt基板上でピリジン分子が分解してC，Nからなる種々のフラグメントが形成される（bond breaking）。このうちC_2種がグラフェン格子の形成に寄与するとされている。窒素を含む化学種としてはCNあるいはHCNの生成が予想されるが，これらはC_2と異なり高温基板上で安定に存在せずに揮発すると考えられる。したがって高温基板上では残存するC_2がグラフェン格子を形成するが窒素の取り込みは起こらない。これに対し低温基板上では結合の完全な解離は起こらず，CN，HCN以外の不

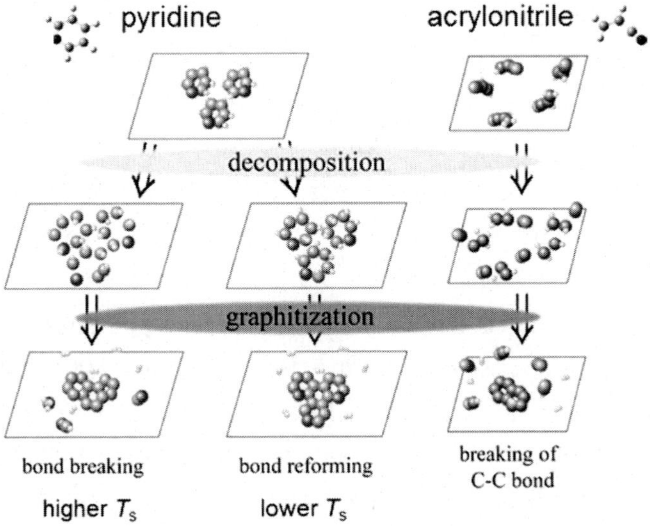

図4　窒素ドープグラフェンの形成モデル
（左）ピリジン，高温の bond breaking model と低温での bond reforming model,
（右）アクリロニトリルの場合（本文参照）。

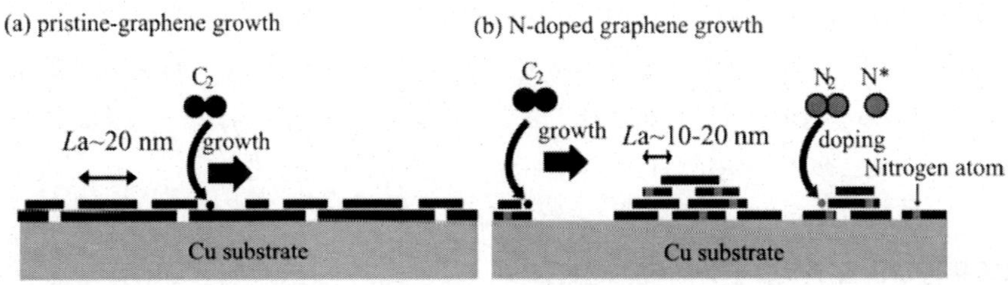

図5　プラズマCVDにおけるCu基板上のグラフェンの成長モデル
(a)純グラフェン，(b)窒素ドープグラフェン。

揮発性のN含有フラグメントも生成される。この成分同士あるいは C_2 との結合によってグラフェンを形成する過程（bond reforming）では，一部の窒素が取り込まれてドープが起きると考えられる。一方，アクリロニトリルの場合には，グラフェンが形成する温度領域では窒素はドープされない。これは $H_2C=CH-C\equiv N$ の C-C 単結合部分が優先的に切断されて生成する CN が揮発成分であるため，$H_2C=CH$ からできる C_2 の重合によるグラフェン形成時に，高温基板上のピリジンの場合と同様に窒素が関与できないためと考えられる。

本項の冒頭部で述べた通常のCVD成長では窒素源として活性なアンモニアを用いる場合が多い[3~6, 7, 8]。これに対しプラズマCVDの場合には不活性な N_2 分子を原料に用いてもグラフェン中へのドーピングが観測されている[12]。図5はプラズマCVDの過程について，窒素の有無による違いを説明している。通常の熱CVDでは高温の金属基板上で金属の触媒作用によりグラフェン形成に必要なC_2化学種が生成されるのに対し，プラズマCVDではプラズマ中でC_2化学種が生成することが発光分光で確かめられている[15]。原料ガスに窒素ガスを添加した時にはN_2分子の発光も同時に観測されることから励起状態にあるN_2の存在が確認され，これが成長核に到達することによってグラフェン格子内への窒素の取り込みが起きるものと考えられる。プラズマCVDにおいてもCu基板直上に形成されるグラフェン第一層は金属の触媒作用によるC_2種の形成が同時に働いていることが，一層目のドメインサイズおよび成長速度が二層目以降に比べて大きいことから予想される。これに対し窒素ドープグラフェン形成時には一層目のドメインの大きさは二層目と変わらない。これはCu_3Nなどの化学種が一時的にCu表面に現れてCuの触媒作用を減じているためと予想される。また格子中へのNの取り込みは局所的に幾何学的あるいは電子的な変調をもたらして，そこが二層目の成長核サイトを供給していると考えられる。

以上は窒素原料を分子状で供給したCVDの例であるが，Cu基板上にPMMAを付着させ熱処理でグラフェンを形成させる時にメラミンを混入させ，窒素ドープをおこなった例も報告されている[16]。ただし，金属上でのメラミンの分解重合ではグラフェンではなく，より窒素成分の多いCN系の薄膜が成長する[14]。また窒素中でホウ素をNi基板上へ蒸着し加熱することによりNi中に固溶していた炭素が冷却時にグラフェンを形成する時，ホウ素により捕獲された窒素がドープされるという報告もある[17]。

窒素ドープの有無およびその量は次節で示すように光電子分光で評価される例が多い。表1に各論文で報告されているドープ量（元素組成比）を記載した。ただし多くの実験例では不純物の酸素が存在している。表面科学的に精密な実験をおこなっている例ではドープ量は窒素の場合，基板温度（グラフェンの成長温度）に依存するが高々数%程度である。

2.2 事後処理によるグラフェンへのドーピング

表2はグラフェン，酸化グラフェン形成後に，あるいはグラファイトに，事後処理により窒素をドープした研究例の一覧である。事後処理にはアンモニアガス中での加熱や窒素プラズマ照射に加え，化学薬品による処理また物理的な窒素イオン照射などの例がある。

グラフェンナノリボンをアンモニア中で加熱するとリボン端に窒素が付くことが示唆されている[18]。格子内に直接窒素を事後処理で導入するのは難しいので30keVの窒素イオン照射で欠陥生成後にアンモニア雰囲気下で加熱した例がある[19]。また，酸化グラフェンをアンモニア雰囲気下で加熱して導入しようとする試みもある[20~22]。酸化グラフェンは構造欠陥，酸素を含む官能基が還元後も多数残存していることが確認されており[23]，この構造の不完全さが窒素取り込みの活性化エネルギーを下げてドープを容易にすると考えられる。

窒素プラズマを使用してグラフェン，酸化グラフェンに窒素を導入しようとする研究が2010年以降多数報告されている[24~30]。これらの研究は電気化学センサ[25]，酸素還元触媒[26,27]，ウルトラ・キャパシタ[28]などの応用を目指したものが多い。窒素組成比は，グラフェンの場合には1%以下であり，酸素など他元素が残存している酸化グラフェンでは数%の程度である。

表2　事後処理によるグラフェン，酸化グラフェン，グラファイトへのドーピング研究例

ドープ法		母材	ドープ源	原子	ドープ量（%）	目的・評価	掲載年	文献
ガス中加熱		GNR	NH_3	N	na	FET	2009	18
		N 照射グラフェン	NH_3	N	2.3	FET	2010	19
		GO	NH_3	N	3-5	FET	2009	20
		GO	NH_3	N	6.7-10.8	methanol oxidation	2010	21
		GO	NH_3	N	2-2.8	ORR	2011	22
プラズマ処理		剥離グラフェン	NH_3 plasma	N	0.2-0.4	FET	2010	24
		GO	N_2 plasma	N	1.3	ECS	2010	25
		GO	N_2 plasma	N	3	ORR	2010	26
		GO	N_2 plasma	N	8.5	ORR	2010	27
		GO	N_2 plasma	N	1.7-2.5	ultra-capacitor	2011	28
		CVD グラフェン	N_2 plasma	N	na	PES	2012	29
		MLG on SiC	N_2 plasma	N	0.6	STM	2012	30
化学処理	ヒドラジン	GO	N_2H_4	N	4-5.2		2010	31
		GO	N_2H_4	N	1	EOS	2010	32
	硝酸	C black	HNO_3	N	＜5	ORR	2006	33
イオン照射		HOPG	N^+	N	3	CN film	2000	34
		HOPG	N^+	N	0.5	STM	2012	35

表中の略号（表1以外）GNR（Graphene nanoribbon；グラフェンナノリボン），GO（Graphene oxide；酸化グラフェン），MLG（Monolayer Graphene），ECS（Electrochemical sensor），STM（Scanning tunneling microscope）

還元剤や酸化剤による化学的な処理で酸化グラフェンやカーボンブラックに窒素を導入する研究も報告されている。酸化グラフェンでは還元にヒドラジン水溶液を使うことが多いが，この還元時に同時に窒化が起きることが報告されている[31,32]。硝酸処理によってカーボンブラックが窒素化することも報告されている[33]。これらの場合も窒素含有度はおよそ数％の程度である。

上記の化学的な処理に加えて，グラファイト試料に窒素イオン照射によって窒素をドープする研究がある。光電子分光[34]およびSTM[35]による測定からグラフェンの格子位置を置換することが確認されている。

2.3　化学反応によるドープグラフェン・グラファイトの成長

表3は炭素原料を黒鉛化（graphitization, grpahenization）する際にドープ源となる材料を混入させることによって窒素ドープグラフェン，グラファイトの合成を試みた研究例の一覧である。これらの研究は10数年前から主として応用を目指しておこなわれており，炭素源材料もピッチ[36]，HOPG[37,38]，樹脂[39~42]，酸化グラフェン[43]，電極炭素[45]など多様である。ドーパントも窒素だけでなくホウ素も広く研究され，ドープ源としてフタロシアニン[39,41,42]なども使われている。表3に見られるように酸素還元活性を目指して本手法による合成が広く研究されている。

表3　化学反応によるグラファイト，グラフェン構造へのドーピング研究例

成長法	炭素源	ドープ源	原子	ドープ量(%)	目的・評価	掲載年	文献
化学反応（熱処理，焼成）	pitch	B_4C	B	2.4	Li イオン電池	1998	36
	HOPG	B_4C	B	na	STM	2001	37
	HOPG	B_2O_3	B	na	PES	2001	38
	furan resin	Pc(Li，Mg，H_2)	N	4-5	ORR	2006	39
	polymer	melamine	N	5	ORR	2006	40
		BF_3-MeOH	B	2			
	phenoric resin	CoPc	N	0.8-2.1	ORR	2009	41
	phenoric resin	FePc	N	4-5	ORR	2010	42
	GO	melamine	N	7.3-11.6	ORR	2011	43
	CCl_4	Li_3N/CCl_4	N	4.5	ORR	2011	44
アーク放電	C electrode	B_2H_6	B	1.2-3.1	PES	2009	45
		pyridine，NH_3	N	0.6-1.4			

3　ドーピングの評価法

3.1　ドープ位置の分類

グラフェン格子中のドープ位置について，最も研究例の多い窒素の場合を例として説明する。図6はグラフェンのハニカム格子中の代表的な置換位置である。規則格子中の3配位位置であるグラファティック位置（G），ドメイン端あるいは内部の欠陥部にあるピリジニック位置（P_d），ピリジニック位置の窒素に水素が付いているピリジニウム位置（P'_d），五員環の端のピロール位置（P_r）などがある。また，3配位位置ではあるが，zigzag 端から1列内側の edge-1（E_{-1}）site は触媒活性上，区別される[46]。窒素ドープはグラフェン格子の欠陥生成とも密接に関わっているとの指摘もなされている。図6の内部にあるピリジニック位置は単一欠陥（Mono vacancy）に付随するものであるが，これ以外にもストーンウェイルズ欠陥に付随する窒素ドープ位置など理論上は多くの区別すべきドープ位置が存在し得る[47]。

3.2　ドープ原子の検出法

(A)　光電子分光法

グラフェンは原子一層から高々数層の物質である。したがってその組成分析は検出深さの小さい表面分析に用いられる手法が適用される。代表的なものがX線光電子分光（XPS）で，各元素の光電子ピークの強度を測定し，感度係数やその他の検量線法でドープ原子の定量が可能である。表1-3に挙げたドープ原子の組成比もそのほとんど全部がXPS法の解析に依っている。この手法ではドーパント以外の不純物元素（例えば酸素）の定量も可能である。XPSで観測される元素の結合エネルギーはその元素の化学状態を反映するので，その値からドープ位置に関する情報を得ることができる。最も多くの実験がおこなわれている窒素の場合，文献によって多少の差異があるが，1s光電子の結合エネルギーはピリジニック窒素（398 eV），ピロリック窒素

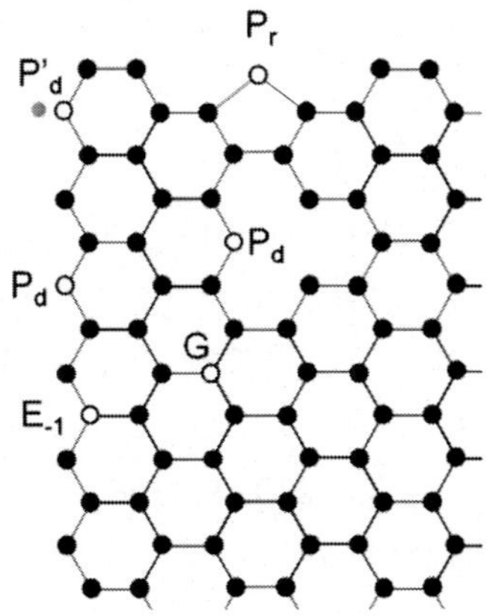

図６　グラフェン格子中の様々な窒素のドープ位置
G；グラフティック位，P_d；ピリジニック位，P_r；ピロリック位，P'_d；
ピリジニウム位，E_{-1}；エッジ−1位，黒丸（C），白丸（N），灰色（H）。

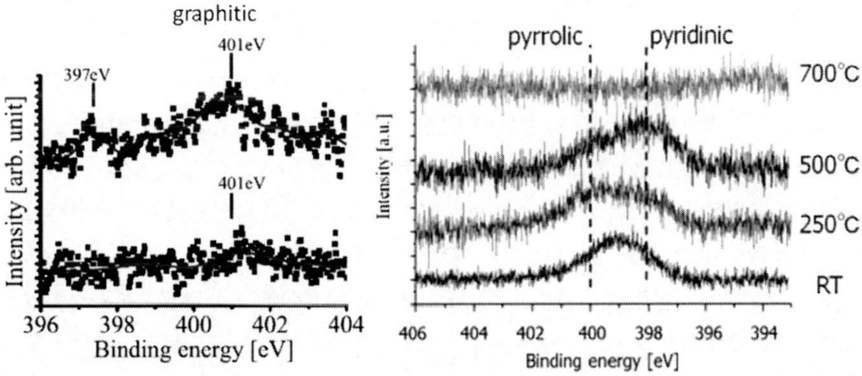

図７　窒素ドープグラフェンの光電子スペクトルの例
（左）グラフティック位置窒素，（右）ピリジニック位置窒素（500℃），ピリジン分子中窒素（RT）。

(400 eV)，グラフティック窒素（401 eV）である。またピリジニック窒素が水素と結合しているピリジニウム窒素（400 eV)，酸素と結合している酸化窒素（403 eV）の報告もある。

図７はプラズマCVD法でCH_4とN_2を原料としてCu基板上に合成した窒素ドープグラフェン（左)[12]と，ピリジンを原料としてPt基板上に成長した窒素ドープグラフェン[11]のXPSスペクトルである。左では窒素1sの結合エネルギーが401 eVであることからグラフティック位置窒素が存在する。右図ではグラフェンの形成がラマン分光から確認される成長温度500 ℃の試料（上から２番目のスペクトル）は398 eVにピークが観測されピリジニック位置の窒素であることがわかる。一方，ピーク強度の解析から，プラズマCVDによる窒素ドープグラフェンでは，成長温度が500 ℃の時（左上段のスペクトル）は窒素組成が1.1 %，950 ℃の時（同，下段）は0.5 %

である。ピリジン重合の場合には（右図），500 ℃成長試料での組成比は約 4 %，700 ℃成長では窒素は存在しないことがわかる。

(B) **ラマン分光法**

グラフェンのラマンスペクトルの一例を図 8 に示す。G, 2D, D バンドがグラフェン特有の信号で，観測される波数はそれぞれ 1340 cm^{-1}，1580 cm^{-1}，2680 cm^{-1} 付近である。G バンドはブリルアンゾーン中心での二重縮退 E_{2g} フォノンである。2D および D バンドは二次過程によるもので，2D はゾーン境界の二フォノン散乱によるもの，D はフォノンと欠陥によるものである。欠陥が多くドメインサイズが小さい場合には D バンドの G バンドに対する相対強度は大きくなる[48]。単層のグラフェンの場合には 2D バンドの G バンドに対する相対強度は図 8 左のスペクトルに示すように 2 以上となり，その半値幅も 40 cm^{-1} 以下となる。

ヘテロ原子のドープによるラマンスペクトルの変化として，ドメインサイズの減少による D バンド強度の相対的な増大，成長様式の変化にともなう 2D バンド強度の変化，電荷注入による G, 2D バンド位置のシフトおよび強度の減少が考えられる。図 8 右は種々の窒素組成のグラフェンのラマンスペクトルを示したものである。窒素組成の増加とともに 2680 cm^{-1} 付近の 2D バンドの強度が急速に減少している。同時に測定している XPS 強度から総炭素量は各試料で差はないこと，D バンドの強度は変化しないことからドメインサイズも変わらないことから判断して，2D バンド強度の減少はグラフェンの層数の変化を意味しており，窒素量の増加にともなって層状成長から島状成長へと変化し数層のグラフェンが成長していると考えられる。

グラフェンの電界効果トランジスタでゲート電圧により注入電荷量を変化させた時に生じるラマンスペクトルの変化が詳細に調べられている[49]。電子，ホールのどちらの注入に対しても，G バンドの高波数シフト，半値幅の減少，2D バンド相対強度の低下が起き，また 2D バンドは電子注入に対しては低波数シフト，ホール注入に対しては高波数シフトが起きる。窒素ドープに関しても電荷注入を通じて同様なラマンスペクトルの変化が予想され，G バンドの高波数シフトが N, B のドープに対して観測され[45]，また，その波数変化から電荷注入量を評価した例[24]もある。

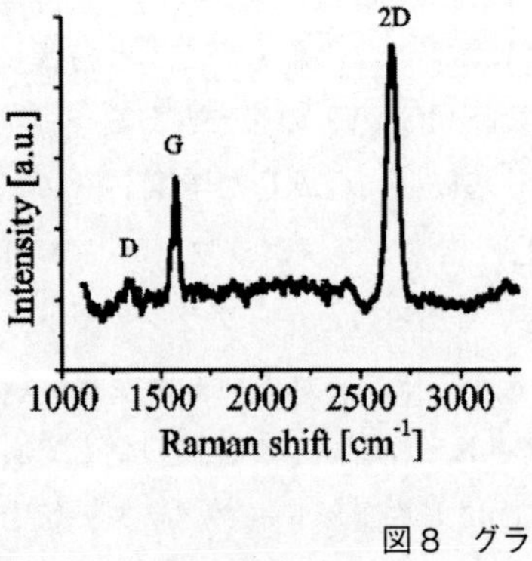

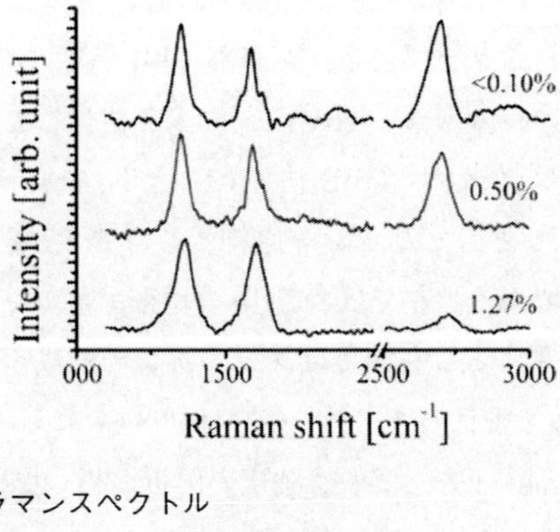

図 8　グラフェンのラマンスペクトル
（左）純グラフェン，（右）窒素ドープグラフェン，数字は窒素組成比。

しかしながら，ドーピングがもたらす構造の変化がラマンスペクトルに与える影響を考慮する必要があり，電界による電荷注入の議論がそのままヘテロ原子ドープ系に適用できるかについては不明である。

(C) 走査トンネル顕微鏡

走査トンネル顕微鏡（STM；Scanning tunneling microscope）は原子分解能で表面構造を知ることのできる分析法である。通常のグラフェンでは図9aのようにハニカム格子が観測されるが，Pt基板上でピリジンを用いてCVD成長した窒素ドープグラフェンでは図9bのような輝度変調点が所々に観測される[50]。STM像はトンネル電流の強弱を画像化したものであるので輝度変調が果たしてヘテロ原子に対応するかどうかはそれだけでは判断できない。バイアス依存性があること，理論計算との比較など多方面から検討する必要がある。図9cは9bで明るい部分をハニカム格子上に再現したものである。理論計算からは窒素がグラフェン格子の炭素を置換した場合，その近傍の炭素原子の輝度が明るくなることが示されている[51]。同様なパターンがCH_4, NH_3でCu基板上に成長した窒素ドープグラフェン[9]，HOPGに窒素イオン照射をおこなって作製した窒素ドープグラファイト[35]においても観測されている。

(D) 核磁気共鳴法

窒素ドープグラフェンにおける窒素位置の検出に核磁気共鳴（NMR）法が用いられる。Kurokiらは，固体NMR法－交差分極（CP）/試料高速マジック角回転（MAS）法を用いて窒素ドープグラフェンの^{15}N CP/MAS NMRスペクトルを測定し，化学シフトの値からピロール，ピリジン，グラファイト位置（図6のP_r，P_d，G）を弁別して，酸素還元活性を示すカーボンアロイ触媒合成の各段階での窒素位置を推定した。手法の詳細については文献52を参照されたい。

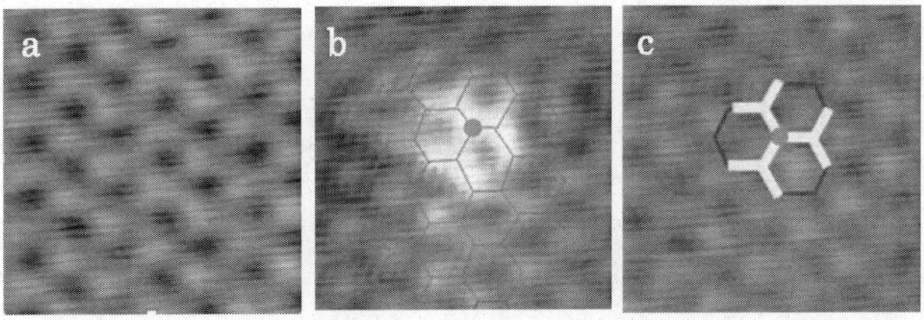

図9　窒素ドープグラフェンのSTM像[50]
(a)窒素の無いグラフェン，(b)窒素ドープグラフェンに観測される輝度変調点，(c)ハニカム格子上に再現した実験像の明部。

4　ドープグラフェンの応用

ヘテロ原子をドープするのは物性を変化させ，応用上それぞれの目的に適合させるためである。以下では電気伝導性の変化，触媒活性，電極性能，耐酸化性・強度，磁性，などの応用例を紹介する。

(A)　電子変調，伝導特性

Siなど無機半導体からの類推で，炭素原子よりも価電子が1つ多い元素をグラフェン格子中の炭素原子と置換すれば電子が，価電子が1つ少ない元素を置換すれば正孔がドープされると考えるられる。原子半径の大きさから考えて，炭素原子と同じ第2周期の窒素による電子ドープ，ホウ素による正孔ドープが試みられている。これらのヘテロ原子の置換によってディラックコーンのバンドのフィリングを調整し，電荷の極性，伝導度を変化させる。また，グラフェンの電界効果トランジスタ（FET）応用を考えた場合にはオンオフ比を向上させるためにドーピングによるバンドギャップの有限化も模索されている[17]。いくつかの実験例から，最大数%までの窒素ドープによってディラックコーン中に電子が注入され，FETの伝達特性がn型方向へ変化する結果が共通して観察されている。FET移動度は剥離グラフェンを出発原料にする場合には窒素ドープによって急激に減少することはないが[18,19]，CVD成長時の窒素ドープの場合には，報告されている移動度は200-450 cm^2/Vs[4]，5 cm^2/Vs[6]，4 cm^2/Vs[16]と，窒素が入っていない試料に比べてかなり低下することが多い。電荷注入量に関しては，走査トンネル分光[9]あるいはラマン分光[24]による評価が試みられ，それぞれ$5.4 \times 10^{12}/cm^2$，$1.5 \times 10^{13}/cm^2$，と報告されている。前者では，STMによる窒素原子の組成評価との比較から，窒素一原子あたり0.42個の伝導電子を供給するとしている。

(B)　触媒活性（酸素還元反応）

炭素の触媒作用は古く1926年にRidealらによってシュウ酸を分解する報告がなされ，1927年には窒素の導入でその機能が増長することが明らかにされた[53]。2006年にOzakiらは樹脂と遷移金属フタロシアニンの焼成物が酸素還元（ORR；oxygen reduction reaction）活性を示すことを見出し，試料中に含まれる窒素の重要性を指摘した[39]。この触媒はその後カーボンアロイ触媒と名付けられた[54]。また，SidikらはHCl処理したカーボンブラックをアンモニア中900℃で熱処理した窒素ドープグラファイトが酸素還元特性を示すことを同じ2006年に報告した[33]。窒素含有の仮想分子の量子化学計算から，グラフェン格子中にある3配位窒素（グラフティック位置，図6参照）に隣接する炭素原子が酸素を過酸化水素に変換する2電子還元活性位置であることを示した。

その後，Nabaeらはフェノール樹脂と鉄フタロシアニンの焼成物に対する熱処理温度，酸処理による効果を詳細に研究した[42]。熱処理温度が600℃で最高のORR活性を示し，その時に試料中の窒素含有量も最大（5%）に近いことを見出した。電子顕微鏡観察から高いORR活性を示す試料では特有のナノシェル構造が発達してナノポアが多く含まれ比表面積が大きい状態になっている。光電子分光解析から窒素はピリジニック位置とグラフティック位置（図6参照）にある。

Ikedaらは，Ozaki, Nabaeらの実験結果を基に第一原理計算でグラフェン格子の種々の位置に窒素がある時の酸素吸着活性を詳細に調べた[46]。その結果，zigzagエッジの1列内側の炭素原子（図6，E_{-1}位置）が窒素に置換された場合に，隣接するzigzagエッジ上の炭素原子の酸素吸着の活性化エネルギーが著しく低下することを見出した。さらにIkedaらは窒素とホウ素の共存が，窒素が適切なドープ位置を占有するのに有利に働いてORR活性を向上させる可能性も指摘している[55]。

現在までの所，ORR活性の機構の完全な理解には至っていないが，グラフェン中にドープされた窒素原子が重要な働きをしているのは実験的にも理論的にも実証され，金属を用いないカーボンアロイ触媒の研究開発が進展している[54]。

(C)　Liイオン二次電池容量

Liイオン二次電池の負極にホウ素をドープした炭素を用いると非可逆容量が改善されることが知られている[56]。グラフェン格子内の炭素をホウ素置換した構造について，ラマン分光[36]，STM[37]，X線回折[38]などの測定がおこなわれ，ホウ素置換によりドメインが小さくなること，格子面が湾曲すること，層間の距離が変化することなどが明らかになっているが，原子レベルでの機構の詳細は解明されていない。またホウ素が一様に入るのではなくクラスターを作っているという報告もある[57]。最近ReddyらはCVDグラフェン生成時にアクリロニトリルを前駆体として用いて窒素ドープグラフェンを作製し，リチウムイオン電池の可逆放電容量が未ドープのグラフェンに比べて倍増することを見出した[5]。窒素ドープによる表面欠陥がLiインターカレーションを促進するためとしている。

(D)　耐酸化性，強度

グラファイトにホウ素，窒素を添加することにより耐酸化性，機械的な強度を高める研究は比較的古くからおこなわれている。

ZhangらはHOPG表面にホウ素をレーザスパッタで導入し，多くのホウ素がジグザグ端や面内の欠陥位置に付くことをSTM測定から観察している。ホウ素は電子変調を与えることでC-C結合の弱化や格子のゆがみをもたらし酸化を促進するが，生成したB_2O_3はそれ以上の酸化を阻害してHOPGの耐酸化性を強めているとしている[58]。

(E)　磁性（理論）

グラフェンzigzag端に局在するエッジ状態が強磁性的な振る舞いをすることは1990年代から理論的に予言されている。また本来バンドギャップが0のグラフェンもナノリボン（GNR）化すれば有限のバンドギャップが出現することも理論的に指摘されている。GNRの端に窒素[50]あるいはホウ素[60]を付加することによってその磁性が変化し，特定条件下ではスピンの向きによる伝導の異方性が生じることも指摘され，スピントロニクス材料として期待されている。

5 まとめ

グラフェンのドーピング，ハニカム格子の炭素原子の一部をヘテロ原子に置き換える置換型ドープの研究について，ドープ法，評価法，応用例について紹介した。単層グラフェンの研究は過去数年のものであるが，グラフェン格子中にあるヘテロ原子の役割については従来，触媒，電極，耐性，といった応用分野で，その詳細な機構はわからずとも認識されてきたようである。伝導特性の変調を目的とする研究で，キャリアの注入による極性の変化は確認されているが，格子の乱れや散乱の増加によって移動度は一般に低下し，またキャリア数の増加による伝導度の増加も現在まで観測されていない。この点では本解説では取り上げなかった外部ドープが格子への擾乱を与えないという意味では可能性があると言える[61)]。これに対し，マクロなスケールでの秩序が必要ない触媒反応，電極反応では，グラフェン格子中の窒素を始めとするヘテロ原子の重要性が明らかになって，原子レベルでの機構の解明が急速に進展しつつある。これらの系では格子中のドープ位置の違いが異なる機能を示すので，所定の位置へのドープ方法の開発，ドープ量の制御法の確立などが喫緊の研究課題である。

文　献

1) T. Matsui, M. Yudasaka, R. Kikuchi, Y. Ohki, and S. Yoshimura, *Appl. Phys. Lett.* **65**, 2145 (1994)

2) T. Matsui, M. Yudasaka, R. Kikuchi, Y. Ohki, S. Yoshimura, *Mater. Sci. Engineer.* **B29**, 220 (1995)

3) L. Qu, Y. Liu, J. Baek, and L. Dai, *ACSnano* **4**, 1321 (2010)

4) D. Wei, Y. Liu, Y. Wang, H. Zhang, L. Huang, and G. Yu, *Nano Lett.* **9**, 1752 (2009)

5) A. Reddy, A. Srivastava, S. R. Gowda, H. Gullapalli, M. Dubey, and P. M. Ajayan, *ACSnano* **4**, 6337 (2010)

6) J. C. Meyer, S. Kurasch, H. Park, V. Skakalova, D. Künzel, A. Groß, A. Chuvilin, G. Algara-Siller, S. Roth, T. Iwasaki, U. Starke, J. H. Smet, U. Kaiser, *Nat. Mater.*, **10**, 209 (2011)

7) Z. Jin, J. Yao, C. Kittrell, and J.M. Tour, *ACSnano* **5**, 4112 (2011)

8) Z. Luo, S. Lim, Z. Tian, J. Shang, L. Lai, B. MacDonald, C. Fu, Z. Shen, T. Yu and J. Lin, *J. Mater. Chem.*, **21**, 8038 (2011)

9) L. Zhao, R. He, K. T. Rim, T. Schiros, K. Kim, H. Zhou, C. Gutiérrez, S. Chockalingam, C. Arguello, L. Pálová, D. Nordlund, M. Hybertsen, D. Reichman, T. Heinz, P. Kim, A. Pinczuk, G. Flynn, A. Pasupathy, *Science* **333**, 999 (2011)

10) D. Usachov, O. Vilkov, A. Grüneis, D. Haberer, A. Fedorov, V. K. Adamchuk, A. B.

Preobrajenski, P. Dudin, A. Barinov, M. Oehzelt, z C. Laubschat, and D. V. Vyalikh, *Nano Lett.*, **11**, 5401 (2011)
11) G. Imamura and K. Saiki, *J. Phys. Chem. C* **115**, 10000 (2011)
12) T. Terasawa and K. Saiki, *Jpn. J. Appl. Phys.*, **51**, 055101 (2012)
13) G. Imamura, C. Chang, Y. Nabae, M. Kakimoto, S. Miyata, and K. Saiki, *J. Phys. Chem. C* **116**, 16305 (2012)
14) G. Imamura and K. Saiki, *International conference of young researchers on advanced materials* (Singapore, July, 2012) A-0298
15) T. Terasawa and K. Saiki, *Carbon* **50**, 869 (2012)
16) Z. Sun, Z. Yan, J. Yao, E. Beitler, Y. Zhu, and J. M. Tour, *Nature* **469**, 549 (2010)
17) C. Zhang, L. Fu, N. Liu, M. Liu, Y. Wang, and Z. Liu, *Adv. Mater.* **23**, 1020 (2011)
18) X. Wang, X. Li, L. Zhang, Y. Yoon, P. K. Weber, H. Wang, J. Guo, H. Dai, *Science* **324**, 768 (2009)
19) B. Guo, Q. Liu, E. Chen, H.Zhu, L. Fang, and J. R. Gong, *Nano Lett.* **10**, 4975 (2010)
20) X. Li, H. Wang, J. T. Robinson, H. Sanchez, G. Diankov, and H. Dai, *J. Am. Chem. Soc.* **131**, 15939 (2009)
21) L. Zhang, X. Liang, W. Song, Z. Wu, *Phys. Chem. Chem. Phys.* **12**, 12055 (2010)
22) D. Geng, Y. Chen, Y. Chen, Y. Li, R. Li, X. Sun, S. Yeb, S. Knights, *Energy Environ. Sci.*, **4**, 760 (2011)
23) S. Obata, H. Tanaka and K. Saiki, submitted
24) Y.-C. Lin, C.-Y. Lin, and P.-W. Chiu, *Appl. Phys. Lett.* **96**, 133110 (2010)
25) Y. Wang, Y. Shao, D. W. Matson, J. Li, and Y. Lin, *ACSnano* **4**, 1790 (2010)
26) R. Jafri, N. Rajalakshmib, S. Ramaprabhu, *J. Mater. Chem.*, **20**, 7114 (2010)
27) Y. Shao, S. Zhang, M. Engelhard, G. Li, G. Shao, Y. Wang, J. Liu, I. Aksayc, Y. Lin, *J. Mater. Chem.*, **20**, 7491 (2010)
28) H. Jeong, J. Lee, W. Shin, Y. Choi, H. Shin, J. Kang, J. Choi, *Nano Lett.* **11**, 2472 (2011)
29) C. Wang, M. Yuen, T. Ng, S. Jha, Z. Lu, S. Kwok, T. Wong, X. Yang, C. Lee, S. Lee, and W. J. Zhang, *Appl. Phys. Lett.* **100**, 253107 (2012)
30) F. Joucken, Y. Tison, J. Lagoute, J. Dumont, D. Cabosart, B. Zheng, V. Repain, C. Chacon, Y. Girard, A. Rafael, B.-M´endez, S. Rousset, R. Sporken, J. Charlier, L. Henrard, *Phys. Rev. B* **85**, 161408 (R) (2012)
31) D. Long, W. Li, L. Ling, J. Miyawaki, I. Mochida, S. Yoon, *Langmuir* **26**, 16096 (2011)
32) D. Wang, I. Gentle, G. Lu, *Electrochem. Commun.*, **12**, 1423 (2010)
33) R. A. Sidik, A. B. Anderson, N. P. Subramanian, S. P. Kumaraguru, and B. N. Popov, *J. Phys. Chem. B* **110**, 1787 (2006)
34) I. Shimoyama, G. Wu, T. Sekiguchi, and Y. Baba, *Phys. Rev. B* **62**, R6053 (2000)
35) T. Kondo, S. Casolo, T. Suzuki, T. Shikano, M. Sakurai, Y. Harada, M. Saito, M. Oshima, M. Trioni, G. Tantardini, J. Nakamura, *Phys. Rev. B* **86**, 035436 (2012)
36) M. Endo, C. Kim, T. Karaki, T. Tamaki, Y. Nishimura, M. J. Matthews, S. D. M. Brown, M. S. Dresselhaus, *Phys. Rev. B* **58**, 8991 (1998)

37) M. Endo, T. Hayashi, S-H. Hong, T. Enoki, M. S. Dresselhaus, *J. Appl. Phys.* **90**, 5670 (2001)
38) E. Kim, I. Oh, J. Kwak, *Electrochem. Commun.* **3**, 608 (2001)
39) J. Ozaki, S. Tanifuji, N. Kimura, A. Furuichi, A. Oya, *Carbon* **44**, 1324 (2006)
40) J. Ozaki, T. Anahara, N. Kimura, Asao Oya, *Carbon* **44**, 3358 (2006)
41) H. Niwa, K. Horiba, Y. Harada, M. Oshima, T. Ikeda, K. Terakura, J. Ozaki, S. Miyata, *Journal of Power Sources* **187**, 93 (2009)
42) Y. Nabae, S. Moriya, K. Matsubayashi, S. M. Lyth, M. Malon, L. Wu, N. M. Islam, Y. Koshigoe, S. Kuroki, M. Kakimoto, S. Miyata, J. Ozaki, *Carbon* **48**, 2613 (2010)
43) Z. Sheng, L. Shao, J. Chen, W. Bao, F. Wang, X. Xia, *ACSnano* **5**, 4350 (2011)
44) D. Deng, X. Pan, L. Yu, Y. Cui, Y. Jiang, J. Qi, W. Li, Q. Fu, X. Ma, Q. Xue, G. Sun, X. Bao, *Chem Mater.* **23**, 1188 (2011)
45) S. Panchakarla, K. S. Subrahmanyam, S. K. Saha, A. Govindaraj, H. R. Krishnamurthy, U. V. Waghmare, and C. N. R. Rao, *Adv. Mater.* **21**, 4726 (2009)
46) T. Ikeda, M. Boero, S.-F. Huang, K. Terakura, M. Oshima, and J. Ozaki, *J. Phys. Chem. C* **112**, 14706 (2008)
47) Z. Hou, X. Wang, T. Ikeda, K. Terakura, M. Oshima, M. Kakimoto and S. Miyata, *Phys. Rev. B* **85**, 165439 (2012)
48) A. C. Ferrari: *Solid State Commun.* **143**, 47 (2007)
49) A. Das, S. Pisana, B. Chakraborty, S. Piscanec, S. K. Saha, U. V. Waghmare, K. S. Novoselov, H. R. Krishnamurthy, A. K. Geim, A. C. Ferrari and A. K. Sood, *Nature Nanotech.* **3**, 210 (2008)
50) 小幡誠司，博士論文（東京大学，2011 年 3 月）
51) B. Zheng, P. Hermet and L. Henrard, *ACSnano* **4**, 4165 (2010)
52) 黒木重樹，白金代替カーボンアロイ触媒，p110，シーエムシー出版（2010）
53) E. K. Rideal and W. M. Wright, J. Chem. Soc. 1926, 1813, *J. Chem. Soc. Trans.* **127**, 1347 (1927)
54) 宮田清蔵，白金代替カーボンアロイ触媒，p11，シーエムシー出版（2010）
55) T. Ikeda, M. Boero, S.-F. Huang, K. Terakura, M. Oshima, J. Ozaki, and S. Miyata, *J. Phys. Chem. C* **114**, 8933 (2010)
56) 西村嘉介，高橋哲哉，玉木敏夫，遠藤守信，M. S. Dresselhaus, 炭素 **172**, 89 (1996)
57) D. L. Carroll, Ph. Redlich, X. Blase, J.-C. Charlier, S. Curran, P. M. Ajayan, S. Roth, and M. Rühle, *Phys. Rev. Lett.* **81**, 2332 (1998)
58) W. G. Zhang, H. M. Cheng, T. S. Xie, Z. H. Shen, B. L. Zhou, and H. Q. Ye, *Carbon* **35**, 1839 (1998)
59) Y. Li, Z. Zhou, P. Shen, and Z. Chen, *ACSnano* **3**, 1952 (2009)
60) T. B. Martins, R. H. Miwa, Antonio J. R. da Silva, and A. Fazzio, *Phys. Rev. Lett.* **98**, 196803 (2007)
61) H. Cheng, R. Shiue, C. Tsai, W. Wang, and Y. Chen, *ACSnano* **5**, 2051 (2011)

第14章　LEEMによるグラフェン成長観察

日比野浩樹*

1　はじめに

低エネルギー電子顕微鏡（LEEM）は，数～数十eVの低エネルギーの電子を試料表面に入射し，表面垂直方向に後方散乱した電子を直接レンズで拡大し，後方散乱電子の強度分布として表面を可視化する投影型の顕微鏡である[1]。低エネルギーの電子は表面敏感で，鏡面反射ビームを用いる明視野法と，回折ビームを用いる暗視野法を組み合わせることにより，表面構造に関する様々な情報を取得できる。

以下に，LEEMの特長と，それが金属基板やSiC基板上に成長したグラフェンの観察にどう生かされるかを簡単にまとめる。①電子の反射率は，表面構造に依存し，おおむね電子エネルギーが低いほど高い。エネルギーを選べば，グラフェンと基板に高いコントラストが得られ，グラフェンの成長過程を動的に観察できる。②数eVの電子の波長はnm程度で，少数層グラフェンの表面と基板との界面で反射した電子の干渉を用いて，グラフェン層数をデジタルに決定できる。③暗視野法によって，結晶方位の異なるグラフェンドメインを選択的に画像化することが可能で，多結晶グラフェンのドメイン構造を解析できる。本章では，順次これらについて詳しく解説する。

LEEM装置では，レンズ条件により画像モードと回折モードを切り替えられ，回折モードでは，制限視野絞りを用いれば，～μmサイズの選択領域の低速電子線回折（LEED）パターンが得られる。また，LEEMの結像系を用い，表面に光を照射したときに放出される光電子を結像に用いれば，光電子顕微鏡（PEEM）像が得られ，試料の加熱中に放出される熱電子を用いれば熱電子放出顕微鏡（TEEM）像が得られる。エネルギー分析器を有する装置では光電子のエネルギーを分解してPEEM像を取得できるため，原子種や結合状態，電子構造などの局所解析に有効である[2]。また，TEEMは主に仕事関数の違いによりコントラストが出現する。グラフェンは層数と共に仕事関数が変化するため，TEEMにより高温でグラフェン層数の空間分布が得られ，グラフェン成長のその場観察に活用できる[3]。

2　金属基板上のグラフェン成長のLEEMその場観察

金属基板上のグラフェン成長では，炭素源ガスを用いた化学気相成長（CVD）法に関心が集

＊　Hiroki Hibino　日本電信電話㈱　NTT物性科学基礎研究所　部長

まっているが，バルク中に固溶させたC原子の偏析/析出によってグラフェンを成長させる手法も知られている。これまでにLEEMによって金属基板上にCVD法や析出法でグラフェンが成長する過程をその場観察した例がいくつかあるが，ここでは，多結晶Ni箔上での析出法によるグラフェン成長の動的観察の結果を示す[4]。C原子が固溶したNi基板の表面には，温度に依存して，C原子がバルク中へ固溶したり，表面へ偏析/析出したりすることで，三種類の異なる相が現われる[5]。もっとも高温領域では，Ni表面にはバルクの固溶度程度のC原子が存在し，中間的な温度領域では，1層グラフェンがNi表面を覆う。さらに低温では，多層グラフェンが形成される。それぞれの転移温度は，~0.26 at%のC原子を固溶させたNi(111) 基板ではおおよそ1180 Kと1065 Kである[5]。

本実験では，あらかじめ，表面粗さを5 nm以下まで平坦化した多結晶Ni箔を，超高真空（UHV）中で清浄化した後，炭素源ガス中で加熱することにより，基板中にC原子を固溶させた。図1のLEEM像は，この基板をLEEM装置中で高温に加熱して，Ni表面を露出させた後，冷却中に1層グラフェンが成長する過程を観察したものである。グラフェンがNi表面上に核形成し，二次元的に成長する様子が見られる。グラフェン成長速度は50 μm/sにも達するが，LEEMの高い時間分解能のおかげで，成長中のグラフェンの形状がはっきり捉えられている。LEEM

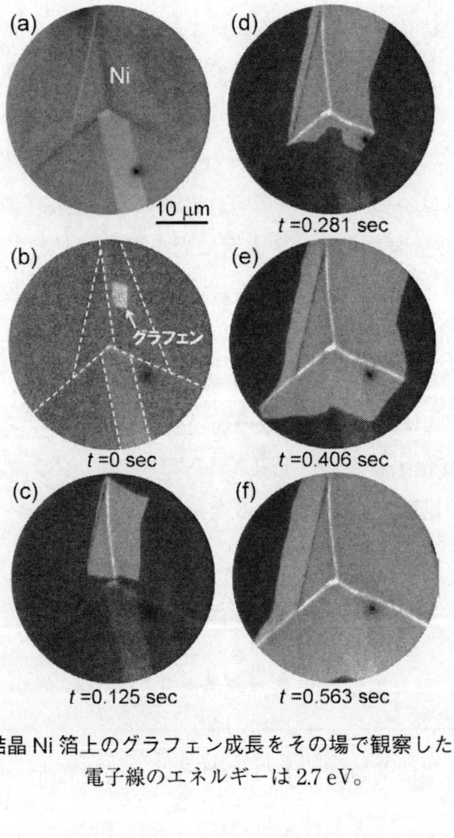

図1　多結晶Ni箔上のグラフェン成長をその場で観察したLEEM像
電子線のエネルギーは2.7 eV。

の視野には，反射率の違いと，局所的な表面形状変化がつくる線状のコントラストから，7つのNiグレインが存在することが示されるが，グラフェンはこれらNiグレインの境界を乗り越えて連続的に成長している。また，各Niグレイン上で制限視野LEEDパターンを撮ると，グラフェンが単一の結晶方位をもつことが確かめられる。

平坦化処理を施した多結晶Ni箔を用いた析出法では，少数の核から成長したグラフェンが，Niグレインを乗り越えて成長するため，単結晶グラフェンを大面積に成長させることができる。基板温度を室温まで下げるとグラフェンが多層化するため，層数の制御性には課題があるが，本手法が，高品質なグラフェンを低コストで製造する手法に発展すると期待される。

3　グラフェン層数評価とSiC基板上でのグラフェン成長過程

グラフェンは層数によって電子構造が大きく異なるため，層数の均一性が重要である。グラフェン層数を数十nmの空間分解能でデジタルに決定できるLEEMは，層数制御に不可欠なツールである。代表的なグラフェン成長法として，金属基板上のCVD法や析出法に加え，SiC基板を熱分解してグラフェンを成長させる手法がある。金属基板上のグラフェンのデバイス応用には基板除去プロセスが不可欠であるが，高抵抗のSiC基板上のグラフェンは，そのまま室温で動作する電子デバイスに加工できる利点がある。以下に，LEEMによるSiC基板上のグラフェンの層数評価[6]について述べ，LEEM観察から得られた成長過程[3]と，その理解に基づく層数制御の到達点を述べる。

SiC基板を真空や希ガス中で加熱すると，Si原子が選択的に昇華し，残ったC原子が表面にグラフェンを形成する。ただし，Si終端のSiC(0001)表面（以下，Si面と呼ぶ）に最初に形成されたグラフェンシートは，その約1/3の原子が基板のSi原子と結合するため，グラフェンの電子構造を失っており，バッファー層と呼ばれる。加熱を続けると，バッファー層と基板の界面に新しいバッファー層が形成される。これにより，古いバッファー層は基板から分離され，グラフェンの電子構造を獲得する。これが，Si面上の1層グラフェンである。その後，バッファー層が繰り返し界面に形成され，グラフェンは多層化する。バッファー層はSiC基板との化学結合により基板に配向するため，バッファー層を起源とするグラフェンも常に基板とエピタキシャル関係にある。

図2(a)は，4H-SiC(0001)基板をUHV中で約1450℃に加熱して成長させたグラフェンのLEEM像である。LEEM像は，明るさの異なる複数の領域からなり，それらの領域の明るさはエネルギーとともに異なる仕方で変化する。図2(b)は，図2(a)中のAからHの領域の電子の反射強度のエネルギー依存性で，明瞭な振動構造が観察される。このような振動構造は，LEEMの量子サイズコントラストとして良く知られているもので，図2(c)に模式的に示すとおり，少数層グラフェンの表面で反射した電子と基板との界面で反射した電子が干渉したものとして理解できる。振動周期が長いほどグラフェン層数が少なく，AからHの領域が，1層から8層のグ

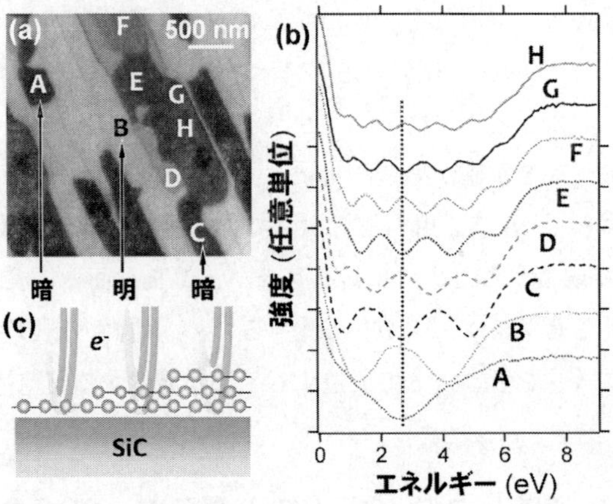

図2

(a) 4H-SiC(0001)基板を1450℃で加熱することにより形成したエピタキシャルグラフェンの明視野LEEM像。電子線のエネルギーは2.5 eV。(b) AからHの領域のLEEM強度のエネルギー依存性。(c)電子線の干渉の模式図。

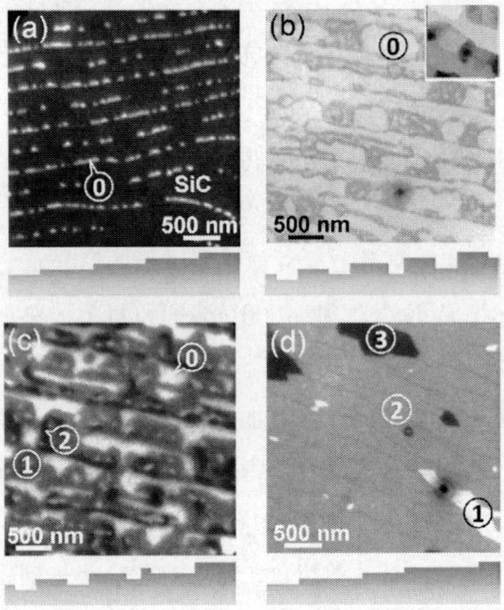

図3　UHV中でのSi面上のグラフェン成長過程を示すLEEM像と表面形状の模式図

おおよそグラフェンシートが1層増える毎の変化に対応する。図中の数字は層数に対応し，0はバッファー層を表す。電子線エネルギーは，(a) 3.5 eV，(b) 3.5 eV，(c) 4.0 eV，(d) 5.0 eV。(b)の挿入図は同様の試料のAFM像。

ラフェンに対応する。

図3は，UHV中でのグラフェン成長の様々な段階でのLEEM像と，そのときの表面形状の模式図である。図3から，SiC基板は，バッファー層の形成中に著しくラフになり，その後，平坦化することがわかる。また，1層グラフェンは，バッファー層や2層グラフェンと共存し，単独

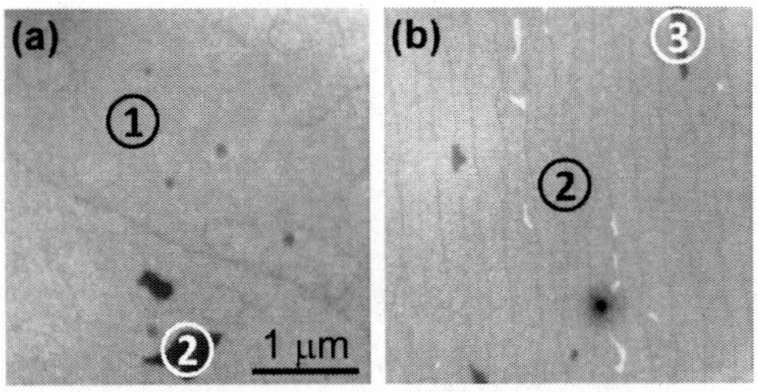

図 4　高均一グラフェンの LEEM 像

(a) Ar 雰囲気で成長した高均一 1 層グラフェン，(b)超高真空中で成長した高均一 2 層グラフェン。
電子線のエネルギーは(a) 4 eV と (b) 5 eV。

で基板全面に成長させることが難しく，むしろ，2 層グラフェンのほうが均一であることもわかる。

グラフェン 1 層分の炭素原子数は SiC のほぼ 3 分子層分に相当する。このため，グラフェンシート 1 層の形成中に，SiC 基板が 3 層エッチングされる。加えて，バッファー層で覆われた SiC 表面は極めて安定で，SiC 表面が部分的にバッファー層で覆われているとき，エッチングはバッファー層がまだ形成されていない領域に限定される。この不均一なエッチングにより，バッファー層形成中に SiC 表面がラフになる[7)]。

一方，SiC 基板がグラフェン成長中に平坦化する大きな要因は，グラフェンの Si 原子を通しにくい性質である。グラフェン成長には Si 原子がグラフェン膜を通過して表面から昇華する必要があるが，この性質のため，グラフェン成長速度は層数が増えるにつれ急激に低下する[8)]。これにより，グラフェン/SiC 界面で，Si と C 原子の二次元ガスが SiC の固相と熱平衡に近い状態になり，ラフな SiC 界面はエネルギーの低い平坦な界面へと変化する。

UHV 環境は，均一な 2 層グラフェンの作製には適しているが，均一な 1 層グラフェンを得ることが難しい。1 層グラフェンは，バッファー層が完成後，ステップに核形成するが，2 層グラフェンも 1 層が表面を完全に覆う前に確率的に発生する。特に，ステップが密集した領域に発生しやすく，ラフな表面では 2 層グラフェンが現われやすい。したがって，1 層グラフェンの均一性の向上には，バッファー層形成時のラフネスの抑制が重要である。バッファー層を形成する温度を上げて，表面での原子の移動を促進すれば，表面を平坦に保てると期待されるが，単純に温度を上げても，同時に Si 原子の昇華も速まるため，有効でない。そこで，Ar 雰囲気で SiC 基板を加熱することにより，Ar 原子によって Si 原子の昇華をブロックし，グラフェン成長温度を高める方法がとられる[9)]。図 4 は，Ar 雰囲気と UHV 中で成長させた μm スケールで層数の均一な 1 層，2 層のエピタキシャルグラフェンである[3)]。加熱雰囲気が層数制御に有効である。

4　暗視野 LEEM 法によるグラフェンのドメイン構造解析

多結晶グラフェンの特性は，ドメイン境界によって制限されるため，ドメイン境界の形成機構を理解して，その導入を抑制する必要がある。回折ビームを結像する暗視野 LEEM 法は，多結晶グラフェンのドメイン構造の解析を可能とするため，この目的に有用である。以下に，解析例を二つ紹介する。

一つ目が，C 終端の SiC(000$\bar{1}$)表面（C 面）上に成長したグラフェンの回転ドメインである[3)]。C 面上では，Si 面に比べグラフェンの成長速度が高く，多層グラフェンが得られやすい。また，バッファー層が無いため面内回転が比較的自由で，一つの層内に結晶方位の異なる回転ドメインを含み，層間にも方位の乱れがある。最表面の回転ドメインからの LEED スポットはパターン上の異なる位置に現われるため，特定の回折ビームを用いて結像した暗視野 LEEM 像には，対応する結晶方位の回転ドメインが選択的にイメージングされる。

図 5 は，100 Torr の Ar 雰囲気で約 1650 ℃で加熱した 4H-SiC(000$\bar{1}$)表面の LEEM 像である。図 5(a)は明視野 LEEM 像で，層数の違いによるコントラストが確認できる。図 5(b)-5(d)はグラフェンの(1,0)回折ビームを用いた暗視野 LEEM 像で，それぞれ異なる位置に現われた回折ビームを用いている。図 5(b)-5(d)の挿入図は，それぞれの領域からの LEED パターンで，それらが互いに回転していることから，グラフェンが結晶方位の異なる回転ドメインからなることが確かめられる。

二つ目は，Si 面上に成長させた 2 層グラフェンの積層ドメインである[10)]。Si 面上のグラフェンは必ず同じ方位に配向しているが，どのように積層するかに自由度がある。グラフェンは単位胞内に二つの C 原子を A サイトと B サイトに持つ。グラファイトは，A サイトの上に B サイトが位置し，さらにその上に A サイトが位置する AB 型の Bernal 積層をとる。このため，2 層グラ

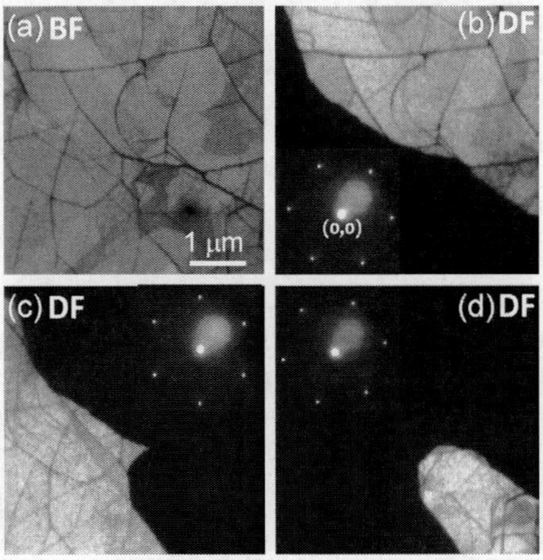

図 5　4H-SiC(000$\bar{1}$)表面上のグラフェンの LEEM 像
(a)明視野（BF）LEEM 像，(b)-(d)グラフェンの（1,0）回折ビームを用いた暗視野（DF）LEEM 像。(b)-(d)の挿入図は LEEM 像に対応する領域の制限視野 LEED パターン。電子線のエネルギーは(a)3 eV と(b)-(d)44.5 eV。

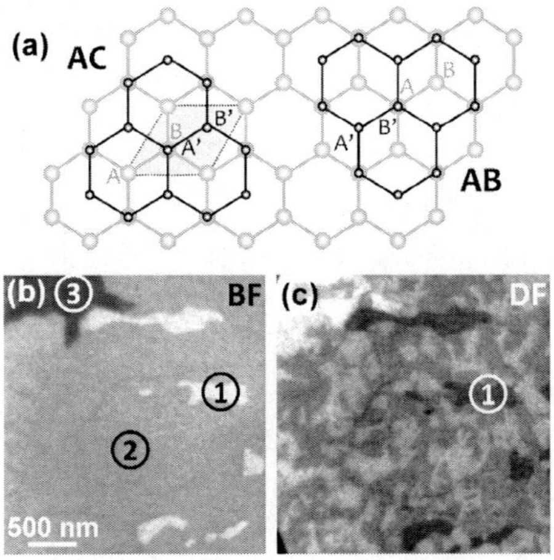

図6
(a) AB積層，AC積層の2層グラフェンの模式図。主に2層グラフェンで覆われた4H-SiC(0001)基板の(b)明視野LEEM像と，(c)(1,0)回折ビームを用いた暗視野LEEM像。電子線のエネルギーは(b)5 eVと(c)44.5 eV。

フェンは，図6(a)に模式的に示すとおり，Aサイトの上にBサイトが位置するAB型と，Bサイトの上にAサイトが位置するBA（一般にACと呼ぶ）型の両方の積層をとりうる。AB積層とAC積層の2層グラフェンは三回対称性を持ち，互いに結晶方位が180°異なる。従って，両者が共存した2層グラフェンは多結晶状態にある。ただ，AB積層とAC積層のドメインからの回折ビームは，C面上の回転ドメインと異なり，同じ位置に現われるため，両者の強度差が暗視野LEEM像のコントラストの起源である。

図6(b)-6(c)に，主に2層グラフェンで覆われたSi面の，明視野LEEM像と(1,0)回折ビームを用いた暗視野LEEM像を示す。2層グラフェンは，明視野像では均一に見えるものの，暗視野像には二種類のドメインが観察される。(1,0)と(0,1)回折ビームを用いた暗視野LEEM像でコントラストが反転することは，二種類のドメインが三回対称性を持つことを示しており，これらがAB積層とAC積層であることを支持する。さらに，暗視野LEEM像から求めた(1,0)と(0,1)回折ビーム強度のエネルギー依存性を，LEED強度の動力学的計算結果と比較すると，両者に良い一致が見られ，2層グラフェンがAB積層とAC積層のドメインからなることが確かめられた。

5　おわりに

ここまで，LEEMによるグラフェン成長その場観察，層数評価，ドメイン構造解析について述べてきた。LEEMがグラフェンの成長過程や成長したグラフェン膜の構造を調べる上でいかに有用であるかをご理解いただけたものと思う。PEEMやTEEMを含めたLEEM関連技術が，今後も，グラフェンの物性や成長機構の解明，グラフェン基板作製法の確立に大いに貢献すると期待する。

文　献

1) E. Bauer, *Rep. Prog. Phys.* **57**, 895 (1994)
2) H. Hibino *et al.*, *Phys. Rev. B* **79**, 125437 (2009)
3) H. Hibino *et al.*, *J. Phys. D: Appl. Phys.* **45**, 154008 (2012)
4) G. Odahara *et al.*, *Appl. Phys. Exp.* **5**, 035501 (2012)
5) J. C. Shelton *et al.*, *Surf. Sci.* **43**, 493 (1974)
6) H. Hibino *et al.*, *Phys. Rev. B* **77**, 075413 (2008)
7) J. B. Hannon and R. M. Tromp, *Phys. Rev. B* **77**, 241404 (2008)
8) S. Tanaka *et al.*, *Phys. Rev. B* **81**, 041406 (2010)
9) K. V. Emtsev *et al.*, *Nature Mater.* **8**, 203 (2009)
10) H. Hibino *et al.*, *Phys. Rev. B* **80**, 085406 (2009)

第15章　SEMによるグラフェン成長観察

本間芳和*

1　はじめに

グラフェンの研究が盛んになったきっかけは，グラファイトの剥離を続けていくと実際に単層グラフェンが得られることが示されたNovoselovらの論文であるが，この論文でもう一つ重要な点は，300 nmの厚さのSiO_2膜の上に載せられたグラフェンが光学顕微鏡で見え，しかもその厚みが識別できるということである[1]。単原子層の厚さのグラフェンを簡単に観ることができたという事実は大変重要である。これにより誰もが簡便にグラフェン試料を作製できるようになった。

一方，グラフェンの成長過程を成長が起こる「その場」で観察しようとする場合，光学顕微鏡は必ずしも適した手段ではない。高温，さらには成長雰囲気ガス中での観察が可能な手段が要求される。前章の低速電子顕微鏡（LEEM）は，超高真空中において高温での観察に適した方法である。SiCの熱分解や金属からの析出によるグラフェンの生成過程の観察に威力を発揮している[2~4]。しかし，LEEMは試料を数十kVの高電圧に昇圧するため，ガスを導入する気相成長に応用する場合には，放電を起こす圧力領域に適用することはできない。また，LEEMの視野は直径100 μm以下であるため，大面積グラフェンの生成を観察するには不利である。

我々は，単原子層の成長・昇華過程の観察に走査電子顕微鏡（SEM）を用いてきた[5,6]。SiやGaAsの原子層成長過程をSEMの二次電子像として捉えることに成功している。また，単層カーボンナノチューブについても，数十Paでの成長と高真空中での観察を交互に繰り返す方法であるが，微細構造間に架橋ナノチューブが形成されていく過程や[7]，SiO_2膜上でナノチューブが伸長する過程をその場観察することに成功している[8,9]。グラフェンに対してもSEMを用いた観察が可能であることを明らかにしてきた[10]。この結果に基づき，本章では，SEMを用いたグラフェンの観察，特に，金属からのグラフェンの析出過程の観察への応用について記述する。

2　グラフェンの二次電子像

2.1　絶縁体上

基板上に置かれたグラフェンの二次電子像は，基板の電気的性質に依存する。SiO_2のような絶縁体上では，基板表面の帯電状態に強く影響される。図1は，Hiuraらにより報告された，Si

*　Yoshikazu Homma　東京理科大学　理学部　物理学科　教授

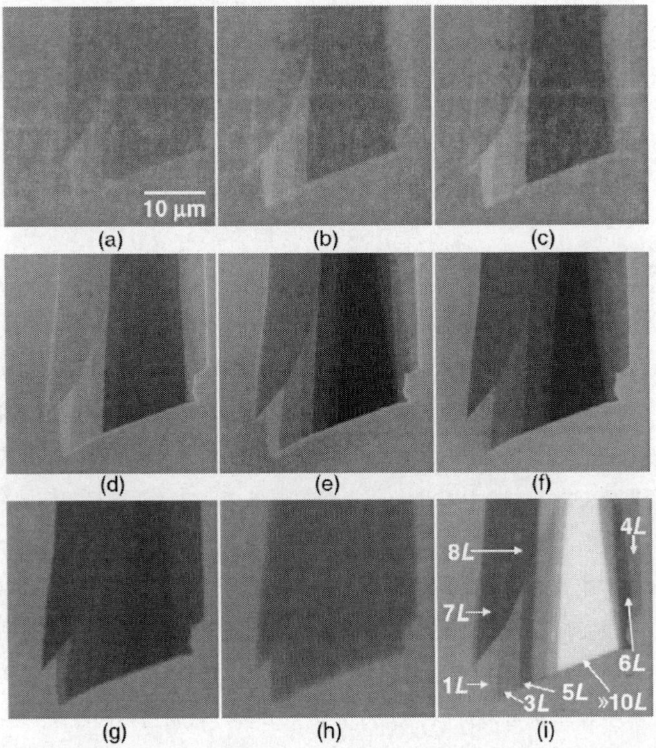

図1　SiO_2(300 nm)/Si上に置かれたグラフェンのSEM像の電子線加速電圧依存性
(文献11より転載)
電子線加速電圧：(a)0.5, (b)0.8, (c)1.0, (d)1.4, (e)2.0, (f)3.0, (g)5.0, (h)20.0 kV。(i)は対応する光学顕微鏡像で，Lはグラフェンの層数を表わす。

基板上の厚さ300 nmのSiO_2膜上に機械的剥離により形成した厚みの異なる層からなるグラフェンを，さまざまなエネルギーの電子線で観察した二次電子像である[11]。光学顕微鏡像から判定したグラフェン層の厚みは図1(i)に示されている。300 nmのSiO_2膜を透過できる電子のエネルギーは3 keVであるので，その前後で単層グラフェンの二次電子コントラストが大きく変化する。(f)の3 keV以下ではSiO_2膜表面が二次電子放出により負に帯電するため，SiO_2表面からの二次電子放出が抑制される。これに対し，単層グラフェンと接触している部分およびその周囲では，二次電子強度が増加して明るく見えている。これは，絶縁体基板上のカーボンナノチューブの二次電子コントラストと同様に[12,13]，グラフェンからの電子供給によりSiO_2表面からの二次電子放出強度が回復する現象と解釈できる。面白いことに，単層グラフェンはその下の基板表面からの二次電子放出に対して大きなバリアとはならない。つまり，下地からの二次電子放出に対して「透明性」を持つといえる。

一方，3 keV以上のエネルギーでは，電子線がSiO_2膜を突き抜けてSi基板に到達する。電子線の飛程内では，SiO_2中に電子・正孔対が生成され，SiO_2膜が電気的に励起されることにより絶縁性が低下し，Si基板から電子が供給される[13]。このため，SiO_2表面の帯電が解消ないしは低減され，SiO_2表面からの二次電子強度が増加する。この結果，単層グラフェンがSiO_2表面に比較して明るく見えることはなくなる。むしろ，単層グラフェンからの二次電子強度はSiO_2表面よりも低下する（f, g)。このことは，単層グラフェンも下地からの二次電子放出に対して完全には透明でないことを示す。

3層以上の厚さになると，厚みに応じて二次電子強度が低下することがわかる。ただし，電子線のエネルギーが1 keV以下の場合は5層より厚い層の区別はつかなくなる。また，逆に5 keV以上になると層数の違いによるコントラスト変化は小さい。

以上の結果から，グラフェンから放出される二次電子の強度は，グラフェンの層数による変化(主に仕事関数の変化）だけでなく，電子線の飛程や下地から放出される二次電子の影響を強く受けることがわかる。また，コントラストは下地のSiO_2膜の厚みと電子線のエネルギーとの関係によっても変化する。おおむね，1.5 keVから2 keV程度のエネルギーを用いることにより，数層グラフェンの厚みに敏感な二次電子強度を得ることができる。1層と2層の差も見分けられるとされている[11]。

2.2　金属上

金属基板上では，当然，帯電コントラストは得られない。また，多結晶試料表面では結晶粒の結晶方位に応じたコントラストがあるので，薄いグラフェン層が被覆したことによるコントラスト変化を区別するのは必ずしも容易ではない。図2(a)は，高温における炭素の析出により数層グラフェンを形成した多結晶ニッケル表面を大気に曝さずに観察したSEM像である[10]。左側には単層グラフェンがあり，右に行くほど層数が厚くなる。グラフェン層数の多い領域は二次電子強度が低い。一方，単層グラフェンに近い領域では，二次電子強度は高くなるが，下地のニッケル結晶粒のコントラストが重なるため，グラフェンの有無の区別は難しい。図2(b)は，同じ試料を大気に曝した後で観察したもので，特に明るくなっている領域があることに気付くであろう。この領域は，グラフェンに覆われていないニッケル表面が酸化されたために二次電子強度が増加した部分である。グラフェンに覆われた表面は酸化されないので，大きな差が生じる。多くの論文に金属表面のグラフェン層のSEM像が用いられているが[14, 15]，これらは酸化された裸の表面と，グラフェンで覆われた酸化されていない表面のコントラスト差を見ているものと思われる。

ところで，図2の試料では，写真の右側でグラフェン層が厚くなっている。右端で表面が暗く見えている部分は，グラフェンが3層以上の厚さになっている領域である。これは，SiO_2上のグラフェン同様，層数が厚くなると，グラファイトの二次電子収率に近づくためである[10]。

数層グラフェンの層数を見分けるには，SiO_2上のグラフェン同様，1.5 keVから2 keV程度の電子線エネルギーを用いるのがよい。以下の観察例は，いずれも1.45 keVの電子線を試料表面に垂直に入射して，対物レンズを通過した二次電子をインレンズ型検出器で検出したものである。

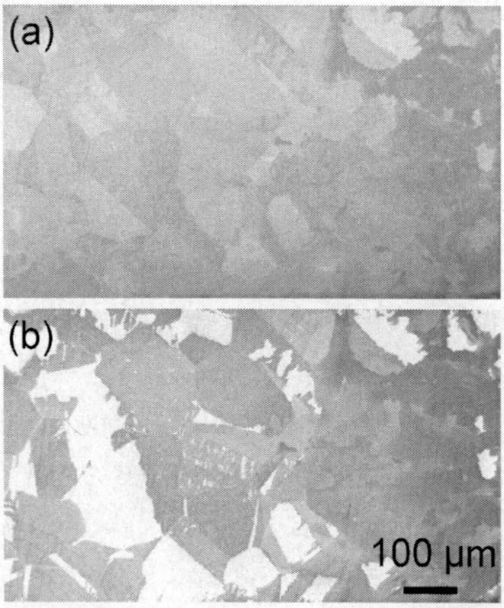

図２　多結晶ニッケル上のグラフェンのSEM像
試料の温度勾配を利用して試料の右側ほどグラフェンの層数を厚くしてある。(a)SEM中で形成したグラフェンを大気に曝さずに室温で観察したもの。(b)同じ試料を大気中に曝した後に観察したもの。

3　グラフェン成長のその場観察

3.1　単層グラフェンの成長過程

炭素をドープしたニッケルを900℃以上の高温から温度を徐々に下げると，溶け込んでいた炭素原子がニッケル表面に析出し，グラフェンが形成される[16]。そのグラフェン析出過程をSEM中での試料加熱により観察した結果を述べる[10]。SEM中でのニッケル試料の加熱は，厚みが0.1 mmのニッケル箔を幅0.5 mm，長さ30 mmのリボン状に切り出し，電流を直接通電することによって行った。このような試料を用いることにより，5 A程度の電流で900℃程度まで温度を上げることができる。なお，ニッケル箔は市販のものをそのまま用いた。

図3は，炭素を溶け込ませた多結晶ニッケルを，SEM中で800℃程度の温度に保つことにより，単層グラフェンが析出する過程を観察したものである。500℃以上の高温観察では，単層グラフェンのエッジの二次電子コントラストが非常に鮮明になる。このため，単層グラフェンとニッケルの結晶粒とを区別することができる。(a)は析出前の表面で，ニッケル結晶粒コントラストだけが見えている。(b)以降は，時間経過により単層グラフェンが広がる様子を追跡しており，(b)から(d)に向かうにつれてグラフェンが覆う面積が多くなっている。二次電子像の陰影効果により，グラフェンエッジがあたかも立体的な段差を持つように見えていることがわかる。注意深く見ると，写真上で上方および右側を向いたグラフェンエッジが暗く見え，下方および左側

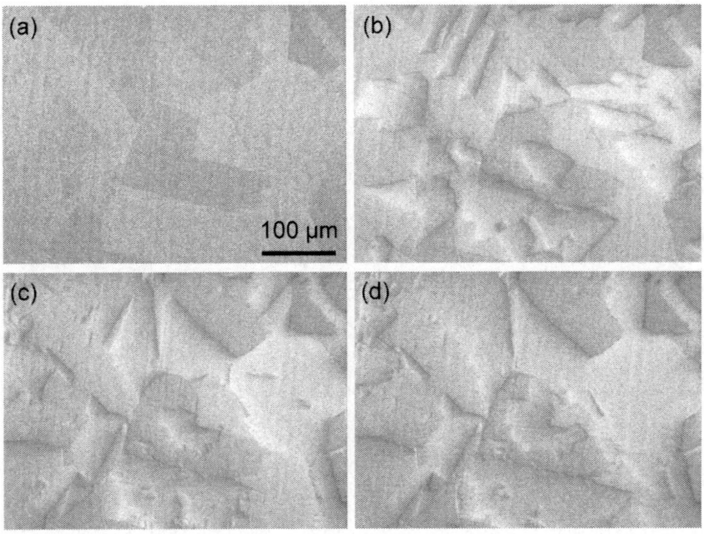

図3　多結晶ニッケル表面における単層グラフェンの析出過程のSEMその場観察
(a)析出前のニッケル表面，(b)析出直後，(c)3分後，(d)7分後。

を向いたエッジが明るくなっている。このようなコントラストは，マクロなスケールの段差のコントラストと同じで，段差面に対する電子線の入射方向や，二次電子の捕集効率が段差面の方向によって変化することに起因するものである[17,18]。ここでは，電子線は垂直入射，二次電子の検出は対物レンズ内のインレンズ検出器を用いているので，主に二次電子の捕集効率の異方性によるコントラスト変化と考えられる。

シリコンやGaAsの単層原子ステップに対しても同様なコントラストが観察されているが，グラフェンエッジを高温で観察すると，特に段差のコントラストを鮮明に得ることができる。図3は低倍率のSEM像であることに注意されたい。1枚のSEM像の幅は約0.5 mmで，広い領域を観察しているにもかかわらず，一層のグラフェンエッジが鮮明な像として観察されている。

3.2　2層目以降の成長過程

図4は図3に続けて温度を一定に保ったまま，多層グラフェンが析出する過程をその場観察したものである。少し温度勾配のある領域を観察しており，写真の右側の方が低温である。このため，2層目の析出は(a)，(b)の右側の矢印の位置で起こっている。2層目が成長した部分が少し暗く見え始め，暗領域が少しずつ広がっていく(b)。(c)では右端にさらに暗く見える3層目の成長が生じている。(d)では暗領域がさらに広がるとともに，右側では暗さが増していることから，さらに層数が増加したと考えられる。(f)では右半分の領域が3層以上のグラフェンで覆われている。興味深いことは，(b)，(f)中に「A」で示した領域では，1層目のグラフェンが析出したものの，2層目以降が析出していない。

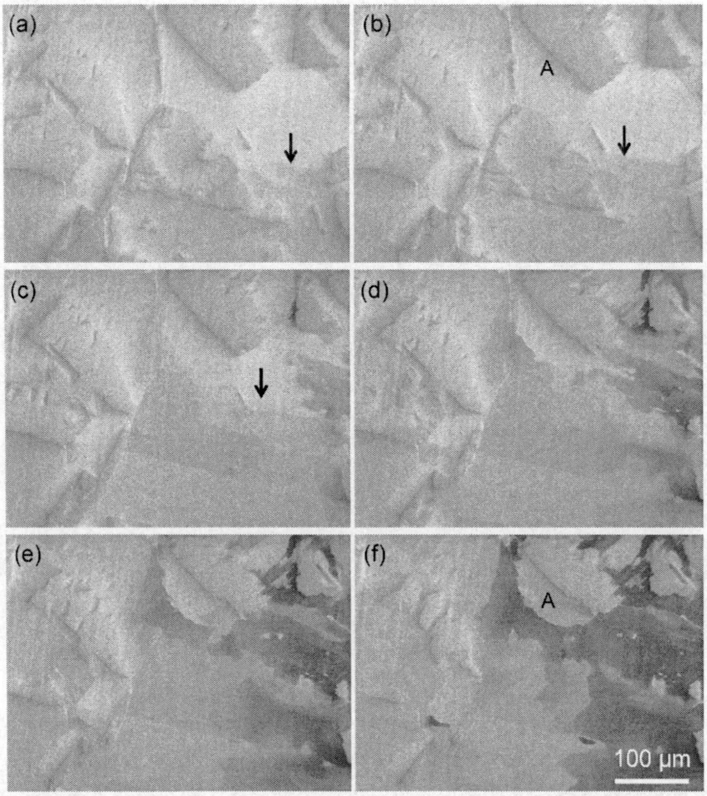

図 4　多結晶ニッケル表面における多層グラフェンの析出過程の SEM その場観察
(a)図 3(d)に続く 8 分後，(b)9 分後，(c)11 分後，(d)13 分後，(e)15 分後，(f)17 分後。

なお，文献 16 によれば，Ni(111) 表面に単層グラフェンが析出する温度は約 800～900 ℃の範囲で，それ以下では多層グラフェンが析出するとされている。我々の観察では，この析出温度は炭素濃度に依存しており，濃度が低い場合には析出温度は 100 ℃ほど低下する。本節で紹介したニッケル多結晶試料の炭素濃度の絶対値は不明であるが，文献 16 の場合より低く，単層グラフェンの析出温度は 800 ℃付近とみられる。試料が細いリボン状であったため，正確な温度測定ができていない。

3. 3　結晶面方位の影響

図 3，4 の SEM 像には，グラフェンが形成されない領域が残っている。これは，高温でのグラフェン溶融と 800 ℃付近でのグラフェン析出を何度繰り返してもほぼ同じ形状が得られる[10)]。したがって，グラフェンの形成され易さに多結晶ニッケル表面の結晶構造が関係していることが想定される。

多結晶試料の表面における結晶粒の方位は，SEM中で後方散乱電子回折（electron backscatter diffraction：EBSD）法によって調べることができる。これは，結晶方位によって電子線が散乱される量が変化する現象（チャンネリング）を利用して，多重散乱に起因する回折パターンから方位を決定する方法である。図5に図4(c)のSEM像とEBSD法で測定した結晶粒の方位分布を比較して示す。本来は{001}，{011}，{111}の3つの主要な結晶面方位をカラー表示で区別しているが[10]，本書はモノクロ印刷なので，SEM像中でグラフェンが析出せず，かつ，EBSDマップで{001}方位に近い領域を「N」で示した。これらグラフェンが析出していない領域は，おおよそ{001}方位の結晶粒の形状と一致していることが明らかである。{111}および{011}方位の結晶粒上では，一度生成したグラフェンは大きく広がっている。{111}と{011}方位の間の差があったとしても，{001}方位との差に比べればはるかに小さい。なお，図中のAの領域は{011}方位に近い結晶粒である。この部分でなぜ2層目以降が析出しなかったのかは，明らかではない。

{001}面方位の結晶粒表面でグラフェンが生成されにくい理由は，ニッケルの{001}面では炭素原子とニッケル原子の結合エネルギーが大きいことによる[19]。これは，剛体球モデルで考えた場合，{001}面では炭素原子は4個のニッケル原子と接し，{111}面の3個，{011}面の2個より

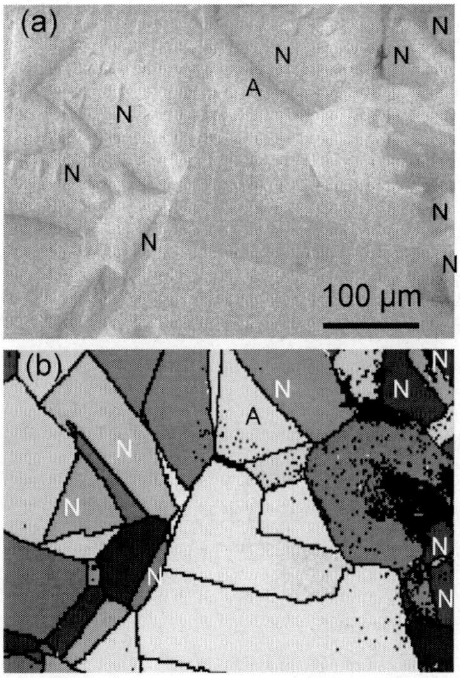

図5　多結晶ニッケル上のグラフェンの(a)SEM像（図5(c)に相当）と(b)ニッケル基板のEBSDマップの比較
「N」は{001}に近い面方位で，グラフェンが析出していない領域を示す。

も大きいことから理解できる。{001}面では炭素原子がニッケル原子と安定に結合するため，炭素原子同士には斥力が働き，表面炭素濃度はニッケル4原子あたり炭素原子1個となる[19]。このため，グラフェンが形成されにくい。

ただし，試料温度をさらに低下させた場合，あるいは，ニッケル中に溶融した炭素濃度が高い場合には，ニッケル表面に析出する炭素濃度が増加するので，{001}面上へのグラフェンの伸長が生じる場合もある[10]。

4 おわりに

原子層1層の厚みのグラフェンのエッジが，高温においてSEMで容易に観察できるのは驚くべきことである。グラフェンのエッジコントラストは半導体表面の原子ステップコントラストよりはるかに鮮明であり，低倍率のSEM像でも十分に識別できるものである。さらに，試料に用いたニッケル箔は特別な研磨を行っていないもので，表面にはマクロなスケールの凹凸があるにも関わらず，単層グラフェンが観察できている。この特異なコントラストの成因はまだ明らかではないが，実用的にはミリメータオーダの広範囲においてグラフェンエッジの観察を行うことができる。また，SEMでは，10^{-3}Pa台であれば，観察中のガス導入が可能であるので，グラフェンの気相成長過程をその場観察することができる。これらの点から，SEMその場観察は，グラフェンの大面積化への研究に有用である。

文　　献

1) K. S. Novoselov, *et al., Science*, **306**, 666 (2004)
2) H. Hibino, *et al., J. Phys. D: Appl. Phys.*, **43**, 374005 (2010)
3) P. W. Sutter, *et al., Nat. Mater.*, **7**, 406 (2008)
4) G. Odahara, *et al., Surf. Sci.*, **605**, 1095 (2011)
5) 本間芳和，応用物理，**69**, 1174 (2000)
6) Y. Homma, (Ed. by Z. Cao), Thin Film Growth, pp.3-21, Woodhead, (2011)
7) Y. Homma, *et al., Appl. Phys. Lett.*, **88**, 023115 (2006)
8) D. Takagi, *et al., Surf. Interface Anal.*, **38**, 1743 (2006)
9) I. Wako, *et al., Chem. Phys. Lett.*, **449**, 309 (2007)
10) K. Takahashi, *et al., Surf. Sci.*, **606**, 728 (2012)
11) H. Hiura, *et al., Appl. Phys. Exp.*, **3**, 095101 (2010)
12) Y. Homma, *et al., Appl. Phys. Lett.*, **84**, 1750 (2004)
13) 本間芳和，応用物理，**79**, 754 (2010)
14) K. S. Kim, *et al., Nature*, **457**, 706 (2009)

15) J. D. Wood, *et al., Nano Lett.,* **11**, 4547 (2011)
16) J. C. Shelton, *et al., Surf. Sci.,* **43**, 493 (1974)
17) Y. Homma, *et al., Surf. Sci.,* **258**, 147 (1991)
18) Y. Homma, *et al., Ultramicrosco.,* **52**, 187 (1993)
19) L. C. Isett, *et al., Surf. Sci.,* **58**, 397 (1976)

第16章　グラフェンの量子ホール伝導

長田俊人*

1　はじめに

劈開法により初めて単原子層グラフェンが実現したことは，半整数量子 Hall 効果の観測により実証された[1)]。本章では，その後多彩な展開を見せるグラフェン系の量子 Hall 効果の研究の現状を概観する。特に，移動度の向上によって顕在化した内部自由度の効果と量子 Hall 接合系の界面電子状態について解説する。

2　グラフェンの電子構造と量子ホール効果

2.1　単層グラフェン

単層グラフェンは蜂の巣格子の単位胞に A と B の 2 原子を含み，それらの $2p_z$ 軌道が最近接 transfer 積分 $\gamma_0 \equiv \gamma_{AB}$ で π 結合して伝導帯と価電子帯を形成する。$\mathbf{k}$ 空間において伝導帯と価電子帯は第 1 Brillouin 領域の正六角形の頂点で円錐状に点接触する。この分散を Dirac コーンと呼び，円錐の頂点すなわち 2 つのバンドが点接触する点を Dirac 点と呼ぶ。第 1 Brillouin 領域には独立な 2 つの頂点（K 点と K' 点，バレーと呼ばれる）に各々Dirac コーンが存在することになる。

単一バレー（K 点近傍）における電子状態は次の有効質量方程式で記述される[2)]。

$$\hbar v_F \begin{pmatrix} 0 & \hat{k}_x - i\hat{k}_y \\ \hat{k}_x + i\hat{k}_y & 0 \end{pmatrix} \begin{pmatrix} F_A^K(\mathbf{r}) \\ F_B^K(\mathbf{r}) \end{pmatrix} = E \begin{pmatrix} F_A^K(\mathbf{r}) \\ F_B^K(\mathbf{r}) \end{pmatrix}$$

ここで $\hat{\mathbf{k}} \equiv -i\nabla + (e/\hbar)\mathbf{A}(\mathbf{r})$，$v_F \equiv (\sqrt{3}/2)a\gamma_0/\hbar$ は Dirac コーンの傾き（群速度），$\mathbf{A}(\mathbf{r})$ はベクトルポテンシャルである。波動関数 $(F_A^K(\mathbf{r}),\ F_B^K(\mathbf{r}))$ は 2 成分スピノルで，各成分は A または B 原子上に電子が存在する確率振幅に相当する。これはスピン自由度に類似していることから擬スピンと呼ばれ，その演算子は Pauli 行列 $\hat{\boldsymbol{\sigma}} = (\sigma_x,\ \sigma_y,\ \sigma_z)$ で与えられる。上式は相対論的量子力学で質量ゼロの Dirac 粒子が満たす Weyl 方程式と同型になるので，グラフェンの伝導電子系はしばしば「固体中の Dirac 電子系」であると言われる。

磁場のない場合（$\mathbf{A}(\mathbf{r}) = 0$）の解は，K 点を基準とする相対波数 $\mathbf{k} = (k_x,\ k_y) = |\mathbf{k}|(\cos\varphi_{\mathbf{k}}, \sin\varphi_{\mathbf{k}})$ と伝導帯・価電子帯を区別する指標 ± で指定され，

*　Toshihito Osada　東京大学　物性研究所　准教授

$$E^K_{\mathbf{k}\pm} = \pm\hbar v_F|\mathbf{k}| = \pm\hbar v_F\sqrt{k_x^2 + k_y^2}$$

$$\begin{pmatrix} F^K_{A:\mathbf{k}\pm}(\mathbf{r}) \\ F^K_{B:\mathbf{k}\pm}(\mathbf{r}) \end{pmatrix} = \frac{1}{\sqrt{L_x L_y}} e^{i\mathbf{k}\cdot\mathbf{r}} \cdot \frac{1}{\sqrt{2}} e^{i\alpha_{\mathbf{k}\pm}} \begin{pmatrix} e^{-i\frac{\varphi_{\mathbf{k}}}{2}} \\ \pm e^{+i\frac{\varphi_{\mathbf{k}}}{2}} \end{pmatrix}$$

となる。ここで$\alpha_{\mathbf{k}\pm}$は（$\mathbf{k}$, ±）の任意の関数でゲージ位相因子を与える。エネルギー$E^K_{\mathbf{k}\pm}$はDiracコーン分散となる。波動関数は平面波部分と擬スピン部分の積となり，後者は$\mathbf{k}$に平行または反平行な擬スピン$\boldsymbol{\sigma}_{\mathbf{k}\pm} = \pm\mathbf{k}/|\mathbf{k}| = \pm(\cos\varphi_{\mathbf{k}}, \sin\varphi_{\mathbf{k}})$に対応する。一般に波動関数は$\mathbf{k}$の多価関数になるが，$\alpha_{\mathbf{k}\pm} = \pm\varphi_{\mathbf{k}}/2$とおけば一価関数にすることができる。その場合は$\mathbf{k}$がK点を周回する際に余分な位相$\pm\pi$がBerry位相として現れる。グラフェンにおける長距離弾性散乱は擬スピンを保存するバレー内散乱であるが，Berry位相に関係して後方散乱が消失するという著しい特徴を示す[3)]。これは垂直入射したDirac電子が正孔に転じてポテンシャル障壁を完全透過するKleinトンネリング[4)]を導く。

グラフェン面に垂直に一様磁場Bが印加された場合は，ベクトルポテンシャルとしてLandauゲージ$\mathbf{A}(\mathbf{r})=(0, Bx)$を採用すると，解は次のように求まる。

$$E_n = \mathrm{sgn}(n)\frac{\sqrt{2}\hbar v_F}{l}\sqrt{|n|} = \mathrm{sgn}(n)(\sqrt{2\hbar eB}v_F)\sqrt{|n|}$$

$$\begin{pmatrix} F^K_{A:nx_0}(\mathbf{r}) \\ F^K_{B:nx_0}(\mathbf{r}) \end{pmatrix} = \begin{cases} \dfrac{1}{\sqrt{L_y}} e^{iK_y y} \cdot \dfrac{1}{\sqrt{2}} \begin{pmatrix} \mathrm{sgn}(n)\, i^{|n|-1}\phi_{|n|-1x_0}(x) \\ i^{|n|}\phi_{|n|x_0}(x) \end{pmatrix} & (n = \pm1, \pm2, \pm3, \cdots) \\ \dfrac{1}{\sqrt{L_y}} e^{iK_y y} \cdot \begin{pmatrix} 0 \\ \phi_{nx_0}(x) \end{pmatrix} & (n=0) \end{cases}$$

エネルギーE_nは整数$n=0, \pm1, \pm2, \pm3, \cdots$で指定される離散的なLandau準位に量子化され，各Landau準位は中心座標$x_0 \equiv -l^2K_y$について$L_xL_y/2\pi l^2$重に縮退している。ここで$l=\sqrt{\hbar/eB}$は磁気長である。また$\phi_{Nx_0}(x)$は$x=x_0$を中心とする1次元調和振動子の第N固有関数（$N=0, 1, 2, 3, \cdots$）で，次式で与えられる。

$$\phi_{Nx_0}(x) \equiv \frac{1}{\sqrt{2^N N!\sqrt{\pi}\, l}} H_N\left(\frac{x-x_0}{l}\right) e^{-\frac{(x-x_0)^2}{2l^2}}$$

ここで$H_N(\xi)$はN次のHermite多項式である。$n=0$の基底Landau準位はゼロ点エネルギーを持たず，常にDirac点に現れる（$E_0=0$）という特徴的な振舞を示す。これはBerry位相により半古典的量子化条件が修正された結果である。また$n=0$のLandau準位の波動関数はB原子上のスピノル成分のみを持ち，擬スピンが下向きに完全偏極した状態になっている。

上では単一バレーについてスピンを考えずに議論した。現実の系では電子状態のエネルギーはバレーについて2重，スピンについて2重に縮退している点に注意する。波動関数については，K'点ではK点のスピノルのA成分とB成分を入れ替えたものになる。特にK'点における磁場中の$n=0$ Landau準位はA成分のみを持ち，擬スピンは上向きに偏極する。従って$n=0$

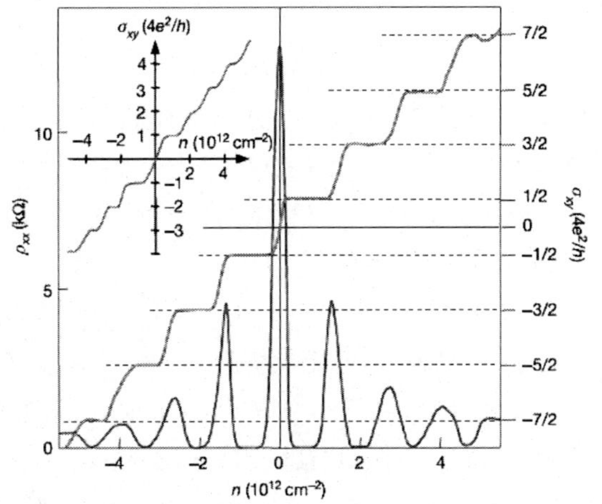

図1　単層グラフェンと2層グラフェン（挿入図）の量子Hall効果[1)]

Landau準位ではAとBの副格子自由度（擬スピン）とKとK'のバレー自由度が同等なものになる。

2005年に英国Manchester大のAndre GeimとKostya Novoselovらは表面にSiO_2絶縁層を形成した導電性Si基板上に劈開法により単層グラフェンを固定し，電子線リソグラフィー法で電極形成を行ったFET型素子を用いて，グラフェンの量子Hall効果の観測に成功した[1)]。導電性基板とグラフェンはコンデンサを形成するので，基板（ゲート電極）に加える電圧によりグラフェンのキャリアの極性（電子・正孔）と密度，従ってFermi準位の位置が制御できる。彼らは固定磁場中でゲート電圧を変化させて，グラフェンの4端子抵抗ρ_{xx}とHall抵抗ρ_{yx}を測定した（図1）。特徴的なことはHall伝導度のプラトーの高さ$\sigma_{xy}=-\nu(e^2/h)$を与える整数（Chern数）が$\nu=\pm2,\ \pm6,\ \pm10,\ \cdots=4n+2$という系列になることである。Hallプラトーの段差$\Delta\nu=4$はLandau準位がバレーとスピンについて4重に縮退していることにより説明される。一方，Hall伝導度の値自体は，単一Diracコーン（バレー），単一スピンあたりに直すと

$$\sigma_{xy}=-\left(n+\frac{1}{2}\right)\frac{e^2}{h}$$

という半奇数に量子化されていることになる。これは「電子の電荷が$-e$である限りσ_{xy}の量子化値νは必ず整数となる」ことを結論するLaughlinの一般的議論に反する極めて異常な振舞に見える。そのため当初グラフェンの量子Hall効果は「半整数量子Hall効果」と呼ばれた。グラフェンではAとBの副格子の同等性に関係して（カイラル対称性）K点とK'点に互いに時間反転対称な2つのDiracコーンが存在する。一般にカイラル対称性のある格子系ではDiracコーンは必ず対で現れ，単独では現れないためLaughlinの議論が破れることはない。ちなみに単一のDiracコーンが存在するトポロジカル絶縁体の表面状態ではHall伝導度は半整数値に量子化されるが，本質的に端がない2次元系なのでLaughlinの議論の適用範囲外となる[5,6)]。

2.2 2層グラフェン

次に2層グラフェンの電子状態と量子 Hall 効果について述べる[7]。劈開法で得られる通常の2層系は上下の層がずれた Bernal 積層をしており，下層の B 原子直上には上層の A' 原子が存在し transfer 積分 $\gamma_1 \equiv \gamma_{BA'}$ で結合して「2量体」を形成するが，下層の A 原子の直上，あるいは上層の B' 原子の直下には原子が存在しない。単位胞には A，B，A'，B' の4原子が含まれ，それらの $2p_z$ 軌道が4枚の2次元 π バンドを構成する。2量体を作らない A 原子と B' 原子は面内方向に単層グラフェンと同じ蜂の巣格子を形成する。各バンドは第一 Brillouin 領域の頂点（K 点と K' 点）で極値をとる。2量体の結合バンドと反結合バンドはギャップを開いて高エネルギーバンドを形成するため，上下に相手のいない A と B' の $2p_z$ 軌道が伝導帯と価電子帯を構成する。両者は K 点と K' 点で点接触するが，分散は円錐状ではなく回転放物面状になる。

単一バレー（K 点近傍）における電子状態は次の有効質量方程式で記述される。

$$-\frac{\hbar^2}{2m}\begin{pmatrix} 0 & (\hat{k}_x - i\hat{k}_y)^2 \\ (\hat{k}_x + i\hat{k}_y)^2 & 0 \end{pmatrix}\begin{pmatrix} F_A^K(\mathbf{r}) \\ F_{B'}^K(\mathbf{r}) \end{pmatrix} = E\begin{pmatrix} F_A^K(\mathbf{r}) \\ F_{B'}^K(\mathbf{r}) \end{pmatrix}$$

ここでγ_0，γ_1 以外の transfer を無視した。このとき A-B' 間の電子移動は直接には起こらず（$\gamma_3 \equiv \gamma_{AB'} = 0$），必ず2量体を介して起こることになる。$m \equiv \gamma_1 / 2v_F{}^2$ は伝導帯と価電子帯の有効質量の絶対値である。$\left(F_{\mathrm{A}}^K(\mathbf{r}),\ F_{B'}^{\mathrm{K}}(\mathbf{r})\right)$ の成分は2量体を作らない下層の A 原子または上層の B' 原子上の確率振幅に相当する。

磁場のない場合の解は，波数 $\mathbf{k} = (k_x,\ k_y) = |\mathbf{k}|(\cos\varphi_{\mathbf{k}}, \sin\varphi_{\mathbf{k}})$ と伝導帯・価電子帯を区別する指標±で指定され，

$$E_{\mathbf{k}\pm}^K = \pm\frac{\hbar^2}{2m}|\mathbf{k}|^2 = \pm\frac{\hbar^2}{2m}(k_x{}^2 + k_y{}^2)$$

$$\begin{pmatrix} F_{A;\mathbf{k}\pm}^K(\mathbf{r}) \\ F_{B';\mathbf{k}\pm}^K(\mathbf{r}) \end{pmatrix} = \frac{1}{\sqrt{L_x L_y}} e^{i\mathbf{k}\cdot\mathbf{r}} \cdot \frac{1}{\sqrt{2}} e^{i\alpha_{\mathbf{k}\pm}} \begin{pmatrix} e^{-i\varphi_{\mathbf{k}}} \\ \pm e^{+i\varphi_{\mathbf{k}}} \end{pmatrix}$$

となる。エネルギー$E_{\mathbf{k}\pm}^{\mathrm{K}}$は原点で接する一対の放物型分散を持つ。波動関数の擬スピン部分は $\boldsymbol{\sigma}_{\mathbf{k}\pm} = \pm(\cos 2\varphi_{\mathbf{k}},\ \sin 2\varphi_{\mathbf{k}})$ に対応する。$\alpha_{\mathbf{k}\pm} = 0$ とおけば波動関数は一価になり K 点周回時の Berry 位相は 2πとなる。

垂直磁場下の電子状態は，Landau ゲージ $\mathbf{A}(\mathbf{r}) = (0, Bx)$ を採用すると，

$$E_n = \mathrm{sgn}(n)\,\hbar\frac{eB}{m}\sqrt{|n|(|n|-1)}$$

$$\begin{pmatrix} F^{K}_{A;nx_0}(\mathbf{r}) \\ F^{K}_{B';nx_0}(\mathbf{r}) \end{pmatrix} = \begin{cases} \dfrac{1}{\sqrt{L_y}} e^{iK_y y} \cdot \dfrac{1}{\sqrt{2}} \begin{pmatrix} \mathrm{sgn}(n)\,\phi_{|n|-2\,x_0}(x) \\ \phi_{|n|x_0}(x) \end{pmatrix} & (n = \pm 2,\ \pm 3,\ \cdots) \\ \dfrac{1}{\sqrt{L_y}} e^{iK_y y} \cdot \begin{pmatrix} 0 \\ \phi_{nx_0}(x) \end{pmatrix} & (n = 0,\ 1) \end{cases}$$

のように求まる。エネルギーE_nは整数$n=0,\ 1,\ \pm 2,\ \pm 3,\ \cdots$で指定されるLandau準位に量子化され（$n=-1$の準位はない），$n=0$と$n=1$の準位は$E=0$に縮退している。$n=0$と$n=1$の波動関数はB'成分のみを持ち（擬スピンが下向きに偏極）上層に局在している。K'点ではK点のA成分とB'成分を入れ替えたものになるので，磁場中の$n=0$と$n=1$の波動関数はA成分のみを持ち下層に局在する。すなわち磁場中の2層グラフェンでは，$E=0$のLandau準位はLandau指数（$n=0$と$n=1$），バレー（KとK'），スピンについて各2重の計8重の縮退を有するのに対し，他のLandau準位はバレーとスピンについての4重縮退のみで，縮退度が異なる。$E=0$のLandau準位では，AとB'の副格子自由度（擬スピン）は下層と上層の自由度でもあり，KとK'のバレー自由度とも同等になる。

2層グラフェンの量子Hall効果は早い段階から観測され単層系と比較された[1]。2層系ではHall伝導度$\sigma_{xy}=-\nu(e^2/h)$を与えるChern数が$\nu=\pm 4,\ \pm 8,\ \pm 12,\ \cdots$いう系列になることが特徴である。Hallプラトーの高さの段差が電荷中性点でのみ$\Delta\nu=8$で，他では$\Delta\nu=4$になることは，$E=0$のLandau準位のみが8重縮退であることにより説明される。また2層系の場合も時間反転対称な2つのバレーが存在するためLaughlinの議論に抵触することはない。

3　量子ホール現象の鮮鋭化

半導体量子Hall系の歴史では，2次元電子系試料の高移動度化が，現象の鮮鋭化を通じて研究の新展開をもたらした。分数量子Hall効果，偶数分母状態，stripe状態などの発見がその例である。グラフェンの場合も同様で高移動度化に伴い量子ホール状態の新側面が明らかになってきた。

3.1　グラフェンの高移動度化

低温での試料移動度を決定する主要因はイオン化不純物散乱で，これを減少させることが課題である。グラフェンは本来電子数と正孔数が等しく電気的に補償されているはずであるが，現実のグラフェンはしばしばキャリアがドープされた状態で得られる。実際，電気抵抗のゲート電圧依存性を測定すると，本来ゲート電圧ゼロで現れるはずの抵抗ピーク（電荷中性点）が有限のゲート電圧で現れる。これは系のFermi準位がキャリアドープによりDirac点からずれている証拠である。このドープ源がイオン化不純物散乱体として働き移動度を低下させる。具体的なイオン化不純物としては，試料プロセス後に表面に残った有機物（レジストやテープの接着剤），表面に吸着したH_2O等の分子，基板のダングリングボンドによる化学結合などが考えられる。実際，残留有機物の影響は，STM探針を用いたグラフェン表面の機械的クリーニングにより移動度が向上することにより実証されている[8]。これらの影響を局限して移動度を向上させるために以下の操作がしばしば行われる。

①アニール

Ar/H_2混合ガス，不活性ガス（Ar，He，N_2など）の雰囲気中あるいは真空中で試料を高温加熱（アニール）処理することにより，試料表面の付着有機物を昇華蒸発させたり，吸着分子を脱離させて付着散乱体を除去することが行われる。測定直前にも試料自体に大電流を流して発生したJoule熱を用いる電流アニールが行われる。

②空中懸架構造

ダングリングボンドを介した化学結合や，基板との間の付着物など，基板の影響を局限するために，グラフェン直下の基板を除去した素子構造が用いられることがある[9]。これはsuspendedグラフェンあるいはfree-standingグラフェンなどと呼ばれ，基板上のグラフェンに電極を形成した後で，直下の基板を選択エッチングにより除去して，グラフェンを電極で宙吊りにしたものである。通常はグラフェン素子を作製したSiO_2/Si基板の除去部分以外をマスクした後，除去部分を緩衝（buffered）フッ酸でエッチングする。場合によっては，基板上に予めPMGI系リフトオフレジスト（LOR）膜を形成しておき，その上にグラフェン素子を形成後，LOR除去部分を電子線露光して現像液（o-キシレン）でエッチングする方法も行われる[10]。素子作製後の電流アニールは必須である。

③ h-BN基板

h-BN（六方晶窒化ホウ素）はグラファイトと同じく蜂の巣格子が積層した結晶構造を持つ層状絶縁体でwhite graphiteなどと呼ばれる（ただし積層様式は窒素の上にホウ素が来るAA積層で，グラファイトのようなAB積層（Bernal積層）ではない）。層間はvan der Waals力により結合しており，容易に劈開してダングリングボンドがなく原子層レベルで平坦な表面が得られる。従ってh-BNの劈開面を基板としてグラフェン素子を作製できれば，化学結合や非平坦性といった基板の影響を局限できると期待される[11]。これに使用できる高純度h-BN単結晶は物材機構の渡邊賢司，谷口尚によって合成されている。SiO_2/Si基板上にグラフェン作製と同様の劈開法でh-BN超薄膜を形成し，その上にグラフェンを固定して素子形成する。その際にh-BN薄片上にグラフェンを正確に位置合わせして固定する転写技術が重要となる。これは① SiO_2/Si基板上に水溶性膜とPMMA膜をスピンコートし，②劈開法でPMMA膜上にグラフェンを作製した後，③純水に浮かべてグラフェン付きPMMA膜を剥離し，④顕微鏡下で位置合せを行いh-BN薄片上へグラフェンを転写する，という手順で行われる。素子作製後のアニールは必須である。

3.2　対称性の破れによる量子ホール状態

単層グラフェンのLandau準位はスピンとバレーについて4重に縮退しているが，この縮退が

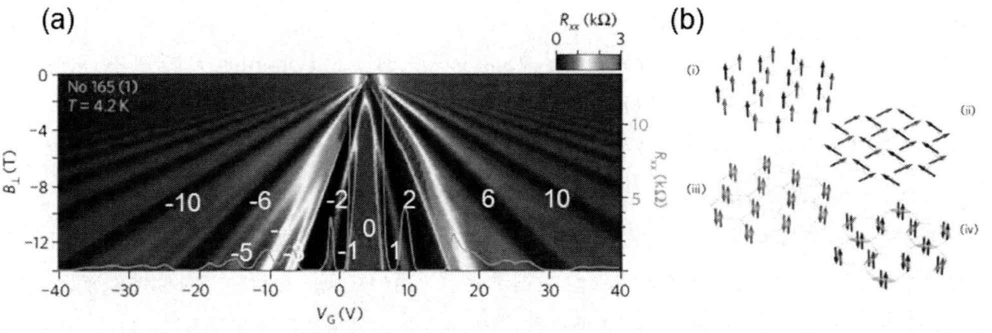

図2　h-BN 基板上単層グラフェンで測定された全整数量子 Hall 効果と $\nu=0$ 量子 Hall 絶縁相の電子状態の候補[13)]

(a)ゲート電圧と垂直磁場成分の関数として縦抵抗 ρ_{xx} を密度プロットしたもの。(b) $\nu=0$ 量子 Hall 絶縁相として可能な(i)量子 Hall 強磁性状態，(ii) cant した反強磁性状態，(iii)電荷整列状態，(iv) Kekule 歪状態。

Zeeman 効果や相互作用によって解ければ Landau 準位は分裂し，通常観測されない整数値の量子 Hall プラトーが現れる[12)]。米国 Columbia 大の Philip Kim のグループは h-BN 基板上の高移動度単層グラフェンを用いて，従来の量子 Hall 効果に加え Chern 数 $\nu=0,\ \pm1,\ \pm3,\ \pm4,\ \pm5,\ \cdots$ の量子 Hall プラトーを観測している（図2）[13)]。この中で $\nu=0$ の量子 Hall 状態は特殊で，Hall 電場がゼロとなるため，低温極限で $\rho_{xx}=1/\sigma_{xx}$ が指数関数的増大を示す絶縁相となる。前述のように単層グラフェンの各 Landau 準位はスピンとバレーについて4重に縮退している。全整数において量子 Hall 効果が観測されたという事実は，この4重縮退が破れていることを意味する。スピン縮退は強磁場中では Zeeman 分裂によって破れるが，バレー縮退も短距離相互作用によって破れていることになる。

特に $\nu=0$ の量子 Hall 絶縁相に注目が集まっている[14)]。これは，単純なスピン分裂によるスピン偏極状態（量子 Hall 強磁性状態）ではなく，短距離相互作用によってスピンとバレーの自由度が絡み合って4重縮退が破れた（SU(4) 対称性の自発的破れ）スピン非偏極状態であることが，活性化エネルギーの角度依存性の解析から明らかにされている[13)]。この場合の可能な秩序状態として，キャントした反強磁性状態，電荷整列状態，Kekule 歪状態の安定性が議論されている[15)]。

2層グラフェンについても同様に対称性の破れによる量子 Hall 状態が研究されている。2層系ではゼロエネルギーLandau 準位（$n=0,1$）は8重縮退しているが，これの破れを反映した整数量子 Hall 効果が強磁場で観測されている[16)]。2層系で伝導面に垂直な外部電場で2層の間にポテンシャルの差を導入すると，伝導帯と価電子帯の点接触が解け，両者の間にはギャップが開く。2層系のゼロエネルギー近傍の対称性の破れに由来する電子状態は層間電場をパラメータとしてさらに多彩な振舞を示すことが，高移動度 suspended 試料を用いた研究により明らかになっている[17〜19)]。

3.3 分数量子ホール効果

2009年に米国Rutgers大のEva AndreiのグループおよびColumbia大のPhilip Kimのグループにより単層グラフェンにおける分数量子Hall効果の観測が相次いで報告された[20,21]。これらは共に高移動度suspendedグラフェンの2端子素子を用いた実験であり，$\nu=1/3$の分数量子Hallプラトーが観測された（図3）。ρ_{xx}の温度依存性の活性化エネルギーから$\nu=1/3$状態のエネルギーギャップは14 Tで20 K程度という大きな値をとると評価された[22]。さらにColumbia大のグループはh-BN基板上グラフェン多端子素子を用いて実験を行い，対称性の破れによる$|\nu|=0, 1, 2, 3, 4, \cdots$の整数量子Hall効果と共に$|\nu|=1/3, 2/3, 4/3, 7/3, 8/3, 10/3, 11/3, \cdots$という一連の1/3系列の分数量子Hall効果を観測している（図4）[23]。特徴的な点は，$\nu=5/3$状態が観測されないこと，偶数分子状態のギャップは相対的に大きく$|\nu|$が増えると減少する傾向があるのに対し，奇数分子状態では逆になることなどである。グラフェンの分数量子Hall効果を考える場合，Landau準位の配置や縮退の違いを反映して占有率νの意味が半導体2次元電子系とは異なるので注意を要する。例えば占有率$\nu=1/3$は，半導体系ではスピン縮退の解けた低エネルギー側の$n=0$のLandau準位が電子で1/3占有された状況であるが，グラフェンでは4重縮退した$n=0$のLandau準位全体が正孔で5/12（電子で7/12）占有された状況に相当し，その意味付けは4重縮退の解け方に依存する。また占有率$\nu=5/3=2-1/3$は，4重縮退がスピンとバレーについて独立に解けていれば，それらの中で最もエネルギーの高い準位が正孔で1/3（電子で2/3）占有された状況に相当する。縮退の解けた個々のLandau準位については電子－正孔対称性が成り立つと考えられるので，対応する電子と正孔の分数量子Hall状態のギャップも同程度になるはずである。これを利用して各占有率の分数量子Hall状態の安定性を調べることにより，縮退の解け方（対称性の破れ方）に関する知見が得られる。実験結果は，スピン自由度とバレー自由度の混合した準位分裂を示唆しており（図4(d)）[23]，前項で述べた内容[13]とも整合している。

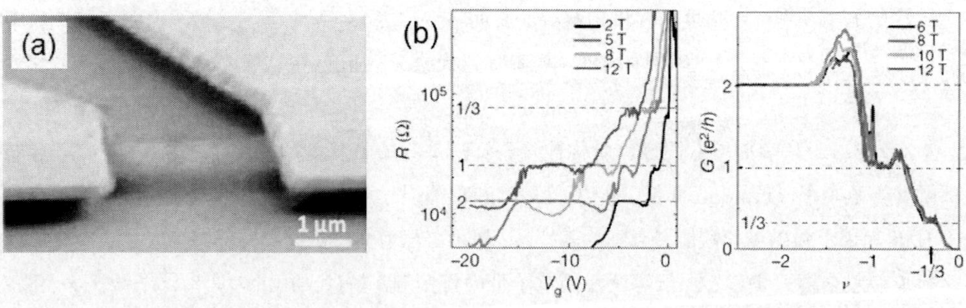

図3 (a) suspendedグラフェン2端子素子[21]と(b) $\nu=1/3$分数量子Hall効果[20]

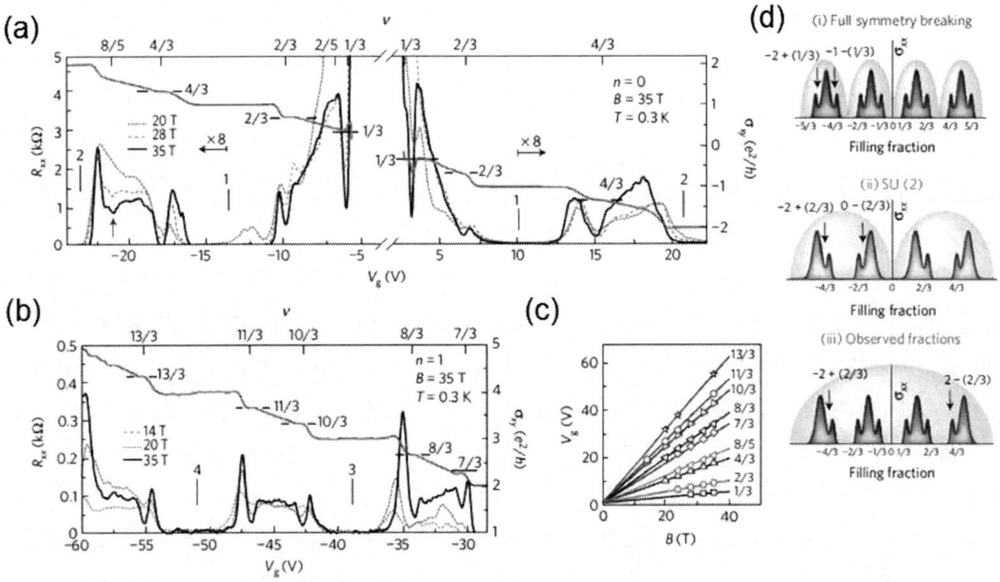

図4　h-BN基板上グラフェンで測定された整数・分数量子Hall効果と対称性の破れ[23)]

(a) $n=0$ および(b) $n=1$ のLandau準位の分裂による整数・分数量子Hall効果。(c)各分数量子Hall状態のファン・チャート。(d) 4重縮退の破れと電子-正孔対称性による対状態の位置の模式図。上段の図(i)はスピンとバレーの縮退が独立に解けた場合，中段(ii)は一方の縮退のみが解け2重縮退が残る場合，下段(iii)はスピンとバレーが混合した状態を示唆する実験結果の模式図。

4　量子ホール接合系のエッジ伝導

4. 1　半導体2次元電子系の量子ホールエッジ状態

端のある2次元電子系では，磁場中で試料端に沿って局在したエッジ状態が形成される。エッジ状態はサイクロトロン軌道が試料端で反射を繰り返す反跳軌道（skipping orbit）が量子化されたもので，Landau指数で区別される。系が量子Hall状態になると試料内部のFermi準位付近のバルク状態（散乱幅を持ったLandau準位）が局在するので，対角伝導度 σ_{xx} はゼロ（非散逸的）になる。このときエッジ状態だけがFermi準位の位置で局在していない状態になり，試料端に伝導チャネルを形成する。エッジ状態では電子は一方向にのみ伝搬するため，原理的に後方散乱が起こらない。これはLandauerの公式で透過率＝1の場合に相当するので，単一のエッジチャネルはスピン当たり e^2/h のコンダクタンスを持つ。量子Hall系の伝導現象は，試料内部をバルク絶縁体，試料端を伝導チャネルのネットワークと見なすことによって説明できる（Landauer-Buttiker描像）。

Hall伝導度の量子化値（Chern数）が異なる2つの量子Hall系を接触させた接合系では，接合界面に沿ってエッジ状態が形成される。境界エッジチャネルの数は2つの系のChern数の差となる（バルク・エッジ対応）。

4.2 グラフェンの量子ホールエッジ状態

磁場中量子 Hall 状態下のグラフェンにおいても，試料端にはエッジチャネルが形成され，量子 Hall 伝導は Landauer-Buttiker 描像で説明できる。グラフェンでは，ゲート電圧を変えることにより伝導帯（n 型）から価電子帯（p 型）にわたる広い範囲で Fermi 準位を設定できる（bipolarity）ため，電子の量子 Hall 効果と正孔の量子 Hall 効果を共に観測できる。ここではこれがエッジ描像でどのように説明できるのかを考察しよう。

単層グラフェンのエッジ状態を求めるには，前出の磁場中有効質量方程式を端に関する適当な境界条件の下で解けばよい[24, 25]。バルクでは K 点と K' 点に関する方程式を独立に扱うことができたが，試料端の境界条件は一般に両者を混合するため，4 成分スピノル（$F_A^K(\mathbf{r})$，$F_B^K(\mathbf{r})$，$F_A^{K'}(\mathbf{r})$，$F_B^{K'}(\mathbf{r})$）を考える必要がある。境界条件の与え方は試料端の状況によって異なる。例えばアームチェア端では A 原子と B 原子が対等に試料表面（縁）に出ているため，試料端で A 原子と B 原子の包絡関数の振幅がゼロとなる条件，$F_A^K(\mathbf{r}) + F_A^{K'}(\mathbf{r}) = 0$ かつ $F_B^K(\mathbf{r}) + F_B^{K'}(\mathbf{r}) = 0$ を課す。このときは K と K' のバレーの混合が生ずる。一方，A 原子か B 原子の一方のみが試料表面（縁）に出ているジグザグ端では，各バレーについて表面に出ている原子（B 原子とする）の包絡関数の振幅をゼロにする条件，$F_B^K(\mathbf{r}) = 0$ と $F_B^{K'}(\mathbf{r}) = 0$ を課す。この場合はバレーの混合は生じない。

アームチェア端が $x=0$ にある（試料内部を $x<0$ とする）場合について，エッジ状態のエネルギーを（反跳軌道を作る）サイクロトロン軌道の中心座標 $x_0 \equiv -l^2K_y$（K_y は端に沿った波数）の関数として描いたものが図 5(b)である。この図では簡単のため電子のスピンと Zeeman 効果は考えていない。$n \geq 1$ の伝導帯の Landau 準位は，サイクロトロン軌道が試料端に接触するようになるとエネルギーが増大してエッジ状態に変化する。このときバレーについての 2 重縮退が解け，K と K' が混合した 2 つの電子的エッジ状態となる。対照的に，$n \leq -1$ の価電子帯の Landau 準位は，試料端近傍でエネルギーが減少し，バレー縮退が解け各々2 つの正孔的エッジ状態となる。特徴的なのはゼロモードである $n=0$ の Landau 準位で，試料端近傍ではバレーについての 2 重縮退が解け，K と K' が混合した電子的なエッジ状態と正孔的なエッジ状態に分裂する。

ジグザグ端の場合も基本的には同様の図になるが，バレー縮退が解けた各エッジ状態は混合せず K と K' に分裂する点，ジグザグ端のゼロ磁場エッジ状態を反映した包絡関数の局在が試料端に見られる点が異なる。

エッジ描像の立場では，単層グラフェンの半整数量子 Hall 効果は，バレー縮退していた $n=0$ の Landau 準位の電子的および正孔的エッジ状態への分裂により説明される。量子 Hall 状態では Fermi 準位は試料内部のバルク Landau 準位間のギャップまたは移動度ギャップ（散乱幅を持つ Landau 準位のエネルギー端の局在領域）に位置する。Fermi 準位が電子側の第 n 準位と第 $n+1$ 準位の間のギャップにある場合，スピンとバレーの違いを考慮すると $\nu=4n+2$ 本のエッジ状態が Fermi 準位と交叉し，その交点に $4n+2$ 本の伝導チャネルを作ることになる（図 5(c)）。

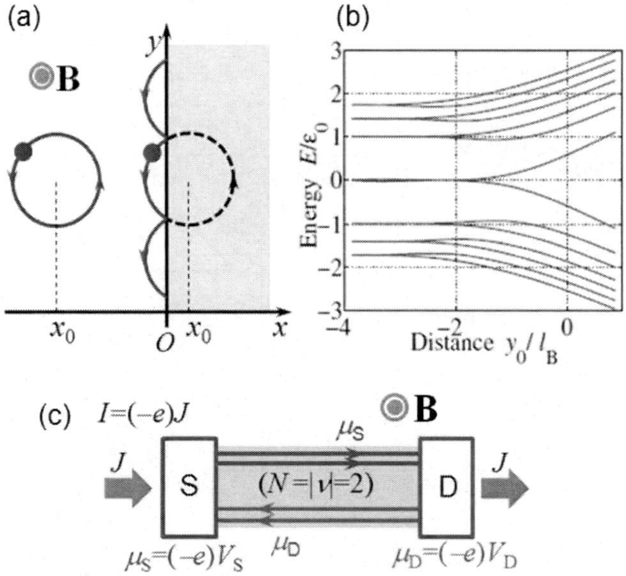

図5　単層グラフェンの試料端における反跳軌道とエッジ状態

(a)中心座標 x_0 が試料端 $x=0$ に近づくとサイクロトロン軌道が端で反射され反跳軌道が現れる。(b)反跳軌道が量子化されたエッジ状態のエネルギーを中心座標の関数として描いたもの（Zeeman 分裂は省略した）[24]。エッジ状態ではバレー縮退が解ける。(c)2端子試料の端に形成されるエッジチャネル。

この中の2本は，$n=0$ の Landau 準位がバレー分裂した片側の電子的エッジ状態である。各エッジチャネルは一方向のみに e^2/h のコンダクタンスを持つので，Landauer-Buttiker 公式により，Hall コンダクタンスが $\sigma_{xy}=(4n+2)e^2/h$ と求まる。従って単一スピン・単一バレーあたり $\sigma_{xy}=(n+1/2)e^2/h$ の Hall コンダクタンスを持つことが結論される。

4.3　グラフェン接合系における量子ホールエッジ伝導

グラフェンについても異なる量子 Hall 系を接触させた接合系を考えることができる[26]。Chern 数の異なる量子 Hall 領域が接触する単層グラフェンの接合構造を得るには，キャリア密度を部分的に変えた領域を試料内に作ればよい。すなわち基板上のグラフェンの一部分を絶縁膜を介して金属膜で覆った素子を作製する（図6(a)）。この金属膜は付加的なゲート電極で，これに加えるトップゲート電圧と基板に加えるバックゲート電圧によって，グラフェンの金属膜で覆った部分と覆われていない部分のキャリアの極性と密度を制御する。トップゲート電圧で2つの領域の間にポテンシャル段差を作り，バックゲート電圧で Fermi 準位を設定すると考えれば良い。特にポテンシャル段差の中に Fermi 準位を位置させることにより，キャリアが電子である n 型領域とキャリアが正孔である p 型領域のバイポーラ接合構造（pn 接合）を実現できる点がグラフェン接合系の特徴である。pn 接合構造は，Dirac 粒子の顕著な性質である Klein トンネリングの舞台としても興味が持たれている[4]。

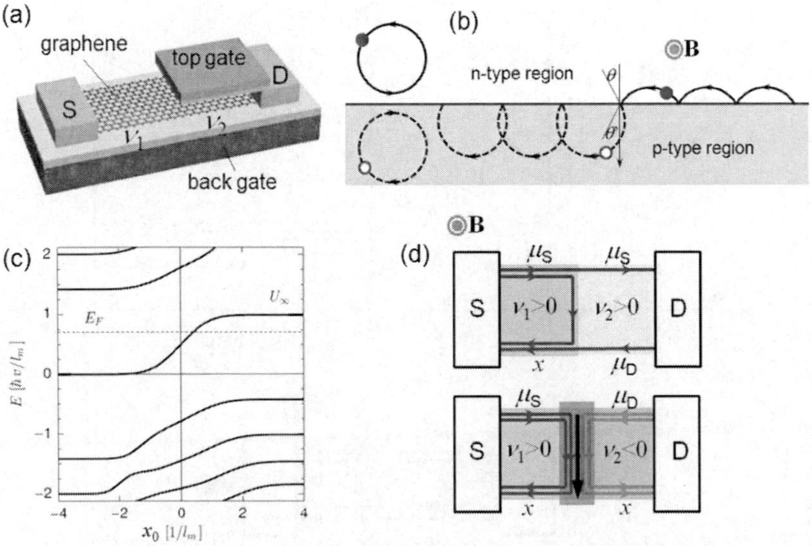

図6　単層グラフェンpn接合の接合境界に沿った軌道運動と境界状態

(a)単層グラフェン接合素子。(b)pn 接合近傍では電子と正孔のサイクロトロン軌道が境界で反射された反跳軌道に加え，有限の確率で他方の領域に Klein トンネリングして電子－正孔転換が起こる。このため２つの領域のエッジ状態が混成し境界状態を形成する。(c)pn 接合付近の境界状態のエネルギーの中心座標依存性（Zeeman 分裂は省略した）[26]。２つの領域のエッジ状態（図５(b)）の交点に Klein トンネリングによるギャップが開いたものと解釈できる。(d)nn 接合（上図）と np 接合（下図）におけるエッジチャネルの配置。領域１と領域２の接合境界に境界チャネルが形成される。

磁場中の半導体２次元電子系では，ポテンシャル障壁以下のエネルギーの電子は，障壁によりサイクロトロン軌道運動が反射された反跳軌道運動を行い，これが Landau 量子化されてエッジ状態が形成される。しかし Dirac 電子系であるグラフェンでは，n 型領域の電子は pn 接合境界のポテンシャル障壁で必ずしも反射されず，有限の確率で障壁を Klein トンネリングして p 型領域の正孔に転ずる[4]。p 型領域では正孔は電子と逆向きのサイクロトロン軌道運動を行うので，２つの領域の境界に沿った反跳軌道は同じ向きに進む。結局，Dirac 粒子は反跳軌道運動または Klein トンネリングを繰り返しながら接合境界に沿って一方向に伝搬することになる（図６(b)）。これが量子化されて境界状態が形成され，接合に沿った境界チャネルが現れる。

この境界状態は平行に走る n 型領域の電子のエッジ状態と p 型領域の正孔のエッジ状態が Klein トンネリングにより混成したものである。実際，図６(c)に示した境界状態の中心座標依存性[26]は，各領域のエッジ状態の交点で混成が起こりギャップが開いたものと解釈できる。境界状態と Fermi 準位の交点が境界チャネルを与えるが，その数は各領域のエッジチャネル数の和となる。

単層グラフェンの pn 接合素子の量子 Hall 伝導の研究は，2007 年の Harvard 大の Williams, Marcus らの先駆的研究に始まる[27]。彼らは接合境界を横切る２端子コンダクタンス G_{12} をバッ

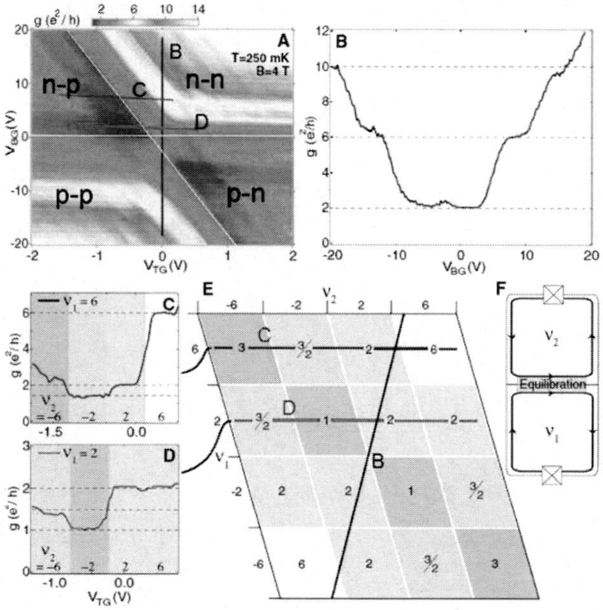

図7　量子 Hall 領域における単層グラフェン pn 接合の２端子コンダクタンス[26]
A 図は２端子コンダクタンス G_{12} の V_{TG}, V_{BG} 依存性の測定値，E 図は実験結果に基づき V_{TG}-V_{BG} 平面を e^2/h を単位としたプラトー値で模式的に領域分けしたもの。A 図，E 図中の線分 B，C，D に沿ったコンダクタンスの測定値が，B 図，C 図，D 図に示してある。

クゲート電圧 V_{BG} とトップゲート電圧 V_{TG} の関数として測定し，図７の結果を得た。図7A の V_{TG}-V_{BG} 平面において，中央の水平線 $V_{BG}=0$ はトップゲートのない部分（領域１）の電荷中性点（Fermi 準位が Dirac 点と一致するゲート電圧）に対応し，領域１の n 型領域と p 型領域の境界を与える。斜めの直線はトップゲートに覆われた部分（領域２）の電荷中性点に対応し，同じく領域２が n 型あるいは p 型になる境界を与える。V_{TG}-V_{BG} 平面はこの２本の直線により４つの領域に分割されるが，これらは各々nn 接合，np 接合，pn 接合，pp 接合に対応する。領域１と２の Chern 数をそれぞれ ν_1, ν_2（$4n+2$（n：整数）の値をとり符号は n（p）型のとき正（負））とおくと，磁場中の量子 Hall 領域で測定された G_{12} は，nn 接合と pp 接合では

$$G_{12}=\frac{e^2}{h}\min(|\nu_1|,|\nu_2|)$$

となる。これは半導体２次元系の量子 Hall 接合系の場合と同様の結果である。一方，np 接合と pn 接合では，

$$G_{12}=\frac{e^2}{h}\frac{|\nu_1||\nu_2|}{|\nu_1|+|\nu_2|}$$

となることが実験的に見出された。これは領域１と領域２を直列接続したときの合成コンダクタンスに等しい。

この状況をエッジ描像で考える場合，接合部の両端におけるエッジチャネルと境界チャネルの間の透過確率が問題となる。各領域のエッジチャネルの数（逆向きの対の数）は $|\nu_1|$, $|\nu_2|$ となる。境界チャネルの詳細は未知なので接合部をブラックボックスと考えよう。領域1の1つのエッジチャネルから接合部へ入射した後，領域2の1つの出射エッジチャネルへ透過する確率を $T_{2\leftarrow1}$，領域1の1つの出射エッジチャネルへ反射する確率を $R_{1\leftarrow1}$ と仮定する。確率の保存から $|\nu_1|R_{1\leftarrow1}+|\nu_2|T_{2\leftarrow1}=1$ が，対称性から $T\equiv T_{2\leftarrow1}=T_{1\leftarrow2}$ が成り立つ。このとき接合をよぎる2端子コンダクタンスは，Landauer-Buttiker 公式により

$$G_{12}=\frac{e^2}{h}|\nu_1||\nu_2|T$$

と書ける。測定結果と比較すると，nn 接合と pp 接合では $T=1/\max(|\nu_1|, |\nu_2|)$ となり，基本的に半導体2次元系の場合と同じく，$\min(|\nu_1|, |\nu_2|)$ 本のエッジチャネルが接合部を完全透過して試料端を直進し，$||\nu_1|-|\nu_2||$ 本の境界チャネルが接合境界に沿って走る。接合の両側の領域の逆向きのエッジチャネルは，混成の結果（ギャップを開いて）対単位で相殺することになる。この状況をここでは“maximum transmission”と呼ぼう。一方，np 接合と pn 接合では $T=1/(|\nu_1|+|\nu_2|)$ となるが，これは，$T\equiv T_{2\leftarrow1}=T_{1\leftarrow2}=R_{1\leftarrow1}=R_{2\leftarrow2}$ の場合に相当し，接合部に入射した電子は全てのチャネルから等確率で出射することになる。前に述べたように，np 接合または pn 接合では，平行に走る n 型領域のエッジ状態と p 型領域のエッジ状態が Klein トンネリングにより混成して境界チャネルが構成される。このエッジ状態の混成と，混成状態間の非平衡分布の緩和により，電子がどの入射チャネルから接合部に入ったかの情報は失われ，全ての出射チャネルから等確率で出て来るのである。初めて接合問題を議論した MIT の Abanin と Levitov は，この状況を“full-mixing”と呼んだ[28]。

full-mixing の状況では接合系の2端子抵抗は各領域の単純な直列抵抗となり，本来量子 Hall エッジ伝導に特有な非局所性やバリスティック性が現れない。この問題については数値的研究が行われており，接合近傍が clean ではなく不規則性（乱れ）を伴う場合に full-mixing が起こることがわかっている[29~32]。

グラフェン接合系の量子 Hall エッジ伝導の研究は，単層グラフェンに関するものだけでも，2重接合構造（pnp 接合）[33,34]，多端子測定[35]，量子ポイントコンタクト[36]，pn 接合境界チャネル伝導[37]など多岐にわたっており，2層グラフェン pn 接合系[38]や単層－2層グラフェン接合系[39,40]についても同様の研究が行われている。こうした研究の主たる興味は，接合に沿った境界チャネルの性質である。一般に，境界チャネルは両側のエッジ状態の混成により生じ，両側のエッジチャネルの向きが逆の場合（nn または pp 接合）は maximum transmission，同じ場合（pn 接合）は乱れの存在下で混成と緩和による full-mixing が起こる傾向がある。

異なる Chern 数を持つ量子 Hall 接合系の境界伝導チャネルは，異なるトポロジカル数を持つ絶縁体状態の界面金属状態の1つの例である。グラフェン接合系は，「絶縁体界面でトポロジカル数が変化するとき，バルクのギャップが閉じて金属状態が現れる」というバルク・エッジ対応

の格好の研究対象である。

5　おわりに

グラフェン系の Dirac 電子系は，擬スピンや電子-正孔対称性という内部自由度を持っている。こうした内部自由度が，対称性の破れによる Landau 準位の分裂や Klein トンネリング（電子-正孔転換）による境界チャネルの形成を通じて，量子 Hall 系の物性に新展開をもたらした例を紹介した。今後，試料の品質向上，測定の精密化，人工格子などの各種量子構造の実現により，グラフェン系の量子 Hall 物性の更なる発展が期待される。

文　　献

1）K. S. Novoselov, A. K. Geim, S. V. Morozov, D. Jiang, M. I. Katsnelson, I. V. Grigorieva, S. V. Dubonos, and A. A. Firsov, *Nature* **438**, 197 (2005)
2）T. Ando, *J. Phys. Soc. Jpn.* **74**, 777 (2005)
3）T. Ando, T. Nakanishi, and R. Saito, *J. Phys. Soc. Jpn.* **67**, 2857 (1998)
4）M. I. Katsnelson, K. S. Novoselov, and A. K. Geim, *Nat. Phys.* **2**, 620 (2006)
5）初貝安弘，青木秀夫，固体物理 **45**, 457 (2010)
6）青木秀夫，固体物理 **45**, 753 (2010)
7）E. McCann and V. I. Fal' ko, *Phys. Rev. Lett.* **96**, 086805 (2006)
8）A. M. Goossens, V. E. Calado, A. Barreiro, K. Watanabe, T. Taniguchi, and L. M. K. Vandersypen, *Appl. Phys. Lett.* **100**, 073110 (2012)
9）K. I. Bolotin, K. J. Sikes, Z. Jiang, G. Fudenberg, J. Hone, P. Kim, H. L. Stormer, *Solid State Commun.* **146**, 351 (2008)
10）N. Tombros, A. Veligura, J. Junesch, J. J. van den Berg, P. J. Zomer, M. Wojtaszek, I. J. Vera Marun, H. T. Jonkman, and B. J. van Wees, *J. Appl. Phys.* **109**, 093702 (2011)
11）C. R. Dean, A. F. Young, I. Meric, C. Lee, L. Wang, S. Sorgenfrei, K. Watanabe, T. Taniguchi, P. Kim, K. L. Shepard, and J. Hone, *Nat. Nanotech.* **5**, 722 (2010)
12）Y. Zhang, Z. Jiang, J. P. Small, M. S. Purewa, Y.-W. Tan, M. Fazlollahi, J. D. Chudow, J. A. Jaszczak, H. L. Stormer, and P. Kim, *Phys. Rev. Lett.* **96**, 136806 (2006)
13）A. F. Young, C. R. Dean, L. Wang, H. Ren, P. Cadden-Zimansky, K. Watanabe, T. Taniguchi, J. Hone, K. L. Shepard, and P. Kim, *Nat. Phys.* **8**, 550 (2012)
14）J. G. Checkelsky, L. Li, and N. P. Ong, *Phys. Rev. Lett.* **100**, 206801 (2008)
15）M. Kharitonov, *Phys. Rev. B* **85**, 155439 (2012)
16）Y. Zhao, P. Cadden-Zimansky, Z. Jiang, and P. Kim, *Phys. Rev. Lett.* **104**, 066801 (2010)
17）B. E. Feldman, J. Martin, and A. Yacoby, *Nat. Phys.* **5**, 889 (2009)

18) R. T. Weitz, M. T. Allen, B. E. Feldman, J. Martin, and A. Yacoby, *Science* **330**, 813 (2010)
19) J. Velasco Jr., L. Jing, W. Bao, Y. Lee, P. Kratz, V. Aji, M. Bockrath, C. N. Lau, C. Varma, R. Stillwell, D. Smirnov, F. Zhang, J. Jung, and A. H. MacDonald, *Nat. Nanotech.* **7**, 156 (2012)
20) X. Du, I. Skachko, F. Duerr, A. Luican, and E. Y. Andrei, *Nature* **462**, 192 (2009)
21) K. I. Bolotin, F. Ghahari, M. D. Shulman, H. L. Stormer, and P. Kim, *Nature* **462**, 196 (2009)
22) F. Ghahari, Y. Zhao, P. Cadden-Zimansky, K. Bolotin, and P. Kim, *Phys. Rev. Lett.* **106**, 046801 (2011)
23) C. R. Dean, A. F. Young, P. Cadden-Zimansky, L. Wang, H. Ren, K. Watanabe, T. Taniguchi, P. Kim, J. Hone, and K. L. Shepard, *Nat. Phys.* **7**, 693 (2011)
24) D. A. Abanin, P. A. Lee, and L. S. Levitov, *Phys. Rev. Lett.* **96**, 176803 (2006)
25) L. Brey and H. A. Fertig, *Phys. Rev. B* **73**, 195408 (2006)
26) J. Tworzydło, I. Snyman, A. R. Akhmerov, and C. W. J. Beenakker, *Phys. Rev. B* **76**, 035411 (2007)
27) J. R. Williams, L. DiCarlo, and C. M. Marcus, *Science* **317**, 638 (2007)
28) D. A. Abanin and L. S. Levitov, *Science* **317**, 641 (2007)
29) J. Li and S.-Q. Shen, *Phys. Rev. B* **78**, 205308 (2008)
30) T. Low, *Phys. Rev. B* **80**, 205423 (2009)
31) W. Long, Q.-F. Sun, and J. Wang, *Phys. Rev. Lett.* **101**, 166806 (2008)
32) J.-C. Chen, T. C. A. Yeung, and Q.-F. Sun, *Phys. Rev. B* **81**, 245417 (2010)
33) B. Ozyilmaz, P. Jarillo-Herrero, D. Efetov, D. A. Abanin, L. S. Levitov, and P. Kim, *Phys. Rev. Lett.* **99**, 166804 (2007)
34) D.-K. Ki and H.-J. Lee, *Phys. Rev. B* **79**, 195327 (2009)
35) T. Lohmann, K. von Klitzing, and J. H. Smet, *Nano Lett.* **9**, 1973 (2009)
36) S. Nakaharai, J. R. Williams, and C. M. Marcus, *Phys. Rev. Lett.* **107**, 036602 (2011)
37) J. R. Williams and C. M. Marcus, *Phys. Rev. Lett.* **107**, 046602 (2011)
38) L. Jing, J. Velasco Jr., P. Kratz, G. Liu, W. Bao, M. Bockrath, and C. N. Lau, *Nano Lett.* **10**, 4000 (2010)
39) M. Koshino, T. Nakanishi, and T. Ando, *Phys. Rev. B* **82**, 205436 (2010)
40) A. Tsukuda, H. Okunaga, D. Nakahara, K. Uchida, T. Konoike, and T. Osada, *J. Phys.: Conf. Ser.* **334**, 012038 (2011)

第17章　SiO_2 上グラフェンの輸送特性の予想限界と現状

長汐晃輔[*1]，鳥海　明[*2]

1　はじめに

単原子層膜であるグラフェンは，エッジにおけるエネルギー的不利を解消しチューブ化して安定に存在すると考えられていたため，現実には得られないと思われていた。しかしながら，SiO_2/Si 基板上への転写により得られるということは，グラフェンと基板との相互作用が存在しエネルギー的に安定な状態になっていると思われる。グラフェンでは，全原子が表面を構成し，輸送特性を担う π 電子は最表面に存在するため，絶縁膜 / グラフェン界面の相互作用により直線の分散関係が影響を受け，電子輸送特性においても基板の影響は大きいことが容易に想像できる。本章では，グラフェン / 絶縁膜界面の相互作用に着目し，電子輸送特性の観点から議論したい。

2　様々な基板上グラフェンの移動度の予想限界値

グラフェンの移動度は 200,000 cm^2/Vs を超えるという記述を見るが，絶縁膜との相互作用をなくした懸垂保持形状にした場合であり，図1に示すように，SiO_2 上グラフェンの移動度は，最初の報告以来 10,000 cm^2/Vs 以上に改善されていない[1~3]。SiO_2 上グラフェンの移動度の現状と限界は，Chen らにより詳細に議論され図2(a)のように理解されている[4]。■および▲が実際の SiO_2 上グラフェンの移動度の温度依存性であり，現状 SiO_2 表面に存在する電荷不純物によるクーロン散乱（図中 SiO_2 Charged impurity）が移動度を律速していると考えられている[5]。図2(b)の荷電不純物濃度と移動度の関係から，移動度が 10,000 cm^2/Vs 程度なので，$5\times10^{11}cm^{-2}$ の荷電不純物濃度と見積もれる[6]。

また，彼らは抵抗率の温度依存性はグラフェンの音響フォノン（図中 graphene LA）よりも SiO_2 表面の光学フォノン（図中 SiO_2 OP）で支配されていることを指摘した。誘電体は極性をもつ結合ゆえ，表面の光学フォノンの振動により長距離の分極場を生じグラフェンの移動度の劣化が顕著に観測されることを予測しており[7]，この長距離散乱過程をリモートフォノン散乱と呼ぶ。このことから，SiO_2 表面に存在する荷電不純物を低下させることができれば，SiO_2 上では室温で 50,000 cm^2/Vs 程度まで移動度を向上させることが可能であると言える。また，同様な議論か

＊1　Kosuke Nagashio　東京大学　大学院工学系研究科　マテリアル工学専攻　准教授
＊2　Akira Toriumi　東京大学　大学院工学系研究科　マテリアル工学専攻　教授

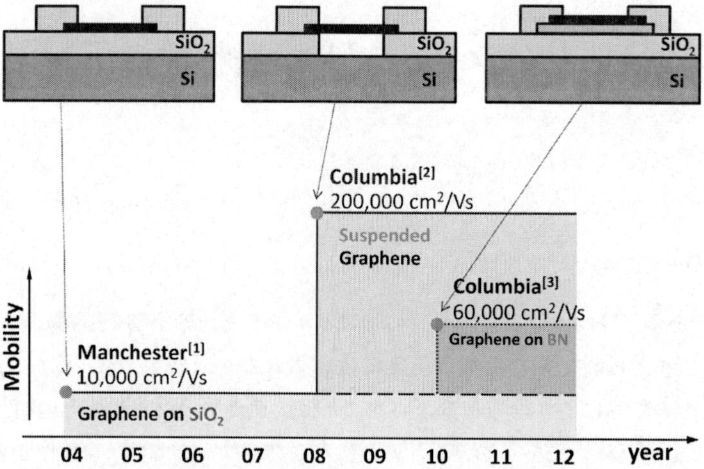

図1　これまでに報告されたグラフェンの移動度の遷移
電気的信頼性の高い SiO_2 基板上では，移動度は10,000 cm^2/Vs を超えない。この改善が重要である。

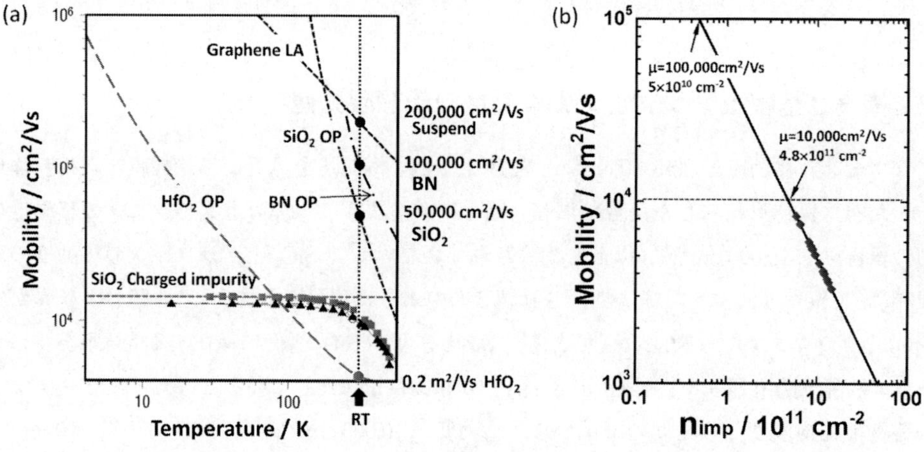

図2
(a) SiO_2 上グラフェンの移動度の温度依存性[4]。■および▲は2つの異なる試料の実験データ[4]。図中のLA, OPはそれぞれ縦音響フォノン，光学フォノンを示している。様々な基板における室温で予想される移動度を図右側に示してある。(b)荷電不純物濃度と移動度の関係[5]。

らグラフェンの下の SiO_2 を取り除き懸垂状態にした場合には，荷電不純物および SiO_2 のリモートフォノン散乱の影響を無視できるため，最終的にグラフェンの音響フォノンで移動度は律速され，200,000 cm^2/Vs 程度を達成できることが予想され，実際室温でも100,000 cm^2/Vs を超える値が報告されている[8]。

ここで，Siにおけるhigh-k膜として最も一般的な HfO_2 とグラフェンにおいて非常に高い移動度を得ているBNを基板とした場合において，リモートフォノン散乱の観点から議論する。リモートフォノン散乱率Γは非常に粗い近似において以下のように表わされる[7]。

$$\Gamma \propto \omega_{\mathrm{SO}} \cdot \exp\left(-\frac{\hbar\omega_{\mathrm{SO}}}{k_{\mathrm{B}}T}\right) \qquad \text{ただし，} \omega_{\mathrm{SO}} = \omega_{\mathrm{TO}}\left(\frac{1+\varepsilon_{\mathrm{S}}}{1+\varepsilon_{\infty}}\right)^{1/2} \text{である。}$$

ここで，ω_{SO}，ω_{TO}，ε_{S}，ε_{∞}は，それぞれ，表面での光学フォノンの角振動数，縦波光学フォノンの角振動数，（静的）誘電率，高周波数における誘電率であり，それぞれの基板材料に対する値を表1にまとめてある[4,7,9]。ここで，表面での光学フォノンの角振動数を表わす式中において真空の誘電率1が使われているように，グラフェン自身はこの近似において無視されており，Γは表面での光学フォノンの振動数に熱励起割合を掛けたものであり基板側のみに着目した最も粗い近似となっている。表中のΓは上式を計算しSiO_2におけるΓを1としたときの比として表わした。共有結合性の強いSiO_2，BN，SiCと比較してイオン結合性の強いHfO_2は結合エネルギーが小さいため，ω_{SO}が相対的に小さくなり，リモートフォノン散乱の強度は強くなる。そのため，図2(a)から明らかに，HfO_2では予想される移動度は低く，BNやSiC上のエピグラフェンは移動度が高いことが予想される。ただし，HfO_2については，高移動度が報告されており現時点でリモートフォノンの影響の程度は結論を得ていない[10]。また，100,000 $\mathrm{cm^2/Vs}$の移動度を達成するためには，それぞれの界面において図2(b)から荷電不純物を$5\times10^{10}\ \mathrm{cm^{-2}}$以下まで下げる必要があるが，Si/$SiO_2$界面における界面準位密度において$10^{10}\ \mathrm{cm^{-2}}$程度を達成していることを考えると，可能な値と考えられる。

最後に，絶縁膜基板表面の光学フォノンが同様に重要となるキャリアの飽和速度についてみておく。通常，キャリア速度はチャネル電界に比例するが，高電界ではキャリア速度は飽和し電界依存性をもたなくなる。特に短チャネルSi-MOSFETでは，飽和速度が電流量を律速しているため，移動度だけでなく飽和速度も重要な因子である。グラフェンのフェルミ速度ν_{F}は，直線の分散関係の傾きで定義されエネルギーとは無関係に10^8 cm/sの一定値をとる。Siの熱速度と比較して1桁高く，金属と同等の高い値を有する。ここで，グラフェンの飽和速度は，4端子デバイスにおける高バイアスでの実験結果から以下の式により図3(a)のように報告されている[11]。

表1　様々な基板材料の誘電率とフォノンエネルギー[4,7,9]

	Gra	Si	SiO_2	HfO_2	BN	SiC
E_{g} [eV]	–	1.1	9	6	5.5	3.3
ε_{s}	–	11.9	3.9	22	5	9.7
ε_{∞}			2.5	5	4	6.5
$\hbar\omega_{\mathrm{TO}}$ [meV]	160	63				
$\hbar\omega_{\mathrm{SO}}$ [meV]			59	22	100	116
Γ [1/s]			1	1.6	0.32	0.2

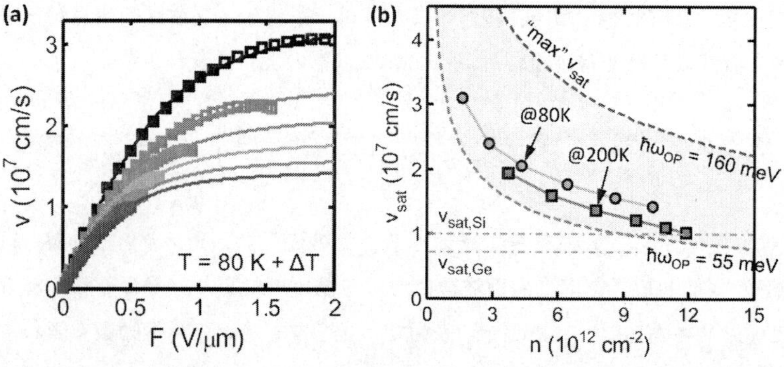

図３
(a) 80 K で計測された SiO_2 上グラフェン内のキャリア速度と電界の関係[11]。(b) SiO_2 上グラフェン内のキャリアの飽和速度とキャリア濃度の関係[11]。80 K のデータは(a)をプロットしたものである。

$$v = \frac{I}{Wen}$$

ここで，I は，ソース・ドレイン間の電流であり，W はデバイス幅，n は電圧端子間のキャリア数である。また，グラフェンの飽和速度は，フォノン散乱の観点から次のように表わされることが指摘されている[12]。

$$v_{\mathrm{sat}} = v_{\mathrm{F}} \frac{\hbar\omega}{E_{\mathrm{F}}}$$

飽和速度はキャリア数に依存することを示しており，図３(b)に示すように実際に変化する様子が観測されている[11]。キャリア数に無関係な Si の飽和速度（10^7 cm/s）以上の値を得ている。温度依存性（80 K および 200 K）は，熱励起によるキャリアを考慮することによって取り込んでいる。また，図中 $\hbar\omega_{\mathrm{OP}} = 55$ meV は SiO_2 表面の光学フォノンであり，$\hbar\omega_{\mathrm{OP}} = 160$ meV はグラフェンの K 点での光学フォノンである。実験値が，55 meV のラインに近いことから，電界からエネルギーを得たグラフェン内のキャリアは，主に SiO_2 表面の光学フォノンを放出して一定の飽和速度に至っていると考えられる[11~14]。移動度における議論と同様に，飽和速度は基板側に律速されており，光学フォノンのエネルギーが高いほど，高い飽和速度が得られ，最終的にはグラフェンの光学フォノンで律速されることになる。

上記のような移動度や飽和速度に対する整理は重要ではあるが，再現性含め完全に実験的に明確になっているわけではない。プロセス依存の結果が多く報告されている現時点では，一つの考え方として捉えておくべきである。

3　3種類のSiO_2の表面構造と相互作用

これまでに見てきたように懸垂保持形状のグラフェンが最も移動度が高いが，真空の誘電率が1であることを考慮すると十分なキャリア数が稼げないこと，また構造的に不安定であることを考えると，基板は必須である。それ故，PMMA[15]，HMDS[16]，パリレン[17]等の有機系を基板に利用し移動度を向上させようという試みが報告され，さらに，ダングリングボンドがなく原子レベルで平坦なBN上にグラフェンを転写することにより60,000 cm^2/Vsの値が報告されている[3]。しかしながら，電気的信頼性の観点からは，半導体の世界で長年ノウハウを蓄積してきたSiO_2/Si基板に勝るものはない。SiO_2上にグラフェンを保持するという構造は，デバイス構造の基本である。このSiO_2上のグラフェンでは，荷電不純物によるクーロン散乱が主要な散乱要因であると考えられており，上記でみてきたようにSiO_2のリモートフォノンによる移動度の理論限界値は現時点で得られていない。この荷電不純物の物理的描像が何であるかは議論があるが，高磁場中での量子散乱時間に基づいた解析から，グラフェンから2 nm以内に存在することが指摘されている[18]。また，SiO_2といっても単純ではなく，表面構造に着目するとシラノール基，シロキサン基の2種類が存在することが良く知られている[19]。しかしながら，グラフェン研究の世界的な拡がりにもかかわらず，これまでSiO_2/Si基板の表面構造に着目し，キャリア移動度の劣化との関係を詳細に検証した報告はない。ここでは，SiO_2/Si基板とグラフェンの界面での相互作用がグラフェンの電子輸送特性に与える影響をみていく[20]。

今回作成したSiO_2/Si基板における3種類の表面構造を図4に示す。高濃度にドープしたSi基板を熱酸化によって100 nm厚のSiO_2を形成し，(i) HFでSiO_2層を90 nm厚まで削り超純水洗浄した基板，その後に(ii)酸素プラズマ処理によりシラノール基にした基板，さらに(iii) 1,000 ℃で5分間の酸素ガス中での再酸化熱処理によりシロキサン基にした基板の3種類を用意した。図5に示すように，超純水液滴による接触角測定において，酸素プラズマ処理基板は強い親水性を示し，再酸化処理基板は疎水性を示したことから表面構造の作り分けができているといえる。親水

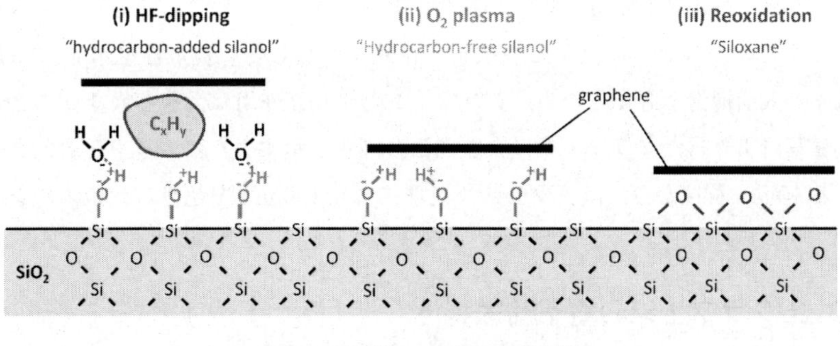

図4　3種類のSiO_2の表面構造
(i) HF処理により得られるC_xH_y付着シラノール基，(ii) O_2プラズマ処理により得られるシラノール基，(iii)再酸化処理により得られるシロキサン基。

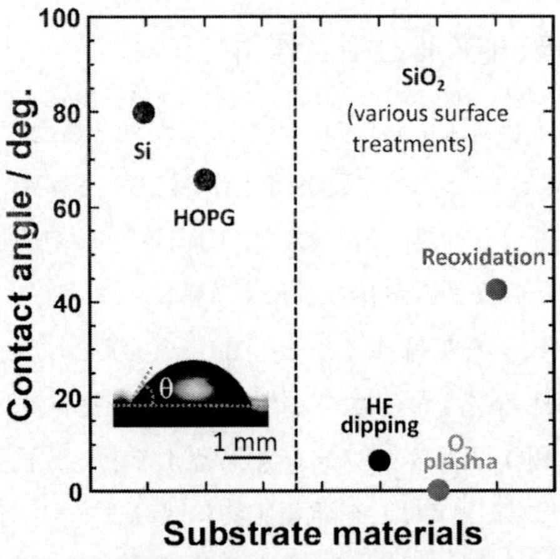

図５　３種類の基板処理における SiO_2 基板の接触角
参考として Si および HOPG の値も示してある。

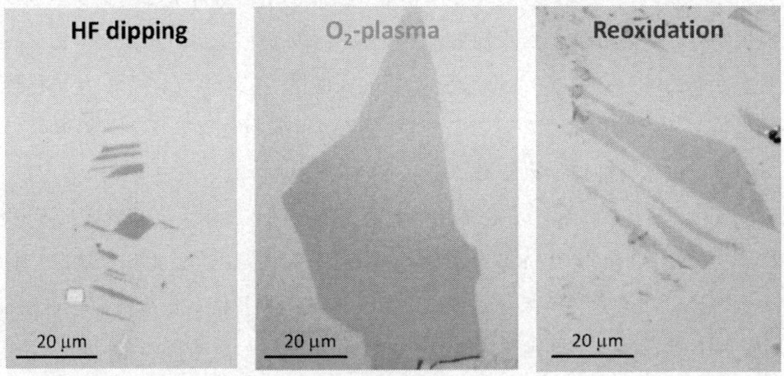

図６　３種類の基板処理における SiO_2 基板上に転写されたグラフェンサイズ
酸素プラズマ処理により 100 μm サイズのグラフェンが容易に得られる。

性の起源は，シラノール基と水分子の水素結合である。また，一般に HF 処理基板もシラノール基の親水性であるが，洗浄中に微量の有機物が付着するため弱い親水性を示す。SiO_2 と一言で言っても様々な表面構造を有するため，グラフェンとの相互作用は大きく異なることが予想できる。実際，転写により得たグラフェンの大きさは，図６に示すように，最も一般的な HF 処理基板で得られる 10 μm 程度から，酸素プラズマ処理により 100 μm を超えるサイズになる。

4　SiO_2 上グラフェンの電子輸送特性

基板との相互作用は電子輸送特性に大きな影響を与える。グラフェンでは I_d-V_g 曲線においてヒステリシスが観察されることが良く知られている。一般に，ヒステリシスの起源は水の配向分極であると考えられている。図7(a)にデバイス作成直後（アニール無）の測定結果を示すが，酸素プラズマ処理では，HF処理よりもヒステリシスは大きいが，再酸化処理ではほとんど観察されない。水が存在する場所は，グラフェンの上表面とSiO_2／グラフェン界面の2か所考えられるが，グラフェンの上表面はすべての表面処理に対して無関係に同等と仮定するとヒステリシスは界面に存在する水が寄与しているといえる。再酸化処理表面のシロキサン基およびグラフェンはどちらも疎水性のため，界面に水は侵入せずヒステリシスの無い特性が得られる。

また，図7(b)に300℃でのアニールと大気解放を繰り返した場合のヒステリシスの変化を示す。これまでの報告から，シラノール基と結合した水分子は220℃で脱離するが，シラノール基の脱水素過程，つまり，シロキサン基化は450℃以上で起こることが知られている[16]。それ故，今回の300℃アニールでは，シラノール基は保存されていると考えられる。実際，HF処理とO_2プラズマ処理試料のアニールにより，ヒステリシスは減少するが，大気解放によりヒステリシスが回復している様子が観察される。これは，グラフェン／SiO_2間に水分子が出入りしていることを示唆している。一方，再酸化処理した場合には，大気解放を一カ月した場合でもヒステリシスは観察されなかった。

デバイス特性の最も良い指標である移動度は，グラフェン／基板間の相互作用に強く依存する。図8に示すように，HF処理と再酸化処理基板ではばらつきが大きいものの10,000 cm^2/Vs程度の移動度が得られたが，酸素プラズマ処理基板ではばらつきが非常に小さくなるが2,000 cm^2/Vs程度であった。酸素プラズマ処理基板では，シラノール基とグラフェンが短距離で相互作用しており（図4(ii)），負に帯電したOHがグラフェンに正電荷を誘起し，Dirac pointは正バイアス側に大きく移動する。一般にSiO_2表面のOHの数密度は$\sim 5\times 10^{14}\ cm^{-2}$あり[17]，グラフェン／$SiO_2$間に存在すると考えられている荷電不純物の一つであると考えると，移動度の

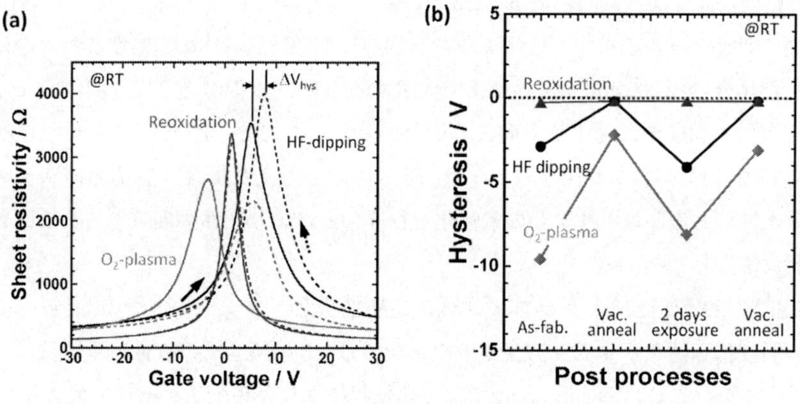

図7
(a)3種類の基板処理におけるSiO_2基板上に転写したグラフェンFETデバイスのシート抵抗率とゲート電圧の関係。アニール無で室温で測定。再酸化処理では，ヒステリシスが観察されない。(b)デバイス作製後，アニール後，大気解放後，さらに真空アニール後の順で測定したときに観測されたヒステリシス。

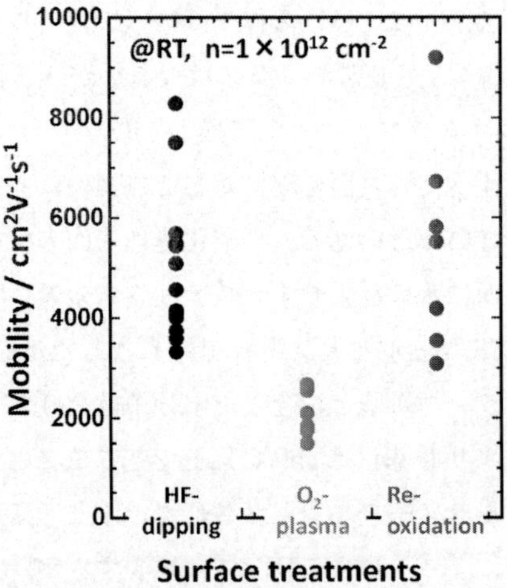

図８　３種類の基板処理における SiO_2 基板上に転写したグラフェン FET デバイスの移動度
キャリア数が 10^{12} cm^{-2} での値をプロットしてある。

ばらつきが非常に小さくなるが，移動度の値は大きく減少したことと一致する。一方，同様にシラノール基の HF 処理基板では，有機不純物の介在によって，OH とグラフェンの距離が相対的に遠くなる。この結果，OH 基の影響がグラフェンに及びにくく，移動度の劣化は小さいが，制御不能な有機不純物のため移動度のばらつきは大きくなる。すなわち，グラフェンの移動度は，図 9 に示すように有機不純物のサイズと OH 基の密度の比によって大局的に理解することができる。再酸化処理基板におけるシロキサン基は一般に高温でのみ安定で室温ではシラノール基に時間とともに変化する[19)]。このため，有機不純物も少ないが，OH 基も少ないため，比としては HF 処理と同等の値になると予想される。OH 基への変化量に移動度は強く依存し，ばらつきは大きいが移動度は高くなる傾向にあると思われる。

SiO_2 表面のシラノール基をすべてメチル基（CH_3-）に変える HMDS 処理したものにグラフェンを転写した場合，12,000 cm^2/Vs 程度まで改善するという報告があり[16)]，全体的な方向性では今回の考え方で移動度が改善する方向にあるといえる。ただし，HMDS 等の自己組織化膜は有機系のため高温の熱処理には不向きである。SiO_2 のみを考えた場合，散乱源のシラノール基ではなく，疎水性であるシロキサン基の最適化を行うことにより，移動度のさらなる改善が期待できると思われる。

図 10 に SiO_2[23)] および BN 上グラフェンおよび懸垂状グラフェンの 3 つの Dirac point における抵抗率の温度依存性を示す。SiO_2 上グラフェンでは，3 種類全ての表面処理方法において温度依存性を示さない。これは Dirac point では，熱励起により存在するキャリア数よりも SiO_2 表面に存在する荷電不純物濃度の方が高いため，温度が低下してもグラフェン内にキャリアが誘起された状態になっており，キャリア数の温度依存性が隠されている。一方，BN 上グラフェンおよび懸垂状グラフェンでは，温度の低下にともない，キャリア数が減少し抵抗率の増加を観察して

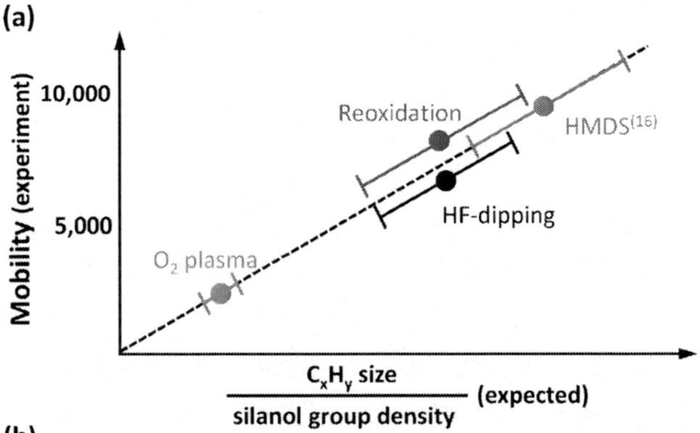

(b)

	HF-dipping	O_2 plasma	Reoxidation	HMDS[16]
C_xH_y size	middle	small	small	Fully
silanol group density	~5 × 10^{14}	~5 × 10^{14}	small	small

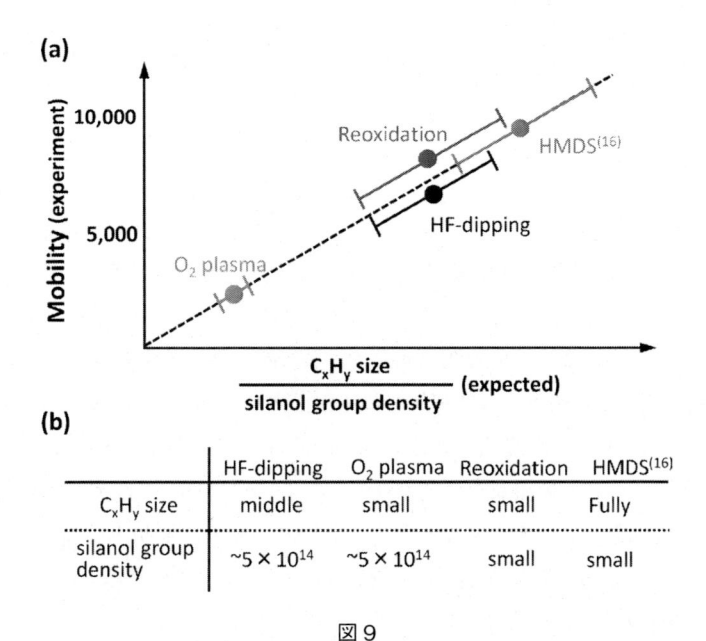

図 9
(a)移動度（実験値）と C_xH_y サイズ / シラノール基の面密度（予想値）の関係。
(b)様々な表面処理に対する C_xH_y サイズとシラノール基の面密度。

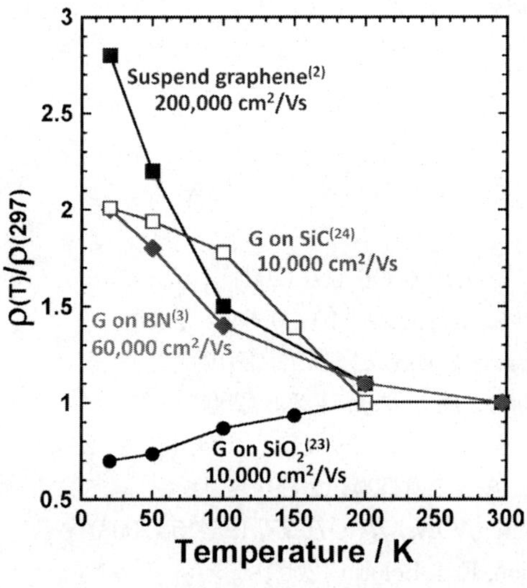

図 10　Dirac point におけるグラフェンの規格化抵抗率の温度依存性
■懸垂状グラフェン，◆ BN 上グラフェン，● SiO_2 上グラフェン
（3 種類の表面処理に違いは観測されない）。

おり，様々な基板での温度依存性が報告されているが，温度依存性を示すのはこれら 2 つの報告だけである。このことから，移動度以外にも Dirac point での抵抗率の温度依存性から外的因子である荷電不純物濃度の量を把握することが可能である。ちなみに，SiC エピグラフェンでは，

図10に示すようにDirac pointでの温度依存性を示しており[24]，外的クーロン散乱源が少ない界面が達成されていると理解できる。

5 まとめ

本章では，グラフェン/絶縁膜界面の相互作用に着目し，電子輸送特性の観点から議論した。現時点では，移動度の観点でBNが最も優れた基板であり，BNの成膜も研究が進められているが，普及までには至っていない。移動度の向上は，常に新しい現象を顕著にすることから，電気的信頼性の最も優れたSiO_2基板での継続的な議論が必要である。そのためにもSiO_2表面に存在する荷電不純物への理解を深め低減させることは，基礎的ではあるが最重要であると考えている。また，触媒金属上への大面積製膜研究が進展しても伝導物質上ではデバイス動作は困難なため絶縁膜基板上への転写プロセスが必要となる。しかしながら，現状10,000 cm^2/Vsを超える結晶性を有するグラフェンを正確に評価できる基板は存在しない。この点においても，グラフェン/SiO_2界面の理解に基づき荷電不純物を低減させることが重要である。

謝辞

本研究に用いたキッシュグラファイトを頂いたコバレントマテリアル㈱に謝意を表します。
本研究の一部は最先端研究開発支援プログラムにより受託を受けて行われた。

文　　献

1) K. S. Novoselov, *et al., Science*, **306**, 666 (2004)
2) K. I. Bolotin, *et al., Phys. Rev. Lett.*, **101**, 096802 (2008)
3) C. R. Dean, *et al., Nature Nanotech.*, **5**, 722 (2010)
4) J. -H. Chen, *et al., Nature Nanotech.*, **3**, 206 (2008)
5) S. Adam, *et al., Proc. Natl. Acad. Sci. USA.*, **104**, 18392 (2007)
6) K. Nagashio, *et al., APEX*, **2**, 025003 (2009)
7) S. Fratini, and F. Guinea, *Phys. Rev. B*, **77**, 195415 (2008)
8) private communication, K. I. Bolotin (2009)
9) V. Perebeinos and P. Avouris, *Phys. Rev. B*, **81**, 195442 (2010)
10) K. Zou, *et al., Phys. Rev. Lett.*, **105**, 126601 (2010)
11) V. E. Doragon, *et al., Appl. Phys. Lett.*, **97**, 082112 (2010)
12) I. Meric, *et al., Nature Nanotech.*, **3**, 654 (2008), suppl.
13) A. Barreiro, *et al., Phys. Rev. Lett.*, **103**, 076601 (2009)
14) A. M. DaSiva, *et al., Phys. Rev. Lett.*, **104**, 236601 (2010)
15) L. A. Ponomarenko, *et al., Phys. Rev. Lett.*, **102**, 206603 (2009)

16) M. Lafkioti, *et al., Nano Lett.,* **10**, 1149 (2010)
17) S. S. Sabri, *et al., Appl. Phys. Lett.,* **95**, 242104 (2009)
18) X. Hong, *et al., Phys. Rev. B,* **80**, 241415 (R) (2009)
19) R. K. Iler: "Chemistry of silica", (Wiley-Interscience, New York, 1979) p. 622.
20) K. Nagashio, *et al., J. Appl. Phys.,* **110**, 024513 (2011)
21) N. Hirashita, *et al., Jpn. J. Appl. Phys.,* **32**, 1787 (1993)
22) O. Sneh, and S. M. George, *J. Phys. Chem.,* **99**, 4639 (1995)
23) K. Nagashio, *et al., Jpn. J. Appl. Phys.,* **49**, 051304 (2010). K. Nagashio, *et al., IEDM Tech. Dig. 2010,* 564
24) S. Tanabe, *et al., Phys. Rev. B,* **84**, 115458 (2011)

第18章　グラフェンの伝導電荷極性制御と素子化の試み

塚越一仁*1，中払　周*2

1　はじめに

グラフェンの電気伝導の魅力は，他材料を大きく凌駕する大きな移動度が第一に挙げられる[1,2]。高い移動度は，ディラックフェルミオンという特異な電子系であることに由来した特性であるが，このような系であるが故に本質的にバンドキャップがない。このため，スイッチング素子のチャネルとしてグラフェンを用いるには，二層グラフェンに強電界を印加してバンドギャップを導入する方法[3~9]や，細線加工することで制御[10~13]することが試みられている。さらなる魅力として原子スケールの膜厚であることも挙げられる。伝導系が原子レベルであることで，薄膜の電界制御が容易であり，伝導電荷の極性を電界だけで変えることも可能となる。単層もしくは2層のグラフェンでは静電界を十分に遮蔽することができず，電界は透過してしまう[14]からであり，これによってグラフェンに近接するゲート電極に電圧を印加することでグラフェンのフェルミエネルギーを充分に変調することができる。この電界効果によって伝導電荷の極性制御が可能となり，従来のバルク半導体材料のようなホスト材料に対するドーピング制御などを必要とせずとも，伝導電荷の極性制御をすることができる。

本章では，この“電界制御による伝導電荷極性制御”を行うことができるグラフェン素子に関して紹介し，その電気伝導の評価に関して解説をする。

2　グラフェン極性制御素子の試作と動作検証

2.1　グラフェンチャネルの作製

グラフェン素子は，90 nm もしくは 285 nm の酸化膜を有するトープ Si 基板上に形成した。これによって，基板電位を変えることで，素子のフェルミエネルギーを変調できる。グラフェンは，KISH グラファイトもしくは HOPG を原料として，低粘着テープ上で数回剥離を繰り返し，基板に押し付けて得られるグラフェンを見つけ出す剥離法で形成した[15]。単層もしくは二層グラフェ

＊1　Kazuhito Tsukagoshi　㈱物質・材料研究機構　国際ナノアーキテクトニクス研究拠点 主任研究者

＊2　Shu Nakaharai　㈱産業技術総合研究所　連携研究体グリーン・ナノエレクトロニクスセンター　最先端研究開発支援プログラム研究員

ンを光学顕微鏡で探して見当をつけ，グラフェン部とグラフェンのない部位からの光反射の強度を調べることで，枚数を確実に確認できる。あらかじめ電子ビーム露光と金属蒸着にて形成しておいた位置決めマークとグラフェンの相対位置を記録し，電子ビーム露光と金属膜の蒸着によって，ソース・ドレイン電極を形成した。必要に応じて，2回目の電子ビーム露光によって形成されたパターンレジストをマスクとして，酸素プラズマを照射して，不要部分のエッチングを行った。さらに，電子ビーム露光を重ねてゲート電極のパターンニングを行って，Alを蒸着してゲート電極を形成した。なお，このAlゲート電極は，グラフェン上に直接蒸着するが，素子を空気中に晒すだけで，グラフェンとAl電極の界面に酸素原子が拡散して絶縁膜ができる[9]。この自己形成絶縁膜はおおよそ5 nm程度であり，均一の絶縁膜となっている。このために，ゲート電極金属とグラフェンの間に絶縁膜を挟むことなしに，Alゲート電極とグラフェンが電気的に分離される。このような自己形成絶縁膜であっても，素子に1.5 V程度まで印加することが可能であり，リーク電流はきわめて小さい。また，必要に応じてグラフェンとAl電極の間にSiO_2膜を5 nmの膜厚で形成した。この場合，ゲート耐圧は5 V程度まで向上する。

このようにして作製した素子を冷却し，素子特性を評価した。評価の温度は，45 Kもしくは77 K程度である。

2.2　ナノリボン形成された単層グラフェンを用いた伝導電荷極性制御p-i-n接合素子[13]

グラフェンに対して2つのトップゲートを並行に形成して，それらの間のグラフェン領域のみを半導体的なチャネル（ここではオン・オフ動作に寄与する半導体的部分をチャネルと称する）に改変された構造を有する新しい形のトランジスタを提案した。この形状の素子は，あらかじめ形成されたトップゲートをマスクとして使用しつつゲート間の半導体化処理をすることで，容易に作製できる。また，チャネルは必ずしもバンドギャップを有する半導体である必要はなく，多様なエネルギーギャップ制御技術が可能である。半導体的グラフェンとしてナノリボンを形成したトランジスタの概念図を図1(a)に，試作した素子の全体像（図1(b)）と中心部像（図1(c)）を示す。これらの顕微鏡像は，ヘリウムイオン顕微鏡を用いて撮影されており，グラフェンの微細構造が高解像度で確認できる。トップゲートがポイントコンタクト状に形成しており，酸素プラズマ処理でゲート間の余分なグラフェンが除去されている。このとき，トップゲート間のギャップ部分のグラフェンのみがエッチングされずにナノリボンとして残留する（図1(c)）。その結果，2つのトップゲートの間に半導体的なナノリボンチャネルが形成されたトランジスタ構造が実現する。

このトランジスタは，ソース側，ドレイン側のそれぞれのトップゲート下のグラフェンのキャリア極性を独立に制御することで動作する。図2(a)に動作原理の概念図を示す。両方のゲート下のグラフェンが異なる極性，例えばソース側がn型，ドレイン側がp型である場合，素子はn-i-p型の接合を形成するが（“i”は絶縁体（Insulator）），ゲート間の半導体的領域に形成されたギャップがバリアとなって伝導電子の注入障壁となり，オフ状態となる。このときのバリア高

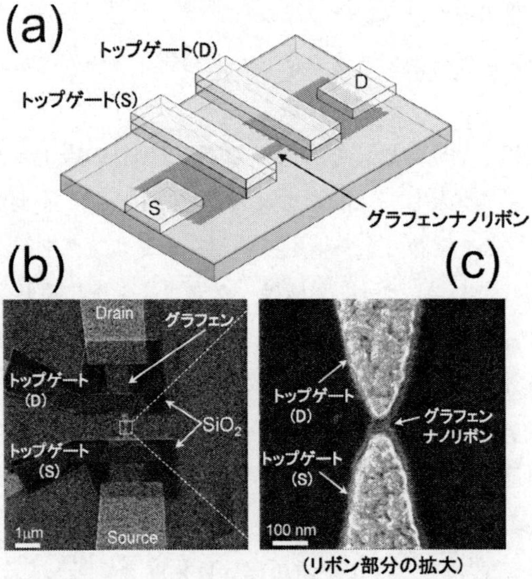

図1

(a)単層グラフェンを用いたp-i-n接合素子の概念図。2つのトップゲートの間のグラフェン部分のみがナノリボン加工される。(b)実際に試作された素子のヘリウムイオン顕微鏡像。単層グラフェンにソース・ドレイン電極と2つのトップゲートが加工され，トップゲート間に露出したグラフェンが酸素プラズマで除去されている。ゲートとソース（ドレイン）電極の間のグラフェンを保護するためにSiO_2の保護膜が形成されている。(c)トップゲート間のナノリボン部分を拡大したヘリウムイオン顕微鏡像。2つのゲート電極間の比較的明るい部分がグラフェンであり，ナノリボンを形成している。（図1(b)，(c)のヘリウムイオン顕微鏡像は，小川真一氏（産総研NeRI）と飯島智彦氏（産総研ICAN）によるものです。）

とバリア長が図2(b)に示す従来型ナノリボン素子のオフ状態と比べて大きくできるため，小さなエネルギーギャップであっても効率的にオフ状態が形成され得ることが，この新概念トランジスタの意図するところである。一方，両方のゲート下のグラフェンが同じ極性，例えばいずれもn型である場合，ゲート間の半導体的領域に形成されたギャップがバリアとならずに，オン状態が現出する。このオン状態を有効にするためには，ゲート間の半導体的グラフェンチャネル部分を十分に短くし，ゲートから滲み出す電界によってチャネル部分のバンドが十分に押し下げられることが必要となる。

この新概念トランジスタの利点は，より良好なオフ状態以外にも様々あるが，それらを列挙すると以下の通りになる。すなわち，①半導体的グラフェンチャネル長を短くできること，②チャネルがゲートに近接していて，ゲート形成後にチャネル加工が可能であること，③トランジスタ極性が電気的に可変であること，等が挙げられる。まず，①であるが，半導体的グラフェンは一般的に生のグラフェンよりも移動度が低下することが知られているが，新概念トランジスタではこのチャネル長をオフ状態に必要な長さを残して十分に短くとることが可能であり，従ってオン電流の増大に寄与する。もしグラフェンで従来のトランジスタ構造と同等の素子を形成する場合には，あらかじめ形成した半導体的グラフェン領域に合わせてトップゲートを加工する必要があ

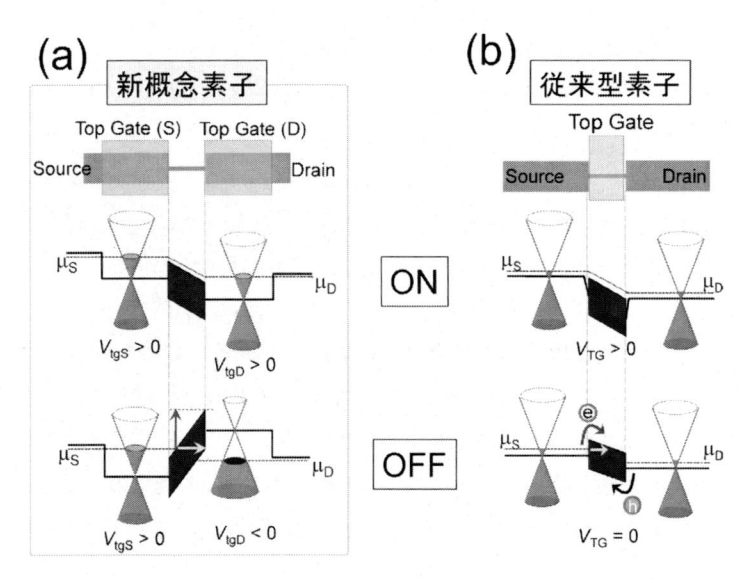

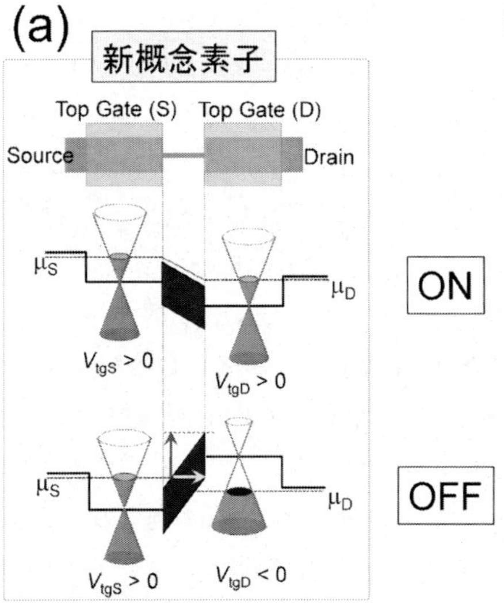

図2
(a)提案された素子動作の概念図。2つのゲートで制御されたグラフェンのキャリア極性が同じ場合はオン状態になるが，これらが互いに異なる場合，ナノリボン構造により形成されたバンドギャップがバリアとなって，オフ状態を作る。この時のバリア高とバリア長を十分に大きくとることができる。(b)従来型の素子動作の概念図。この場合のオフ状態では，電子または正孔のバリア高が低いため，オフリークが大きい。

る。本提案構造では，ゲート長に加えて合わせ誤差を見込んだ長さの半導体的グラフェン領域が必要となり，結果として全体の抵抗を増大させてしまう。このことから，新概念トランジスタは，原理的に半導体的グラフェンチャネル長を10 nm程度或いはそれ以下にすることも可能とすることを示唆している。一方，従来のシリコン半導体ベースのトランジスタでは，ソース・ドレイン部分のキャリア制御を不純物注入によるドーピングにて行っている。その結果として，チャネル長を短くすると，いわゆる“短チャネル効果”が顕著となり，閾値電圧のロールオフ等の種々の問題が現れる。これらの問題に起因したトランジスタの短チャネル化が困難になってきて久しい。この短チャネル効果を回避するために，SOI（Silicon-on-Insulator）やGOI（Germanium-on-Insulator），或いは立体トライゲート構造等が検討されてきた。しかし，ソース・ドレインに不純物ドーピングが避けられない素子材料であるために，浅い接合の形成，ドーパント拡散やドーパント起因の電気特性の“ばらつき”の抑制といった非常に困難な問題は残り，問題の低減の工夫が常になされているが，完全な解決の方法は現時点では無い。このような課題の解決を目指して，新概念グラフェントランジスタの原理検証を試みた。新構造では，ソース・ドレイン部分のキャリアを静電制御しているため，これらドーパントの問題は回避できる。

次に②であるが，例えばグラフェンナノリボン構造は非常に壊れやすいため，ナノリボン構造を形成した後にトップゲートを加工することは非常に難しい。それに対して新概念トランジスタでは，トップゲート形成後の最後にチャネル加工することが可能である。更に本構造では，チャネル部分をサスペンディッド構造にすることも可能である。つまり，ゲート形成とチャネル加工の後に，ゲート間から下地を除去することが可能であるが，この下地がグラフェン合成のための金属触媒層であってもよい。このサスペンディッドチャネルに対してトップゲート制御を効かせることが可能であるのは，チャネルに近接したゲートを用いたことの利点である。

最後に③であるが，トランジスタの動作原理から想像されるように，例えばソース側のキャリアをn型に固定した場合（ソース側のゲート電圧 $V_{tgS} > 0$ の場合），ドレイン側のゲート電圧が負の場合にオフ状態，正の場合にオン状態となる。すなわちn型のFETとして動作する。逆に，ソース側のキャリアをp型に固定した場合（$V_{tgS} < 0$），ドレイン側のゲート操作に対してp型FETとして動作する。従って，電界効果だけでトランジスタ極性を変えることができる。これは，従来のシリコントランジスタの極性が不純物ドーピングによって固定されていたのに対して，新概念トランジスタが静電ドーピングによって動作することの利点の一つである。この特長を活かすことで，個々のトランジスタのレベルで電気的に再構成可能な回路が実現する可能性がある。

この新概念トランジスタの基礎的な動作原理実証として，実際に試作した素子のトランジスタ動作の実験を行った。実験は，低温（45 K），真空中にて，ソースを接地しドレインバイアスは $V_D = +1$ mVで固定している。まず，ソース側ゲートのバイアスを $V_{tgS} = +4$ Vに固定，即ちソース側のキャリアをn型に固定し，ドレイン側のゲートバイアスを $V_{tgD} = -4$ Vから+4 Vまで掃引して，ドレイン電流 I_D を測定した。ここで，I_D は2端子測定にて計測した。更にソース側ゲートのバイアスを $V_{tgS} = -4$ Vに固定，即ちソース側のキャリアをp型に固定して同様にドレイン側のゲートバイアス V_{tgD} を同様に掃引して，I_D を測定した（図3）。$V_{tgD} < 0$ のとき，$V_{tgS} < 0$ の場合がp-i-p型接合，$V_{tgS} > 0$ の場合がn-i-p型接合を形成する。これらの接合形状に従って，n-i-p型の場合に，p-i-p型と比較して I_D の値が抑制される（図3）。同様に，$V_{tgD} > 0$ のときも V_{tgS} の極性に従ってn-i-n型とp-i-n型の接合が形成されるが，p-i-n型の方で電流値が抑制される。これらの挙動は，図2に示す動作原理から期待される通りの結果であり，新概念トランジスタの基礎的な原理実証となっている。

今回の原理実証実験のためのトランジスタにおいては，ナノリボンの幅が約40 nmと太く，その結果エネルギーギャップが約10 meVと非常に小さい。このため，トランジスタとして十分なオン・オフ比の改善の余地は大きい。今後のこのグラフェントランジスタの開発においては，十分なオン・オフ比が得られるようなエネルギーギャップ制御の技術をより進めていく必要がある。そのための技術は，ナノリボンに限らず，ナノメッシュ（アンチドット格子）や化学的機能化（Chemical Functionalization）等があり得る。今後これらのギャップ制御技術を更に発展させ，新しいグラフェントランジスタへ応用していくと伴に，電気的に再構成可能であるという特質を活かした回路アーキテクチャーも総合的に開発する必要がある。

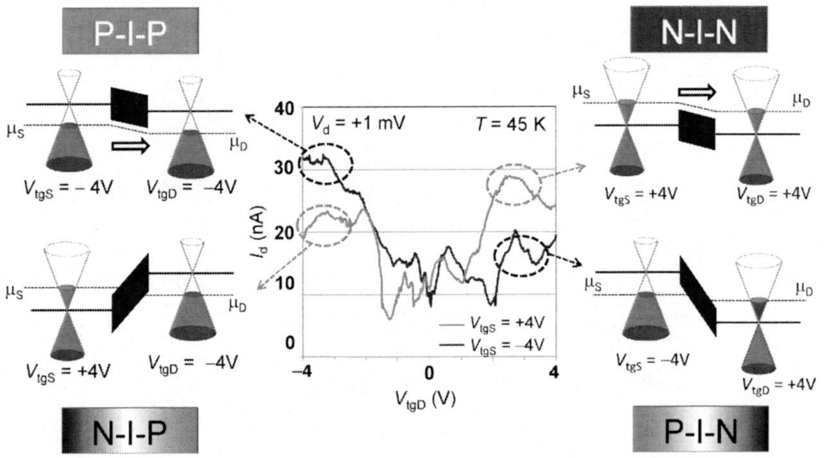

図3　接合形状に依存したドレイン電流

ソース側とドレイン側でキャリア極性が異なる場合（p-i-n または n-i-p）のドレイン電流が，同一の場合（p-i-p または n-i-n）に比較して抑制される。これらの振る舞いは素子の動作モデルから予想される通りであり，新概念グラフェントランジスタの基礎的な動作原理実証となっている。

2.3　2層グラフェンを用いた伝導電荷極性制御による p-i-n 接合形成とトンネル伝導[16,17]

高ドープ基板をボトムゲートとして，グラフェン上に形成したトップゲートと組み合わせることで，グラフェンデュアルゲート素子を作ることができる（図4(a)）。2層グラフェンに垂直強電界を印加すると，二層の位置が電界中でグラフェン間の隙間 0.34 nm だけ異なることから，電界から受けるエネルギーオフセットにも差が生じる。これによって，それぞれのグラフェンの電子状態に差が生じ，結果としてバンドギャップが生じる（図4(b)）[3]。実際に，二層グラフェンを用いた実験においても，光学吸収[18]や電気伝導の温度変化[4]にて，バンドギャップの存在が確認され，制御が可能であることが明確に示されている[5~7]。

実際に作製したグラフェンデュアルゲート素子では，ボトムゲートとトップゲートおのおののゲート絶縁膜は SiO_2 膜（90 もしくは 285 nm）ならびに AlO_x 膜（約 5 nm）であり，厚さが大きく異なることから，グラフェンに印加される電界は主にバックゲート電圧に依存するシステムとなっている。さらにグラフェンのフェルミエネルギーはバックゲート電圧とトップゲート電圧によって変わるため，これら2つの電圧を調整することで，グラフェン素子のバンドギャップの開閉と伝導電荷の極性調整ができる。図4(c)の様に，SiO_2/Si 基板上の二層グラフェンに，部分的に厚さが変わるゲート絶縁膜を有するトップゲートを作り，トップゲートに電圧を印加すると，p 型領域と n 型領域が隣接して形成される。さらにバックゲート電圧を印加すると，p 型領域と n 型領域がバンドギャップで分離されてトンネルバリアとなる（i 領域）。この p-i-n 形状は，バルク半導体をドープして形成するエサキダイオードと類似している[19]。異なる点が2つある：①従来のバルクエレキダイオードのトンネル領域は，p 型領域と n 型領域が接することで接合部でフェルミエネルギーの自己調整が起こり空乏層が生じトンネルバリアとなるが，本素子では二

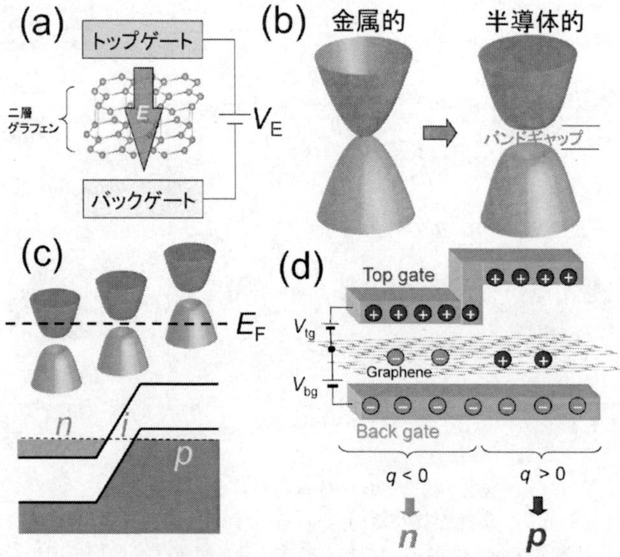

図4
二層グラフェンに対する垂直電界印加の模式図(a)と，バンドギャップ開閉の模式図(b)。バックゲートとトップゲートのデュアルゲート二層グラフェン素子(c)。トップゲート絶縁膜の一部が厚くなっていることで，グラフェンに印加する電界の強さが異なり，グラフェンの伝導電荷の極性を変えることが可能となる。(d)ステップ上に変化するトップゲート絶縁膜にて電荷を集めた際のバンド図。p型領域とn型領域を分離するために，バックゲート電圧を印加してバンドギャップを導入して，i領域を形成する。

層グラフェンの電界誘起したバンドギャップを絶縁状態（insulator）のトンネル領域（i領域）としている。②従来のバルク半導体エサキダイオードでは，空乏層を通してp型領域とn型領域が存在するため，この間に電界が生じる。一方で，二層グラフェンでは，p型領域とn型領域はそれぞれゲート電界で集められた電荷が集積しているために電荷の集積量（フェルミエネルギー）の調整がゲート電圧で可能となる。これらの特徴がバルク半導体エサキダイオードと二層グラフェンエサキダイオードの違いである。なお，二層グラフェンエサキダイオードのi領域の長さは，数値的な電界解析によって，5 nm程度の長さであることが推定された。

素子は，剥離法で形成した二層グラフェンをパターンニングした後に，端子を形成し，部分的に5 nmのSiO_2を電子ビーム蒸着で蒸着した（図5(a)）。全体にトップゲートとしてAlを蒸着すると，グラフェンとAlの界面に酸素が拡散して薄い絶縁膜ができる（図5(b)）。実際には電子ビームで蒸着したSiO_2の部位にも酸素が拡散するようで，SiO_2部分のゲート絶縁膜も若干厚くなり，厚いゲート絶縁膜部分となる。この接合部分を挟んで4端子配置で電気伝導を計測した（図5(c)）。

バックゲート電圧とトップゲート電圧の組み合わせによって，ゲート絶縁膜のAlO_xのみ部分とAlO_x+SiO_2部分にて，強い電界領域と弱い電界領域ができる。この電界の強い領域と弱い領域のそれぞれにて，ゲート電圧を印加すると，伝導電荷の極性がp型やn型が入れ替わる。2つ

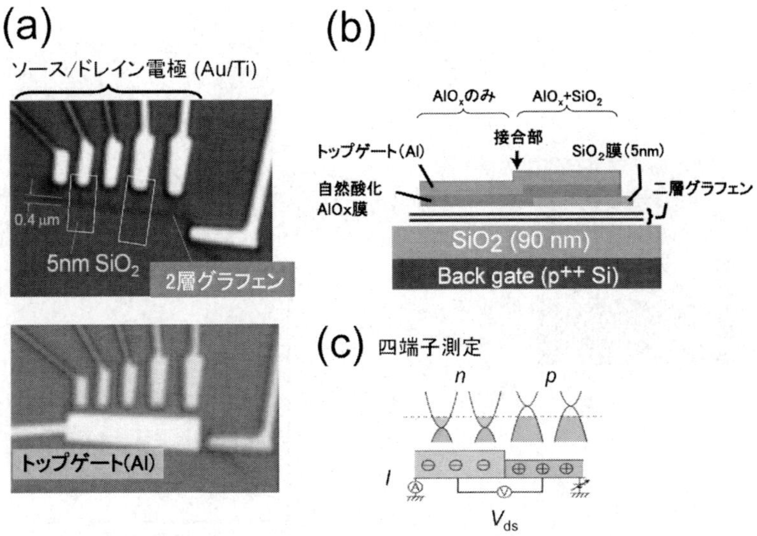

図 5

(a)二層グラフェンを用いて作製した素子の光学顕微鏡写真。トップゲートを形成には，Al 膜をグラフェン上に蒸着する。蒸着した Al とグラフェンの間に酸素が拡散するために，ゲート絶縁膜の形成は不要である。トップゲート絶縁膜の厚さを変えるために，一部に SiO_2 を蒸着した。(b)素子の断面模式図。(c)接合部分を挟んで計測する 4 端子測定の模式図。

のゲートの印加電圧を連続的に変化させると，図 6 に見られるような伝導電荷の極性をマッピングすることができる。たとえば，バックゲート電圧を固定して，トップゲート電圧を変化させて抵抗を計測すると，図 6 (c)の様に 2 つの抵抗ピークが現れる。この抵抗ピークは，p 型領域と n 型領域を分離する i 領域がフェルミエネルギーを広くさえぎることに起因している。したがって，この抵抗マップによって，ゲート絶縁膜が厚い領域と薄い領域での伝導電荷の極性の組み合わせを pp，pn，nn として特定できる。

実際に試作したグラフェン p-i-n 接合にて，トンネル伝導を最も感度よく観察できる微分抵抗のプロットを示す（図 7）。バックゲートに電圧を印加せずにバンドギャップを誘起しない場合には，微分抵抗ピークは現れない。つまり，トンネルバリアが無いとトンネル伝導に起因する微分抵抗ピークは現れない。バックゲート電圧を大きくして，バンドギャップを誘起すると，明瞭な微分抵抗ピークが観測される（図 7 (b)）。ピークの大きさは，バックゲートに印加する電圧を大きくしてバンドギャップを大きくするに従って大きくなる（図 7 (a)）。ピークが現れるソース・ドレイン電圧はバンドギャップを誘起するためのバックゲート電圧によらず +50 mV であり，エサキダイオード型の素子で期待される順方向のみのピーク出現となっている（図 7 (c)）。

このゲート変調が可能な p-i-n 型素子の概念は，感応波長が調整可能な光センサーの原型となる可能性がある。更なる制御性の改良は必須であるが，波長可変を実現することができれば魅力的な素子となる可能性もある。

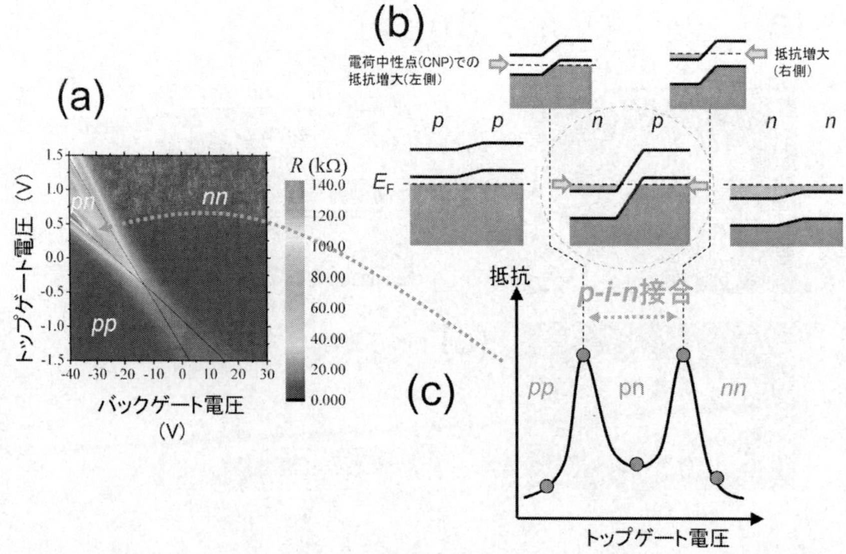

図6

(a) pin 素子のトップゲート電圧とバックゲートを連続的に変化させた際の抵抗分布。(b)トップゲートを変化させた際のバンドギャップの連続的な変化の模式図。(c) pn 領域を横切るようにバックゲート電圧を変化させた場合に観測される抵抗変化。

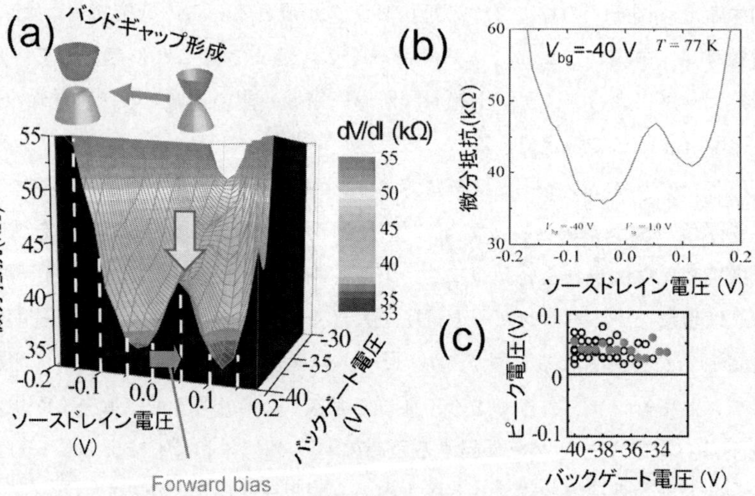

図7

(a) pin 素子で観測される微分抵抗。(b)バンクゲート電圧を大きくしてバンドギャップを誘起するとトンネル電流に起因するピークが観測される。(c)トンネル電流に起因するピークが観測されるソースドレイン電圧のプロット。常に 50 mV にてピークが現れている。

3　おわりに

グラフェンの電気伝導は，ディラックフェルミオンに特異性に基づいた新規物理ばかりに注目が集まっているが，完全2次元システムであることを基にした次世代の素子への新概念を試すためのシステムとしても大変有用である。MOSトランジスタでの電界効果による伝導電荷反転層や超格子系での電荷閉じ込め層も2次元電子（もしくはホール）系として活用されたが，これらの電荷層の深さ方向の広がりは10 nm程度であり，素子サイズが10 nmに近くなると2次元とは見做せない。このような際にグラフェンのような完全2次元系が伝導制御には有効となる。実際のデバイスとしてグラフェンを使用することができるようになるためには，あまりにも多くの確認するべき事項があり，開発の必要な技術も多大にある。このため，将来の実用展開には，研究の結果に加えて更なる検討が多々必要である。しかし，従来のバルク物質では検証することも難しかった伝導システムを作ることができることから，従来バルク素子から未来原子膜素子へのパラダイムシフトのための基礎開拓システムとして，有用な知見を創り出し集積することができるだろう。

謝辞

本解説は，科研費（No.21241038），JST-CREST研究費，ならびにJSPS-FIRSTプログラム研究費等によりご支援いただきました研究結果を基として，伝導電荷極性素子の基礎解説を構成させていただきました。これらの研究にご協力いただき，本解説の構成に際して有用な議論をさせていただきました宮崎久生，黎 松林（NIMS，WPI-MANA），飯島智彦（AIST，ICAN），小川真一（AIST，ReNI），佐藤信太郎，横山直樹（AIST，GNC）の皆さんに大変感謝しております。（敬称略）

文　　献

1） S. V. Morozov, K. S. Novoselov, M. I. Katsnelson, F. Schedin, D. C. Elias, J. A. Jaszczak, and A. K. Geim, *Phys. Rev. Lett.*, **100**, 016602 (2008)
2） K. I. Bolotin, K. J. Sikes, Z. Jiang, G. Fudenberg, J. Hone, P. Kim, and H. L. Stormer, *Solid State Commun.*, **146**, 351 (2008)
3） McCann, E., *Phys. Rev. B*, **74**, 161403 (2006)
4） H. Miyazaki, K. Tsukagoshi, A. Kanda, M. Otani, and S. Okada, *Nano Lett.*, **10**, 3888 (2010)
5） S.-L. Li, H. Miyazaki, A. Kumatani, A. Kanda, and K. Tsukagoshi, *Nano Lett.*, **10**, 2357 (2010)
6） S.-L. Li, H. Miyazaki, H. Hiura, C.Liu, and K.Tsukagoshi, *ACS nano*, **5**, 500 (2011)
7） S.-L. Li, H.Miyazaki, M. V. Lee, C.Liu, A. Kanda, and K. Tsukagoshi, *Small*, **7**, 1552 (2011)
8） 塚越一仁，宮崎久生，神田晶申，固体物理，**45**, 93 (2010)

9) H. Miyazaki, S.-L. Li, A. Kanda, and K. Tsukagoshi, *Semicond. Sci. Technol.*, **25**, 034008 (2010)
10) K. Wakabayashi, M. Fujita, H. Ajiki, and M. Sigrist, *Phys. Rev. B*, **59**, 8271 (1999)
11) M. Y. Han, B. Oezyilmaz, Y. Zhang, and P. Kim, *Phys. Rev. Lett.*, **98**, 206805 (2007)
12) X. Li, X. Wang, L. Zhang, S. Lee, and H. Dai, *Science*, **319**, 229 (2008)
13) S. Nakaharai, T. Iijima, S. Ogawa, H. Miyazaki, S.-L. Li, K. Tsukagoshi, S. Sato, and N. Yokoyama, *Appl. Phys. Express*, **5**, 015101 (2012)
14) H. Miyazaki, S. Odaka, T. Sato, S. Tanaka, H. Goto, A. Kanda, and K. Tsukagoshi, Y. Ootuka, and Y. Aoyagi, *Appl. Phys. Express*, **1**, 034007 (2008)
15) 塚越一仁，宮崎久生，炭素 243 号，110 (2010)
16) H. Miyazaki, M. V. Lee, S.-L. Li, H. Hiura, A. Kanda, and K. Tsukagoshi, *J. Phys. Soc. Jpn.*, **81**, 014708 (2012)
17) H. Miyazaki, S.-L. Li, S. Nakaharai, and K. Tsukagoshi, *Appl. Phys. Lett.*, **100**, 163115 (2012)
18) Y. Zhang, Y. T.-T. Tang, C. Girit, Z. Hao, M. C. Martin, A. Zettl, M. F. Crommie, Y. R. Shen, and F. Wang, F., *Nature*, **459**, 820 (2009)
19) S. M. Sze, *Physics of Semiconductor Devices*, 3rd ed., Wiley-Interscience, NJ (2006)

第19章　3層グラフェンの電子状態と電気伝導

山本倫久[*1]，樽茶清悟[*2]

1　はじめに

グラフェンは，炭素原子が蜂の巣状に結合した単一原子層である[1)]。そして，グラフェンを積層したものがグラファイトである。ところが，両者の電気的な性質には大きな違いがある。グラフェンが線形なバンド構造を持つゼロギャップ半導体であるのに対し，グラファイトは古くから半金属として知られている。

グラフェンからグラファイトに至るまでの変化をより詳細に見てみると，特にグラフェンの層数が少ない場合，その電気的な性質が層数の変化に応じて劇的に変化することが知られている。たとえば，2層グラフェンは放物線型のバンド構造を有しており，垂直電場の印加によってサイト間の対称性を破り，バンドギャップを誘起できる[2)]。これは，バンドギャップの大きさを電気的に制御できることを意味し，デバイス応用にとって大きなメリットとなることが期待されている。

3層グラフェンも，単層や2層のグラフェンとは大きく異なる性質を有している。さらに興味深いことに，その性質は積層構造に強く依存する。通常得られる積層構造は，炭素原子層が並進対称に積み重ねられ，空間反転対称性を持つABC積層構造と，中央の層に対して鏡面対称に積み重ねられたABA積層構造である。対称性の違いを反映し，これらの3層グラフェンは全く異なるバンド構造や電気特性を持つ。ABC積層構造を持つ3層グラフェンは，低エネルギーでベリー位相3πと三次の分散関係を持ち，垂直電場の印加によってバンドギャップを生じる[3)]。一方，ABA積層構造を持つ3層グラフェンは，伝導帯と価電子帯との間に重なりがある半金属である[4)]。つまり，バルクのグラファイトと同じ半金属的な性質を最小層数で実現したものあり，グラファイトのバンド計算に用いられる全ての重なり積分項を内包していることからも，グラファイトのミニチュア版と言える。

本章では，トップゲート及びバックゲートで3層グラフェンを挟んだダブルゲート構造を用いた電気伝導実験を紹介し，その結果から得られるバンド構造について紹介する。

＊1　Michihisa Yamamoto　東京大学　大学院工学系研究科　物理工学専攻　助教
＊2　Seigo Tarucha　東京大学　大学院工学系研究科　物理工学専攻　教授

2　3層グラフェンの積層構造とバンド構造

3層グラフェンは，2次元シート状のグラフェンを3層積み重ねたものである（図1)。最も低エネルギーになるのは，A-B-Aと格子が積み重なった構造（ABA積層構造）である。自然界で得られるグラファイトを劈開して得られる3層グラフェンは，この構造を取る場合が多い。一方，人工グラファイト，たとえばキッシュグラファイトを劈開すると，A-B-Cと格子が積み重なったABC積層構造の3層グラフェンを得ることができる。

3層グラフェンのバンド構造は，φ_{A1}，φ_{B1}，φ_{A2}，φ_{B2}，φ_{A3}，φ_{B3}を基底とし，γ_0からγ_5を飛び移り積分として扱った強束縛模型を用いることによって，比較的容易かつ正確に計算することができる。ABC積層構造では，最も単純にγ_0とγ_1だけを考慮して他の飛び移り積分をゼロとすると，三次の分散を持ったバンドが$E=0$で接するようなバンド構造が得られる。この低エネルギーのバンドは上下の層に局在したモードからなり，ベリー位相3πを持つ。一般的に，ABC積層構造のn層グラフェンは，低エネルギーで～n次の分散と$n\pi$のベリー位相を持つ。ABC積層構造の3層グラフェンの大きな特徴は，空間反転対称性を持つことである。すなわち，中央の層を中心にして系を180°回転させると，A，Bのサイトが入れ替わる。A，Bの2種類のサイトの等価性はバレー縮退に対応しているので，このような空間反転対称性によってバレー縮退が保障されている。垂直電場の印加によって層間のオンサイトエネルギーに差を与えると，このバレー縮退を解くことができる。また，2層グラフェンの場合と同様に，この垂直電場によってバンドギャップを誘起することができる。

ABA積層構造では，同様にγ_0とγ_1だけを考慮して他の飛び移り積分をゼロとすると，単層

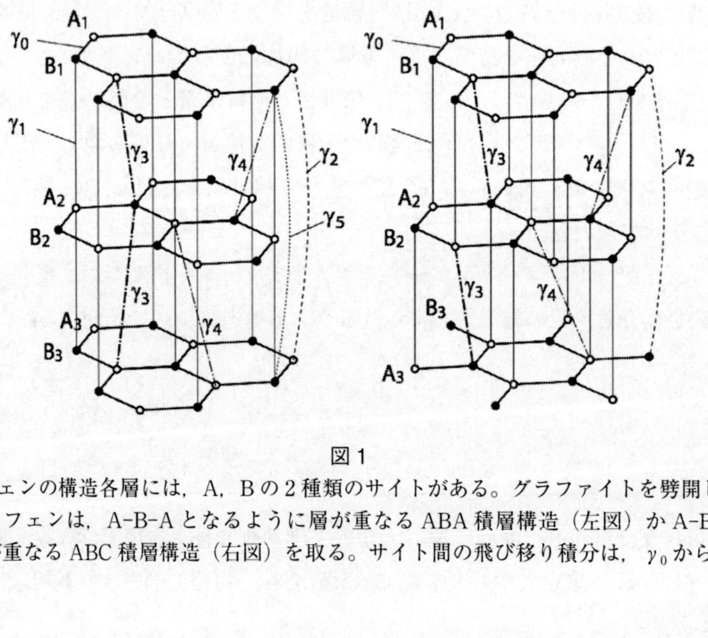

図1

3層グラフェンの構造各層には，A，Bの2種類のサイトがある。グラファイトを劈開して得られる3層グラフェンは，A-B-Aとなるように層が重なるABA積層構造（左図）かA-B-Cとなるように層が重なるABC積層構造（右図）を取る。サイト間の飛び移り積分は，γ_0からγ_5で表される。

グラフェンに起因する2つの線形なバンドと2層グラフェンに起因する2つの放物線型のバンドが，$E=0$ で接するようなバンド構造が得られる。一般的に，ABA 積層構造の多層グラフェンのバンド構造は，このように線形なバンドと放物線型のバンドからなることが知られている。しかし，ABA 積層構造には γ_2 や γ_5 の影響が大きく，実際のバンド構造はより複雑になる。これにより，伝導帯と価電子帯との間に重なりができるというのが理論的な予測である。また，ABA 積層構造では空間反転対称性がないために，バレー縮退は γ_2 や γ_5 によって解けている。さらに，垂直電場の印加によって層間のオンサイトエネルギーに差を与えると，バンド間の重なりが増大する。バルクのグラファイトにおいて重要な役割を果たす飛び移り積分 γ_0 から γ_5 の全てがこの模型に含まれていることから，この系はグラファイトの性質を最小の層数で実現したものであるとも言える。

3層グラフェンの積層構造は，実験的にはラマン分光測定によって容易に区別することができる[5)]。ラマン分光は Si 基板上のグラフェンの層数判断にもよく利用され，その際には G バンドのピークの高さと Si バンドのピークの高さの比を用いることが多いが，積層構造の違いは 2D バンドのピークの形状に現れる。2D バンドは様々な電子状態間での2重共鳴プロセスによって現れ，3つの価電子帯と3つの伝導帯を持つ3層グラフェンでは15の電子的遷移が 2D バンドに寄与する。しかし，遷移エネルギーのいくつかは充分に近く，2D バンドのピーク解析には最低

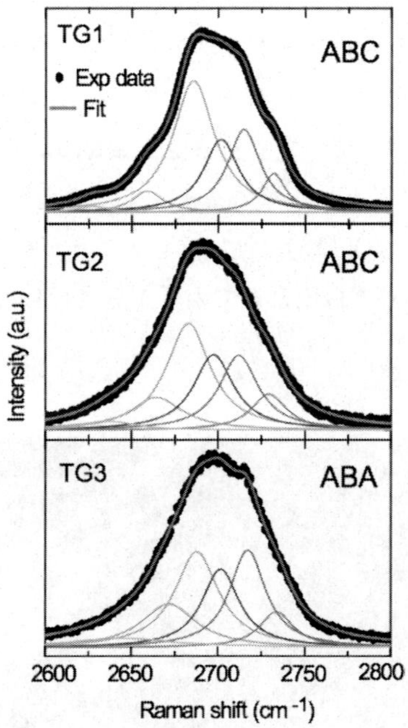

図2　測定されたラマン分光スペクトルとそのピーク解析
上2つが ABC 積層構造，下のものが ABA 積層構造のスペクトルである。
6つのローレンツ関数（半値全幅 24 cm^{-1}）でフィッティングした。

6つのローレンツ関数を用いれば良いことが実験的に分かっている。

図2に，我々が実験で得た結果の一例を示す[6]。この結果からもわかるように，ABC積層構造の場合に2Dピークの非対称性が大きくなる。

3　試料作成[7]

我々の実験では，図3に示すように，3層グラフェンをトップゲートとバックゲートとで挟んだダブルゲート構造を用いた。また，接触抵抗による影響の評価や量子ホール効果の測定を行うため，ホールバー構造を用意した。ダブルゲート構造を用いると，グラフェン中のキャリア密度とグラフェンに印加される垂直電場とを各々独立に制御することができる。

試料の作成では，まず，スコッチテープによってグラファイトを劈開し，表面に285 nmのSiO_2を熱成長させたp型シリコン基板の上にグラフェンの欠片を貼付けた。グラフェンの層数は，顕微鏡画像を解析することによって容易に決定することができる。具体的には，画像を3CCDカメラを通してグラフィックボードへと送り，緑色成分の強度を解析する。グラフェン欠片上の緑色成分の強度が，基板部分の強度に対して約6％だけ減少していたら1層，約12％減少していたら2層，約18％減少していたら3層のグラフェンである。さらに，上で述べたラマン分光によって積層構造を評価した。次に，顕微鏡画像を基に金属電極（オーミック電極）やトップゲートのパターンを設計し，電子線リソグラフィーによってそれらを作成する。

このデバイス作成において重要なのは，トップゲートと3層グラフェンとの間に質の高い絶縁膜を形成することである。トップゲートの作成は，厚さ15-150 nmのSiO_2の絶縁膜を電子線蒸着し，真空チャンバから取り出すことなく，チタンと金を続けて蒸着することによって行った。ここでは，SiO_2を空気に晒すことなく，そのまますぐに両金属を蒸着することが重要である。通常，蒸着によって形成されるSiO_2は均一性に乏しいことが知られているが，真空中でそのまま金属を取り付けた場合に限り，絶縁膜としての質が熱成長したSiO_2を利用した場合と変わらないことが確認されている。

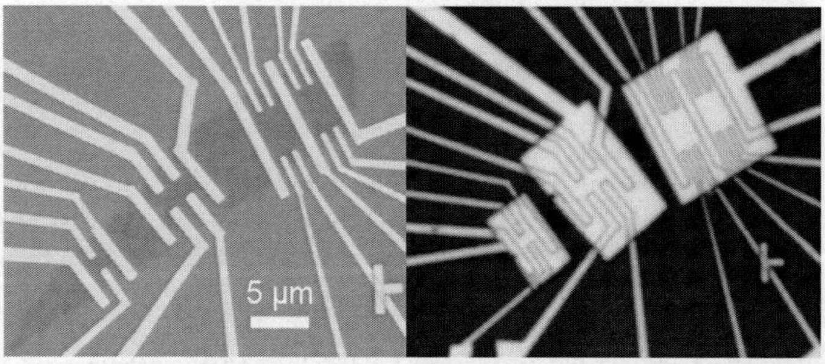

図3　作成した3層グラフェンのホールバーおよびダブルゲート構造の例
左がトップゲート作製前のホールバー構造，右がトップゲート作製後の光学顕微鏡写真。

4　電気伝導測定

我々の実験では，ダブルゲート構造の3層グラフェンを用い，層間の非対称性を与える垂直電場の電気伝導に対する影響を調べた。さらに，パルス強磁場を用いて量子ホール効果を測定し，バレー縮退を調べた。

4. 1　垂直電場の影響

理論的な予測に従えば，垂直電場の印加によってバンドギャップが開くABC積層構造では，垂直電場の印加によって抵抗値が増大する。一方，垂直電場がバンドの重なりの増大をもたらすABA積層構造では，垂直電場の印加によって抵抗値が減少する。

実験では，バックゲート電圧及びトップゲート電圧の関数としてシート抵抗の測定を行った[6)]。ABC積層構造の3層グラフェンにおいて得られた結果を図4(a)に示す。電荷中性点におけるバックゲートとトップゲートの差が大きい場合，すなわち垂直電場が印加されている場合に電荷中性点における抵抗値が高くなっていることがわかる。このことは，バンドギャップの誘起を反映している。

ただし，同図の電気伝導の測定結果からバンドギャップの値までを求めることは困難である。これは，SiO_2で挟まれたグラフェンはそれほど清浄でなく，電荷不純物の影響を受けるからである。その結果，バンドギャップ中に準位ができ，それを介したホッピング伝導が起こる。電気伝導測定によってバンドギャップを求めるためには，PN接合を形成する方法や温度依存性を測定する方法が考えられる。より正確な評価は赤外線の照射によって行われるが，これはコロンビア大学のグループによって報告されている[8)]。

ABA積層構造の3層グラフェンでは，図4(c)に示すように，全く異なる結果が得られる。ABC積層構造の場合とは対象的に，垂直電場に印加によって電荷中性点における抵抗値が減少する。これは，バンドの重なりの増大を反映している[7,9)]。

バンドの重なりの大きさについては，電気的な測定によって比較的容易に評価できる[9)]。それには，温度依存性を測定する方法が最も確実である。温度を変化させると，熱励起されるキャリアの密度が変化する。簡単のために平坦な状態密度を仮定し，バンドの重なりを$\delta\varepsilon$とすると，有効質量$m^* = m_e^* = m_h^*$，および温度Tを用いて，キャリア密度$n(T)$は，

$$n(T) = n_e(T) + n_h(T) = (16\pi m^*/h^2)k_B T \ln[1+\exp(\delta\varepsilon/2k_B T)]$$

で与えられる。これを4.2 Kにおけるキャリア密度$n(4.2\,\mathrm{K})$で規格化すると，

$$n(T)/n(4.2\,\mathrm{K}) = (T/4.2)\ln[1+\exp(\delta\varepsilon/2k_B T)]/\ln[1+\exp(\delta\varepsilon/2k_B 4.2)] \quad (1)$$

が得られる。

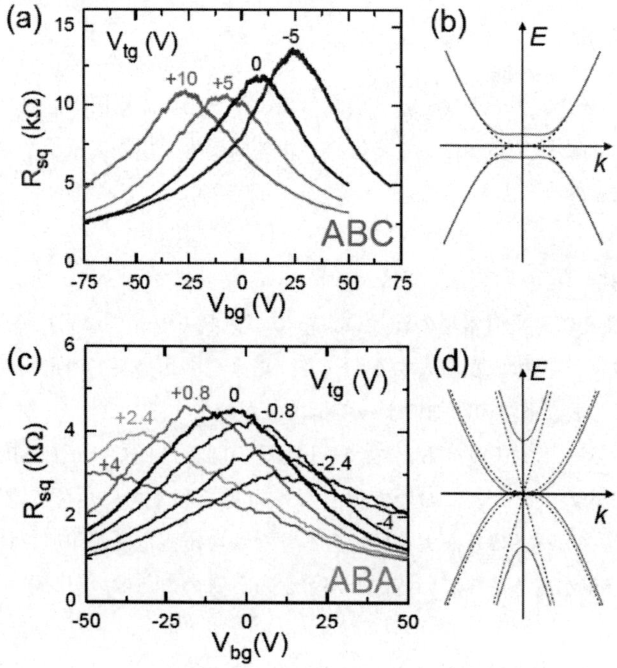

図４　３層グラフェンで測定されたシート抵抗 R_{sq}

温度 4.2 K において，トップゲート電圧 V_{tg} をパラメータとし，バックゲート電圧 V_{bg} の関数として測定された。(a)：ABC 積層構造の３層グラフェンでの測定結果。トップゲートに用いた SiO_2 絶縁膜の厚さは 90 nm。(c)：ABA 積層構造の３層グラフェンでの測定結果。トップゲートに用いた SiO_2 絶縁膜の厚さは 15 nm。(b)，(d)：ABC 積層構造，ABA 積層構造の３層グラフェンのバンド構造の略図。簡単のために γ_0 と γ_1 だけを考慮してある。点線は垂直電場がない場合，実線は垂直電場が印加された場合。

一方，キャリア密度 n は，電荷中性点におけるシート抵抗 R_{sq}^{max} と電子，正孔の移動度 μ_e，μ_h を用いて $n=2/[e(\mu_e+\mu_h)R_{sq}^{max}]$ と書けるので，実験的に得られた各温度での R_{sq}^{max} 及び移動度から $n(T)$ を求めることができる。実験データから得られた $n(T)/n(4.2\,K)$ と(1)式を用い，$\delta\varepsilon$ だけをパラメーターとしてフィッティングすることによって $\delta\varepsilon$ を見積もった。異なるゲート電圧値において同様のフィッティングを行うことにより，垂直電場 $E_{ext}=(V_{tg}-V_{bg})/(d_{tg}+d_{bg})$（$d_{tg}=15$ nm，$d_{bg}=285$ nm は SiO_2 層の厚さ）と $\delta\varepsilon$ の関係を求めた。その結果を図５のエラーバー付きの点で示す。$E_{ext}=0$ では $\delta\varepsilon=32$ meV であり，垂直電場の印加がなくてもバンドに重なりがあることがわかる。これは，グラファイトの性質に類似している。また，$\delta\varepsilon$ が E_{ext} の増大とともに大きく増加していることが確認できる。これは，３層グラフェンが，バンドの重なり $\delta\varepsilon$ を電気的に制御できるような半金属であることを意味する。

また，$k_BT \ll \delta\varepsilon$ のような低温では，状態密度 D，有効質量 m^* を用いて，$\delta\varepsilon=n/D=\pi\hbar^2 n/2m^*=\pi\hbar^2/m^*[e(\mu_e+\mu_h)R_{sq}^{max}]$ と書けるので，m^* が既知であれば，低温における R_{sq}^{max}

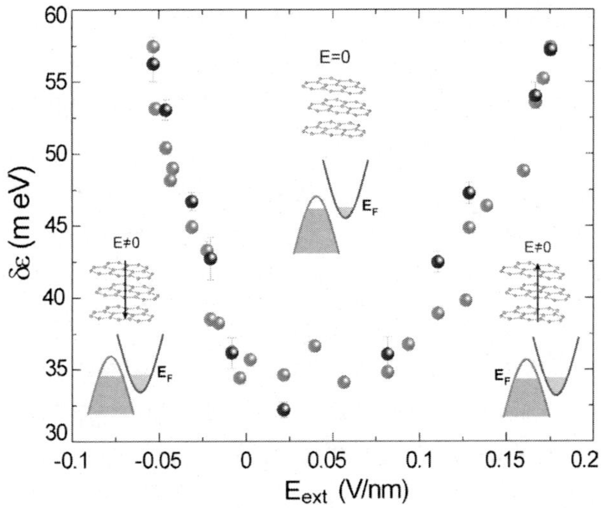

図5　実験的に求められたバンドの重なり$\delta\varepsilon$

ゲート電圧の値を$E_{ext}=(V_{tg}-V_{bg})/(d_{tg}+d_{bg})$へと変換して横軸に取った。エラーバー付きの点は$R_{sq}{}^{max}$の温度依存性から求めたものであり，その他の点は$T=50$ mKでの$R_{sq}{}^{max}$から求めたものである。両者はよく一致している。

の測定データからも$\delta\varepsilon$を見積もることができる。図1のような強束縛模型によれば，$m^*=(2\sqrt{2}/3)\hbar^2\gamma_1/(a^2\gamma_0{}^2)=0.052\,m_0$（$\gamma_0=3.16$ eV，$\gamma_1=0.44$ eV，$a=0.246$ nmは格子定数）なので，この値と測定値から求められるn(50 mK)を使って$\delta\varepsilon$を見積もった。その結果は，図5のエラーバーが付いていない点で示されている。$R_{sq}{}^{max}$の温度依存性から求めた$\delta\varepsilon$と非常に良く一致していることがわかる。

この結果については，別の見方をすることもできる。$R_{sq}{}^{max}$の温度依存性から求めた$\delta\varepsilon$と50 mKにおける$R_{sq}{}^{max}$から，$m^*=\pi\hbar^2/[e(\mu_e+\mu_h)R_{sq}{}^{max}\delta\varepsilon]$を使って$m^*$を求めると，これは強束縛模型から導かれる理論的な値に非常に近くなるということである。このようにして求められるm^*は垂直電場E_{ext}に依らず，上記の理論値に近い値（$\sim0.05\,m_0$）となっている。

また，有効質量がわかると，Drude公式から散乱時間τが求まる。測定された電気伝導度およびm^*を基にして得られたτのE_{ext}依存性を見ると，E_{ext}が増加するとτが減少することがわかる。この結果は，E_{ext}の印加による電気伝導の増大が，m^*の減少やτの増大によるものではなく，バンド構造の違いに起因することを示している。

4.2　量子ホール効果

3層グラフェンの量子ホール効果は，ABC積層構造とABA積層構造とで大きく異なる。ABC積層構造の3層グラフェンは，低エネルギーで三次の分散関係を持つことから，垂直磁場Bに対してランダウ準位が$E_n\propto B^{3/2}\sqrt{n(n-1)(n-2)}$で与えられる（図6(a)参照）。一方，ABA

積層構造では，線形なバンドと放物線型のバンドが存在することから，ランダウ準位は$\sqrt{B}$に比例するものとBに比例するものとが重なったものになる（図6(b)参照）。しかし，いずれの場合も$E=0$に3つのランダウ準位が縮退しており，スピンとバレーの縮退度を考慮すると12重に縮退している。したがって，量子ホールプラトーは$\nu = \pm 6, \pm 10, \pm 14, \cdots$に現れる。

しかし，現実には，バレーの縮退が解けることを考慮する必要がある。前述したように，ABC積層構造が空間反転対称性を持っているのに対し，ABA積層構造には空間反転対称性がなく，バレー縮退はγ_2やγ_5によって解けている。その結果，$\nu = 2, 4, \cdots$などにも量子ホールプラトーが観測される。

図7に，ダブルゲート構造の試料で測定された2端子抵抗の結果を示す[6]。用いた試料の移動度が1000-2000 cm^2/Vsと低かったため，パルス強磁場を印加して量子ホール効果を観測した。ABC積層構造では，垂直電場が大きくない場合には$\nu = 6, 10$に相当する量子ホールプラトーの

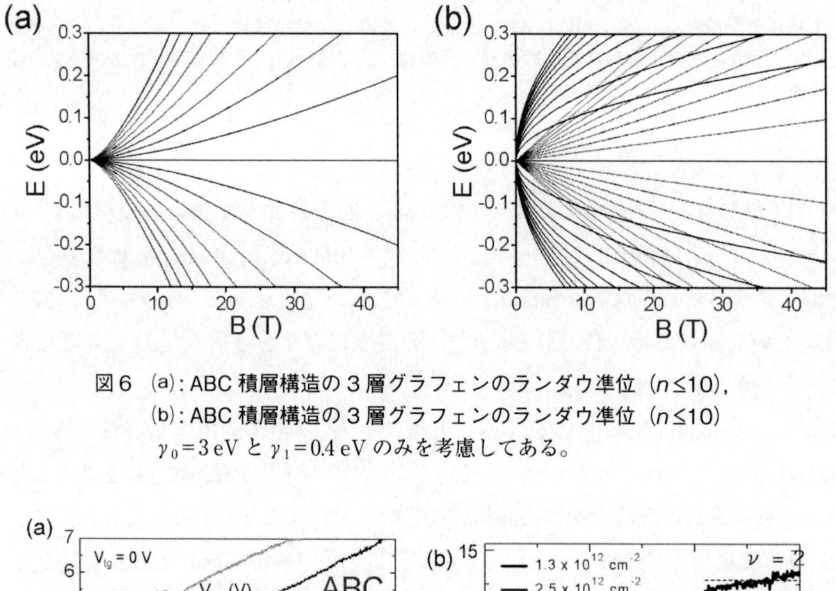

図6　(a)：ABC積層構造の3層グラフェンのランダウ準位（$n \leq 10$），
(b)：ABC積層構造の3層グラフェンのランダウ準位（$n \leq 10$）
$\gamma_0 = 3$ eVと$\gamma_1 = 0.4$ eVのみを考慮してある。

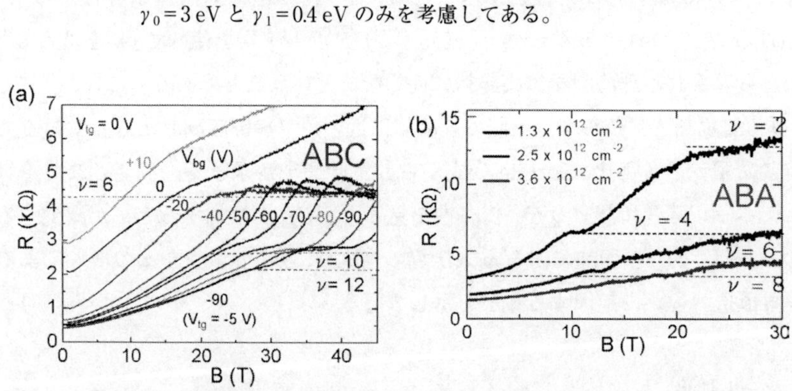

図7　(a)：ABC積層構造の3層グラフェンにおいて観測された2端子抵抗，
(b)：ABC積層構造の3層グラフェンにおいて観測された2端子抵抗
表示がない限り$V_{tg} = 0$であり，パルス強磁場を用いて4.2 Kで観測された。接触抵抗は差し引いてある。

みを確認できる。また，垂直電場が大きい場合にはバレーの縮退が解け，$\nu=12$ の量子ホールプラトーを確認できる。これは，垂直電場によって空間反転対称性が破れるからである。それに対し，ABA 積層構造では，垂直電場が小さい場合でも $\nu=2, 4, 6, 8$ に相当する量子ホールプラトーを確認できる。この結果は，この積層構造ではバレー縮退が大きく解けていることを示している。

3層グラフェンの量子ホール効果は，他のブループでも，ダブルゲート構造は用いていないものの活発に研究が進められた。たとえば，MIT のグループは，h-BN 上に清浄な ABA 積層構造の3層グラフェン（移動度 110,000 cm^2/Vs）を用意し，バックゲート電圧と磁場の関数としてファンダイアグラムを詳細に調べた[10]。その結果を元に重なり積分の値を求め，詳細なバンド構造を得ている。また，米 Brookhaven 国立研究所のグループでは，ABC 積層構造の3層グラフェンの量子ホール効果から，ベリー位相 3π と三次の分散関係を報告している[11]。California 工科大学 Riverside のグループでは，ABC 積層構造において，三次の分散関係に由来する強いクーロン相互作用による効果と思われる絶縁状態や，リフシッツ転移によると思われる $\nu=9, 18$ の量子ホールプラトーを報告している[12]。

5　おわりに

本章では，ダブルゲート構造を用いた3層グラフェンの電気伝導実験と，バンド構造の評価について紹介した。ABC 積層構造の3層グラフェンは，三次の分散関係と空間反転対称性に特徴があり，垂直電場の印加によってバンドギャップを生じる。それに対し，ABA 積層構造の3層グラフェンは伝導帯と価電子帯との間に重なりがある半金属であり，その重なりは垂直電場の印加によって増大する。また，空間反転対称性を持たない ABA 積層構造の3層グラフェンではバレー縮退が解けており，これは量子ホール効果の測定によって確認できる。

謝辞

本研究の一部は，科学研究費補助金・若手研究 A (no. 20684011)，ERATO-JST (080300000477)，日本学術振興会国際交流事業，FOM，科学研究費補助金・基盤研究 S (no. 19104007)，B (no. 18340081) と JST-CREST の補助を受けて行われた。また，本研究は，東京大学大学院生（当時）の徳光晋太郎，Exeter 大学の M. F. Craciun, S. Russo, Geneva 大学の A. Morpurgo, Regensburg 大学の S. H. Jhang, S. Shmidmeier, J. Eroms, C. Strunk, Dresden 強磁場研究所の Y. Skourski, J. Wosnitza との共同研究で行われた。

文　献

1) K. S. Novoselov, A. K. Geim, S. V. Morozov, D. Jiang, Y. Zhang, S. V. Dubonos, *et al.*, *Science* **306**, 666 (2004); K. S. Novoselov *et al.*, *Nature* **438**, 197 (2005); Y. B. Zhang, Y. W. Tan, H. L. Stormer, P. Kim, *Nature* **438**, 201 (2005)
2) E. McCann, V. I. Fal'ko, *Phys. Rev. Lett.* **96**, 086805 (2006); T. Ohta, A. Bostowick, T. Seyller, K. Horn, E. Rotenberg, *Science* **313**, 951 (2006); E. V. Castro *et al.*, *Phys. Rev. Lett.* **99**, 216802 (2007); J. B. Oostinga, H. B. Heersche, X. Liu, A. F. Morpurgo, L. M. K. Vandersypen, *Nature Mater.* **7**, 151 (2008); S. Y. Zhou, D. A. Siegel, A. V. Fedorov, A. Lanzara, *Phys. Rev. Lett.* **101**, 086402 (2008); Y. B. Zhang *et al.*, *Nature* **459**, 820 (2009)
3) F. Guinea, A. H. C. Neto, and N. M. R. Peres, *Phys. Rev. B* **73**, 245426 (2006); H. Min and A. H. MacDonald, *Phys. Rev. B* **77**, 155416 (2008); M. Koshino, *Phys. Rev. B* **81**, 125304 (2010); A. A. Avetisyan, B. Partoens, and F. M. Peeters, *Phys. Rev. B* **81**, 115432 (2010)
4) M. Koshino, *Phys. Rev. B* **79**, 125443 (2009)
5) C. H. Lui, Z. Li, Z. Chen, P. V. Klimov, L. E. Brus, and T. Heinz, *Nano Lett.* **11**, 164 (2011)
6) S. H. Jhang, M. F. Craciun, S. Schmidmeier, S. Tokumitsu, S. Russo, M. Yamamoto, Y. Skourski, J. Wosnitza, S. Tarucha, J. Eroms and C. Strunk, *Phys. Rev. B* **84**, 161408 (RC) (2011)
7) S. Russo, M. F. Craciun, M. Yamamoto, S. Tarucha, A. F. Morpurgo, *New J. Phys.* **11**, 095018 (2009)
8) C. H. Lui, Z. Li, K. F. Mak, E. Cappelluti and T. F. Heinz, *Nature Physics* **7**, 944 (2011)
9) M. F. Craciun, S. Russo, M. Yamamoto, J. B. Oostinga, A. F. Morpurgo, S. Tarucha, *Nature Nanotechnol.* **4**, 383 (2009)
10) T. Taychatanapat, K. Watanabe, T. Taniguchi and P. Jarillo-Herrero, *Nature Physics* **7**, 621 (2011)
11) L. Zhang, Y. Zhang, J. Camacho, M. Khodas and I. Zaliznyak, *Nature Physics* **7**, 953 (2011)
12) W. Bao *et al.*, *Nature Physics* **7**, 948 (2011)

第20章　グラフェンエッジが創出するスピン物性
— グラフェンナノメッシュ磁石 —

春山純志*

1　はじめに：エッジ原子配列と物性

炭素単原子層「グラフェン」は，ディラック電子系としての特異な電子状態や電子輸送特性・物性現象，またさまざまな系への応用の観点から大きな注目を集めている[1,2]。これはまさに本書の他の章で解説されている通りである。しかしながら，実験報告例がまだ極めて少ないのが「エッジ（端）」が創出する物性現象である[3~10,17,18]。同じ二次元系物質であるシリコンMOS構造や化合物半導体二次元電子ガス系，あるいはカーボンナノチューブとグラフェンが大きく異なる一つの点としても，このテーマは興味深い。

グラフェンは炭素原子一個の薄さの二次元ネットワークであるから，エッジが必ず長距離にわたって露出している。その原子構造は，図1(a)(b)に示すようにzigzag型とarmchair型，およびカイラル型に基本的に分類される[3]。zigzag型エッジではダングリングボンド（図1黒丸）が一個ずつエッジ六員環に存在し，armchair型では二個ずつ存在することがわかる。非常に興味深いことに電子構造と物性は理論上両者で全く異なる。特にエッジ原子配列に起因する物性現象の違いは，図1(a)(b)のようなグラフェンナノリボン（GNR：長手方向両側にエッジを持つグラフェンの一次元短冊状物質）において顕著に現れる。

armchair型エッジでは，両側のエッジに挟まれた六員環の列の数Nが3の倍数かどうかに依存しながらエネルギーバンドギャップの有無が決まる。これはカーボンナノチューブのバンドギャップのカイラリティ依存性と類似している。その他，一次元電子相関（一次元アンダーソン局在や朝長・ラッティンジャー液体など），欠陥や不純物（ホッピング伝導など）によってもarmchair型GNRでは簡単にエネルギーギャップが開く[7,8]。

少なくとも欠陥やダメージに起因してできるバンドギャップは真のバンドギャップではなく制御も困難であるため除外されるべきであるが，リソグラフィで形成されたGNRではこの理由から開くギャップが支配的になる。そこで筆者らのグループは，カーボンナノチューブを酸化開口しリソグラフィを用いずに形成したGNRをエアブロー法で基板上に矩形状に効率良く配置し，これを高真空・高温熱処理することで高伝導度を持つ低欠陥GNRを創成した[7]。このGNRにおいて，リソグラフィ形成した欠陥の多いGNRに比べて7倍以上大きい真のバンドギャップが存在することを発見している[7]。

*　Junji Haruyama　青山学院大学　大学院理工学研究科　機能物質創製コース　准教授

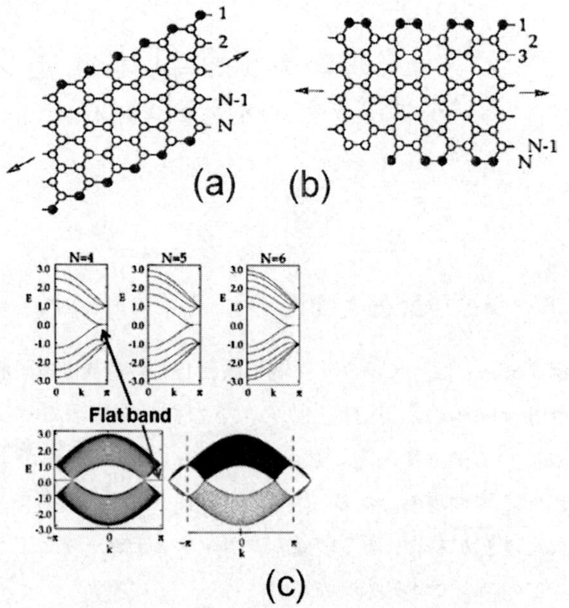

図1
(a) zigzag 型，および(b) armchair 型のエッジ原子配列を持つ GNR の模式図。黒丸はダングリングボンド。(c)(a)においてダングリングボンドを一個の水素で終端した構造における第一原理計算によるバンド算出例。3) より。

一方 zigzag 型エッジでは，図1(c)のようにフラット（平坦）エネルギーバンドが出現する[3~6)]。電子の移動度μは$\mu=e\tau/m^*$（eは素電荷，τは散乱の緩和時間，m^*は有効質量）で与えられ，$m^*\propto(d^2E/dk^2)^{-1}$の相関を持つため，$d^2E/dk^2=0$（つまり曲率ゼロ）のこのフラットバンド領域の電子は無限大のm^*を持ち，μはゼロになる。この結果，エッジに電子が局在することになる。高状態密度（エッジ状態）のため局在電子には強い電子間相互作用が働き，強磁性的モーメントを持つ偏極スピンが一つのエッジに発生する。さらに GNR の場合は二つのエッジ間のスピン相互作用とエッジダングリングボンドの終端状況に依存して，フント則に類似した起源で強磁性・反強磁性が出現する（図6で後述）。all carbon でありながらスピン物性，磁性が観測できる点は極めて興味深く，グラフェンエッジの物理の面白さである。

グラフェンエッジに関する理論報告は膨大な量の論文がある。特に日本の貢献が高く，1990年代半ばの旧藤田グループ（若林，中田ら）のパイオニアとしての論文は，今でもエッジ物理に関する教科書的な文献として多く引用されている。また，島・青木らによる対称性の議論からの平坦バンド強磁性の予言も見事であった[21, 22)]。実験報告例としては，ナノグラファイトにおける榎らのやはりパイオニア的研究が有名である。ただやはり前述したように実験の報告例が少ない理由は，エッジ自体がその作成時にダメージや汚染を受けやすいこと，また，物性現象がダメージ・欠陥・汚染などに極めて敏感であるからである。したがって，エッジ・GNR 形成時にはできるだけダメージ・汚染を避ける必要があり，その観点では前述した筆者らの GNR のように，リソグラフィを使わずにエッジを創製するというのが一つの有効な手段である。本稿では筆者グループが行っているもう一つのノンリソグラフィック法で形成した「グラフェンナノメッシュ(ナノ細孔アレイ・アンチドット格子)」と磁性の相関について紹介する[9,10,17]。

2　ノンリソグラフィック法による低欠陥ナノ細孔アレイの創製

この方法は「多孔質アルミナ膜」をマスクとしてグラフェンをドライエッチングし，その蜂の巣状の六角形ナノ細孔アレイをグラフェンに転写する方法である（図2(a)-(c))。多孔質アルミナ膜は高純度アルミニウム基板の陽極酸化により極めて容易に自己組織形成される酸化膜で，例外的に高い均一性・制御性の蜂の巣状ナノ細孔アレイを持つ。筆者グループはこの直径を最小5 nmから最大数 μm まで高均一性を保持しながら作成する技術を持つ。膜生成後，逆電界法によりアルミナ膜を基板から剥離してグラフェン上に貼り，これをマスクとして不活性ガス（Arガス）でグラフェンを低パワーで段階的にエッチングし，ナノ細孔アレイを創成する。エッチング後アルミナ膜をグラフェンから剥離し，高真空・水素雰囲気で高温（800度）アニールする。

この我々独自のノンリソグラフィック法は，以下の3つの大きな長所を持つ（図2(a))。①細

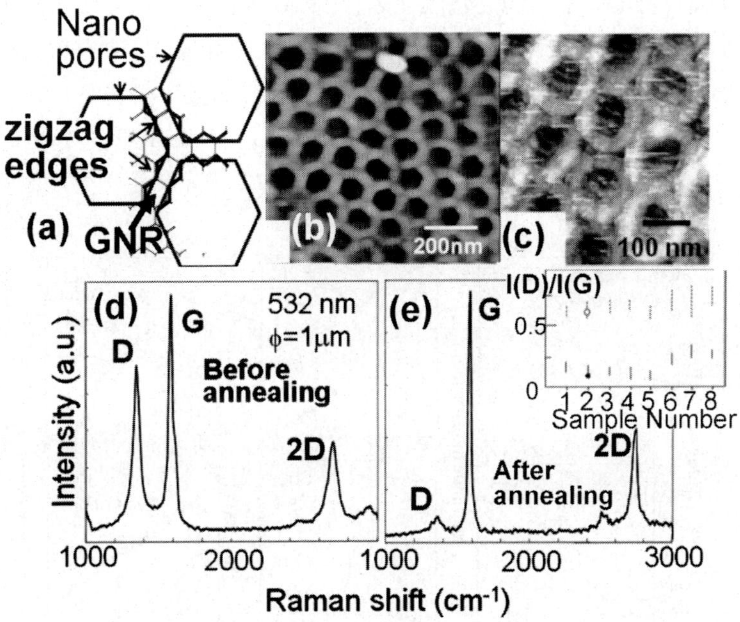

図2

(a) zigzag型細孔エッジを持つグラフェンナノメッシュの上面模式図。実際は細孔間領域の六員環数はもっと多い。(b)多孔質アルミナ膜をマスクとしてドライエッチング形成した(a)の上面AFM像。細孔直径約80 nm，間隔約20 nm。(c)水素終端した(b)のSTM像。色の白い方が電子状態密度が高い（東大・福山寛研ご提供)。(d)(e)高温アニール前後の(b)のラマンスペクトルの変化。(e)の挿入図：アニール前（上)・後（下）のD/G比。

孔エッジが低欠陥・低汚染。②六角形細孔の一辺をグラフェンの蜂の巣状炭素格子に zigzag 型に整合させた場合，幾何学的理由から他の5辺もすべて同じ zigzag 原子配列になる。③隣接した zigzag 細孔エッジで挟まれた狭いグラフェン領域が GNR となり，一つの六角形ナノ細孔周囲にそれが六個形成できるため，②と併せて zigzag 型原子配列エッジを両側に持つ GNR を大規模集積可能。特に炭素単原子層であるグラフェンにおいて大信号でスピン磁性現象を発現させるために，②③は重要な長所となる。さらに高温・高真空アニールにより欠陥も回復する。

3 磁性とその構造依存性，細孔 zigzag エッジの同定

さて興味深いことにこのグラフェンナノメッシュを水素雰囲気中で高温アニールすると図3(a)(d)のように明確な強磁性が室温でも出現することがわかった。一方酸素雰囲気中で同様のアニールを行うと(b)(e)のように弱い反磁性が出現する。細孔の無いグラフェン(c)(f)ではこのような特性は出ない。グラフェンは機械的剥離と SiC 基板上への CVD の両方で作成したものを使用したが，共に同様の特性が観察された。水素終端した炭素系材料でこうした強磁性が観測されたという例は過去多くあるが，どれもその強度は弱く，ほとんどが欠陥周囲のスピンに起因したものであった。

そこでこの強磁性と細孔エッジとの相関を究明するために，2つの観測を行った。まず一つ目は図4の磁気力顕微鏡（MFM）での観察である。この結果から，偏極スピンは欠陥などの一か所に集まっている訳ではなく，試料全体のナノ細孔間の GNR 領域にほぼ一様に分布している事がわかる。分解能が悪いためエッジの偏極スピンまでは特定できていないが，たとえば矢印で示した箇所においては線状の濃い色が見られ，これは細孔エッジに偏極スピンが局在している可能性を示唆する。

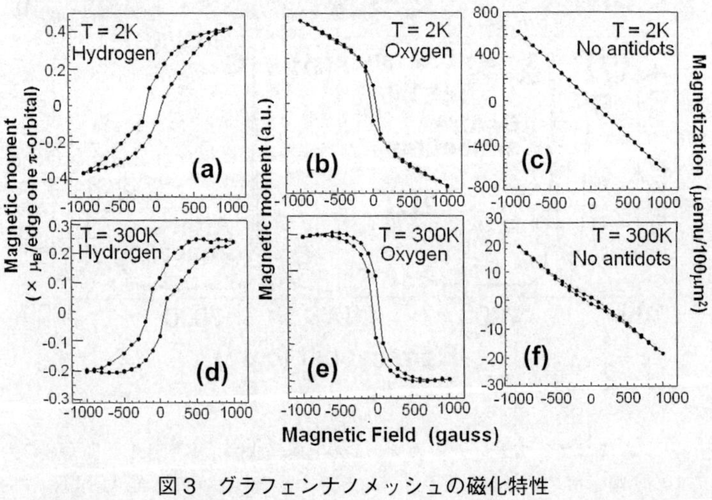

図3 グラフェンナノメッシュの磁化特性

(a)(d)水素終端，(b)(e)酸素終端，(c)(f)細孔の無いバルクグラフェン。細孔エッジの終端は各雰囲気ガス下での高温アニールで実行。上段は 2K，下段は室温。Quantum Design の SQUID での DC 測定。磁場は面に垂直印加。

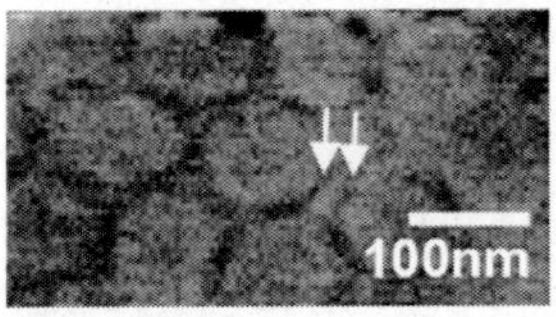

図4　強磁性が発現した水素終端グラフェンナノメッシュの磁気力顕微鏡像
色の濃い方が偏極スピン濃度が高い。矢印はエッジ偏極スピンが顕著な箇所。

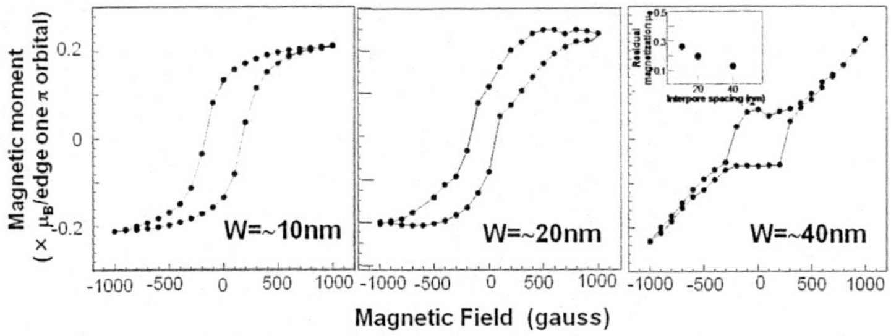

図5　強磁性の細孔間隔 *w* 依存性
w はグラフェンナノリボン幅に相当する。挿入図：残留磁化の *w* 依存性。

次に，細孔間隔と磁化の相関を図5に示す。ヒステリシスの大きさ，つまり強磁性の強さ（残留磁化と保磁力）は細孔間隔 *w* が小さくなるほど増加する。これは後述する zigzag 型原子配列をエッジに持つ GNR の理論に定性的には良く合う。つまり GNR の幅が狭くなるほど両エッジ間のスピン相互作用は強くなり，偏極スピンのモーメントは安定し強磁性は強くなる。

したがってこれらの結果は，理論通り細孔間の zigzag エッジ GNR 領域が原因で強磁性が発現していることを示唆する。しかし本実験では意図的に細孔エッジを zigzag 構造に制御しておらず，今のところ強磁性を発現する確率は6割程度である。この試料の細孔エッジの原子配列は実際に zigzag 型になっているのだろうか？　残念ながら現在まだこの確認には直接成功していない。一般的に高分解能電子顕微鏡や走査型トンネル顕微鏡でエッジ原子配列は観察するが，シリコン酸化膜の上にあるこのナノ細孔グラフェンの細孔エッジの確認はさまざまな理由で今のところ困難である。

しかし間接的な測定で，zigzag 型細孔エッジが存在する可能性は検証できている。たとえばその一つはラマン散乱の測定結果である。図1(d)(e)に示すように，高温アニールによりDピーク強度は劇的に減少する。Dピークは結晶性の指標であり，ピークが低く，D/G 比が低いほど結晶性は高い。アニールにより結晶性が改善されるので D/G 比は当然減少するが，重要な点は D/G 比が低い試料でのみ強磁性が発現することである。以下の理由で，これは zigzag 型エッジが存在する可能性を示唆する。①選択エッチングにより細孔エッジを zigzag 型に制御した六角形ナノ細孔グラフェンは，armchair と zigzag が混在したエッジを持つ円形ナノ細孔グラフェンより低いD/G比を示す事をKlitzingのグループは報告している[11]。②シンガポールのグループは，（本細孔間領域のような）GNR，つまり一次元状グラフェンでは，高いDピークをもたらす原因である二重共鳴過程を起こすのはarmchair型エッジの場合のみであることを理論・実験で報告している[12]。したがって，図1(e)の低いDピークはzigzag型エッジ存在の間接的証拠となる。

さらにこの低いDピークが高温アニールの後に出現する事は，熱履歴を得た事で細孔エッジの原子再配列が生じてzigzag型エッジが創出されている可能性を示唆する。単原子層であるグラフェンのエッジでは，様々な過程でこの原子再配列が容易に発生する事は良く知られている。たとえばDresselhausグループは走査型トンネル顕微鏡の針先をグラフェンエッジにあて高密度でエッジに沿って電流を流す事でジュール熱を発生させた結果，armchairエッジは消滅し，zigzag型エッジが原子再配列で安定生成される事を報告している[13]。また，Zettlらは細孔エッジの高分解能電子顕微鏡による観察中に，電子照射エネルギーでエッジ原子が再配列され，やはり最終的にzigzag型に安定して帰着する事を報告している[14]。zigzagエッジはダングリングボンド数がarmchairエッジの半分であるため，原子再配列にかかるエネルギーはzigzagの方が半分で済み，再配列後も安定であるという解釈がこの理由として可能である。筆者らのグラフェンナノメッシュでは細孔間隔が20 nm弱と細いため，アニール時の熱がそこに集中すればこれらと同様のエッジ原子再配列が発生するとも考えられる。

ただしzigzag型エッジ原子配列が化学的に最も安定であるかどうかは，まだ実験・議論がなされているところである。最近は六員環の並びではなく，五員環と七員環が交互に並んだエッジ構造が最も安定であるという理論も出ている（Supplemental material（SM）（10）in 9）または17））。

4　強磁性の発現機構

このエッジ平坦バンド強磁性の発現機構としては，少なくとも2つのモデルが想定可能である。一つは前述したGNRモデルである。理論上，GNRでは両側エッジからのスピン波動関数がGNR内部領域に染み出して各サイト上で相互作用を起こすが，これは交換エネルギーを最大にする，つまり各炭素原子上のπ軌道スピンが平行に並ぶようなエッジスピン配置を決める（図6(a)）。その結果，水素終端が無い場合エッジスピンモーメントは反強磁性的配置となり，GNRは磁化を持たない。まずこのスピン描像を一旦無視して，単に試料内の細孔エッジダングリングボンド総数などを概算し，観測された磁化を割り振ると，一個のエッジダングリングボンドあたりの磁化は約1.3 μ_Bとなる（μ_Bはボーア磁子）（SM（14）in 9）または17））。これはもちろんどの理論報告と比べても大きすぎる。

そこで水素終端したGNR系での磁化を見積もる必要がある。水素終端により系のエネルギーは変化し，上述した反強磁性的エッジスピン配置に比べて，強磁性的エッジスピン配置の方が各

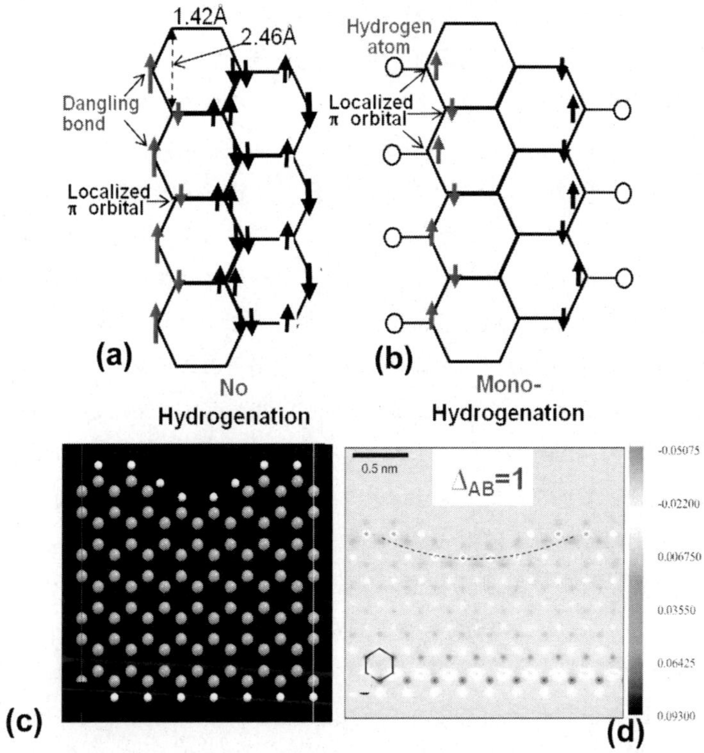

図6
(a)無終端エッジと(b)一個の水素で終端したzigzag型エッジを持つGNRのスピン描像例。矢印はスピンモーメント。(c)僅かな欠陥を導入した（$\Delta_{AB}=1$）片側エッジを持つGNRの原子構造模式図。白丸は終端水素原子。(d)(c)の構造に基づき第一原理計算で求めたスピン分布。色の濃い方が偏極スピン濃度が高い。

エッジ一炭素原子当たり約5meVも低いエネルギーを持ち安定するという理論計算例もある。ここで問題になるのが，エッジダングリングボンドを終端する水素原子数である。なぜなら平坦バンドが出現する波数領域は終端水素原子数に理論上依存するからである。例えば図6(b)に示すように，zigzag型GNRの両エッジのダングリングボンドがすべて1個の水素原子で終端された場合は第一ブルリアン域の$2\pi/3$からπの波数領域で平坦バンドが出現する[3)]。一方両側2個の水素原子による終端では0から$2\pi/3$で，片側エッジが1個，もう片側エッジが2個での終端では全領域で，各々平坦バンドが出現する[4,5)]。これらの理論に従うと，全電子が局在する最後のケースが最も強い強磁性を導くことになる。

その一方で，エッジダングリングボンドの2個の水素原子での終端はsp^3結合を導入するためσバンド電子が伝導に寄与し，1個の終端（C-Hボンド）が形成するsp^2とその局在πバンド電子に比べて，エッジ電子の局在は弱くなるとも考えられる。さらに最近，常温・常圧下では，こうした水素終端は安定ではなく，片側エッジで，1個・1個・2個という周期の終端のみが熱動力学的に安定であるという理論も報告されている（SM（11）in 9）または17)）。したがって，これらを踏まえた理論の構築がまだ必要な段階である。

筆者らの実験では残念ながら終端水素原子数は確認できていない。しかしながら上述した無終端の場合に対して，すべてのエッジダングリングボンドを1個の水素原子で終端した場合，磁化は理論上1 μ_B 減少し，0.3 μ_B となる。この値はいくつかの理論報告と非常に良く一致するため，実際の細孔エッジは1個の水素原子で終端されC-Hボンドが存在すると考えるのが現状妥当であろう。酸素終端によるC=Oボンド形成ではスピン対発生により強磁性は消滅するため図3(b)(e)のような磁化特性が出現する。ただし反磁性の起源についてはさらに議論が必要であろう。

さてもう一つの理論モデルはLieb's Theoremである。これはネット磁化に基づく解釈で，炭素原子の六員環構造の集合体において六員環のA，B副格子のスピンバランスが崩れた場合に集合体として磁化が発生するという考えである。Yangらはグラフェンにできる様々な欠陥の周囲にこのモデルをあてはめ，ABサイトのバランスの差 Δ_{AB} と発生磁化を第一原理計算から算出している。この原理を筆者らのグラフェンナノメッシュに適用する時，ナノ細孔間のGNR領域でこの Δ_{AB} がゼロであれば，ネット磁化はゼロになり実験結果と矛盾する。そこで，実際の試料においてGNR片側エッジ領域で $\Delta_{AB}=1$ 程度の欠陥があると仮定し，一個の水素終端の下で計算した結果が図6(c)(d)である[9]。この場合エッジ局在 π 炭素原子あたり約0.2 μ_B の磁化が反対側のエッジに算出され，実験結果とある程度よく合う。基本的に欠陥の無いエッジを前提とするGNRモデルとこのLieb's Theoremのどちらが実験を良く説明するか，エッジ原子配列や水素終端の観察と共に今後の検証が必須である。

5　ホウ素終端グラフェンナノメッシュ，磁気抵抗特性

最近の筆者らの実験ではホウ素終端グラフェンナノメッシュでも明確な強磁性が出現することがわかっている。水素終端に比べ，グラフェンエッジのホウ素終端に関する理論報告例はまだ少ないが，たとえば強磁性スピン配列を持つzigzagエッジナノリボンにおけるdown spinよりup spinに対して大きいスピンスプリット（ギャップ）の出現やそのホウ素終端サイトへの強い依存性，ホウ素散乱によるspin upチャネルの減少に起因したスピン偏極流の出現などが予言されている[2]。これらはホウ素終端GNRにおいてはスピン対称性の破れが起きやすく，それによるスピンアンバランスで強磁性が発現する可能性を示唆しており興味深い。現在水素終端試料における強磁性との違いを調査中である。

さらに，グラフェンナノメッシュはアンチドット格子とも呼ばれ，1990年頃から化合物半導体二次元電子ガス系などでその磁気抵抗（MR）の振る舞いが活発に研究されてきた[10,15,16]。二次元電子系に垂直に磁場を印加すると電子は面内でサイクロトロン運動する。この半径 R_c は磁場 B に反比例する（$R_c=(\pi n_s)^{1/2}(h/2\pi)/eB$：$n_s$ は電子密度，h はプランク定数）ので，$2R_c$ と細孔直径 ϕ（あるいは細孔を含む単位セルの直径 a）/ 細孔間隔 w の比の相関に強く依存して，様々な興味深い量子現象が生じる。例えば $a/w>>1$ でサイクロトロン電子が走行する十分な細

孔間領域が無い場合，$2R_c \sim a$ を満たす B では電子は細孔周囲を周回・局在し，MRが極大になる整合性MRや単位セル内で量子化された電子軌道に基づくAharonov-Bohm（AB）型振動が出現する。一方 $a/w << 1$ で細孔間領域が十分である場合は，さらに B が増加し $2R_c$ が減少するとシュブニコフ・ド・ハース振動，そして整数・分数量子ホール効果が観測される。

半導体アンチドット格子と筆者らのグラフェンナノメッシュの大きな相違は，$B=0$ でもzigzag型エッジには電子が局在していることにある。実際にこの局在電子に相関すると思われるMR振動の観察にも成功しており[10]，今後局在電子とサイクロトロン電子との相互作用に基づく特異な分数量子ホール効果などが期待される。また，w を増大させた場合，細孔エッジの局在スピンは細孔間バルク領域を走行可能になる。この系では，垂直印加磁場に対して磁性半導体のようなMRヒステリシスループが，平行磁場に対して細孔エッジのスピン充放電に起因する鋸歯状のMR振動（スピンポンピング効果）が観察されている[17]。これらはall carbonで創製する新たなスピントロニクス素子の基礎原理として期待される。

6　おわりに

炭素単原子層「グラフェン」のzigzag型エッジ原子配列が創出するスピン物性について解説した。リソグラフィを用いずに蜂の巣状の六角形ナノ細孔アレイをグラフェン上に形成することで低欠陥zigzag型細孔エッジを大量に創製し，それらを水素終端・高温熱処理したことで，室温強磁性の発現に初めて成功した。今後細孔エッジ原子配列を直接観て，制御形成することが急務であり，これらに基づいて，希少元素フリーで超軽量，透明・フレキシブルでウエアラブルな今までにない高性能磁石の開発が期待される。また，このエッジ偏極スピンを活用して，スピン整流作用[18]，（量子）スピンホール効果[19]，スピンFET，スピンポンピング効果[17]などさまざまなスピン物性現象・素子応用の研究も期待される。直接のスピンホール効果ではないが，ゼーマン分裂させた2つの異なるバンド間のスピン拡散流の観察が200,000 cm^2/sV を越える超高移動度を持つBN基板上のグラフェンにおいて実際に最近報告されており[20]，スピンコヒーレンスの強いグラフェンならではの効果・発展が今後おおいに期待される。

謝辞

本研究は本学・多田健吾氏，東京大学・福山寛研究室，CEA/CNRS・Mairbeck Chshiev教授グループとの共同研究です。また，微細加工では東京大学物性研究所・家・勝本研究室，東京大学・樽茶研究室に，磁化測定では本学・秋光研究室に大変お世話になり，深謝致します。研究遂行にあたって様々なご議論・ご指導を戴いた若林克法氏，榎敏明，安藤恒也，青木秀夫，永長直人，Philip Kim，Stephan Roche，Mildred Dresselhaus各教授に深謝致します。

文　　献

1) K. S. Novoselov, A. K. Geim *et al.*, *Science*, **306**, 666 (2004)
2) 安藤恒也，物理学会誌，**66** (1)，57 (2011)；固体物理，11 月号，3 (2010)；表面科学，**29** (5), 296 (2008) など
3) K. Nakata *et al.*, *Phys. Rev. B*, **54**, 17954 (1996)
4) K. Kusakabe *et al.*, *Phys. Rev. B*, **67**, 092406 (2003)
5) H. Lee *et al.*, *Phys. Rev. B*, **72**, 174431 (2005)
6) 若林克法，草部浩一，日本物理学会誌，**63**, 344 (2008)
7) T. Shimizu, J. Haruyama *et al.*, *Nature Nanotechnology*, **6**, 45 (2011) (Latest Highlights, News & Views)
8) X. Wang, H. Dai *et al.*, *Nature Nanotechnology*, **6**, 563 (2011)
9) K. Tada, J. Haruyama *et al.*, *Physica Status Solidi* (b), DOI10.1002/pssb.201200042 (2012)
10) T. Shimizu, J. Haruyama *et al.*, *Appl. Phys. Lett.*, **100**, 023104 (2012)
11) B. Kraus, V. Klitzing *et al.*, *Nano Lett.*, **10**, 4544 (2010)
12) Y. You *et al.*, *Appl. Phys.Lett.*, **93**, 163112 (2008)
13) X. Jia, M. S. Dresselhaus *et al.*, *Science*, **323**, 1701 (2009)
14) C. O. Girit, A. Zettl *et al.*, *Science*, **323**, 1705 (2009)
15) T. Ando, *et al.*, *Mesoscopic Physics and Electronics*, (Springer, Berlin 1998)
16) M. Kato, S. Katsumoto, Y. Iye, *Phys. Rev. B*, **77**, 155318 (2008)
17) K. Tada, T. Hashimoto, J. Haruyama *et al.*, *Physica Status Solidi*, In press
18) Y-W. Son, S. Louie *et al.*, *Nature*, **444**, 347 (2006)
19) C. L. Kane *et al.*, *Phys. Rev. Lett.*, **95**, 226801 (2005)
20) D. A. Abanin, A. Geim *et al.*, *Science*, **332**, 328 (2011)
21) N. Shima, H. Aoki, *Phys. Rev. Lett.*, **71**, 4389 (1993)
22) 多体電子論I「強磁性」，草部浩一，青木秀夫　著，東京大学出版会

第21章　ナノグラフェンの磁性

榎　敏明*

1　はじめに：グラフェンの電子構造

グラフェンは sp^2 混成軌道による結合により形成された2次元六方蜂の巣構造（図1(a)）をもち，$2p_z$ 軌道上の電子が π 軌道を形成して，蜂の巣構造格子上を動き回る伝導電子となる。このようなグラフェンは，通常の物質と異なる特異な電子的性質をもち，その起源は通常の物質と異なる電子構造によっている。すなわち，一般に，Shrödinger 方程式を用いて記述される通常の物質と異なり，グラフェンの電子は実効的に質量の無い Fermi 粒子の相対論的 Dirac 方程式（Weyl 方程式）で記述され，以下の式で表現される[1)]。

$$\hat{H} = \sigma \nu_{\mathrm{F}} \mathbf{p} \tag{1}$$

ここで，$\mathbf{p}$，ν_{F}，σ はそれぞれ運動量，Fermi 速度，Pauli 行列である。ここで重要なことは，グラフェン中の電子の走る格子の幾何学構造であり，2次元蜂の巣構造（図1）が独立な2つの副格子（A,B）からなる2副格子系（bipartite lattice），すなわち構造自由度2をもつことが電子構造に大きな影響を与える。ここでは，グラフェンの電子構造を実効的に Weyl 方程式で表現するとき，この構造自由度2は実効的にスピン自由度に置き換えられ，式(1)の Pauli 行列 σ で表現される。このとき，σ は実際のスピンではなく，擬スピンと呼ばれる量となり，磁場 $\mathbf{H}$ 印加により，運動量は $\mathbf{p} \rightarrow \mathbf{p} + e\mathbf{A}$ と変換され，擬スピンは磁場に応答する。ここで $\mathbf{H} = \nabla \times \mathbf{A}$，$\mathbf{A}$ はゲージ場である。このような質量の無い Dirac 型 Fermi 粒子である電子は，式(1)から分かるように，運動量 $\mathbf{p}$ に比例するエネルギーを有し，図2に示すように，コーン状の電子構造（Dirac コーン）をもち，価電子 π バンドと伝導 π^* バンドの2つの Dirac コーンが1点で接し，ゼロギャップ半導体となる。このとき，Dirac コーンが接する点を Dirac 点という。

このようなグラフェンの電子構造は化学の言葉を用いても容易に説明できる[2)]。ここで電子構造を支配する重要な概念は芳香族性（aromaticity）であり，現象論的な法則である Clar の aromatic sextet 則により，電子状態は議論できる。この法則は共鳴構造を有するベンゼン環（図1(e)）を基本単位（aromatic sextet）とし，グラフェン，あるいは，ナフタレン，アントラセン等の縮合多環系芳香族炭化水素分子に sextet を敷き詰める（タイリング）とき，sextet でどのようにタイリングできるかで電子構造の熱力学的安定性，反応性を判定するものである。同じ数の六員環からなる分子を比較したとき，より多くの sextet でタイリングできる分子がより少ない sextet

＊　Toshiaki Enoki　東京工業大学　大学院理工学研究科　化学専攻　名誉教授

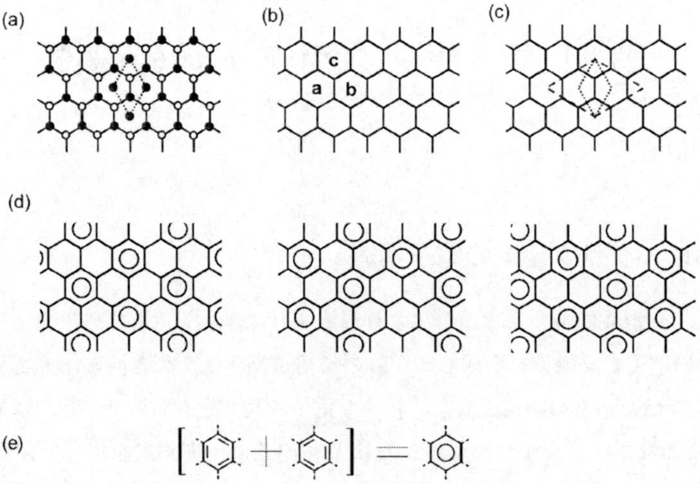

図1

(a)グラフェンシートの2次元蜂の巣2副格子構造。点線で描かれた単位格子は2つの独立は格子点（A（●），B（○））を有する。(b)3つ独立な六員環：a，b，c。(c) $\sqrt{3}\times\sqrt{3}$ 超格子（破線）と単位格子（点線）。(d)3重に縮重したClar表現（それぞれa，b，cの六員環に対応する $\sqrt{3}\times\sqrt{3}$ 超格子をもつ。(e) aromatic sextet。

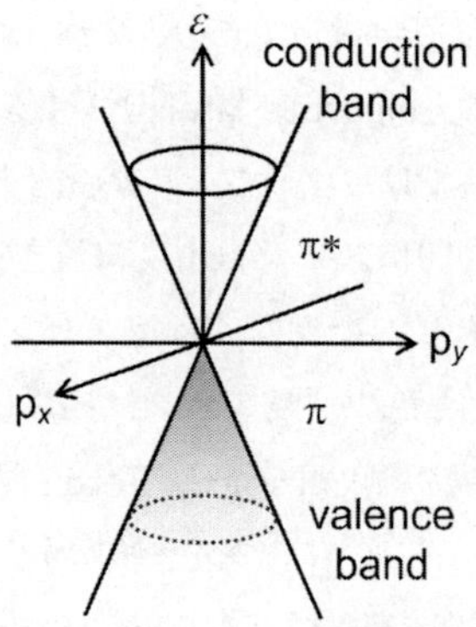

図2　グラフェンの電子構造

価電子 π バンドのと伝導 π^* バンド2つのDiracコーンがDirac点で接しており，ここにFermi準位がある。

でタイリングできる分子より安定となる。全てsextetでタイリングできれば，高い芳香族性を持つ安定なKekulé分子（fully benzenoid構造）となる。グラフェンについてみてみよう。グラフェンの構造にsextetをタイリングすると図1(d)のようになる。グラフェンの蜂の巣格子では，図1(b)のように独立な六員環は3種類あり，タイリングの仕方には図1(d)のように3通りある。つまりClar表現は3重に縮退し，それぞれの構造は，sextetの配置から分かるように $\sqrt{3}\times\sqrt{3}$ の超格子構造(c)を有するものとなる。したがって，グラフェンではこのように縮退した3つの状態の間を電子構造が動きまわり，結果として電気を流す電子的性質が発生する。

2　グラフェンの磁性はなぜ発生するか

それでは，このようなグラフェンになぜ磁性が発生するか見てみよう[3~5)]。歪や欠陥の無いグラフェンでは副格子A，Bは完全に等価であり，Aサイトでのスピンと Bサイトでのスピンは逆方向に向き，結果として印加する磁場 **H** には応答しない[6,7)]。しかしながら，歪や欠陥が入るとAとBの等価性が崩れ，磁場に応答することとなる。結晶の局所的な歪や欠陥は実効的な格子歪により誘起されたゲージ場 $\mathbf{A_d}$ として，$\mathbf{p} \rightarrow \mathbf{p} + e\mathbf{A} + \mathbf{A_d}$ の変換として導入され，印加磁場と一緒に働き，擬スピンは印加磁場に応答する。このような磁性への効果は，最も単純には Lieb の定理[8)]により理解され，発生するスピンの磁気モーメントは以下の式で表現される。

$$S = \frac{1}{2}\left|N_A - N_B\right| \qquad (2)$$

ここで N_A，N_B は系を構成する A，B 副格子中にあるそれぞれの格子点の数である。

最も典型的な A，B 副格子の等価性の破れは，無限の2次元シートのグラフェンを切って，端を作るときに現れる。グラフェンには2つの独立な切断方向がある。一つはジグザグ方向，もう一つはアームチェア方向である。切断方向を回転すると30°おきに，ジグザグ，アームチェア方向が交互に現れる[9)]。これら2つの方向で，グラフェンを切るとジグザグ端とアームチェア端が図3(a)のように出現する。詳細を見てみると，アームチェア端では必ずA，Bの2つの副格子点がいつも対となって現れ，擬スピンは互いに反平行↑↓となり，磁性は現れない。一方，ジグザグ端では，AあるいはBのどちらか一方しか端には存在しない。したがって，スピンは強磁性的に配列し，強い磁性を発現することになる[5)]。このようなジグザグ端での磁性の発現は，Dirac フェルミオンのもつ擬スピンの対称性の破れとして理解することができる。ジグザグ端において，歪誘起のゲージ場 $\mathbf{A_d}$ の不連続な変化が起こり，外部磁場に応答する磁性が発生したこととなる。

化学の立場から，このような端の幾何学形状の違いによっておこるスピン磁性の問題を見てみよう。Clar の法則を用いて，aromatic sextet を縮合多環系芳香族分子にタイリングをしてみると，アームチェア型端を持つ分子とジグザグ型端を持つ分子の違いを見ることができる[7,10)]。図3(b)はベンゼンとアームチェア端を持つ分子の Clar 表現である。ここでは，3，4，13個の六員環からなるアームチェア分子はそれぞれ2，3，7個の sextet で表現され，多くの sextet をもつ。また，無限サイズのグラフェンでは Clar 表現が3重に縮退していたが，これらアームチェア分子では，単一の Clar 表現しか持たない。これは，端を作ることにより端での電子の弾性散乱により定在波が発生したことを意味し，定在波の発生によりギャップが形成され，安定な電子構造が出来上がる。一方，ジグザグ端を持つ分子では事情が異なる。図3(c)，(d)に簡単なジグザグ端を持つ分子を示す。(c)は三角形，(d)は直線分子 acene である。図から明らかなように，sextet の数は少ない。たとえば，六員環3，6，10個からなる三角形分子ではそれぞれ1，2，4個と極

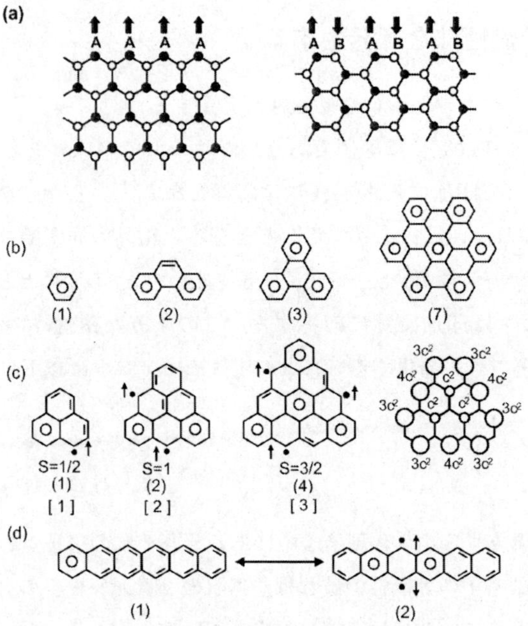

図3
(a)ジグザグ端（左）とアームチェア端（右）（A，B副格子とともに示す）。矢印は擬スピン。(b)，(c)，(d)アームチェア端(b)とジグザグ端（c，d）を持つ分子のClar表現。(c)は三角形分子，(d)は直線分子。(c)の右端は，6個の六員環からなる三角形分子のエッジ状態の局所状態密度の空間分布を示す。(　）sextetの数，[　]不対電子の数，Sはスピン状態を示す。

めて少数のsextetから構成され，また，sextetで張りつめられない部分には，ラジカル構造の不対電子が発生する。少数のsextetで構成されるこれらの分子のラジカル構造では，不対電子は，結合π状態，反結合π^*状態の間のエネルギーギャップに発生する非結合π状態にhalf filledの状態で入り，電子状態は不安定となる。不対電子の数はそれぞれ，1，2，3個となり，Hund則が働くため，Liebの定理からスピン状態は$S = 1/2$，1，3/2となる。このような磁気状態ではスピンが平行にそろっているため強磁性構造となる。直線分子は，図3(d)の右側の状態で表され，発生する2つのラジカル電子はopen shell singlet状態，言い方を代えれば，反強磁性状態を形成する。ちなみに(d)左側の状態も候補として上がるが，この状態は電荷密度波状態（Peierls状態）であり，polyacetyleneの基底状態がこの状態にあたる。

このようなジグザグ端分子で発生するラジカル状態（非結合π状態）は，特徴的な電子の空間密度分布を持っている。図3(c)右端図は六員環6個からなる三角形分子の非結合状態の局所状態密度の空間分布を示す。図から明らかなように，ジグザグ端に非結合状態は局在する性格をもち，結果として，局在スピンがジグザグ端に存在する。このことから，このような非結合状態は“エッジ状態”と名付けられている。エッジ状態はグラフェンの磁性を担う重要な基本的な状態である。

3　理論からみたエッジ状態の磁性

前節でみたようにグラフェンの磁性の起源はエッジ状態である。本節ではこのような磁性がどのような振る舞いをするか，理論的な立場からみていこう。最初に三角形と六角形の形状をしたナノグラフェンの磁性を取り上げてみる[11]。グラフェンは炭素原子からできており，スピン-軌道相互作用は5 cm^{-1}と極めて小さく，磁気異方性は極めて小さい[12]。したがって，エッジ状態スピンは等方的Heisenbergスピン系として理解することができる。このことを踏まえると，エッジ状態スピンの挙動は簡単に以下の平均場Hubbardハミルトニアンで記述できる。

$$\hat{H} = \hat{H}_0 + U\sum_i \left(n_{i\uparrow}\langle n_{i\downarrow}\rangle + n_{i\downarrow}\langle n_{i\uparrow}\rangle\right),\ \hat{H}_0 = -t\sum_{\langle i,j\rangle,\sigma}\left(c_{i\sigma}^{+}c_{j\sigma} + H.C.\right), \tag{3}$$

ここで，$\hat{H}_0$はkinetic項であり，A，Bそれぞれに属するサイトi，j間の移動積分tで表される。t=2.5 eV 第2項はon-site Coulomb相互作用項であり磁性を与える。この式を用いて，磁気構造を計算した結果を図4にDFT計算の結果と合わせて示す。三角形のナノグラフェンにおいては，(b)に示すように，Fermi準位付近にスピンギャップが形成されることから，スピン分極が生成していることが示唆される。エッジ状態の局在スピンは端に局在し，その大きさは端から内部に行くにつれて急速に減衰する。三角形ナノグラフェンを構成する3つのジグザグ端は全てA（あるいはB）サイトとなり，端炭素原子のエッジ状態スピンが全て平行に配列し，正味の磁化をもつ強磁性的磁気構造を有する結果となる。このことはLiebの定理と矛盾しないものである。一方，六角形ナノグラフェンでは一つおきの3つのジグザグ端はAサイト，残りの3つのジグザグ端はBサイトで占有され，アップスピンとダウンスピンを有する端が交互に出現し，結果として，反強磁性磁気構造が形成される。また，(c)に示すように，平均部分格子磁気モーメントの大きさはナノグラフェンサイズが大きくなるにしたがって大きくなる。

次に任意の形をしたナノグラフェンの場合を見てみよう。任意の形を有するナノグラフェンの形はジグザグ端とアームチェア端の適当な組合せで描くことができる[13]。このような任意形状のナノグラフェンでは，図5に示すように，ジグザグ端にはエッジ状態スピンが存在し，数1000 Kの大きさを持つ強い強磁性相互作用J_0により強磁性的な配列をしている[14]。強磁性的なジグザグ端の間には非磁性のアームチェア端が存在し，強磁性ジグザグ端間は，中ぐらいの大きさの交換相互作用J_1により結合している。このジグザグ端間の相互作用はジグザグ端間の幾何学的関係により決まり，その大きさはジグザグ端内の相互作用の1/10-1/100程度（J_1～10-100 K）であり，また，符号も強磁性から反強磁性と変化をする。したがって，任意形状のナノグラフェンの磁性は，J_0とJ_1の共同効果により，フェリ磁性的なものとなり，正味の磁気モーメントを有するものとなる。

端の形状効果によるエッジ状態スピンの磁性以外に，グラフェン内部に欠陥を作ることによってもスピン磁性が発生する[15]。このことは，グラフェン内部に存在する欠陥の存在がA，B副格子の対称性を破ることになり，その結果，Liebの定理から分かるように局在スピンをもつエッ

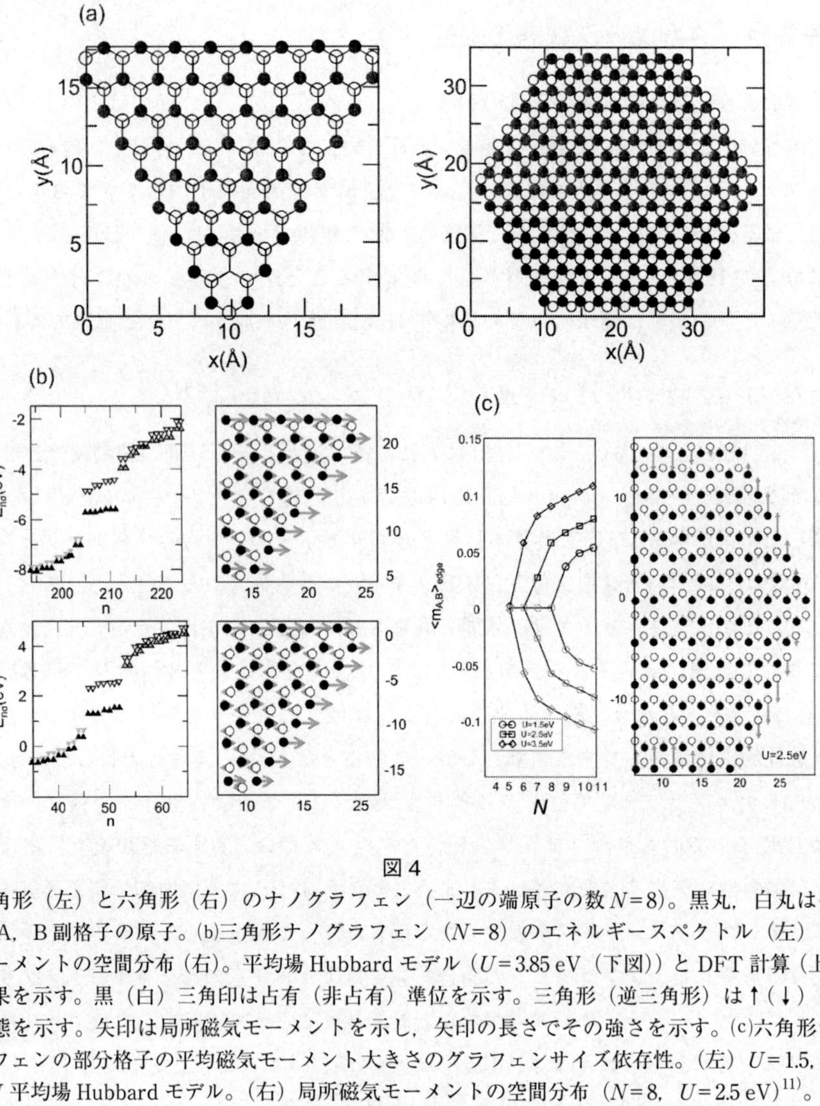

図4

(a)三角形（左）と六角形（右）のナノグラフェン（一辺の端原子の数$N=8$）。黒丸，白丸はそれぞれ A，B 副格子の原子。(b)三角形ナノグラフェン（$N=8$）のエネルギースペクトル（左）と磁気モーメントの空間分布（右）。平均場 Hubbard モデル（$U=3.85$ eV（下図））と DFT 計算（上図）の結果を示す。黒（白）三角印は占有（非占有）準位を示す。三角形（逆三角形）は↑（↓）スピン状態を示す。矢印は局所磁気モーメントを示し，矢印の長さでその強さを示す。(c)六角形ナノグラフェンの部分格子の平均磁気モーメント大きさのグラフェンサイズ依存性。（左）$U=1.5$，2.5，3.5 eV 平均場 Hubbard モデル。（右）局所磁気モーメントの空間分布（$N=8$，$U=2.5$ eV）[11]。

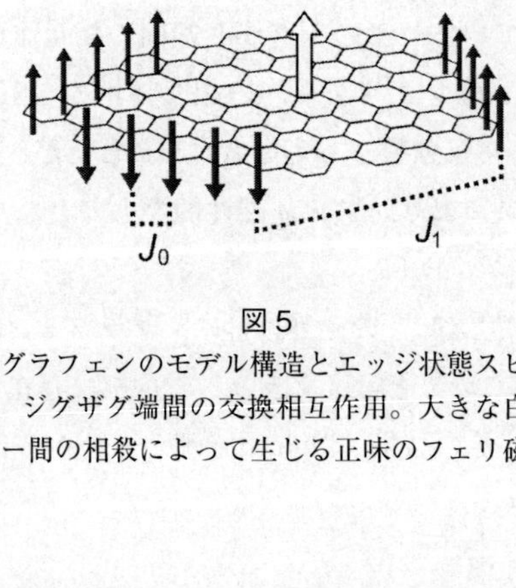

図5

任意形状を有するナノグラフェンのモデル構造とエッジ状態スピン（矢印）の空間分布。J_0，J_1 はジグザグ端内，ジグザグ端間の交換相互作用。大きな白抜き矢印はジグザグ端にある強磁性クラスター間の相殺によって生じる正味のフェリ磁性磁気モーメント。

ジ状態が発生することに起因する。さらに，欠陥由来の磁性においてはこのようなA，B対称性の破れに基づく局在スピンの問題の他，次の2つの寄与が発生する。一つは欠陥が外部からの原子の結合によって発生する場合である。ここでは，外部からの原子が結合した炭素原子の付近では局所的なグラフェン格子の歪みが生じ，結果として，π電子状態にσ電子状態が僅かに混じり，エッジ状態のスピンの様子は通常のものと異なるものとなる。もう一つは，グラフェン内部の炭素原子が抜け，σダングリングボンドを生じて欠陥となる原子欠損の場合である。σダングリングボンドは，非結合σ状態として，Fermi準位に存在し，局在スピンを生じる。図6は，このような2種類の欠陥の電子状態の理論計算結果である[15]。計算では，炭素-炭素結合の長さ（a_{CC}=0.142 nm）の12倍の周期で欠陥を入れてある。水素原子を外部原子として付加した場合（a，c）にはエッジ状態のみが生成し，原子欠損欠陥の場合（b，d）にはπ電子由来のエッジ状態に加えて，σダングリングボンド状態の生成が起こる。前者では，エッジ状態スピンは約1 μ_Bの磁気モーメントをもち，図6(c)より明らかなように，交換エネルギーによる↑↓のエネルギー分裂は0.23 eVとなる。一方，後者の場合には，エッジ状態は遍歴性を持ったスピンとして1 μ_Bより小さな中途半端な磁気モーメントをもち，σダングリングボンドスピンは1 μ_Bの磁気モーメントを有し，局在性の強い磁性を持つ。図6(d)のように，交換相互作用のよるエネルギー分裂は0.14 eVと見積もられる。

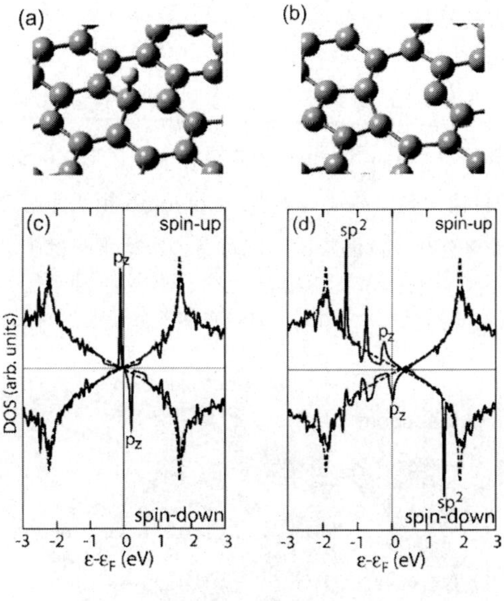

図6
水素原子の付加により生じる欠陥構造(a)と原子欠損欠陥(b)。(a)における小さな灰色の○は水素原子を表す。(c)，(d)はそれぞれ水素付加欠陥と原子欠損欠陥の状態密度のエネルギー依存性。欠陥は規則的に置かれ，欠陥間距離は$12a_{CC}$（C-C結合距離；a_{CC}=0.142 nm）。破線は理想構造グラフェンの状態密度を表す。p_z：エッジ状態，sp^2：σダングリングボンド[15]。

4　実験からみたナノグラフェンの磁性

ナノグラフェンを一つだけ取り出し，その中の磁性を調べることは，スピン分極STM等の特殊な測定とそれに見合う試料を用意する必要があり，極めて難しい。ここでは，ナノグラフェンの集合体である活性炭素繊維（activated carbon fiber（ACF））を用いて，ナノグラフェンの磁性を調べてみよう[13,16,17]。

ACFは，図7に示すように，ナノグラファイトが3次元的な無秩序ネットワークを形成した多孔性炭素であり，一つ一つの任意形状のナノグラファイトは約2-3 nmの大きさを有するナノグラフェンが3-4層ルーズに積層した構造を持つ。一つのナノグラフェンにはおおよそ200-300個の炭素原子が存在し，エッジ状態スピンの数はほぼClar則で見積もられる程度のものである。3節で理論的な立場から議論をしたように，ジグザグ端内の強い強磁性相互作用J_0とジグザグ端間の中ぐらいの大きさの相互作用J_1により，このような任意形状のナノグラフェンではフェリ磁性構造を有することが期待される。さらに，ACFのナノグラファイトネットワークでは，交換相互作用として，ナノグラファイトドメイン内のナノグラフェンシート間の相互作用J_2とナノグラファイトドメイン間の相互作用J_3が加わり，共に弱い反強磁性相互作用である。これらの相互作用の大きさは$|J_0|>|J_1|>>|J_2|>|J_3|$となる。したがって，ACFの磁性はこれら4つの相互作用の協力関係により特徴付けることができる。

磁性の議論をする前にまず電気的性質を見てみよう。電気伝導度は，図8(d)に示すように，温度低下とともに減少し，次式で表される[18]。

$$\sigma(T)=\sigma_0\exp\left[-\left(T_0/T\right)^{1/2}\right], \tag{4}$$

この挙動は乱雑さのある系でのCoulombギャップ型バリアブルレンジホッピング伝導と呼ばれ，Anderson絶縁体としての特徴を持つ。すなわち，Coulomb相互作用の影響を受けながらナノグラフェン間を電子がホッピングし，低温では，乱雑さのため電子はナノグラフェン内部に局在してしまう。

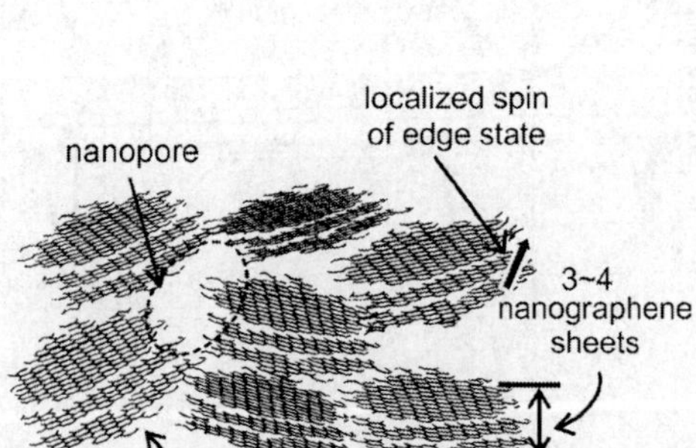

図7
多孔性活性炭素繊維（ACF）の構造モデルとジグザグ端のエッジ状態スピン

磁性はこのような電子の輸送現象の特徴とよくあった挙動をしている[17]。図8(a)，(b)，(c)にESRの強度，線幅，静磁化率の温度依存性を示す。動的な磁化率の指標であるESR強度の温度依存性は，温度の高い領域では，局在スピンの特徴であるCurie則に従い，20-30 K以下で突然大きく減少し，その減少幅は50％と大きい。このような動的磁化率の挙動は静磁化率が全温度領域で単純なCurie則に従うのと対照的である。磁性にスピンの動力学が支配していることがわかる。ESR線幅は，室温で6.2 mTの大きさを持ち，強度の温度変化と対応する変化をし，温度低下とともに，高温領域では温度に比例して減少をする。強度が不連続的に減少する20-30 K以下では，線幅は30％不連続な増加を示す。これらの実験結果は，高温領域で均一スピン系であるエッジ状態スピン系が20 Kで転移し，その温度以下で不均一スピン系となることを示唆している。実際，線形の温度依存性，マイクロ波強度依存性はこのことを端的に示している。線幅は30 K以上の高温領域では，Lorentz型の均一スピン系としての特徴を有するが，それ以下の温度でLorentz型の線形からずれる。また，興味ある特徴は，転移温度領域で現れる。図9はESR強度のマイクロ波強度依存性(a)と強いマイクロ波照射下での線形(b)を示したものである。ESR強度は30 K以下の低温では強い飽和現象を示す。また，図9(b)から分かるように20 K以下，15 Kを中心に，不規則な線形の凸凹が発生している。これは，強いマイクロ波照射により，部分的にESRシグナルに飽和現象が起こるホールバーニング現象であり，エッジ状態スピンが静的な不均一磁場の影響下にあることを示している。温度をさらに下げると，スペクトル全体が

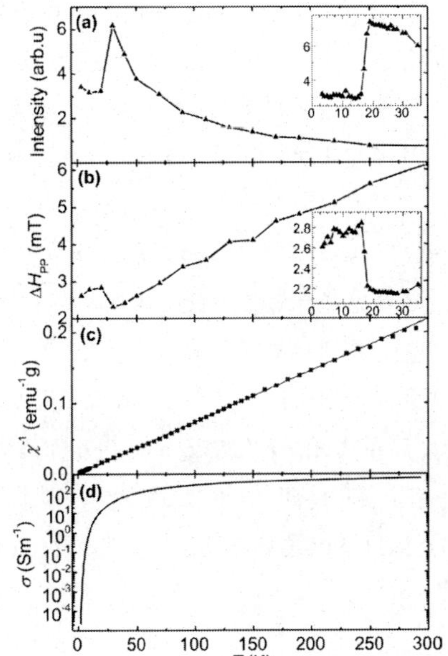

図8

活性炭素繊維の磁性と電子輸送。ESR強度(a)，ESR線幅（ΔH_{PP}）(b)，静磁化率（χ）(c)，電気伝導度（σ）(d)の温度依存性。照射マイクロ波強度1 μW。(a)と(b)の挿入図は低温の拡大図[17]。

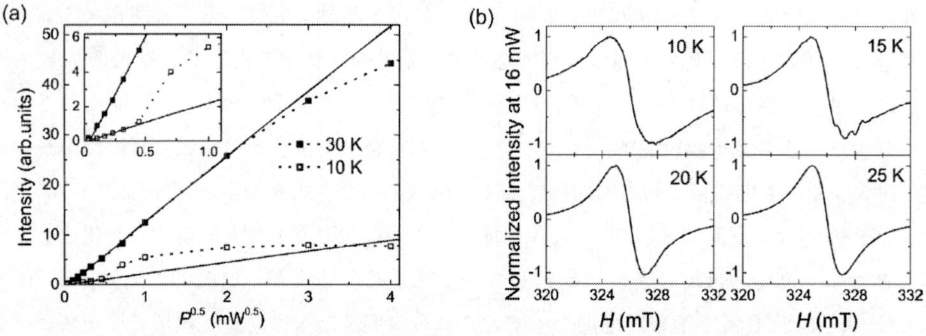

図9　活性炭素繊維のESR
(a) ESR強度のマイクロ波強度依存性。Pはマイクロ波強度。；30 K（■）and 10 K（□）。挿入図は拡大図。(b)大きなマイクロ波強度（16 mW）で観測されたESR線形（10, 15, 20, 25 K）[17]。

飽和現象により，線幅の増加と，強度の減少を起こしている。このような20 K以下でのスピン系の不均一性は電子輸送現象で見られた低温での電子局在の状況と深く関係している。高温領域では，電子がナノグラフェン間を激しくホッピング移動をし，そのことによってESRスペクトルは運動による精鋭化の影響下でシャープな均一スピン系のシグナルを示している。低温で電子局在が起こると，伝導電子は長時間一つ一つのナノグラフェンに滞在する。ナノグラフェンはそれぞれが違った大きさと形を持ち，この結果，異なる大きさの磁気モーメントを有する。このような異なる磁気環境にあるエッジ状態スピンは異なるESR共鳴磁場をもち，低温での電子局在状態では，共鳴磁場の静的空間分布を反映した不均一線幅を持つことになる。したがって，このような低温での磁性の異常は，個々のナノグラフェンのエッジ状態スピンが異なる大きさの正味の磁気モーメントを有するフェリ磁性状態となっていることを実験的に証明したことを意味している。

最後に，高温での磁気的状態についてみてみよう。高温領域では伝導電子は激しくナノグラフェン間を動き回っている。ここでは磁性現象に個々のナノグラフェンの性質は露わには出てこない。伝導電子により運動の精鋭化を受け均一スピン系となったACFのスピン系では，伝導電子スピンとエッジ状態スピンの相互作用が見えてくる。線幅が温度に比例することがそのような相互作用の一端である。一般に局在スピンが伝導電子と相互作用する系では，ESRシグナルの線幅から見積もられるスピン-格子緩和時間 T_1（ここではエッジ状態スピンと伝導π電子間の相互作用の時間スケール $T_{\mathrm{edge}\text{-}\pi}$）は以下の式で表現されるKorringaの関係[19]にしたがっており，線幅は温度に比例する。

$$\Delta H \propto \frac{1}{T_{\mathrm{edge}\text{-}\pi}} = \left(\frac{4\pi}{\hbar}\right) J_{\mathrm{edge}\text{-}\pi}{}^{2} D(\varepsilon_{\mathrm{F}})^{2} k_{\mathrm{B}} T$$

ここで，$J_{\mathrm{edge}\text{-}\pi}$，$D(\varepsilon_{\mathrm{F}})$ はそれぞれエッジ状態スピンと伝導π電子間の交換相互作用，Fermi準位での状態密度である。Korringaの関係にしたがう実験結果は，エッジ状態スピンが伝導電子と強く結合していることを示す証拠に他ならない[20)]。

文　献

1) A. H. Castro Neto, F. Guinea, N. M. R. Peres, K. S. Novoselov, and A. K. Geim, *Rev. Mod. Phys.*, **81**, 109 (2009)
2) E. Clar, *The Aromatic Sextet*, Wiley, London (1972)
3) K. Tanaka, S. Yamashita, H. Yamabe, and T. Yamabe, *Synth. Met.*, **17**, 143 (1987)
4) S. E. Stein and R. L. Brown, *J. Amer. Chem. Soc.*, **109**, 3721 (1987)
5) M. Fujita, K. Wakabayashi, K. Nakada, ,and K. Kusakabe, *J. Phys. Soc. Jpn.*, **65**, 1920 (1996)
6) K. Sasaki, R. Saito, K. Wakabayashi, and T. Enoki, *J. Phys. Soc. Jpn.*, **79**, 044603 (2010)
7) T. Enoki, *Proc. Nobel Symposium on Graphene and Quantum Matter, Phys. Script.*, **T146**, 014008 (2012)
8) E. Lieb, *Phys. Rev. Lett.*, **62**, 1201 (1989)
9) T. Enoki, Y. Kobayashi, and K. Fukui, *Inter. Rev. Phys. Chem.*, **26**, 609 (2007)
10) S. Fujii and T. Enoki, *Angew. Chem. Inter. Ed.* **51**, 7236 (2012)
11) J. Fernández-Rossier and J. J. Palacios, *Phys. Rev. Lett.*, **99**, 177204 (2007)
12) K. Matsubara, T. Tsuzuku, and K. Sugihara, *Phys. Rev. B*, **44**, 11845 (1991)
13) T. Enoki and K. Takai, *Solid State Commun.*, **149**, 1144 (2009)
14) K. Wakabayashi, M. Sigrist, and M. Fujita, *J. Phys. Soc. Jpn.*, **67**, 2089 (1998)
15) O. V. Yazyev and L. Helm, *Phys. Rev. B*, **75**, 125408 (2007)
16) Y. Shibayama, H. Sato, T. Enoki, and M. Endo, *Phys. Rev. Lett.*, **84**, 1744 (2000)
17) V. L. J. Joly, K. Takahara, K. Takai, K. Sugihara, T. Enoki, M. Koshino, and H. Tanaka, *Phys. Rev. B*, **81**, 115408 (2010)
18) B. Shklovskii and A. Efros, *Electronic properties of doped semiconductors*, Springer-Verlag, Berlin (1984)
19) J. Korringa, *Physica*, 16, 601 (1950)
20) J. -H. Chen, L. Li, W. G. Cullen, E. D. Williams, and M. S., Fuher, *Nature Physics*, **7**, 535 (2011)

第22章　塗布形成グラフェン導電膜の有機薄膜太陽電池，有機FETへの応用

上野啓司*

1　はじめに

グラファイトは図1に示すような層状の結晶構造を持ち，炭素原子のsp^2混成軌道がハニカム格子状に共有結合した構成単位層1枚が「グラフェン」と呼ばれる。2004年にUniv. ManchesterのK. S. Novoselov, A. K. Geimらによって大面積なグラフェンの絶縁性基板上への形成が初めて実現し，さまざまな特異物性が明らかにされた[1,2]。それ以降理論／実験の両分野で膨大な基礎研究が行われ，彼らの業績と物性物理学への大きな貢献を称えて2010年度のノーベル物理学賞が授与された[3,4]。

グラフェンが示す優れた物性の中でも，キャリア移動度，導電性の高さや機械的，熱的安定性は，グラフェンを素子・部品材料として応用する上で特に重要である。これらの特性を利用した応用研究が海外では非常に活発に進められており，たとえば各種薄型ディスプレイ・太陽電池・タッチパッド用の透明電極，超高速トランジスタ，帯電防止膜，伝熱・耐熱部品，2次電池，スーパーキャパシタ，水素吸蔵，といったさまざまな分野での応用が期待されている。

しかしこれらの応用を現実的に進めるためには，粘着テープによる機械的剥離手法では非効率であり，大きなグラフェン薄片を簡便かつ再現性よく大量に形成する手法や，さまざまな種類の基板上にグラフェンを積層し，導電性の高いグラフェン薄膜を形成する手法，あるいはグラフェンを他の機能性材料と複合化しやすくするような手法の開発が必要不可欠である。特にグラフェンを透明導電膜として有機薄膜太陽電池に応用するためには，大面積なガラスやプラスチック

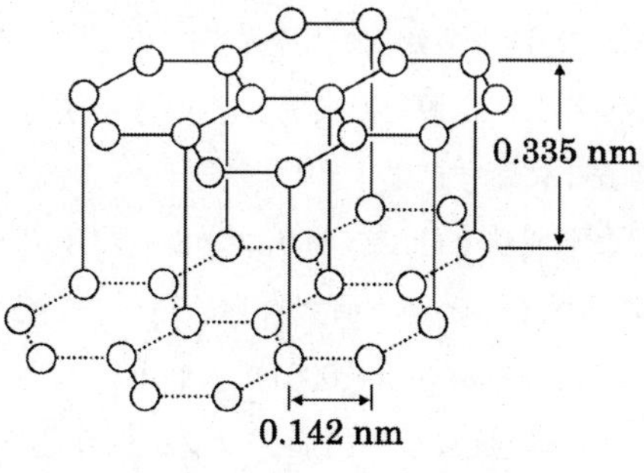

図1　グラファイトの結晶構造

*　Keiji Ueno　埼玉大学　大学院理工学研究科　物質科学部門　准教授

フィルム等の透明基板上に，高導電性と高光透過性を併せ持ったグラフェン薄膜を形成しなければならない。

本章では最初に，大面積なグラフェン薄膜を得るために研究が進められている各種手法を概説し，続いてグラフェン薄膜の透明導電膜としての応用可能性について述べる。次に天然グラファイト単結晶粉末を化学的に酸化・単層剥離し，得られた酸化グラフェン溶液の塗布によってグラフェン透明導電膜を形成する手法[5~8)]について解説し，最後にグラフェン透明導電膜や酸化グラフェン薄膜を有機薄膜素子に応用した筆者の研究を紹介する。

2　グラフェン透明導電膜の形成手法

太陽電池透明電極に応用できるような大面積なグラフェン薄膜を形成する手法としては，化学的気相成長法（Chemical Vapor Deposition：CVD法）と，塗布形成法が広く研究されている[8)]。

まずCVD法では，金属の基板の上に炭化水素ガスを流して，金属を加熱して熱分解することで基板の上にグラフェンの薄膜を成長させる熱分解CVD法と，高周波などの印加によって原料ガスをプラズマ化して分解し，グラフェン膜を堆積させるプラズマCVD法が主に研究されている。熱分解CVD法の場合，触媒金属基板として単結晶基板を使う場合と，金属箔，蒸着膜のような多結晶表面を持つ基板を使う場合とに分けられる。これらの金属基板上に形成したグラフェン薄膜は，基板を除去して別の透明な基板上に転写し，透明電極として利用することになる。プラズマCVD法では，やはり金属基板表面の触媒作用を併用する場合もあるが，ガラス，フィルム基板上に触媒無しで直接堆積することも可能である。

次にグラフェンを可溶化・塗布する手法では，出発原料としては天然に得られる単結晶グラファイト粉末あるいは薄片が用いられる。この単結晶を何らかの方法で単層にまで剥離して溶媒に可溶化したうえで，透明基板に塗って薄膜を形成する。この単層剥離と可溶化の方法は二つに大別できるが，まず一つはグラファイトを酸化して親水性の酸化グラファイトを調製し，それを水中で単層剥離して酸化グラフェン溶液を得，これを塗布成膜し，最後に還元してグラフェン薄膜を得る，という手法である。もう一つは，酸化還元を一切せず，グラファイトの粉末を溶媒中で直接単層剥離・可溶化して塗布し，薄膜をつくる，という手法である。これらの成膜手法の概要とそれぞれの長所，短所を表1に示す。

グラフェン薄膜の別の有力な形成法として，シリコンカーバイドSiCの（0001）表面を真空下で1500℃程度に加熱して熱分解する，という研究も進められている[9)]。この加熱温度では表面からシリコンだけが昇華し，残ったカーボンが（0001）表面上にエピタキシャルなグラフェン薄膜を形成する。キャリア移動度の高い良質な単結晶グラフェンが得られると報告されているが，SiC単結晶基板は面積が限られ，剥離／転写も必要となるため，透明導電膜への応用よりは高移動度トランジスタへの応用が主目的になっている。

表1　大面積グラフェン薄膜作製手法の比較

薄膜作製手法		特徴	長所	短所
CVD法による薄膜作製	単結晶金属基板／単結晶金属薄膜上での炭化水素ガス熱分解CVD法	平坦研磨した金属単結晶基板，あるいはエピタキシャル成長した金属単結晶薄膜（基板はMgO，サファイア等）の表面上でグラフェンを成膜	・格子整合するNi(111)表面上であれば，最も結晶性が良いエピタキシャルグラフェンが得られ，層数制御も可能	・1000℃程度の高温加熱が必要 ・金属単結晶基板は高価 ・グラフェン膜の利用には基板の溶解が必要 ・平坦な単結晶金属薄膜の成長は格子定数，熱膨張係数等の制約があり困難
	多結晶金属箔／薄膜上での炭化水素ガス熱分解CVD法	一般の金属箔，あるいは多結晶金属蒸着膜の表面上でのグラフェン成膜	・基板が単結晶よりも安価 ・銅上では1～2層に限られたグラフェンが得られる ・大面積で比較的低抵抗なグラフェン成膜が可能	・1000℃程度の高温加熱が必要 ・グラフェン膜の利用にはやはり金属の溶解が必要 ・鉄，ニッケル上では層数制御が困難
	プラズマCVD法（マイクロ波，光電子など）	プラズマのエネルギーを利用して炭化水素ガスを熱分解し，成膜	・基板温度が熱分解CVDより低くても成膜が可能（400℃） ・高速成膜が可能	・膜質が熱分解CVD法よりも劣り，導電性が低い
可溶化グラフェン塗布法による薄膜作製	グラファイトの酸化による単層剥離／可溶化，グラフェン溶液塗布成膜／還元	単層剥離された水溶性酸化グラフェン塗布による薄膜形成と，それに続く化学的，熱的還元によるグラフェン成膜	・簡便な化学反応と単層剥離操作により，水溶性の酸化グラフェンを大量に形成可能 ・大面積直接成膜が可能 ・親水性を利用し，高配向膜の形成が可能	・酸化還元過程でπ電子共役系に欠陥が生じ，高温加熱しても回復は不完全 ・化学還元だけでは導電性が不十分
	グラファイトの極性溶媒中直接単層剥離，塗布成膜	極性溶媒（*N,N*-ジメチルホルムアミド，*N*-メチルピロリドン，2-プロパノール等）の中での超音波照射によるグラファイト粉末の直接単層剥離と，その分散溶液の塗布による成膜	・酸化する手法よりも簡便 ・酸化／還元過程を経ずに成膜するため，グラフェン薄片内部の欠陥生成を回避可能 ・加熱を要さず，任意の基板に成膜可能	非酸化グラフェンは疎水性で凝集しやすく，配向膜の形成が困難，膜の導電性も低い 界面活性剤を加えても溶解性が不十分，緻密な膜の塗布は困難

3　グラフェン透明導電膜の可能性

発光素子や太陽電池などで必要となる透明電極には，スパッタ成膜した酸化インジウムスズ（indium tin oxide：ITO）薄膜がもっぱら用いられている。ITO透明電極は成膜，加工技術が高度に発展しており，また現時点ではかなり安価である。しかしよく言われるように，インジウムには限られた埋蔵量・産出地域といった問題があり，需要も今後飛躍的に増加することが予想されることから，将来の原料調達がどのようになるかは不透明である。またITOは共有結合性をもつ物質であるため可塑性が低く，フレキシブルなフィルム上に十分な強度を持つITO透明電極を形成することは難しい。また耐酸性，耐熱性が低い，といった弱点もある。そのため，様々なITO代替透明材料がこれまでに提案されており，200,000 cm^2/Vs を超えるといわれる非常に高いキャリア移動度を持つグラフェンもその一つである。

ただし，グラフェンは価電子帯と伝導体がフェルミ準位で接している「半金属」であり，キャリア密度が単体金属やITOより小さい。グラフェンが積層したグラファイト単結晶の場合には，層間相互作用により価電子帯と伝導帯がわずかに重なり，室温で $2.5\times10^{18}/cm^3$ 程度の同数の自由電子／正孔が存在する。電気伝導度はキャリア密度・キャリア移動度・電荷素量の積で表されるので，理想的なグラフェン単結晶薄膜の電気伝導度は，ITOよりは大きいものの，通常の金属元素よりは小さい。一方でキャリア密度が低いグラフェンは，プラズマ周波数が小さくなる。プラズマ振動の観点では，グラフェンは可視光だけでなく，ITOが反射するような長波長赤外光も反射しない。しかしバンドギャップのない半金属であるため，電子遷移による光吸収はITOより大きく，結果として1層のグラフェンは可視光領域では2.3 %の光を吸収することが知られている。

グラフェンをITOに代わる太陽電池透明電極として利用するためには，これらの性質を踏まえた上で，薄くて光透過率が高く，その一方で電気伝導度が高く，実用上十分に低いシート抵抗を持つグラフェン薄膜を形成しなければならない。ここで，グラフェン1層で作る透明電極のシート抵抗を，上に述べたような物性値を用いて推定してみる。

- キャリア密度（n）：$2.5\times10^{18}/cm^3$（グラファイトのキャリア密度。グラファイトの層間距離0.335 nmより，グラフェン1層のキャリア面密度は約 $1.7\times10^{11}/cm^2$。）
- キャリア移動度（μ）：200,000 cm^2/Vs（理想的なグラフェンの値。）

これらの値からグラフェン1層の電気伝導度（σ）を計算すると，$\sigma=e\times n\times\mu$（$e$：電荷素量，$1.6\times10^{-19}$C）であるから，$\sigma=80{,}000$ S/cmとなる。この値からグラフェン1層のシート抵抗を計算すると，$1/\sigma$［Ωcm］÷0.335［nm］≅370［Ω/sq］程度，となる。これを5層積層すると可視光透過率は $(0.977)^5\times100\cong89$ %，シート抵抗はおよそ74［Ω/sq］となる。

実際にグラフェン透明電極を作製する場合は，ガラスやプラスチックフィルムの透明基板上に成膜され，また大気に曝されるためにキャリア注入が起こり，キャリア密度が増加する。さらに多量のキャリア注入のためのドーピング処理を行えば，キャリア面密度を100倍以上，$10^{13}/cm^2$台まで上げることができる。その一方で，ガラス基板上グラフェン薄膜の室温でのキャリア移動度は，単結晶をテープ剥離したもので10,000～20,000 cm^2/Vs，CVD成膜・転写したものでは良質な膜であっても10^3 cm^2/Vsの桁に留まっている。塗布成膜試料ではさらにキャリア移動度は低い。結局のところシート抵抗値は，最も良い報告例でも，可視光透過率90％の透明グラフェン電極では数十Ω/sq程度，である[10)]。ITO電極の場合，可視光透過率90％でシート抵抗が10 Ω/sq以下のものも市販されているが，これに匹敵する低抵抗透明電極をグラフェンだけで作製することは難しい。

またこれまでの報告では，多量のキャリアをグラフェン層に注入するためのドーピング処理には，濃硝酸HNO_3，塩化金$AuCl_3$，あるいは塩化鉄(III)$FeCl_3$のような強力な酸化剤が用いられている[10)]。これらの試薬は確かにグラフェン層から電子を引き抜き，高密度に正孔を注入することができる。しかし，強い酸化剤であるということは，これらの試薬の反応性が非常に高いことを意味している。そのため，グラフェン層の移動度低下を伴う劣化や，透明電極を用いる素子中の他の構成物質の侵蝕／破壊，といった問題が起こる可能性が高い。

以上の観点から，グラフェン透明電極のシート抵抗をITO並に下げ，多くの電流を流す必要がある太陽電池透明電極に応用することは難しいと考えられる。もし太陽電池透明電極に応用するのであれば，たとえば金属メッシュ電極のワイヤー間の「穴埋め」に用いてハイブリッド電極を構築する，というのが現実的である。金属メッシュ電極は安定で電極全体としてのシート抵抗は十分に低いが，メッシュの配線間は空であるために，キャリア収集が可能な実効面積が電極の全面積よりも狭い。そこで図2に示すように，メッシュ間の空隙を穴埋めする透明導電膜としてグラフェンを用いれば，低抵抗を保ったまま，面積あたりのキャリア収集効率の向上が期待できる[11)]。塗布可能な高導電性高分子であるポリ(3,4-エチレンジオキシチオフェン)-ポリ(スチレンスルホナート)（poly(3,4-ethylenedioxythiophene)-poly(styrenesulfonate)：PEDOT：PSS）を同様な目的に利用する研究も進められているが，グラフェンはPEDOT：PSSと異なりほぼ無色である。また後述するように，PEDOT：PSSには酸性の強いPSSに起因する腐蝕性といった問題があるが，グラフェンはそれ自体の安定性が非常に高く，補間材料として優れている。また，

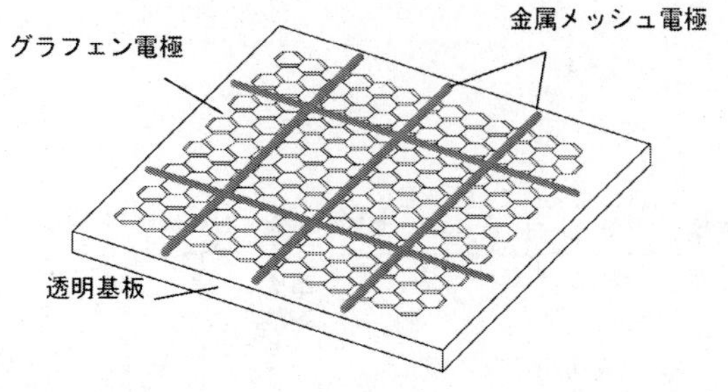

図2　金属メッシュ電極とグラフェン電極を組み合わせた透明電極の概念図

ITO等の透明電極と素子活性層との間にグラフェン透明導電膜を挿入し，接触抵抗を下げるためのバッファ層として利用する，ということも考えられる。

4　グラファイト単結晶の単層剥離，可溶化

化学的手法によるグラフェン塗布膜形成では，最初に市販のグラファイト単結晶粉末を化学的に酸化することで，酸化グラファイトを得る。酸化グラファイトは，ハニカム格子の2重結合に酸素が付加して主にエポキシ基となるとともに，エッジ部には水酸基やカルボキシ基が付加したような構造を持つ。その結果，層間距離が拡大するとともに親水性を持つため，水中で超音波を照射したり，あるいは遠心分離と再分散を多数回繰り返したりすると水分子が層間に浸透し，層構造がバラバラになり，酸化グラフェンとなる（図3）。こうして得られた酸化グラフェン水溶液を塗布して酸化グラフェン薄膜を形成し，最後に還元することでグラフェン薄膜が得られる。

最初のグラファイト単結晶粉末の酸化では，modified Hummers法と呼ばれている手法[12,13]を用いている。次の単層剥離の際には超音波を照射せず，遠心分離による沈殿分取と水中への再分散を繰り返してゆっくりと剥離させる手法[13]を用いている。これは，超音波を照射すると速やかに単層剥離が進行するが，層内の結合が破壊され，サイズの小さな薄片が多く混入することが判明しているからである。超音波を照射せずに遠心分離／再分散の繰り返しだけで剥離する下記の手法は，十分な単層剥離を進めるには時間がかかるものの，よりサイズの大きな酸化グラフェン薄片を得ることができる。この単層剥離／可溶化手順の概略を図4に示す。得られた酸化グラフェンは，アルコール類やアセトンといった親水性有機溶媒にもよく分散する。

筆者研究室の実験では，グラファイト単結晶粉末1g，硝酸ナトリウム0.75g，濃硫酸34.5mLを100mLの三角フラスコに入れて氷浴で冷却し，撹拌しながら4.5gの過マンガン酸カリウムを1時間ほどかけて少しずつ加えている。少しずつ加えれば急な温度上昇は起こらず，安全である。その後20℃で攪拌しながら放置すると徐々に粘性が高くなり，一般的なマグネティックスターラーでは攪拌できなくなるが，そのまま5日間放置している。次に用いる5%硫酸は100mL，30%過酸化水素水は3mLとしている。なお参考文献[13]では，上記の10倍量の試薬を用いており，作業環境・実験器具等の条件が整っていれば，ある程度大量の酸化グラフェン試料溶液調製も可能である。

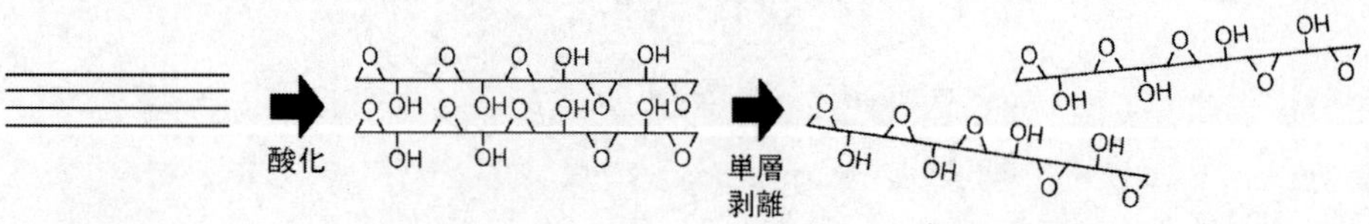

図3　グラファイトの酸化による単層剥離と酸化グラフェン形成

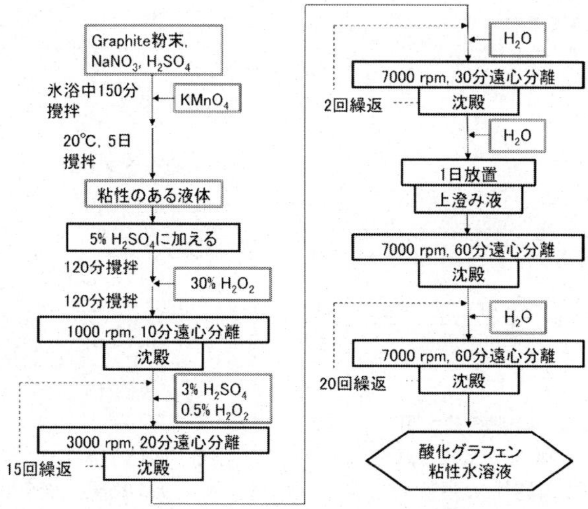

図４　酸化グラフェン水溶液の作製手順

5　酸化グラフェン塗布膜形成と還元

酸化グラフェン分散溶液を，キャスト法／ディップコート法／スピンコート法／エアブラシによるスプレー塗布法，といった様々な手法を用いて基板上に塗布／乾燥することで，酸化グラフェン薄膜を形成できる。グラフェン薄膜を形成する場合，図５(a)のような配向が乱れた薄膜構造では高い電気伝導度は望めない。しかしグラフェン薄膜の配向性が高くても，１枚の薄片だけで電極間をつなげることは，ごく微細な素子でない限り困難である。そのため電流を担うキャリアは，多くのグラフェン薄片間を飛び移りながら移動することになるが，薄片同士の重なりあう面積が広いほど，薄片間の電気的接触抵抗は小さくなると考えられる。よってグラフェンを積層して高い導電性の薄膜を形成する場合には，図５(b)に示すように，なるべく大きな単層薄片を基板に対して平行に，隙間無く配向させ，十分に重なり合うように積層する必要がある。図４に示した超音波を照射しない単層剥離手法は，サイズの大きな薄片が得られる点で非常に有効である。

酸化グラフェンの表面は，酸素含有基の付加により親水性が高い。そこで基板にガラスや熱酸化 SiO_2 被覆 Si ウエハーなどを用いる場合には，表面を UV オゾン洗浄などで清浄化・親水化すると，親水性の酸化グラフェン薄片が親水性基板表面に対して平坦に付着しやすくなり，配向性の高い緻密な薄膜を得ることができる。これまでの研究では，超音波を照射せずに剥離したサイズの大きな酸化グラフェン薄片を含む溶液をスピンコート法により成膜した場合に，最も緻密で配向性の良い薄膜が得られている。

グラファイトの酸化の際には，ハニカム格子の二重結合が切断され，エポキシ基，水酸基あるいはカルボキシル基などの酸素含有基が導入されるため，π 電子共役系が広範囲に破壊される。そのため分散溶液の塗布で得られる酸化グラフェン薄膜は，ほとんど電気を流さない。これを導

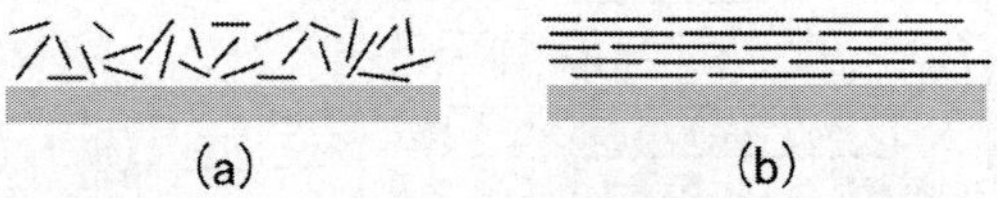

図５　グラフェン積層膜の模式図
(a)：グラフェン薄片の配向が乱れた薄膜，
(b)：薄片が平坦に配向積層した薄膜。

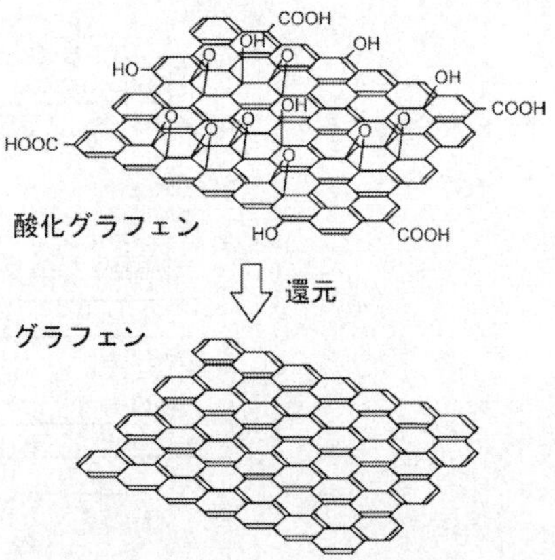

図６　酸化グラフェンの還元による π 電子共役系の復元（酸素含有基は層裏面にも存在）

電性薄膜とするためには，図６に示すように，付加された酸素含有基を取り除いて，元の π 電子共役系を復活させなければならない。還元手法としては，真空中，不活性ガスあるいは水素ガス雰囲気中での加熱による酸素含有基の脱離還元，および還元試薬を用いた化学的還元が試みられている[5~8]。還元が不十分だったり，ハニカム格子に多量の欠陥が残ったりしてしまうと，単結晶グラフェンのような高いキャリア移動度や導電性は得られない。いかにして還元を進行させ，欠陥を修復し，π 電子共役系を十分に復活させるかが，酸化グラフェンを導電性薄膜に応用する上での鍵となる。

加熱還元手法では，酸化グラフェンを高温に加熱すればするほど酸素含有基の脱離が進み，導電性が高くなる。基板として平坦な石英ガラスを用いる場合は，真空度が良ければ1000℃程度まで加熱できる。一方，化学的還元手法では，多くの研究ではヒドラジンによる還元が試みられており，主にその一水和物が用いられている。たとえば酸化グラフェンを塗布した基板と，ヒドラジン一水和物を染み込ませた濾紙をシャーレに入れて蓋をし，90℃程度に加熱しながら試料をヒドラジン蒸気に曝すと還元反応が進行し，酸化グラフェンを還元することができる[14]。ただ，このような化学的還元は試料表面付近で起きるため，酸化グラフェンを多層積層した薄膜では内部まで還元が及びにくい。なおヒドラジンの他には，ヨウ化水素酸[15]，ヒドロキシルアミン[16]，アスコルビン酸[17]，水酸化カリウム等の強塩基[18]などが用いられている。

図７は，(a)酸化グラフェン薄膜，および(b)ヒドラジン還元薄膜について，真空中で室温から徐々に昇温した際の電気抵抗変化（層内方向）を測定したものである。酸化グラフェン薄膜は室温では層内方向にほとんど電気を流さず，真空加熱還元だけでは200℃以上に加熱しないと導電性が回復しない。一方，ヒドラジン還元を行った酸化グラフェン薄膜は室温でも導電性を示し，真空加熱をほどこすと100℃以下の加熱でも導電性が向上し始め，真空加熱還元だけの場合よりも低抵抗の薄膜が得られる[5]。

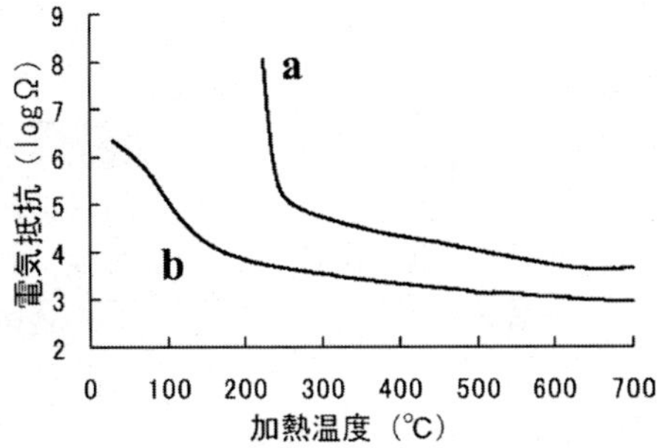

図7　(a)酸化グラフェン薄膜と(b)ヒドラジン還元グラフェン薄膜の真空中加熱による電気抵抗変化

図8　石英ガラス基板上に形成したグラフェン透明電極表面の原子間力顕微鏡像

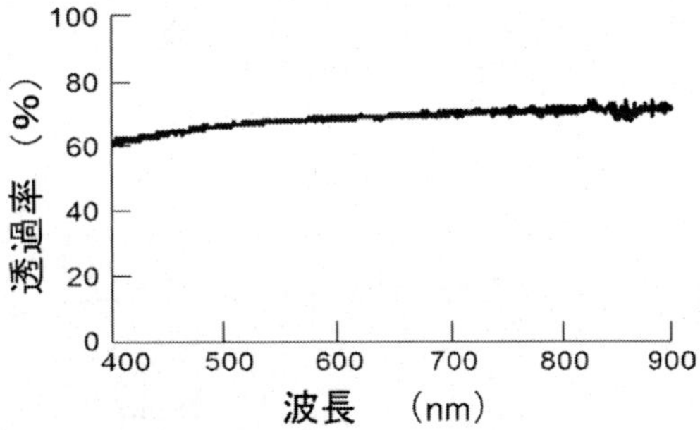

図9　石英ガラス基板上グラフェン透明電極の可視～近赤外光透過スペクトル

6　塗布形成グラフェン透明電極を用いた有機薄膜太陽電池

図8は，石英ガラス基板上に酸化グラフェン水溶液を塗布，還元して形成したグラフェン透明電極表面の原子間力顕微鏡像である。数μm大の還元されたグラフェン薄片が，緻密に平坦配向して積層していることが分かる。図9は，このグラフェン透明電極の可視～近赤外領域での光透過スペクトルである。可視光領域に特別な吸収は見られず，ほぼ無色透明である。

このようなグラフェン透明電極上に実際に有機薄膜太陽電池を塗布形成し，素子特性の評価を行った。まず透明電極上に正孔輸送層として前述のPEDOT：PSS層をスピンコートし，次に光電変換層としてポリ(3-ヘキシルチオフェン-2,5-ジイル)（poly(3-hexylthiophene-2,5-diyl)：P3HT）とフェニルC_{61}酪酸メチルエステル（[6,6]-phenyl C_{61} butyric acid methyl ester：PCBM）の混合溶液をスピンコートし，アルミニウム電極を蒸着した後に試料を熱アニールすることによって，バルクヘテロ接合型の有機薄膜太陽電池素子を作製した。図10(a)に素子の構造

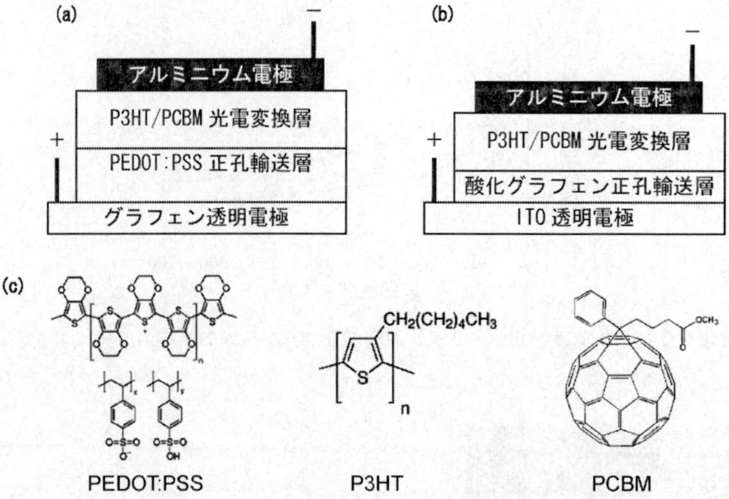

図 10　P3HT/PCBM 系有機薄膜太陽電池の構造模式図

(a)：グラフェン透明電極／PEDOT：PSS 正孔輸送層，(b)：ITO 透明電極／酸化グラフェン正孔輸送層。
(c)：太陽電池作製に用いた有機化合物。

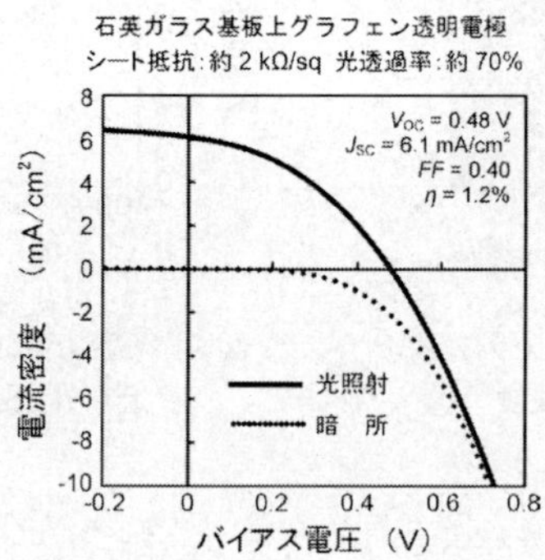

図 11　石英ガラス基板上に形成したグラフェン透明電極を用いた P3HT/PCBM 系有機薄膜太陽電池の *J*-*V* 特性

（V_{OC}：開放電圧，J_{SC}：短絡電流密度，*FF*：曲線因子，η：光電変換効率）

模式図，図 10(c)に用いた各物質の構造図を示す。

図 11 はこの素子の暗所および AM 1.5 G・100 mW/cm^2 の疑似太陽光照射下での電流密度–バイアス電圧（*J*-*V*）特性である。これまでにシート抵抗 2 kΩ/sq，可視光透過率約 70 % のグラフェン透明電極上で，最高 1.2 % の光電変換効率が得られている。また，グラフェン透明電極を無色透明なポリイミドフィルム上に形成することで，折り曲げ可能な有機薄膜太陽電池を作製することにも成功している[5]。

このグラフェン透明電極へのキャリアドーピングによるシート抵抗の低減や，電子輸送層の挿入によって，さらなる効率向上も期待できる。ただ，ITO透明電極（シート抵抗10 Ω/sq）上に図10(a)と同様の構造を持つ素子を作製した場合には，3.5 %の光電変換効率が得られている。同等の性能をグラフェン透明電極上で得るためには，上でも述べたようにハイブリッド電極の形成といった工夫によって，シート抵抗を十分に下げることが必要である。特にプラスチックフィルム基板を用いる場合は，高温での酸化グラフェン還元処理が行えないため，さまざまな工夫が必要である。

7　酸化グラフェンの正孔輸送層への応用

有機薄膜太陽電池で必要とされる正孔輸送層には，多くの場合，上の例にもあるようにPEDOT：PSSが用いられている。しかし，その水溶液が強酸性・腐食性を示すため，素子の安定動作，寿命に対する悪影響が懸念されている。ここで酸化グラフェンは，層の水平方向にはほとんど電気を流さないものの，層の垂直方向では正孔輸送性を示す。塗布成膜に用いている酸化グラフェン水溶液はわずかに酸性を示す程度であり，素子への悪影響は小さいと考えられる。そこで，PEDOT：PSSに代わって酸化グラフェンを正孔輸送層とするP3HT/PCBM系有機薄膜太陽電池をITO透明電極上に作製し，その特性評価を行った。図10(b)に，この太陽電池の構造模式図を示す。

PEDOT：PSS，および酸化グラフェンを正孔輸送層に用いたP3HT/PCBM系有機薄膜太陽電池の*J*-*V*特性を図12に示す。酸化グラフェンを用いた素子は，開放電圧V_{OC}と性能因子*FF*が若干低下しているものの，より高い短絡電流密度J_{SC}が得られており，光電変換効率もほぼ同等の値が得られている。ITO透明電極上に成膜する酸化グラフェン正孔輸送層は，厚すぎると素子の直列抵抗が高くなり，短絡電流密度，開放電圧，*FF*が低下する。また被覆が不完全だと整流性が悪くなり，開放電圧が低下する。酸化グラフェン正孔輸送層を用いた有機薄膜太陽電池でより高い光電変換効率を得るためには，なるべく薄い酸化グラフェン薄膜で，透明電極表面を均

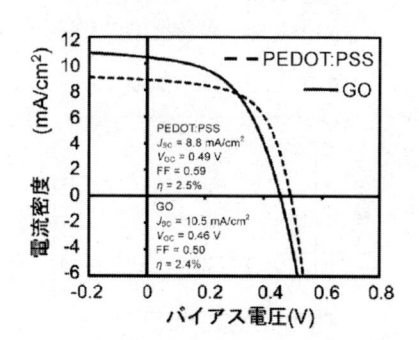

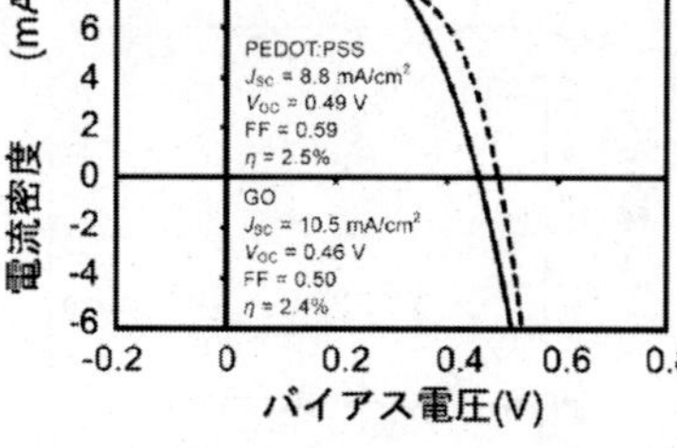

図12　PEDOT：PSSおよび酸化グラフェン（GO）を正孔輸送層に用いたP3HT/PCBM系有機薄膜太陽電池の*J*–*V*特性
（V_{OC}：開放電圧，J_{SC}：短絡電流密度，*FF*：曲線因子，η：光電変換効率）

一に覆うことが必要である。

化学的単層剥離により調製した酸化グラフェンは，有機薄膜太陽電池への応用の他にも，Siと組み合わせたヘテロ接合型太陽電池形成にも応用されており，これまでに11％を越える光電変換効率が達成されている[19,20]。この太陽電池については，本書第23章[21]にて詳細に解説する。

8　塗布形成グラフェン透明電極を用いた半透明有機薄膜電界効果トランジスタ

グラフェン塗布導電膜は，有機薄膜電界効果トランジスタ（FET）のソース／ドレイン電極としても利用が可能である。グラフェンは有機半導体と同様にπ電子共役系がキャリア移動を担うため，グラフェン電極と有機半導体層との間で良好なオーミック接合が形成できる可能性がある。実際に，グラフェン電極上に有機半導体薄膜を塗布あるいは蒸着により形成して作製した有機薄膜FET素子は，蒸着した金を電極とするFET素子よりも電極の接触抵抗が低く，より高い電界効果移動度を示すことが判明している[5,22]。また，ゲート電極も含めた3つの電極全てをグラフェン透明導電膜で形成し，ゲート絶縁体と有機半導体層にも透明な有機化合物を用いることで，可視光を透過する半透明有機薄膜FETを作ることにも成功している[5,22]。

図13に，作製した半透明有機薄膜FETの構造図と写真，および測定したFET出力特性を示す。基板には200℃で加熱可能な無色透明ポリイミド（三菱ガス化学製「ネオプリムL」），ゲート絶縁体にはポリビニルフェノール（poly（vinyl phenol）：PVP），有機活性層にはP3HTを用いた。図13(b)の素子写真で，右上が欠けたグレーの領域がP3HT層，中央付近の5つの縦長の帯がソース・ドレイン電極である。ソース・ドレイン電極は，別の基板上にフォトリソグラフィ法で形成し，熱剥離テープ（日東電工製「リバアルファ」）を用いてP3HT上へ転写した。グラフェン電極によるある程度の光吸収とP3HT層による着色はあるものの，下に敷いた紙に印刷

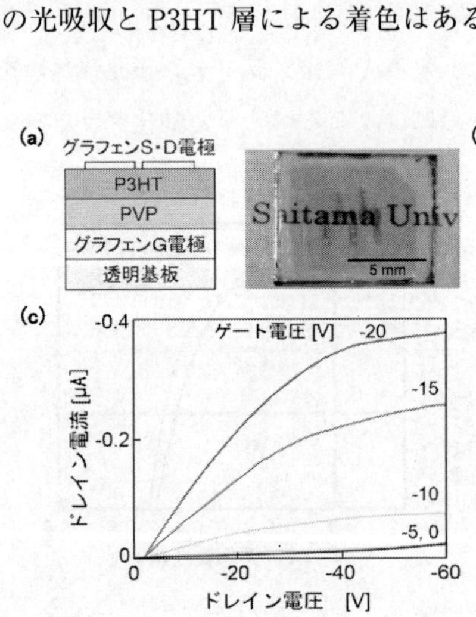

図13　無色透明ポリイミド基板上に塗布形成した透明有機薄膜FET
(a)：構造図，(b)：作製した素子の写真，(c)：FET出力特性。

された文字が透けて見えている。このFETはp型の動作特性を示し，電界効果移動度は2.3×10^{-2} cm^2/Vsが得られている。

9　おわりに

化学的単層剥離により調製した酸化グラフェンは，上記の応用の他にも，可溶性を活かした他物質への添加による複合材料の開発，機能性官能基付加のための基盤物質としての利用，あるいはリチウムイオン電池やスーパーキャパシタの電極材料としての利用など，さまざまな活用が期待できる。これらの応用については外国勢，特に中国・韓国・シンガポール勢が活発な研究を行っている[6~8]。国内においても，「化学的手法により形成したグラフェンの材料応用」研究が今後幅広く行われることを期待している。

文　　献

1) K. S. Novoselov *et al., Science*, **306**, 666 (2004)
2) A. K. Geim *et al., Nature Mater.*, **6**, 183 (2007)
3) K. S. Novoselov, *Rev. Mod. Phys.*, **83**, 837 (2011)
4) A. K. Geim, *Rev. Mod. Phys.*, **83**, 851 (2011)
5) 上野啓司，*J. Vac. Soc. Jpn.*, **53**, 73 (2010)
6) S. Park *et al., Nature Nanotech.*, **4**, 217 (2009)
7) G. Eda *et al., Adv. Mater.*, **22**, 2392 (2010)
8) Y. Zhu *et al., Adv Mater.*, **22**, 3906 (2010)
9) C. Riedl *et al., J. Phys. D*, **43**, 374009 (2010)
10) S. Bae *et al., Nature Nanotech.*, **5**, 574 (2010)
11) Y. Zhu *et al., ACS Nano*, **5**, 6472 (2011)
12) W. S. Hummers, Jr. *et al., J. Am. Chem. Soc.*, **80**, 1339 (1958)
13) M. Hirata *et al., Carbon*, **42**, 2929 (2004)
14) S. Stankovich *et al., Carbon*, **45**, 1558 (2007)
15) S. Pei *et al., Carbon*, **48**, 4466 (2010)
16) X. Zhou *et al., J. Phys. Chem. C*, **115**, 11957 (2011)
17) J. Zhang *et al., Chem. Commun.*, **46**, 1112 (2010)
18) X. Fan *et al., Adv. Mater.*, **20**, 4490 (2008)
19) M. Ono *et al., Appl. Phys. Express*, **5**, 032301 (2012)
20) Q. Liu *et al., Appl. Phys. Lett.*, **100**, 183901 (2012)
21) 白井肇，本書第23章「酸化グラフェン ― シリコンヘテロ接合太陽電池 ―」, pp.252-260 (2012)
22) K. Suganuma *et al., Appl. Phys. Express*, **4**, 021603 (2011)

第23章　酸化グラフェン
―シリコンヘテロ接合太陽電池―

白井　肇*

1　はじめに

結晶Si(c-Si) 系太陽電池は，変換効率η：24-25％で高効率であるが，pn接合形成には900℃の高温を必要とする。またc-Si／水素化アモルファスSi(a-Si：H) 接合（Hetrojunction with Intrinsic Thin-layer：HIT）太陽電池は，200℃の低温プロセスで効率22-23％が達成されているが，プラズマCVD法やスパッタ法等真空プロセスを必要とする[1,2]。一方有機系太陽電池は，材料の選択の自由度が大きい，スピンコーティング，スクリーン印刷，インクジェット等の塗布技術が利用可能であることから現在各種材料系での取り組みが盛んに検討されている。光電変換層ではドナー・アクセプター高分子に対してゲスト分子を添加することで主鎖の微細構造を変調し，導電性，移動度の向上が可能である。たとえばpoly-(3,4-ethlenedioxythiophene)：poly(styrenesufonic acid)（PEDOT：PSS），poly(3-hexylthiophene)（P3HT）にdimethyl sulfoxide（DMSO），*N,N'*-dimethyl formamide（DMF），酸化グラフェン（GO）添加により正孔輸送特性が向上することが報告されている[3]。中でもGOは，これまで有機太陽電池の光電変換層，透明電極，正孔輸送層としての効用がP3HT：PCBM系太陽電池，薄膜トランジスター（TFT）動作を通して実証されてきた[4]。しかし現状では有機太陽電池の効率は10％に満たない。こうした背景からGOが太陽電池の基盤材料としてのポテンシャルを実証するためには，高性能結晶Siや化合物半導体等無機太陽電池への基盤材料として利用し，性能評価を通して検討することが望まれる。さらにHIT構造太陽電池では，Siウエハ両面にnまたはp型a-Si：Hコートによる内部電界の増強，すなわち開放電圧の増大による高効率化が実現されていることから，Si両面の塗布プロセスによりGO関連部材の塗布に置き換えられればモジュールコストが大幅に低減できる。本章では，酸化グラフェン（GO）をキーマテリアルとしたc-Si／有機ハイブリッド太陽電池（Heterojunction with organic thin-layer（HOT））を提案し，GOおよび還元GO（RGO）が太陽電池基盤材料としてのポテンシャルを実証することを目標とする。

2　c-Si／有機ハイブリッド太陽電池の作成

GOは天然グラファイト単結晶粉末の酸化・単層剥離（Modified Hummers法）で作成される

*　Hajime Shirai　埼玉大学　大学院理工学研究科　教授

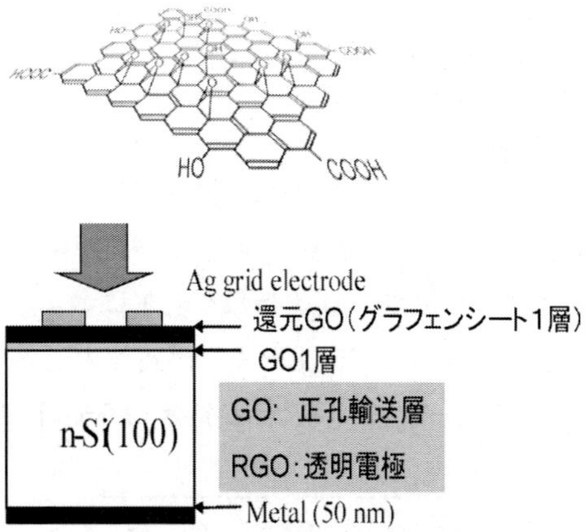

図1　GOの化学構造と太陽電池構造

酸化グラフェン（GO）を用いた[5,6]。GOは絶縁体で薄片サイズは1-5 μmである。図1は，GOおよびグラフェンの化学構造，c-Siとグラフェン系のみから構成された太陽電池構造を示す。ここでGOは正孔輸送層（ドナー），RGOは透明電極として作用する。また裏面GOは電子輸送層（アクセプター）として機能する。この際RGOの抵抗率は，これまでの検討からITOに比較してまだ2-3桁高いため，有機太陽電池分野で実績のある市販の導電性PEDOT：PSS（Clevios1000）を透明導電膜として利用した。太陽電池の作成は，RCA洗浄したCZ N型c-Si（100）（1-5 Ω·cm）上に各種溶媒に希釈したPEDOT：PSSをスピンコートまたは霧化塗布法により所定の膜厚塗布した後140℃，30分熱処理することで残留溶媒を取り除いた。その後上部にAg電極をペーストで形成し（5×5 mm^2），下部電極としてAlを用いた。太陽電池の評価は，電流－電圧特性，外部量子効率（QE）はAM 1.5 G，100 mW/cm^{2}照射下（分光計器CEP-25BX）で行った。変換効率ηは次式の関係から決定した。

$$\eta = V_{oc} J_{sc} FF / P_{in} \tag{1}$$

ここでV_{oc}は開放電圧，J_{sc}は短絡電流密度，FFは曲線因子，ηは変換効率，P_{in}は入射光強度を表す。FFは次式の関係から決定した。

$$FF = (V_m J_m) / (V_{oc} J_{sc}) \tag{2}$$

ここでV_m，J_mは，それぞれ最大出力点における電圧，電流密度を表す。c-Si/GO接合特性は，容量－電圧（周波数）C-V，（C-f）特性により行った。塗布GOおよびPEDOT：PSSは，原子間力顕微鏡（AFM），光学顕微鏡，赤外吸収（FTIR），分光エリプソメトリー（SE）により評価した。

3　GO の c-Si 系太陽電池応用

3. 1　正孔輸送層・透明電極層としての GO

図 2 は，異なる膜厚を有する GO 層を c-Si/PEDOT：PSS 間に正孔輸送層として挿入した太陽電池の暗・光電流-電圧特性および QE 特性を示す。この際 GO の膜厚は，1.2，2.4 および 3 nm であった。GO 膜厚に対する太陽電池の性能指数を表 1 に示す。2.4 nm の膜厚では，GO 挿入なしの素子における 8.6 % から 9.6 % まで向上した。暗電流の逆方向飽和電流：J_0 は GO 層の挿入により低減しかつ V_{oc} は 0.51 から 0.53，*FF* は 0.60 から 0.63 まで向上した。さらに 2.4 nm

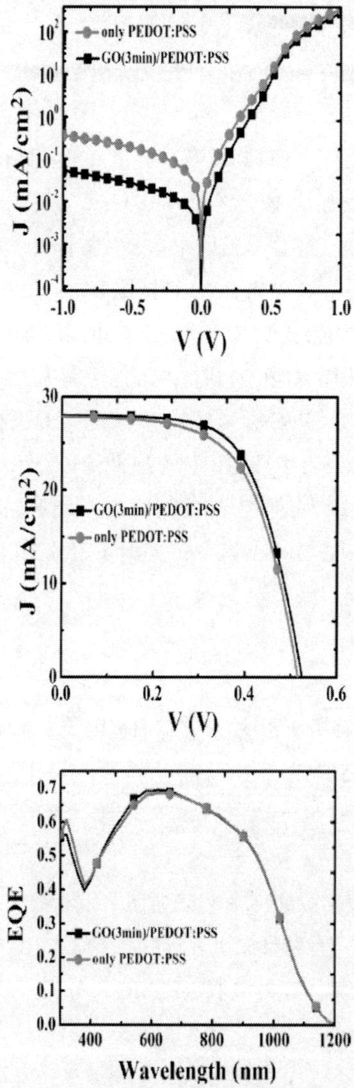

図 2　異なる GO 層の厚さに対する c-Si/GO/PEDOT：PSS 太陽電池特性

表1　Performance details（V_{oc}, J_{sc}, FF, η, and R_s）of the c-Si photovoltaic devices having different buffer layers

GO content	V_{oc}（V）	J_{sc}（mA/cm^2）	FF	η（%）	R_s（Ω）
PEDOT：PSS	0.508	21.52	0.606	6.62	4.65
10%	0.506	27.15	0.556	7.64	5.01
12.5%	0.524	26.36	0.586	8.09	5.48
25%	0.517	25.61	0.559	7.41	6.86
50%	0.499	26.25	0.499	6.54	7.70
75%	0.503	25.10	0.483	6.10	8.02

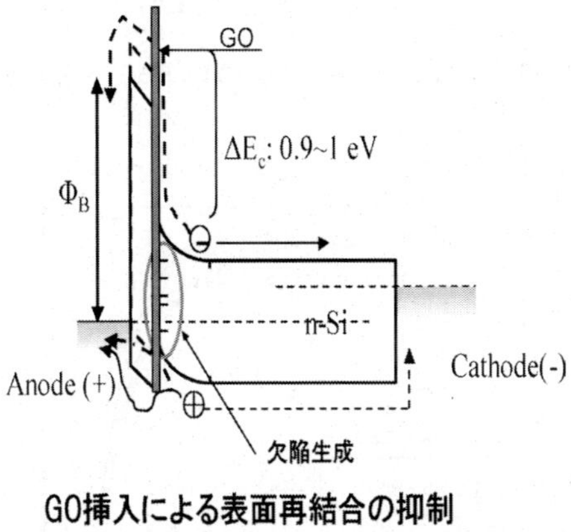

図3　c-Si/GO/PEDOT：PSSの順方向バイアス印加時のバンドポテンシャル

以上の膜厚ではJ_0の増大，太陽電池の性能因子は膜厚とともに劣化した。図3は，c-Si/GO/PEDOT：PSS接合界面のバンドポテンシャルを示す。GO，PEDOT：PSSのHOMO準位は，c-Siの価電子帯上端のエネルギー差は0.1 eV以下で正孔輸送特性を阻害することなく接合が形成できる。数層のGO層の挿入により暗時の電子電流のアノード電極側への漏れが抑制され，再結合確率が低減したことにより逆方向飽和電流値J_0が低減し，V_{oc}，FFが向上したと考えられる。以上の結果は，GO層の膜厚制御によりc-Si/PEDOT：PSS接合太陽電池においても正孔輸送層として性能向上に寄与することを示唆する。

次に導電性PEDOT：PSSにGOを添加することでPEDOT：PSS：GO塗布によるc-Si接合太陽電池を検討した。図4は，異なるGO添加量に対するPEDOT：PSS：GOの透過率スペクトルを示す。GO添加量の増大にしたがってGOに起因する紫外領域の透過率は減少するが可視・赤外領域の透過率は逆に向上した。特にGO濃度が10-20 wt%で300-850 nmの波長領域にわたって透過率が向上することがわかった。またSE解析からGO添加量によりPEDOT：PSS：GO膜の屈折率は増大し，膜厚は減少した。以上の結果は，GO添加によってPEDOT：PSS微細構造の緻密化が促進した結果として理解される。

図5は，異なるGO添加濃度に対するc-Si/PEDOT：PSS：GO接合素子のI-V特性，QE特

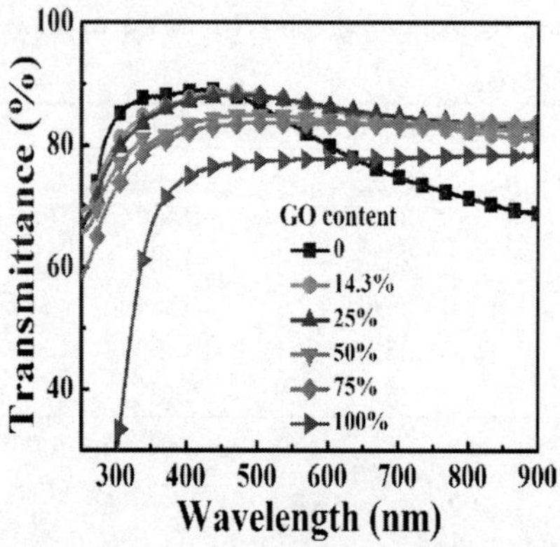

図４　異なる GO 添加量に対する PEDOT：PSS の透過率スペクトル

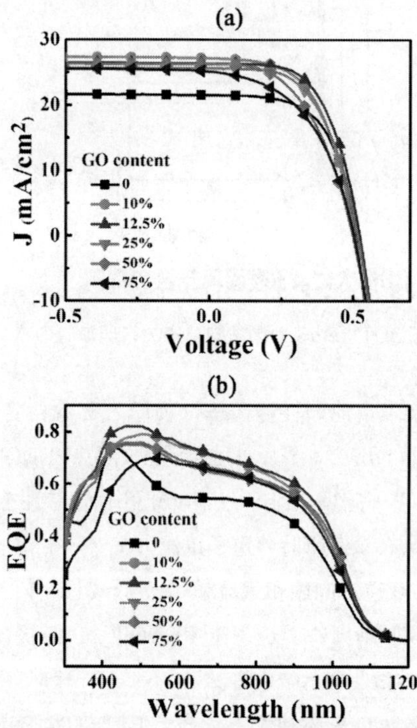

図５　c-Si/PEDOT：PSS：GO 太陽電池の(a) I-V および(b) QE 特性

性を示す。また表１には，GO 添加量に対する素子性能を示す。GO 添加 PEDOT：PSS 素子では，添加なしの素子における J_0 値に比較して低減し，η は 6.62 から 8.09 % まで向上した。また QE は全波長領域で向上した。以上の結果は，従来の c-Si/a-Si/ITO 等の p/n 層（正孔 / 電子輸送層），透明電極の多層構造に対して，導電性高分子系では塗布のみで両者の機能を併せ持つ効用があることを示唆する。この要因には，PEDOT：PSS が面内に金属的物性，膜厚方向に誘電

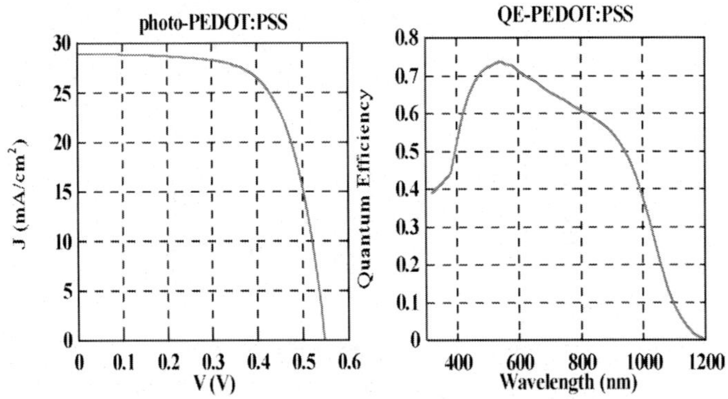

図6　c-Si/PEDOT：PSS：GO太陽電池のI-VおよびQE特性

性を有する一軸光学異方性を示すことが挙げられる[7]。現在までにPEDOT：PSS：GOの膜厚およびGO添加量を調整することで，η：11.23％を得た（図6）[8,9]。

3. 2　電子輸送層としてのGO

一般に高分子系ポリマーにおいてアクセプターとして機能する材料はPCBM，ICBA等が報告されているがドナー高分子に比較して数少ない。そのためZnO，MoO，TiO微粒子添加によるアクセプター材料の設計が報告されている。最近では，CsドープGOにおいてP3HT：PCBM系太陽電池において電子注入効率が向上し，GOは両極性伝導を示すことが報告されている[10,11]。特にHIT太陽電池では，c-Si裏面にn^+-a-Si：H/ITO層を設けることで内部電界の増強，開放電圧の増大による高効率化が図られていることから塗布系についても裏面Siのアクセプター塗布が有用であることが期待される。ここでは，c-Si裏面にCsドープGOを3. 1項と同様の条件で霧化塗布法によりAl/Si界面に挿入した。図7は裏面CsドープGO層挿入有無のc-Si/PEDOT：PSS接合太陽電池素子のI-VおよびQE特性を示す。GO挿入なしのc-Si/PEDOT：PSS接合素子のηはこのシリーズで6.68％であるがGO挿入により7.46％まで向上した。この要因にはV_{oc}が0.49から0.52 Vまで向上し，*FF*が0.52から0.6まで向上したことに起因する。またQEは，可視から赤外領域で向上していることから，V_{oc}の向上には，内部電界増強効果により裏面Si近傍で発生したキャリアのアノード電極への収集効率の向上に起因していることが示唆される。表面・裏面の塗布行程の最適化により一層の高性能c-Si太陽電池での効用が期待される。

3. 3　低圧プラズマによるRGO形成

上記ではPEDOT：PSSを透明電極材料として用いた。しかしPSSはスルホン酸SO_3基を有する強酸であることから素子の大気安定性が克服すべき課題として挙げられる。したがってRGOの高透過率を維持したまま抵抗率の低減を実現するためには，熱処理，化学的還元法が挙

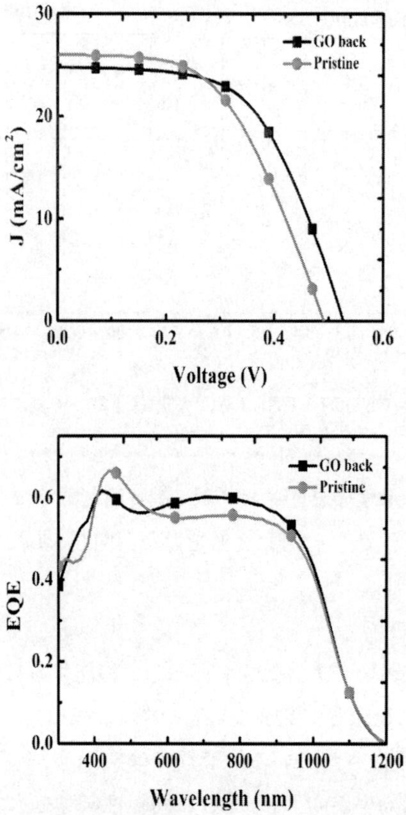

図７　c-Si/Al 界面に Cs ドープ GO 層挿入有無での c-S/PEDOT：PSS 太陽電池の I-V および QE 特性

げられる。特に移動度，キャリア濃度増大のためには，GO の欠陥修復による sp^2 炭素の形成促進，グラフェン成長反応の促進，不純物制御によるキャリア濃度の増大等による高性能化が必要である。ここでは c-Si 系太陽電池の透明電極への応用に関して，リモートマイクロ波プラズマによるプラズマ処理による欠陥修復を検討した。図８は，ガラス上にスピンコート法で形成した GO 膜に C_2H_2/Ar マイクロ波プラズマ照射を行った際の RGO 膜の剥離・転写後の写真を示す。基板温度 T_s：350 ℃以下の条件ではプラズマ条件を変化させても低抵抗化は確認できなかった。一方 T_s：350 ℃以上の温度では，プラズマ照射時間 20 分で 100～1 kΩ の範囲まで低抵抗化が実現できた。しかし 20 分以上の C_2H_2/Ar プラズマ照射では，ファイバー状の生成物が観察され高抵抗化した（図９)。そこで T_s：350 ℃，20 分の条件で C_2H_2/Ar プラズマ照射した RGO を熱剥離シートにより剥離し，GO/PEDOT：PSS/c-Si 基板上に転写することで c-Si/GO/RGO 構造の素子を作成した。

図 10 は，I-V 特性の一例を PEDOT：PSS 系太陽電池性能とともに示す。RGO のシート抵抗は数 100Ω～1 kΩ であるが η は 4.2-6 % まで改善した[12]。PEDOT：PSS 系に比較して性能は低いが，GO が c-Si 系太陽電池の透明電極として機能することを実証した。以上の結果は，GO,

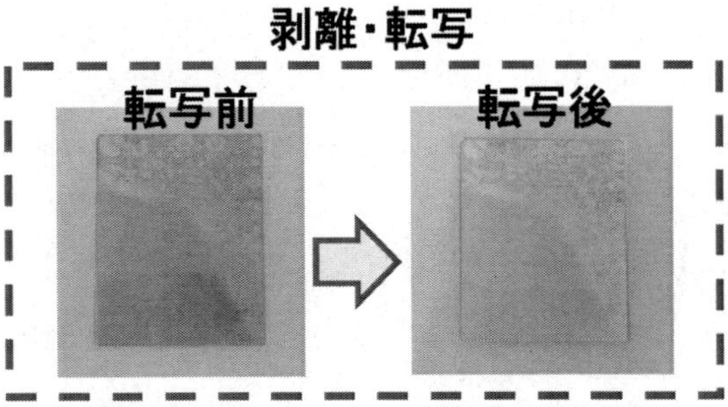

図８　熱剥離シートによる RGO 剥離・転写前後

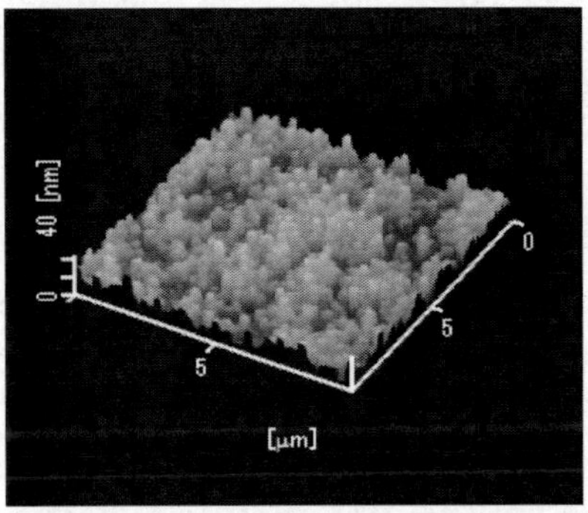

図９　GO への C_2H_2/Ar プラズマ照射により成長したファイバー状生成物

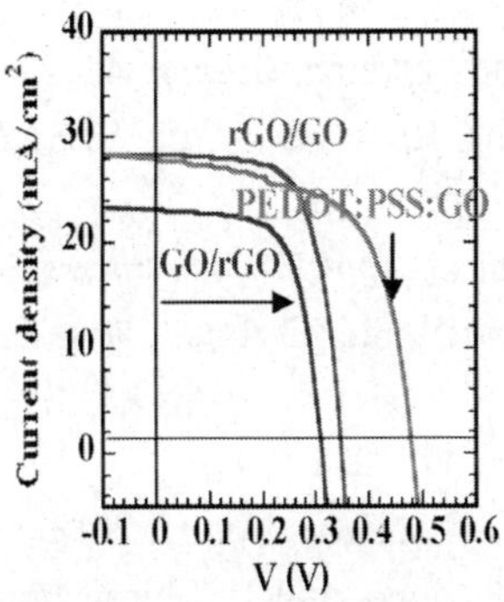

	PEDOT:PSS	GO/rGO	GO/rGO
V_{OC}	0.48	0.32	0.35
J_{SC}	27.88	23.06	28.27
FF	0.61	0.64	0.66
η	8.20	4.72	6.57

図 10　c-Si/GO/RGO ヘテロ構造太陽電池の I-V 特性および性能因子

RGO が c-Si 系太陽電池の正孔輸送層，透明電極層として十分ポテンシャルを有していることを示唆する。今後 RGO の移動度，不純物濃度制御によりさらなる c-Si 系太陽電池性能向上が期待される。

4 まとめ

GOをキーマテリアルとしたc-Si系太陽電池用基盤材料としての可能性を考察した。正孔輸送層，PEDOT：PSSの輸送特性の向上，アクセプターとしてのポテンシャルを実証した。今後RGOの単層化，低抵抗化により透明電極材料としてc-Si系太陽電池性能の向上が期待される。

謝辞
本研究は埼玉大学大学院理工学研究科・准教授 上野啓司先生との共同研究で実施した。

文献

1) Y. Tsunomura, Y. Yoshimine, M. Taguchi, T. Baba, T. Kinoshita, H. Kanno, H. Sakata, E. Maruyama, and M. Tanaka, *Sol. Energy Mater. Sol. Cells*, **96**, 032105 (2010)
2) Q. Wang, M. R. Page, E. Iwanicko, Y. Xu, L. Royabal, R. Bauer, B. To, H. -C. Yuan, A. Duda, F. Hasioon, Y. F. Yan, D. Levi, D. Meier, H. M. Branz, and T. H. Wang, *Appl. Phys. Lett.*, **96**, 013507 (2010)
3) B. Yin, Q. Liu, L. Yang, X. Wu, Z. Liu, Y. Hua, S. Yin, and Y. Chen, K., *Nanosci. Nanotechnol.*, **10**, 1934 (2010)
4) 上野啓司，月刊ディスプレイ，18巻，pp.67 (2012)
5) J. William, S. Hummers, and R. E. Offeman, *J. Am. Chem. Soc.* **80**, 1339 (1958)
6) M. Hirata, T. Gotou, S. Horiuchi, M. Fujiwara, and N. Ohba, *Carbon*, **42**, 2929 (2004)
7) L. A. A. Pettersson, F. Carlsson, O. Inganäs, and H. Arwin, *Thin Solid Films*, **313-314**, 356 (1998)
8) M. Ono, Z. Tang, R. Ishikawa, K. Ueno, and H. Shirai, *Appl. Phys. Express*, **5**, 032301 (2012)
9) Q. Liu, M. Ono, Z. Tang, R. Ishikawa, K. Ueno, and H. Shirai, *Appl. Phys. Lett.*, **100**, 183901 (2012)
10) J. Huang, Z. Xu, and Y. Yang, *Adv. Funct. Mater.*, **17**, 1966 (2007)
11) J. Liu, Y. Xue, Y. Gao, D. Yu, M. Durstock, and L. Dai, *Adv. Mater.* (2012)
12) Q. Liu, F. Watanabe, A. Hoshino, R. Ishikawa, K. Ueno, and H. Shirai, *Jpn. J. Appl. Phys.* (2012), 印刷中

第24章　グラフェンの量産化技術と蓄電デバイスへの応用

笘居高明[*1]，三谷　諭[*2]，本間　格[*3]

1　はじめに

グラフェンとは，炭素原子の六員環が連なったハチの巣格子状の単原子層シートである。炭素原子のみで構成されているにも拘らず，優れた機械的強度，高い熱伝導性／電気伝導性を有していることから，材料科学分野において非常に注目を集めている。グラフェンの応用研究を見てみると，当初から進められてきた配線，透明導電膜，トランジスタ等のエレクトロニクスデバイスへの応用に留まらず，近年ではその応用分野は非常に多岐にわたっており，その中でも特にエネルギーデバイス応用に注目が集められている。

ここでは，グラフェンのエネルギーデバイス応用の中でも[1~5]，特に期待がもたれている電気二重層キャパシタ（EDLC）の電極材料としての応用研究を報告するとともに，エネルギーデバイス応用に際する要素技術であるグラフェンの量産化技術に関しても紹介する。

厳密に言えば，単原子層が本来のグラフェンの定義ではあるが，バルクを必要とするエネルギーデバイス応用において，単層のみの使用が困難であり，グラフェンの凝集体を取り扱う場合が多いため，本稿では，多層グラフェンやグラフェン凝集体も含めグラフェンとして取り扱う。

2　グラフェンの量産化技術

グラフェンをエネルギーデバイス電極に用いるためには，小型用途でもグラムオーダーの量が必要とされるため，安価かつ大量生産が可能な合成プロセスが必要である。また，ガスや溶液が電極内部を効率的に拡散する必要があるため，作製されたグラフェンシート同士が織り成す3次元的な多孔構造の制御も，グラフェン作製時における重要な要素となる。

グラフェンの作製手法は，炭素原子を出発点とし，基板上に1層ずつ積層させていくボトムアップ型と，グラファイトを原料とし，剥離させていくトップダウン型の2種類に大別される。CVD法やSiCの熱分解法などのボトムアップ型手法は，比較的高品質なグラフェンを大面積で作製できる反面，グラムオーダーでの量産には，不向きであり，その応用は，薄膜としてグラフェ

＊1　Takaaki Tomai　東北大学　多元物質科学研究所　助教
＊2　Satoshi Mitani　東北大学　多元物質科学研究所　産学連携研究員
＊3　Itaru Honma　東北大学　多元物質科学研究所　教授

ンを利用するエレクトロニクス分野が主流である。一方，modified Hummers 法に代表されるトップダウン型手法では，一般的には，化学的酸化処理により，グラフェン層間の相互作用を弱めることで，グラファイトからグラフェンを剥離させる[6~8]。酸素官能基や欠陥などが導入されてしまう問題はあるものの，一度に大量のグラファイトを処理することが可能であり，グラフェンの量産化に優れている。

本章では，まず modified Hummer 法を用いたグラフェン作製手法を紹介し，初期原料が最終的に生成されたグラフェン粉末中の微細構造に及ぼす影響について述べる。次に，現在我々の取り組んでいる，化学的酸化処理を必要としない高品質グラフェンのトップダウン型作製手法である，超臨界流体法に関しても紹介する。

2. 1　modifed Hummers 法によるグラフェン合成

modified Hummers 法は 1958 年に Hummers らが行ったグラファイトの酸化手法を改良したものであり，近年のトップダウン型グラフェン作製において，頻繁に用いられている手法の一つである[6]。本項で紹介するグラフェンサンプルは，この modified Hummers 法に準じて作製している。まず，前処理として，原料となるグラファイト系材料を硫酸と過マンガン酸カリウムで強力に酸化した後，超音波照射により，原料からグラフェンを剥離させることで作製した酸化グラフェンを得る。この酸化グラフェンを，ヒドラジンにより還元後，乾燥させると，グラフェン粉末が得られる。

粒径＜45 μm のグラファイト粉末（G45）から作製したグラフェンのラマンスペクトルを図1に示す。modified Hummers 法により得られるグラフェンのラマンスペクトルの特徴である，

・1350 cm^{-1} 付近の D バンドの増大
・1580 cm^{-1} 付近の G バンドの半値幅の増大
・2700 cm^{-1} 付近の 2D バンド強度の低減

が見て取れる。これらのことは，強力な酸化処理に伴う官能基と欠陥の導入の結果として説明で

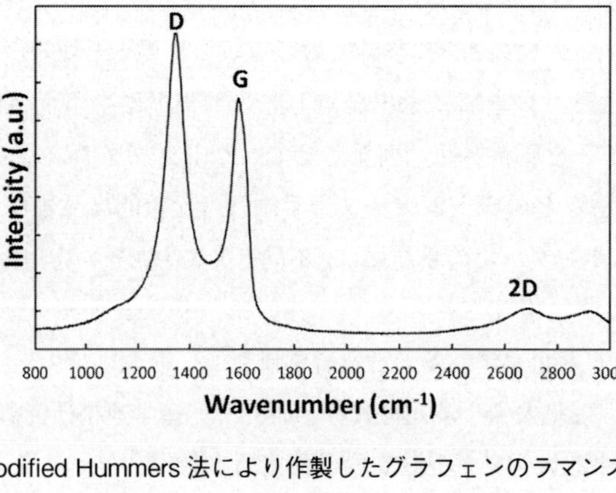

図1　modified Hummers 法により作製したグラフェンのラマンスペクトル

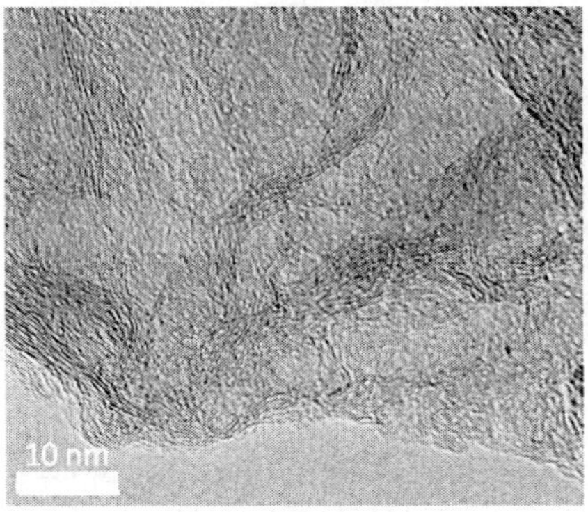

図 2　modified Hummers 法により作製したグラフェンの TEM 像[11)]

きる。官能基・欠陥密度の増大は，熱的，電気的特性の劣化を引き起こすことが知られており[9, 10)]，化学的還元や熱処理といった様々な後処理により，これら官能基や欠陥を取り除く手法が現在も検討され続けているが，現在のところ，modified Hummers 法にみられるような酸化処理を前処理として利用する場合，これらの完全除去は困難である。

図 2 に同じく G45 から作製したグラフェンサンプルの TEM 像を示す[11)]。還元前の酸化グラフェンの段階では，AFM 観察により作製されたグラフェンの大半が単層化していることが確認されているが，その後の還元・乾燥過程においてグラフェン同士が積層し，多層グラフェンとなり，さらにその多層グラフェン同士が 3 次元的な構造を形成している。積層数は多くても 10 層程度，平均して 4～5 層程度であることがわかる。窒素ガス分子吸着により算出したこのグラフェンサンプルの BET 比表面積は 540 m^2/g であり，グラフェンの理論表面積 2600 m^2/g と比較すると，平均して 5 層程度の多層グラフェンであると見積もられる。この結果は TEM の観察結果と良い一致を示している。

作製されるグラフェンのシートサイズは，初期原料中のグラフェンシートサイズに依存し，初期原料の適切な選択により，グラフェンのシートサイズ制御によるグラフェン 3 次元構造の制御が可能となる。粒径の異なるグラファイト粉末と直径の異なるカーボンナノファイバー（CNF）をグラフェン原料として作製したグラフェンの違いについて以下に紹介する。

グラファイトは，粒径 180～1000 μm（G1000）（Alfa Aesar），粒径＜ 150 μm（G150），粒径＜ 45 μm（G45），粒径＜ 20 μm（G20）（Aldrich）の 4 種類を購入し，使用した。CNF は，直径～100 nm（CNF100）（三菱マテリアル），直径～50 nm（CNF50），直径～30 nm（CNF30）（Suntel）の 3 種類を購入し，使用した。CNF はグラファイト構造の c 軸に沿って，グラフェンが積層している構造のものを使用しており，CNF100 はプレートレット型，CNF30 はヘリングボーン型，CNF50 は両型の混在となっている。図 3 にそれぞれの CNF の SEM 像および構造概略図を示す。

図 4 に種々のグラフェンの表面積とグラファイト粒径および CNF 直径の関係を示す。最も表面積が大きかったのは G45 から作製したグラフェンであり，100 μm 以下では，ばらつきはある

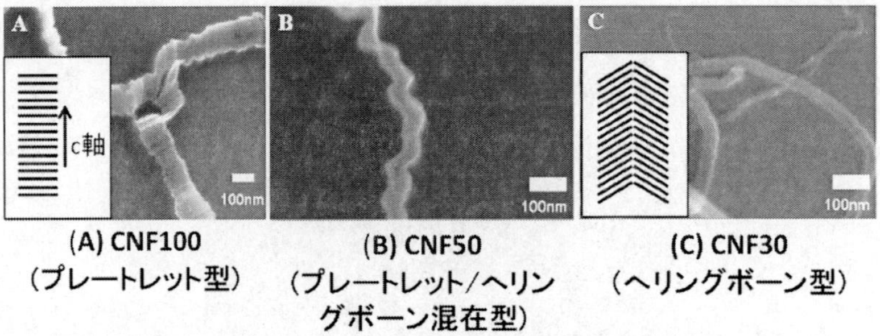

図3　CNFのSEM像および構造概略図

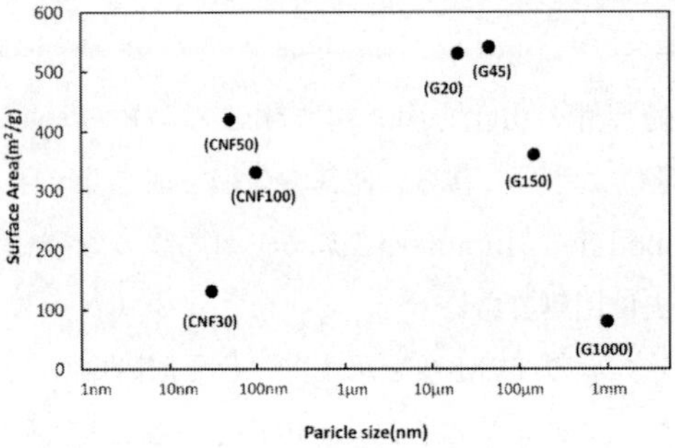

図4　種々のグラファイト系材料の代表径と
グラフェン化した際のBET比表面積

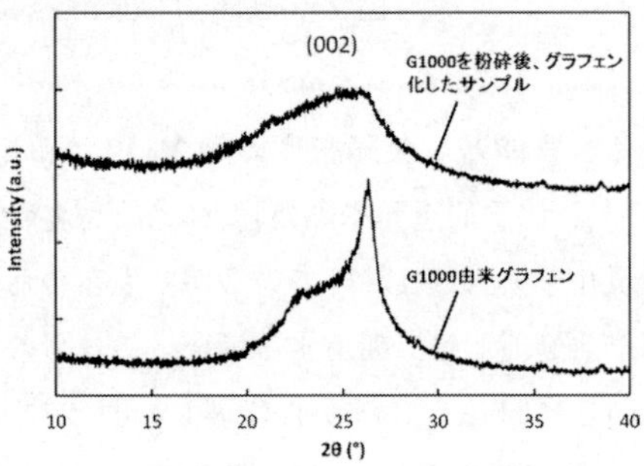

図5　G1000，及びG1000を粉砕した
グラファイト粉末をグラフェン化
したサンプルのXRDパターン

ものの，概して原料の直径が大きいほど，比表面積が増大する傾向にある。これは，シートサイズが小さいグラフェン同士の方が凝集効果が高く，より密に積層してしまうことが原因として考えられる。一方，100 μm以上では，傾向が逆転しており，G1000から作製したグラフェンは，比表面積が80 m^2/gと著しく表面積が小さくなっている。図5にG1000から作製したグラフェンサンプルと，G1000を粉砕後，ふるいで粒径< 38 μmのグラファイト粒子を分別したグラファイト粉末から作製したグラフェンサンプルのXRDパターンを示す。G1000から作製したグラフェンの場合は，グラファイト構造中のグラフェン層間距離0.335 nmに対応する（002）面のピーク位置に，ブロードなピークとシャープなピークの両方が確認された。一方，粉砕したG1000から作製したグラフェンの場合はブロードなピークのみであった。ブロードなピークは，元来のグラファイトの積層構造が一度分解し，還元・乾燥過程で再積層した際にできた秩序性の低いグラフェン同士の積層構造を反映していると考えられる。一方でシャープなピークは元来のグラファイトの積層構造が残っている状態を表していると考えられ，G1000のように粒子径が大きすぎるとグラフェンの剥離が進行し難く，原料のグラファイトが未分解のまま残ることを示唆している。

これらのことからシートサイズの増大に伴い，グラフェン同士の凝集は妨げられ，表面積が大きくなる傾向があるが，一方で，シートサイズが大きくなりすぎると剥離過程が進行しづらくなるため，比表面積の大きいグラフェン3次元構造を作製したい場合には，初期原料粒径の最適値が存在することが示唆される。本項では，グラフェンのみでの構造制御について紹介したが，再積層過程において，金属ナノ粒子，高分子，CNT，C_{60}をはじめとするカーボンナノ材料などをグラフェン層間に導入し，3次元構造を制御する手法も検討されている。

2.2　超臨界法でのグラフェン作製

前項で述べたように，modified Hummers法で不可避な官能基・欠陥の導入はグラフェンの特性の劣化につながるため，欠陥・官能基の導入を抑えたグラフェンの大量作製手法は，今後グラフェンの機能制御が重要化する中で重要な技術になっていくであろう。本項では，高品質グラフェンの量産化手法として検討されている，超臨界流体法に関して紹介する。

超臨界流体とは，物質固有の臨界点以上の温度圧力を持つ，気体と液体の中間状態であり，液体並みの高密度と気体並みの高い拡散性や表面張力がゼロ，といった特性を兼ね備えた，高浸透性流体である。超臨界流体を用いたグラフェン作製手順を以下に示す。

まず，グラフェン原料を分散させた溶媒（NMP，DMF，エタノール）を密閉容器内に封入し，容器を臨界点以上の温度に加熱することで，容器内を超臨界状態とする。その後容器を水浴に浸すなどして急冷し，内部から溶媒を取り出すと，溶媒中にある収率でグラフェンが単離し分散している状態となる。この分散したグラフェンフラグメントを解析すると，原料グラファイトから，グラフェンが，高い収率（単層で6-10％，8層以下なら90-95％）で生産できることが明らかとなっている[12]。本手法は，系の拡張が容易で流通式にも対応できるため量産化が容易なことに加え，酸化状態を経由しないことから，官能基や欠陥の導入が低減された高品位グラフェンを得ることが可能，といった優位性を有している。詳細なグラフェン生成メカニズムはまだ解明されていないが，超臨界流体の高い浸透力により，溶媒中にあらかじめ仕込んでおいたグラファイトの層間に溶媒分子が浸入し，層間相互作用を切断することで剥離が進行し，グラフェンが生成されるのではないかと考えられている（図6）。

さらに近年の研究により，温度プロファイルを制御することで，グラフェンの収率を向上させることが可能であることが見出されている[13]。2種の温度プロファイルで作製したグラフェンの厚みとシートサイズ分布のAFMによる測定結果を図7に示す。溶媒としてはエタノール（臨界点：241℃，6.14 MPa）を使用し，さらに剥離過程とグラフェンシートサイズの変化を詳細に検討するため，原料中グラフェンシートサイズやその積層構造が均質なCNF100を原料として使用している。

まず，60分間連続的に超臨界状態に保持したサンプルを見ると，グラフェンの厚みとシートサイズに正の相関があることが見て取れ，このことから，超臨界流体をもちいたグラフェン作製手法において，剥離過程とシートの断裂が並行して進行することが分かる。さらに，このサンプルと，積算加熱時間としては同じく60分間であるが，昇温急冷を繰り返す断続的な温度プロファ

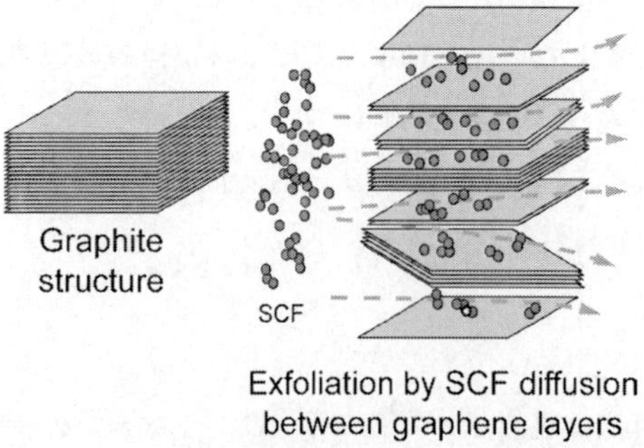

図6　超臨界流体法において想定される剥離メカニズム

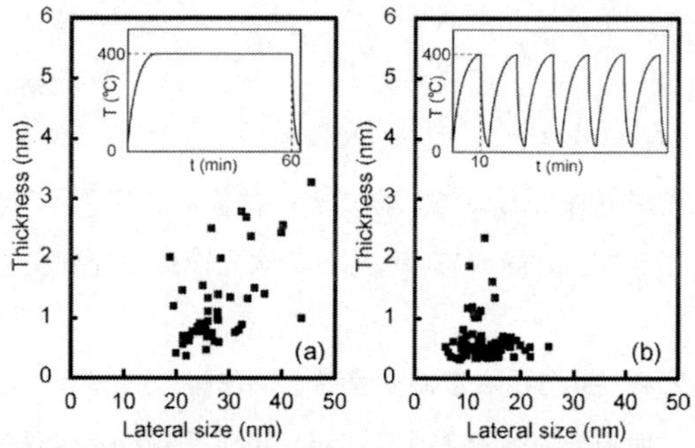

図7　2種の温度プロファイル（(a)連続的加熱，(b)断続的加熱）で作製したグラフェンの厚み（縦軸）とシートサイズ（横軸）分布[13]

イルで処理したサンプルを比較した場合，より剥離とシートの断裂が進行していることが分かる。AFMから見積もった単層収率は，連続加熱の場合で50％程度，断続加熱の場合で80％以上であり，より高効率に単層のグラフェンの作製が可能である。特に高価な溶媒を必要とせず，昇温・急冷のみの簡便な操作により，このような高い収率で単層かつ高品質なグラフェンが作製できることは驚くべき結果であり，今後の高品質グラフェンの安価な量産化手法の有力な候補になると考えられる。

3　グラフェンのエネルギーデバイス応用

グラフェンは，高い電気伝導度と2600 m^2/gの巨大な比表面積を兼ね備えており，さらに化学的に安定なグラファイトのベーサル面で構成されているため，高電圧耐性の高い材料である。これらの特徴から，グラフェンは，燃料電池電極における触媒担体[1,2]，リチウムイオン電池の負極[3]，電気二重層キャパシタや電気化学キャパシタの電極[4,5]として非常に有望な材料であると言える。グラフェンのリチウムイオン電池の負極材料としての応用は，我々の研究グループが世界に先駆けて開拓した分野であり，従来のグラファイト負極の充電容量372 mAh/gを大きく上回る540 mAh/gの充電容量を達成できること，さらには，CNT, C_{60}などのカーボンナノ材料をグラフェン層間に導入し，層間距離を制御することで，最終的には730 mAh/gの充電容量を達成できることを報告してきた[3]。このことからも，グラフェンがエネルギーデバイスにおける電極材料として非常に優れた特性を有しており，グラフェンで構成された3次元構造の制御がデバイス特性を大きく左右することが伺える。

3.1　電気二重層キャパシタ応用

EDLC（Electric double layer capacitor）のエネルギー密度Eは，充放電容量C，印可電圧V

を用いて，式(1)で示される。

$$E=\frac{1}{2}CV^2 \tag{1}$$

EDLC容量は電解質イオンの電極材料表面への吸着量に依存するので，2600 m^2/g の巨大な比表面積を有するグラフェンは理想的なEDLC電極材料であると言える。さらに，グラフェンは安定なベーサル面で構成されているため，従来のEDLC電極材料である活性炭と比較し，高電圧での充放電を可能とすることが期待される。また，式(1)より，電極が蓄えられるエネルギー密度は印加電圧に対して二乗で効いてくるため，印可可能電圧の向上は，エネルギー密度の飛躍的増大につながる。

このような高電圧キャパシタの開発が近年進められているが，従来の電解液は電位窓が狭いため，電解液にイオン液体を用いる試みに注目が集められている。イオン液体は常温で液体として振る舞い，不揮発性，難燃性，耐電圧特性といった性質をもつ[14)]。

グラフェンを電極材料とし，電解液にイオン液体を用いた場合の高電圧充放電特性に関して紹介する。実験に用いた電極構造を図7に示す。詳細は後述するが，グラフェン電極にイオン液体中で高電圧を印加すると電界賦活[15~17)]に類似した現象が起こり膨張するため，電極が集電体から剥離しやすくなってしまう。そこで実験では，集電体である白金プレートをばねで押し付ける電極構造を採用している。本実験では，特にグラフェン電極の特性について詳細に観察するため，対極の影響を極力抑える目的で，図8に示すように対極を極端に大きくした疑似三極測定を行っている。

以下に擬似三極について説明する。電気二重層キャパシタに充電される電荷量 Q は下記の式で示される。

$$Q=CV \tag{2}$$

電気二重層キャパシタの二極セルでは，作用極の電荷量（Q_x）と対極の電荷量（Q_y）は等しく，二極セルに印可される電圧 V は，作用極に印可される電圧 V_x，と対極に印可される電圧 V_y の

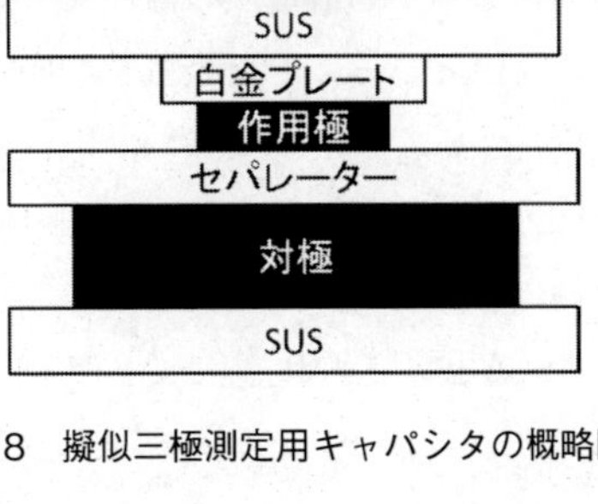

図8　擬似三極測定用キャパシタの概略図

和となる。以下にそれぞれの関係を示す。

$$Q_x = Q_y = Q \tag{3}$$

$$V = V_x + V_y \tag{4}$$

全体，作用極，及び対極の単位重量当たりの容量をそれぞれ C_{all}，C_x，及び C_y とし，作用極，及び対極の重量をそれぞれ，m_x，m_y とすると，式(2)，(3)，(4)より以下の式が成り立つ。

$$\frac{Q}{(m_x + m_y) C_{all}} = \frac{Q}{m_x C_x} + \frac{Q}{m_y C_y} \tag{5}$$

$$C_{all} = \frac{m_x C_x m_y C_y}{(m_x + m_y)(m_x C_x + m_y C_y)} \tag{6}$$

電荷量は(2)式より，

$$Q = (m_x + m_y)\ C_{all} V \tag{7}$$

(7)式に(6)式を代入すると下記のようになる

$$Q = \frac{m_x C_x m_y C_y}{m_x C_x + m_y C_y} V \tag{8}$$

よって V_x および V_y はそれぞれ下記の式で表すことが出来る。

$$V_x = \frac{Q}{m_x C_x} = \frac{m_y C_y}{m_x C_x + m_y C_y} V \tag{9}$$

$$V_y = \frac{Q}{m_y C_y} = \frac{m_x C_x}{m_x C_x + m_y C_y} V \tag{10}$$

つまり，作用極と比較し，対極の重量とキャパシタンスの積を大きくとっておけば，対極側の電圧変化は小さくなり，疑似的な参照極として見なすことができる。

2. 1 項で紹介したG45およびCNF50を原料として作製したグラフェンサンプル（G45由来グラフェン（比表面積：540 m^2/g），CNF50由来グラフェン（比表面積：420 m^2/g））それぞれについてのEDLC特性について紹介する。電解液はEMI-TFSA（1-ethyl-3-methylimidazolium bis（trifluoromethane-sulfonyl）amide）を使用した。電極は結着剤としてPTFE（polytetrafluoroethylene）を添加し，混錬，成形した（炭素材料：PTFE＝9：1）。また，対極に疑似三極測定に十分な量（作用極のおよそ6倍量）の活性炭（Maxsorb® MSC30，関西熱化学）を用いて，同様に作製した電極を用いている。走査範囲を ΔV：2.5～5 V と変化させた際の，走引速度1 mV/sのサイクリックボルタモグラムを図9に示す。G45由来グラフェンのサイクリックボルタモグラムは一般的なEDLCのプロファイルである矩形の形状をしている。電流値は還元側（マイナス側）の値が酸化側（プラス側）より大きく，これは EMI^+ と $TFSA^-$ のグラフェンへの吸着特性の違いを反映していると考えられる。

図10に擬似サイクリックボルタモグラムから求めた印可電圧と電気二重層容量の関係を示す。

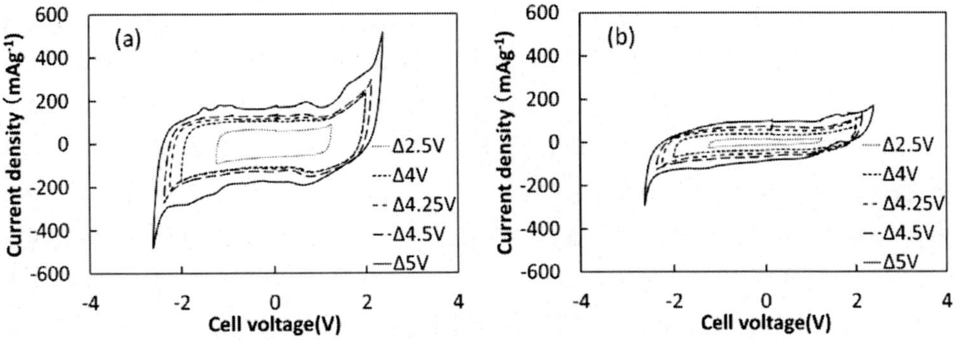

図9　(a) G45及び(b) CNF100由来グラフェンのサイクリックボルタモグラム
（掃引速度　1 mV/s　走査範囲　−1.25～1.25 V（Δ2.5 V），−2～2 V（Δ4 V），−2.25～2 V（Δ4.25 V），−2.375～2.125 V（Δ4.5 V），−2.625～2.375 V（Δ5 V））

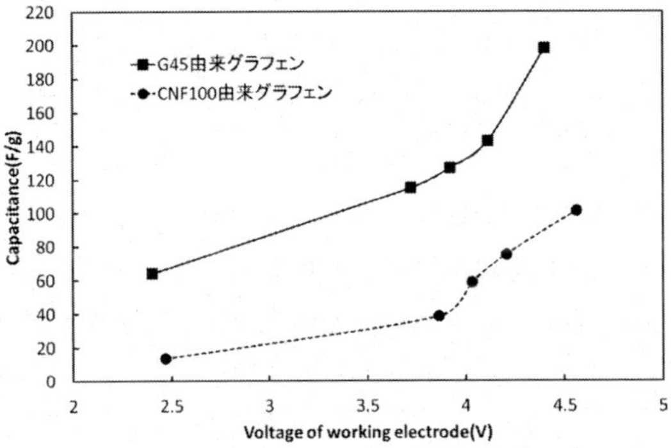

図10　グラファイトおよびCNF由来グラフェンの電気二重層容量の印可電圧依存性

全体の充放電容量 C は，(2)式の両辺を時間微分し，電流値 I（$=\frac{dQ}{dt}$），掃引速度 v（$=\frac{dV}{dt}$）を用いることで，式(11)で表される。

$$I=Cv \tag{11}$$

このとき作用極の充放電容量 C_x は，式(12)で表すことができる。

$$C_x=\frac{\frac{I}{v}\times m_yC_y}{m_x(m_yC_y-\frac{I}{v})} \tag{12}$$

縦軸の充放電容量は0V時の電流値と掃引速度から算出し，横軸の印可電圧は，実際に作用極に印可されている電圧を式(9)を用いて算出している。C_y は132 F/gである。

G45由来グラフェンの容量は，セル電圧Δ2.5 V印可時で54 F/g，セル電圧Δ5 V印加（実際の作用極の印加電圧はΔ4.5 V）でおよそ200 F/gが得られている。これは電極当たりのエネルギー密度に換算すると140 Wh/kgであり，デバイス当たりのエネルギー密度を考慮しても，EDLCでありながら鉛蓄電池並みの，非常に大きなエネルギー密度が得られたと言える。

本系で特徴的であるのは，印加電圧の増大に伴い，充放電容量が増加することである。このように電圧の増加で充放電容量が増える現象は電界賦活と呼ばれており，結晶方位が揃った光学異方性炭素材料を薬品賦活した活性炭において見られる。電界賦活は高電圧印可によりイオンが，炭素材料の層間や微細な空隙に入り，空隙が押し広げられることで，新しい吸着サイトが構築され容量が増加する現象であると考えられており[15~17]，一般的には，初期サイクルで発現すると，その後は増大した容量のまま安定した充放電が可能となる。

一方，CNF50由来グラフェンのサイクリックボルタモグラムでも，印可電圧の同大に伴い，充放電容量の上昇が見られる。G45由来グラフェンと比較した場合，低電圧印可時の電流密度こそ，比表面積に依存し小さくなっているものの，電流密度の増加率はG45由来グラフェンを上回っており，Δ2.5 Vでは容量は小さく20 F/g以下であるが，セル電圧Δ5 V印加（実際の作用極の印加電圧はΔ4.75 V）で100 F/g近い容量が得られている。

電解賦活効果がより顕著に見られるCNF50由来グラフェンのセル電圧Δ2.5印加時で掃引速度100 mV/gの1～3サイクルのサイクリックボルタモグラムを図11に示す。従来の活性炭の電界賦活ではΔ2.5 Vのような狭い走査範囲では容量の増加は見られず，通常はΔ4 V程度の高電圧を必要とする。また2サイクル目以降の容量増加は起こらない。しかしながら，グラフェンサンプルの場合，低電圧印可時においても容量増加が見られ，かつ充放電サイクル毎に連続的に容量が増加している。

図12に電解賦活による容量増加のイメージを示す[5]。図に示したように，徐々にグラフェンの層間にイオンがインターカレートして，最終的にグラフェンの層間全体にイオンがインターカレートすると考えられる。インターカレートによる容量増加は従来の電界賦活と共通しているが，イオンのインターカレートが容易な，グラフェン同士の相互作用が弱く層間距離が広がって

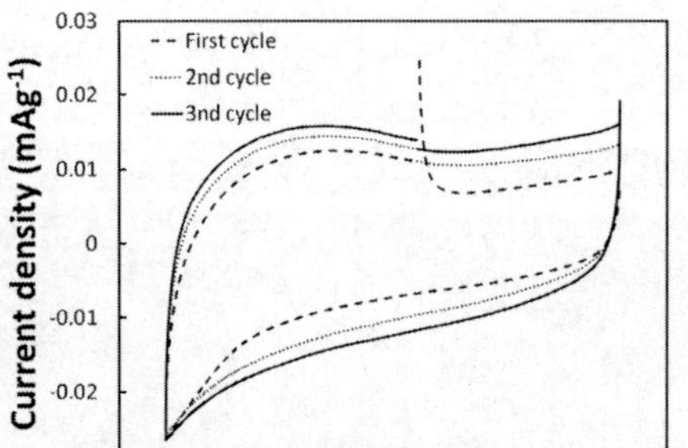

図11　狭い走査範囲（Δ2.5 V）でのCNF100由来グラフェンのサイクリックボルタモグラム（掃引速度　100 mV/s）

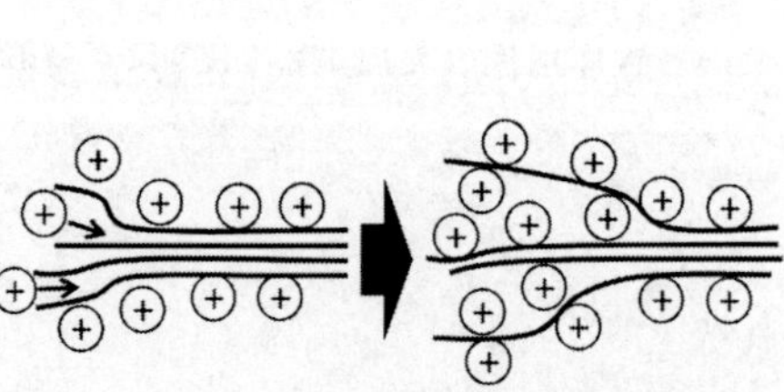

図12　グラフェンの高電圧印可時における容量増加のメカニズム

いる領域は，活性炭と比較して，グラフェンサンプルの方が多い。この構造の違いから，グラフェンサンプルでは，従来の電解賦活と異なり，低電圧かつ連続的な容量増加が起こったのではないかと考えている。

文　献

1) E. J. Yoo, T. Okada, T. Akita, M. Kohyama, J. Nakamura, I. Honma, *Nano lett.* **9**, 2255 (2009)
2) E. J. Yoo, T. Okada, T. Akita, M. Kohyama, T. Kudo, I. Honma, J. Nakamura, *J. Power Sources* **196**, 110 (2011)
3) E. J. Yoo, J. Kim, E. Hosono, H.-S. Zhou, T. Kudo, I. Honma, *Nano Lett.* **8**, 2277 (2008)
4) M. Sathish, S. Mitani, T. Tomai, I. Honma, *J. Mater. Chem.* **21**, 16216 (2011)
5) S. Mitani, M. Sathish, D. Rangappa, A. Unemoto, T. Tomai, I. Honma, *Eletrochimica Acta* **68**, 146 (2012)
6) W. S. Hummers Jr., R. E. Offeman, *J. Am. Chem. Soc.* **80**, 1339 (1958)
7) J.-H. Zhou, Z.-J. Sui, J. Zhu, P. Li, D. Chen, Y.-C. Dai, W.-K. Yuan, *Carbon* **45**, 785 (2007)
8) S. Park, R. S. Ruoff, *Nat. Nanotechnol.* **4**, 217 (2009)
9) T. Schwamb, B. R. Burg, N. C. Schirmer, D. Poulikakos, *Nanotechnology* **20**, 405704 (2009)
10) C. Mattevi, G. Eda, S. Agnoli, S. Miller, K. A. Mkhoyan, O. Celik, D. Mastrogiovanni, G. Granozzi, E. Garfunkel, M. Chhowalla, *Adv. Funct. Mater.* **19**, 2577 (2009)
11) 三谷諭，他　化学工学会　第44回秋季大会 要旨集
12) D. Rangappa, K. Sone, M. Wang, U. K. Gautam, D. Golberg, H. Itoh, M. Ichihara, I. Honma, *Chem. Eur. -J.* **16**, 6488 (2010)
13) T. Tomai, Y. Kawaguchi, I. Honma, *Appl. Phys. Lett.* **100**, 233110 (2012)
14) M. Galiński, A. Lewandowski, I. Stępniak,http://www.sciencedirect.com/science/article/pii/S0013468606002362 - fn1 *Electrochimica Acta* **56**, 5567 (2006)
15) M. Takeuchi, K. Koike, T. Maruyama, A. Mogami, M. Okamura, *Denki Kagaku* **66**, 1311 (1998)
16) M. Takeuchi, T. Maruyama, K. Koike, A. Mogami, T. Oyama, H. Kobayashi, *Electrochemistry,* **69**, 487 (2001)
17) S. Mitani, S.-I. Lee, K. Saito, S.-H. Yoon, Y. Korai, I. Mochida, *Carbon* **43**, 2960 (2005)

グラフェンの機能と応用展望 Ⅱ《普及版》 (B1300)

2012年12月3日 初 版 第1刷発行
2019年10月10日 普及版 第1刷発行

監 修 斉木幸一朗 Printed in Japan
発行者 辻 賢司
発行所 株式会社シーエムシー出版
東京都千代田区神田錦町 1-17-1
電話03 (3293) 7066
大阪市中央区内平野町 1-3-12
電話06 (4794) 8234
https://www.cmcbooks.co.jp/

〔印刷 株式会社遊文舎〕

ISBN978-4-7813-1383-2 C3043 ¥6500E